智能建造新技术新产品

创新服务典型案例集（第一批）

（上册）

智能建造新技术新产品创新服务典型案例集（第一批）编写委员会

组织编写

中国建筑工业出版社

图书在版编目（CIP）数据

智能建造新技术新产品创新服务典型案例集. 第一批：
上、中、下册/智能建造新技术新产品创新服务典型案
例集（第一批）编写委员会组织编写. —北京：中国建
筑工业出版社，2022.4
ISBN 978-7-112-27127-6

Ⅰ. ①智…　Ⅱ. ①智…　Ⅲ. ①智能技术-应用-建筑
施工-案例-汇编-中国　Ⅳ.①TU74-39

中国版本图书馆 CIP 数据核字（2022）第 032506 号

责任编辑：李珈莹　田立平　牛　松
责任校对：张　颖

智能建造新技术新产品创新服务典型案例集（第一批）
智能建造新技术新产品创新服务典型案例集
（第一批）编写委员会　　　　　　　组织编写

*

中国建筑工业出版社出版、发行（北京海淀三里河路 9 号）
各地新华书店、建筑书店经销
霸州市顺浩图文科技发展有限公司制版
临西县阅读时光印刷有限公司印刷

*

开本：787 毫米×1092 毫米　1/16　印张：73　字数：1814 千字
2022 年 7 月第一版　　2022 年 7 月第一次印刷
定价：**680.00** 元（上、中、下册）
ISBN 978-7-112-27127-6
（38944）

编写委员会

主   编：刘新锋

副 主 编：陈 伟　　杨 光　　刘美霞　　王广明

编委会成员：邵 笛　　刘洪娥　　王洁凝　　杨 帆　　徐 溪　　李博群
　　　　　　宋 健　　姚冬冬　　张 晨　　董嘉林　　刘若南　　张泽宇
　　　　　　梁泽南　　张 龙　　马媛媛

审核专家：梁 峰　　叶浩文　　陈顺清　　马智亮　　李久林　　宋晓刚
　　　　　　骆汉宾　　赵宪忠　　袁 烽　　郭红领　　魏 来　　张声军
　　　　　　韩彦军　　任成传　　李 东

案例作者：姜 立　　刘一会　　金 淮　　石 磊　　于 洁　　胡展硕
（排名不分先后）章亚申　　夏海兵　　叶思浓　　黄克强　　曾开发　　陈 珑
　　　　　　刘 莹　　闵小双　　胡继强　　李乐天　　何宛余　　游 健
　　　　　　黄彦良　　赵广坡　　孙文婷　　吴利军　　冯建新　　郑礼刚
　　　　　　朱敏涛　　朱 正　　周金将　　余亚超　　丁泽成　　丁宏亮
　　　　　　王 耀　　臧洪涛　　庞秋生　　周学军　　王启玲　　丁秀争
　　　　　　胡国锐　　咨健全　　余 勤　　余地华　　陈常青　　欧阳学
　　　　　　杨军宏　　庞健锋　　苏世龙　　钟志强　　李川林　　刘纪祥
　　　　　　刘 宏　　齐向军　　成湘龙　　张智明　　董无穷　　胡瑞深
　　　　　　陈硕晖　　金永斌　　林大甲　　王 强　　李 智　　张旭东
　　　　　　谢 斌　　王佳强　　彭为民　　潘序忠　　孙 峰　　吕海洋
　　　　　　金 睿　　沈 浩　　段玉洁　　熊永志　　耿天宝　　金季岚
　　　　　　杨尊煌　　吴轶强　　宁文忠　　刘 超　　孙 雷　　王 胜
　　　　　　冯晓平　　张志斌　　白宝军　　冯俊国　　冯兴学　　陈世山
　　　　　　肖玉明　　杨根明　　杨晓娇　　周云川　　高生阳　　曾云霞
　　　　　　刘 丹　　张志伟　　刘云龙　　徐文浩　　张 鸣　　陈 鸿
　　　　　　刘艳滨　　余芳强　　张 凤　　王强强　　楼应平　　丁志强
　　　　　　李柏蓉　　何小兵　　程璟超　　林满满　　李洪飞　　罗 娇
　　　　　　丁云波　　杨航镔　　蔡继红　　王璇熙　　王 新　　张 珂
　　　　　　陈峰军　　束学智　　刘福建　　李国建　　苏 颖　　朱海军
　　　　　　李焕婷　　曹 敬　　雷 俊　　许 航　　等

前　言

习近平总书记指出：面向未来，我们要站在统筹中华民族伟大复兴战略全局和世界百年未有之大变局的高度，统筹国内国际两个大局、发展安全两件大事，充分发挥海量数据和丰富应用场景优势，促进数字技术和实体经济深度融合，赋能传统产业转型升级，催生新产业新业态新模式，不断做强做优做大我国数字经济。

立足新发展阶段，发展智能建造是住房和城乡建设领域贯彻落实习近平总书记关于数字化发展重要指示精神的有力举措，是以数字技术赋能建筑业转型升级的必然要求，是提高建筑品质、更好满足人民群众对高品质住房美好向往的重要抓手，还是推进新型城市基础设施建设，增强住房和城乡建设领域在稳增长扩内需、建设强大国内市场方面重要作用的新动力。可以说，发展智能建造对建筑业已经不是可有可无的"选择题"，而是不可或缺的"必答题"。

踏上"十四五"新征程，党中央国务院已经明确将发展智能建造作为推动建筑业转型升级的重要方向。《中华人民共和国国民经济和社会发展第十四个五年规划和2035年远景目标纲要》提出"发展智能建造"，首次从国家层面将发展智能建造列为推进新型城市建设、全面提升城市品质的重要内容。为贯彻党中央国务院的决策部署，落实《住房和城乡建设部等部门关于推动智能建造与建筑工业化协同发展的指导意见》（建市〔2020〕60号）等文件精神，总结推广可复制经验做法，引导各地主管部门和企业全面了解、科学选用智能建造技术产品，住房和城乡建设部于2021年组织开展了智能建造新技术新产品创新服务案例征集工作，在28个省（区、市）推荐的388个案例基础上，经专家评审，遴选发布了5大类124个创新服务典型案例。这些案例既生动展现了新一代信息技术与建筑业融合发展的最新实践成果，也充分显示了未来建筑业工业化、数字化、智能化升级的广阔前景，具有较强的借鉴意义和推广价值，是发展智能建造的生动教材。

为宣传案例经验、展示实施效益、凝聚行业共识，按照住房和城乡建设部工作安排，住房和城乡建设部科技与产业化发展中心组织编写了本书，从技术产品特点、创新点、应用场景、实施过程和应用成效等方面详细介绍了案例内容，主要分为5个章节。一是自主创新数字化设计软件，包括相关软件在装配式建筑设计、装修设计、协同设计、方案优化等方面的应用；二是部品部件智能生产线，涵盖预制构件、装修板材、厨卫、门窗、设备管线等领域；三是智慧施工管理系统，包含物料进场管理、远程视频监控、建筑工人实名制管理、预制构件质量管理等功能应用；四是建筑产业互联网平台，包括建材集中采购、工程设备租赁、建筑劳务用工等领域的行业级平台，提升企业产业链协同能力和效益的企业级平台，以及实现工程项目全生命期信息化管理的项目级平台；五是建筑机器人等智能建造设备，涉及机器人在部品部件生产、工程测量、墙板装配、防水卷材摊铺、地下探测等方面的应用。

本书收录的124个典型案例涵盖了智能建造新技术新产品在设计、生产、施工等工程建造全过程的应用，主要体现了三个特点：一是注重问题导向，将解决工程建设面临的实际问题作为研发应用的出发点，推动了工程项目提质增效；二是注重产业融合，展现了建筑业与制造业、信息产业的跨界融合成果，实现了跨领域合作共赢；三是注重技术和管理协同创新，在推广应用新技术新产品的同时，还重视探索配套管理模式和监管方式的创新。

百舸争流，奋楫者先！希望广大建筑业同仁能从这些鲜活的实践案例中不断汲取智慧，继续发扬敢闯敢试、敢为人先的改革精神，勇当智能建造领域的"拓荒牛"，携手推动建筑业实现更高质量、更有效率、更可持续、更为安全的发展。在本书编写过程中，编委会得到了行业专家和案例申报单位的大力支持，在此表示诚挚感谢！由于时间紧迫、水平有限，本书难免存在疏漏之处，欢迎大家提出宝贵意见和建议。

智能建造新技术新产品创新服务典型案例集（第一批）编写委员会

2022 年 4 月

住房和城乡建设部办公厅关于征集智能建造新技术新产品创新服务案例（第一批）的通知

（建办市函〔2021〕51 号）

各省、自治区住房和城乡建设厅，直辖市住房和城乡建设（管）委，北京市规划和自然资源委，新疆生产建设兵团住房和城乡建设局：

为贯彻落实《住房和城乡建设部等部门关于推动智能制造与建筑工业化协同发展的指导意见》（建市〔2020〕60 号），指导各地住房和城乡建设主管部门及企业全面了解、科学选用智能建造技术和产品，加快智能建造发展，我部决定组织征集智能建造新技术新产品创新服务案例（第一批）。现将有关事项通知如下。

一、征集类别

（一）建筑产业互联网平台。包括建材集中采购、部品部件生产配送、工程设备租赁、建筑劳务用工、装饰装修等垂直细分领域的行业级平台，提升企业产业链协同能力和经济效益的企业级平台，实现工程项目全生命周期信息化管理和质量效率提升的项目级平台等。

（二）建筑机器人等智能工程设备。包括部品部件生产机器人、建筑施工机器人、智能运输机器人、建筑维保机器人、建筑破拆机器人以及智能塔吊、智能混凝土泵送设备等智能工程设备。

（三）自主可控数字化设计软件。包括建筑信息模型（BIM）软件、设计图纸智能辅助审查软件、基于 BIM 的性能化分析软件、协同设计平台软件、装修智能设计软件等。

（四）部品部件智能生产线。包括预制构件、外围护部品部件、内装部品部件、厨卫部品部件、门窗、设备管线等部品部件智能生产线。

（五）智慧施工管理系统。包括集成部品部件进场管理、物料验收和堆场优化、装配模拟分析、远程视频监控、建筑工人实名制管理、工程设备安全监控、环境监测、施工电梯智能管控和资料管理等功能的智慧施工管理系统。

二、申报条件

（一）申报主体应在中华人民共和国境内注册登记、具有独立法人资格，近三年财务状况良好，无重大违法违规行为。

（二）申报主体应是技术和产品成果持有单位或案例服务对象，申报案例无知识产权权属争议。

（三）案例应充分体现智能建造特点和优势，具有较强创新性，实施效果良好，具有较强借鉴意义和推广价值。

三、工作要求

（一）各省级住房和城乡建设主管部门负责本地区案例的组织申报、初审、推荐工作，每省（区、市）报送的推荐案例总数不超过20个。

（二）各省级住房和城乡建设主管部门应于2021年4月15日前（以邮戳时间为准）将推荐材料（纸质版1份，电子版刻录光盘1份）寄送我部建筑市场监管司，逾期不予受理。

（三）我部将委托住房和城乡建设部科技与产业化发展中心组织专家对推荐案例进行评审，经认定后公布，并向智能建造试点地区和项目推荐。

四、联系方式

联系人：王广明、明　刚

电话：010-58934965　58933327

邮编：100835

邮寄地址：北京市海淀区三里河路9号住房和城乡建设部建筑市场监管司

附件：1. 智能建造新技术新产品创新服务案例申报书（略）

　　　2. 智能建造新技术新产品创新服务案例推荐汇总表（略）

住房和城乡建设部办公厅

2021年2月1日

住房和城乡建设部办公厅关于发布
智能建造新技术新产品创新服务
典型案例（第一批）的通知

（建办市函〔2021〕482号）

各省、自治区住房和城乡建设厅，直辖市住房和城乡建设（管）委，北京市规划和自然资源委，新疆生产建设兵团住房和城乡建设局：

按照《住房和城乡建设部等部门关于推动智能建造与建筑工业化协同发展的指导意见》（建市〔2020〕60号）要求，为总结推广智能建造可复制经验做法，指导各地住房和城乡建设主管部门和企业全面了解、科学选用智能建造技术和产品，经企业申报、地方推荐、专家评审，确定124个案例为第一批智能建造新技术新产品创新服务典型案例（案例集可在住房和城乡建设部门户网站上查询）。现予以发布，请结合实际学习借鉴。

附件：智能建造新技术新产品创新服务典型案例清单（第一批）

住房和城乡建设部办公厅

2021年11月22日

附件

智能建造新技术新产品创新服务典型案例清单（第一批）

一、自主创新数字化设计软件典型案例

序号	案例名称	申报单位	推荐单位
1	基于 BIM 的装配式建筑设计软件 PKPM-PC 的应用实践	北京构力科技有限公司	北京市住房和城乡建设委员会
2	"打扮家"BIM 设计软件在家装设计项目中的应用	打扮家(北京)科技有限公司	
3	BIM 全流程协同工作平台在北京市城市轨道交通工程中的应用	北京市轨道交通建设管理有限公司 北京市轨道交通设计研究院有限公司	北京市规划和自然资源委员会
4	工程建设项目三维电子报建平台在北京城市副中心的应用	中设数字技术股份有限公司	
5	中国建设科技集团工程项目协同设计与全过程管理平台	中设数字技术股份有限公司	
6	"天磁"BIM 模型轻量化软件在协同设计中的应用	上海交通大学	上海市住房和城乡建设管理委员会
7	"同磊"3D3S Solid 软件在钢结构深化设计中的应用	上海同磊土木工程技术有限公司	
8	"黑洞"三维图形引擎软件在第十届中国花卉博览会(上海)数字管理系统中的应用	上海秉匠信息科技有限公司	
9	"开装"装配化装修 BIM 软件在上海嘉定新城 E17-1 地块租赁住宅项目中的应用	上海开装建筑科技有限公司	
10	"BeePC"软件在装配式混凝土建筑项目深化设计中的应用	杭州嗡嗡科技有限公司	浙江省住房和城乡建设厅
11	"晨曦"BIM 算量软件在福建省妇产医院建设项目的应用	福建省晨曦信息科技股份有限公司	福建省住房和城乡建设厅
12	装配式建筑深化设计平台在福州市蓝光公馆项目的应用	福建省城投科技有限公司	
13	中机六院数字化协同设计平台	国机工业互联网研究院(河南)有限公司	河南省住房和城乡建设厅
14	"智装配"BIM 设计平台在装配式叠合剪力墙结构设计中的应用	美好建筑装配科技有限公司	湖北省住房和城乡建设厅
15	BIM 智能构件资源库系统在中信智能建造平台中的应用	中信工程设计建设有限公司 中信数智(武汉)科技有限公司	
16	基于 BIM 的装配式建筑设计协同管控集成系统	中机国际工程设计研究院有限责任公司	湖南省住房和城乡建设厅
17	小库智能设计云平台在建筑工程项目设计方案评估、优化和生成中的应用	深圳小库科技有限公司	广东省住房和城乡建设厅
18	华智三维与二维协同设计平台	广州华森建筑与工程设计顾问有限公司	
19	"Ecoflex"设计施工一体化软件在装配化装修项目中的应用	广州优智保智能环保科技有限公司 广州优比建筑咨询有限公司	
20	建筑工程结构 BIM 设计数字化云平台(EasyBIM-S)在成都天府新区独角兽岛启动区项目的应用	中国建筑西南设计研究院有限公司	四川省住房和城乡建设厅

二、部品部件智能生产线典型案例

序号	案例名称	申报单位	推荐单位
1	中清大钢筋桁架固模楼承板石家庄生产基地生产线	中清大科技股份有限公司 清华大学建筑设计研究院有限公司	北京市住房和城乡建设委员会
2	和能人居科技天津滨海工厂装配化装修墙板生产线	和能人居科技（天津）集团股份有限公司	天津市住房和城乡建设委员会
3	河北奥润顺达高碑店木窗生产线	河北奥润顺达窗业有限公司	河北省住房和城乡建设厅
4	山西潇河重型 H 型钢、箱型梁柱生产线	山西潇河建筑产业有限公司	山西省住房和城乡建设厅
5	上海建工可扩展组合式预制混凝土构件生产线	上海建工建材科技集团股份有限公司	上海市住房和城乡建设管理委员会
6	基于 BIM 的机电设备设施和管线生产线	无锡市工业设备安装有限公司	江苏省住房和城乡建设厅
7	苏州昆仑绿建胶合木柔性生产线	苏州昆仑绿建木结构科技股份有限公司	
8	装配式叠合剪力墙结构体系预制构件生产线	浙江宝业现代建筑工业化制造有限公司 上海紫宝实业投资有限公司	浙江省住房和城乡建设厅 上海市住房和城乡建设管理委员会
9	浙江亚厦装配化装修墙板生产线	浙江亚厦装饰股份有限公司	浙江省住房和城乡建设厅
10	浙江建工 H 型钢生产线	浙江省建工集团有限责任公司 杭州固建机器人科技有限公司	
11	中建海峡装配式建筑产业基地预制混凝土构件生产线	中建海峡建设发展有限公司	福建省住房和城乡建设厅
12	山东万斯达模块化自承式预应力构件生产线	山东万斯达科技股份有限公司	山东省住房和城乡建设厅
13	海天机电集约式预制构件生产线	海天机电科技有限公司	
14	山东绿厦钢构件生产线	山东联兴绿厦建筑科技有限公司	
15	济南市中建绿色建筑预制混凝土构件生产线	中建绿色建筑产业园（济南）有限公司	
16	青岛荣华预制混凝土构件生产管理系统	荣华（青岛）建设科技有限公司 北京和创云筑科技有限公司	
17	济南市中建八局门窗幕墙生产线	中建八局第二建设有限公司	
18	郑州宝冶钢构件生产线	郑州宝冶钢构有限公司	河南省住房和城乡建设厅
19	预制混凝土构件双循环流水线在成都市荥经新型建材厂中的应用	中建三局集团有限公司	湖北省住房和城乡建设厅
20	基于 BIM 的施工现场钢筋集约化加工技术在湖北省鄂州市中建三局葛店新城 PPP 项目的应用	中建三局集团有限公司	
21	湖南省三一椰梨工厂预制混凝土构件生产线	湖南三一快而居住宅工业有限公司	湖南省住房和城乡建设厅
22	中建五局装配式机电管线生产线	中国建筑第五工程局有限公司	
23	筑友智造双循环预制混凝土构件生产线在筑友集团焦作工厂中的应用	筑友智造智能科技有限公司 焦作筑友智造科技有限公司	湖南省住房和城乡建设厅 河南省住房和城乡建设厅

续表

序号	案例名称	申报单位	推荐单位
24	佛山市睿住优卡整体卫浴生产线	广东睿住优卡科技有限公司	广东省住房和城乡建设厅
25	中建科技深汕工厂飘窗钢筋网笼生产线	中建科技集团有限公司	
26	中建科技深汕工厂预应力带肋混凝土叠合板生产线	中建科技（深汕特别合作区）有限公司	
27	广东省惠州市中建科工钢构件生产线	中建钢构广东有限公司	
28	成都市美好装配金堂生产基地装配整体式叠合剪力墙生产线	美好智造（金堂）科技有限公司	四川省住房和城乡建设厅
29	成都建工预制混凝土构件工厂管理平台	成都建工工业化建筑有限公司	

三、智慧施工管理系统典型案例

序号	案例名称	申报单位	推荐单位
1	北京市朝阳区建设工程智慧监管平台	北京市朝阳区住房和城乡建设委员会 北京建科研软件技术有限公司	北京市住房和城乡建设委员会
2	5G 高清视频远程监管一体化系统在北京市大兴临空经济区发展服务中心的应用	中国联合网络通信有限公司 北京宜通科创科技发展有限责任公司 北京电信规划设计院有限公司	
3	隧道施工智能预警与安全管理平台在新疆维吾尔自治区东天山隧道的应用	北京市市政工程研究院	
4	钢结构施工管理平台在北京丰台站建设项目的应用	中铁建工集团有限公司	
5	北京首开智慧建造管理平台在苏州湖西星辰项目的应用	北京首都开发股份有限公司 北京建科研软件技术有限公司	
6	复杂空间结构智能建造技术在国家会议中心二期项目的应用	北京建工集团有限责任公司 北京市建筑工程研究院有限责任公司	
7	"品茗"智能安全防控系统在阿里巴巴北京总部建设项目的应用	杭州品茗安控信息技术股份有限公司	
8	全景成像远程钢筋测量技术在河北雄安新区宣武医院建设项目的应用	金钱猫科技股份有限公司	河北省住房和城乡建设厅
9	大连三川智慧施工管理系统在大连市绿城诚园项目的应用	大连三川建设集团股份有限公司 北京和创云筑科技有限公司 方维建筑科技（大连）有限公司	辽宁省住房和城乡建设厅
10	辽宁省沈抚改革创新示范区全过程咨询服务项目管理平台	精简识别科技（辽宁）有限公司 国泰新点软件股份有限公司	
11	吉林省工程质量安全手册管理平台	吉林省住房和城乡建设厅 中国再保险（集团）股份有限公司 北京中筑数字科技有限责任公司	吉林省住房和城乡建设厅
12	上海市预制构件信息化质量管理保障平台	上海城建物资有限公司	上海市住房和城乡建设管理委员会
13	江苏省建筑施工安全管理系统智慧安监平台	江苏省建筑安全监督总站 南京傲途软件有限公司	江苏省住房和城乡建设厅
14	南京市 BIM 审查和竣工验收备案系统	南京市城乡建设委员会 中通服咨询设计研究院有限公司	
15	徐州市沛县建筑施工智慧监管系统	沛县建筑工程质量监督站	
16	基于 BIM 的智慧施工管理系统平台	江苏东曌建筑产业创新发展研究院有限公司	
17	基于 GIS＋BIM 的智慧工地管理平台	江苏南通二建集团有限公司	

序号	案例名称	申报单位	推荐单位
18	杭州市装配式建筑质量监管平台	浙江省建工集团有限责任公司 杭州市建筑业协会	浙江省住房和城乡建设厅
19	宁波市装配式建筑智慧管理平台	宁波市住房和城乡建设局 宁波杉工智能安全科技股份有限公司	
20	施工现场信息自动化采集工具和平台应用	浙江省建工集团有限责任公司 杭州市建筑业协会	
21	智慧工地管理系统在浙江舟山波音737MAX飞机完工及交付中心定制厂房项目的应用	中铁建工集团有限公司	
22	智慧建造平台在苏锡常太湖隧道项目中的应用	中铁四局集团有限公司	安徽省住房和城乡建设厅
23	厦门海迈市政工程智慧施工管理平台	厦门海迈科技股份有限公司	福建省住房和城乡建设厅
24	中建海峡智慧建造一体化管理系统	福建优建建筑科技有限公司	
25	基于BIM的智慧施工管理系统在江西省抚州市汝水家园建设项目的应用	中阳建设集团有限公司	江西省住房和城乡建设厅
26	中建八局一公司智慧建造一体化管理平台	中建八局第一建设有限公司	山东省住房和城乡建设厅
27	青岛市工地塔吊运行安全管理系统	青岛市建筑施工安全监督站 一开控股(青岛)有限公司	
28	青岛市建设工地渣土车管理平台	青岛市建设工程管理服务中心 青岛英通信息技术有限公司	
29	基于BIM和物联网技术的智能建造平台在青岛海洋科学国家实验室智库大厦项目的应用	青建集团股份公司 山东青建智慧建筑科技有限公司	
30	数字工地精细化施工管理平台在湖北鄂州花湖机场的应用	湖北国际物流机场有限公司	湖北省住房和城乡建设厅
31	湖南省"互联网＋智慧工地"管理平台	湖南省住房和城乡建设厅 中湘智能建造有限公司	湖南省住房和城乡建设厅
32	智慧建造管理平台在广州"三馆合一"项目的应用	中建三局集团有限公司	广东省住房和城乡建设厅
33	基于BIM的智慧工地管理系统	广联达科技股份有限公司	
34	智慧施工管理系统在机场建设中的应用	广东省机场管理集团有限公司	
35	广西建筑农民工实名制管理公共服务平台	广西壮族自治区住房和城乡建设厅	广西壮族自治区住房和城乡建设厅
36	广西建工智慧工地协同管理平台	广西建工集团有限责任公司 广西建工集团智慧制造有限公司 广西建工集团智慧制造研究院有限公司	
37	智慧建造施工管理平台在成都市大运会东安湖片区配套基础设施建设项目的实践	中国五冶集团有限公司 上海鲁班软件股份有限公司	四川省住房和城乡建设厅
38	华西集团智能建造管理系统	四川省建筑科学研究院有限公司 中国华西企业股份有限公司	
39	成都市智慧工地平台	成都市建设信息中心 成都鹏业软件股份有限公司	
40	标准化开源接口在成都建工智慧工地平台的应用	成都建工集团有限公司 成都建工第五建筑工程有限公司	
41	"ZoCenter"工程数字档案管理平台	中基数智(成都)科技有限公司	
42	西安市城市轨道建设智慧工地管理平台	中铁一局集团有限公司	陕西省住房和城乡建设厅

四、建筑产业互联网平台典型案例

序号	案例名称	申报单位	推荐单位
1	基于BIM-GIS的城市轨道交通工程产业互联网平台	北京市轨道交通建设管理有限公司 北京市轨道交通设计研究院有限公司	北京市住房和城乡建设委员会
2	"装建云"装配式建筑产业互联网平台	北京和创云筑科技有限公司	
3	"筑享云"建筑产业互联网平台	三一筑工科技股份有限公司	
4	"铯镨"平台在中白工业园科技成果转化合作中心项目中的应用	北京建谊投资发展(集团)有限公司	
5	基于BIM的城市轨道交通工程全生命期信息管理平台	上海市隧道工程轨道交通设计研究院	上海市住房和城乡建设管理委员会
6	特大型城市道路工程全生命周期协同管理平台	上海城投公路投资(集团)有限公司	
7	公共建筑智慧建造与运维平台	上海建工四建集团有限公司	
8	"乐筑"建筑产业互联网平台	江苏东筑网络科技有限公司	江苏省住房和城乡建设厅
9	"比姆泰客"装配式建筑智能建造平台	浙江精工钢结构集团有限公司	浙江省住房和城乡建设厅
10	装配式建筑工程项目智慧管理平台	浙江省建材集团浙西建筑产业化有限公司	
11	"筑慧云"建筑全生命期管理平台	江西恒实建设管理股份有限公司	江西省住房和城乡建设厅
12	河南省建筑工人培育服务平台	中国建设银行河南省分行 广东开太平信息科技有限责任公司	河南省住房和城乡建设厅
13	湖南省装配式建筑全产业链智能建造平台	湖南省住房和城乡建设厅 北京构力科技有限公司	湖南省住房和城乡建设厅
14	"塔比星"数字化采购平台	塔比星信息技术(深圳)有限公司	广东省住房和城乡建设厅
15	中建科技智慧建造平台在深圳市长圳公共住房项目中的应用	中建科技集团有限公司	
16	腾讯云微瓴智能建造平台	腾讯云计算(北京)有限责任公司	
17	"云筑网"建筑产业互联网平台	中建电子商务有限责任公司	四川省住房和城乡建设厅
18	"建造云"建筑数字供应链平台	四川华西集采电子商务有限公司	
19	"安心筑"平台在建筑工人实名制管理中的应用	一智科技(成都)有限公司	
20	"即时租赁"工程机械在线租赁平台	中铁一局集团有限公司	陕西省住房和城乡建设厅

五、建筑机器人等智能建造设备典型案例

序号	案例名称	申报单位	推荐单位
1	混凝土抗压强度智能检测机器人在北京地铁12号线东坝车辆段建设项目中的应用	北京建筑材料检验研究院有限公司 北京华建星链科技有限公司 无锡东仪制造科技有限公司	北京市住房和城乡建设委员会
2	"虹人坦途"热熔改性沥青防水卷材自动摊铺装备	北京东方雨虹防水技术股份有限公司	
3	复杂预制构件混凝土精确布料系统和装备在大连德泰三川建筑科技有限公司生产线的应用	沈阳建筑大学	辽宁省住房和城乡建设厅
4	深层地下隐蔽结构探测机器人在上海星港国际中心基坑工程中的应用	上海建工集团股份有限公司	上海市住房和城乡建设管理委员会

序号	案例名称	申报单位	推荐单位
5	建筑物移位机器人在上海喇格纳小学平移工程中的应用	上海天演建筑物移位工程股份有限公司	上海市住房和城乡建设管理委员会
6	地铁隧道打孔机器人在徐州市城市轨道交通3号线建设项目中的应用	中建安装集团有限公司	江苏省住房和城乡建设厅
7	砌筑机器人"On-site"在苏州星光耀项目的应用	中亿丰建设集团股份有限公司	
8	船闸移动模机在安徽省引江济淮工程项目中的应用	安徽省路港工程有限责任公司	安徽省住房和城乡建设厅
9	超高层住宅施工装备集成平台在重庆市御景天水项目中的应用	中建三局集团有限公司	湖北省住房和城乡建设厅
10	大疆航测无人机在土石方工程测量和施工现场管理中的应用	深圳市大疆创新科技有限公司	广东省住房和城乡建设厅
11	建筑机器人在广东省佛山市凤桐花园项目的应用	广东博智林机器人有限公司	
12	三维测绘机器人在深圳长圳公共住房项目中的应用	中建科技集团有限公司	
13	墙板安装机器人在广东省湛江市东盛路公租房项目的应用	中建科工集团有限公司	

目　　录

建筑机器人等智能建造设备典型案例 ·· 1035

自主创新数字化设计软件
典型案例

基于 BIM 的装配式建筑设计软件 PKPM-PC 的应用实践

北京构力科技有限公司

一、基本情况

（一）案例简介

基于 BIM 的装配式建筑设计软件 PKPM-PC（以下简称"PKPM-PC"），作为"十三五"国家重点研发计划项目"基于 BIM 的预制装配建筑体系应用技术"成果，基于自主BIMBase 平台，面向设计、生产、科研单位和高等院校，按照全流程一体化设计思想，集成标准化、智能化技术，可大幅提高装配式建筑全流程设计效率。软件重点解决基于BIM 技术的装配式建筑方案设计和深化设计问题，内置国标预制部品部件库，提供智能化构件拆分、全专业协同设计、结构计算分析、构件深化与详图生成、碰撞检查、设备开洞与管线预埋、装配率统计与材料统计、设计数据接力生产设备等模块。

（二）申报单位简介

北京构力科技有限公司（简称"构力科技"）是中国建筑科学研究院有限公司建研科技股份有限公司所属子公司，是国内最早开发建筑行业计算机应用技术的单位之一，国资委批准的全国首批十家混合所有制改革试点企业之一。1988 年创立了 PKPM 软件品牌，产品涵盖了建筑工程全专业、全生命期的软件和系统。构力科技承担了"九五"至"十三五"期间十余项国家科研项目课题，主编和参编了众多国家和行业标准，于 2021 年推出国内自主知识产权的 BIMBase 系统，并推出包括 PKPM-PC 软件在内的基于 BIMBase 平台的建筑工程 BIM 应用软件系列。2021 年国务院国资委将 BIMBase 系统列入"国有企业科技创新十大成果"和《中央企业科技创新成果推荐目录（2020 年版）》。

二、案例应用场景和技术产品特点

（一）案例技术方案要点

软件依据数据库设计原则和装配式建筑构件标准，采用分布式数据库技术，基于BIM 平台建立了开放的参数化标准预制构件与部品库，提供可视化、参数化拼装方法，可实现预制构件的智能拆分与拼装。软件提供多专业协同设计模式，通过 BIM 模型集成多专业信息，完成预制构件详图的自动化成图（图 1）。

（二）关键技术经济指标

与传统的设计方式相比，采用 PKPM-PC 的装配式建筑设计效率可以得到显著提升，并大幅减少"错漏碰缺"等现象的发生，设计精度大为提高。与国外 BIM 软件相比，由于自主 BIMBase 平台的几何引擎、显示引擎和数据引擎都依据建筑工程的特点进行了针对性优化，提供了按需动态加载机制，占用资源少，可使 PKPM-PC 软件在较低配置的电脑上实现对大体量模型、图纸的流畅显示和编辑，支持数千张图纸同时生成，实现图纸"秒出"。

（三）创新点

1. 国内自主知识产权的专业化 BIM 软件

PKPM-PC 软件基于自主 BIMBase 平台，实现了核心引擎、专业平台和专业模块的自主国产化，所有软件代码自主可控，是国内自主知识产权的 BIM 装配式建筑设计软件。BIMBase 平台突破了大体量几何图形

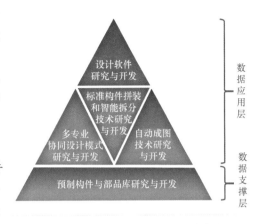

图 1　装配式建筑设计软件系统内容组成及关系架构图

的优化存储与显示等关键核心技术，为装配式建筑精细化设计提供重要基础。

2. 创新装配式建筑智能化、精细化、一体化设计模式

PKPM-PC 软件针对装配式建筑精细化、一体化、多专业集成的特点，可快速完成装配式建筑全流程设计，包括方案、拆分、计算、统计、深化、施工图和加工详图的各个阶段；可实现智能拆分、智能统计、智能查找钢筋碰撞点，智能生成设备洞口和预埋管线，构件智能归并，即时统计预制率和装配率，自动生成各类施工图和构件详图，自动生成构件材料清单，设计数据可直接导入生产加工设备等功能。与传统设计和采用其他通用 BIM 软件进行设计相比效率更高。

3. 适应国家和各地装配式建筑体系

PKPM-PC 融合国家标准，建立统一的、完整的设计体系，将包括墙、梁柱、楼板、悬挑板及楼梯等构件在内的标准化构件融入拆分设计流程中，实现自动拆分及配筋设计，参数化管理预制构件；结合各地装配式建筑发展，逐渐完善特色构件，内置了飘窗、ALC 墙板、梁带隔墙等多种预制构件类型，并提供针对异形预制构件的自由设计工具，方便用户自行扩充；同时与远大、三一筑工、碧桂园、中建科技等企业合作，研发对应构件类型，满足多种体系自动设计要求。

4. 实现了设计生产数据一体化应用

通过与生产管理的信息传递，实现设计与生产数据自动对接。信息数据无需二次录入，在系统的各个环节中流动和传递，实现设计生产一体化，免除了图纸统计清单、清单汇总、清单分配等人工操作环节，减轻工作量，避免人为输入带来的错误。

（四）与国内同类先进技术的比较

PKPM-PC 与国外装配式建筑相关软件 Planbar、Revit 从软件专业功能、成果输出、工作效率等方面的对比情况见表 1。

通过以上对比可知，在专业功能方面 PKPM-PC 有一定优势，成果输出方面国外软件与 PKPM-PC 各有优劣。总体来看，PKPM-PC 本土化、易用性较好，专业性强，功能与性能占优。

表 1

PKPM-PC 与国外主要装配式软件对比

对比内容	Planbar	Revit	PKPM-PC
专业能力	装配式建筑 BIM 软件,可实现预制构件的自动拆分和深化,应用范围涵盖简单标准化到复杂专业化的预制构件设计	BIM 建模和应用软件,支持多专业设计,在装配式建筑设计方面需要配合相应插件使用	装配式建筑 BIM 设计软件,可进行多专业协同设计,支持计算分析、构件校核验算、多地装配率计算等。对于国标及各地常用构件支持自动设计及深化
成果输出能力	可生成构件详图、构件清单、物料清单等,支持导出数据对接生产	配合插件可生成构件详图、构件清单、物料清单等,支持导出数据对接生产	可生成构件详图、构件清单、物料清单等,支持导出数据对接生产
工作效率	支持大模型运行,出图效率高	大模型运行对电脑配置要求较高	支持大模型运行,出图效率高

(五) 市场应用总体情况

PKPM-PC 软件主要应用于装配式住宅、公共建筑项目的设计深化阶段,大幅降低了装配式建筑项目设计难度和工程师工作强度,有效提高了设计效率及质量。PKPM-PC 软件已服务于全国 1000 余家设计、构件加工单位,并应用于大量实际工程项目。该软件的应用实现了装配式建筑的标准化和智能化设计目标,满足建筑工业化、信息化急需的多专业协同设计要求,为装配式建筑结构安全设计提供工具,提高设计质量与效率。

三、案例实施情况

(一) 案例基本信息

该案例是 PKPM-PC 软件在北京市中铁门头沟曹各庄项目的应用。该项目位于北京市门头沟区 (图 2),由中国建筑设计研究院有限公司设计,为装配整体式混凝土框架—剪力墙结构,地上 11 层,地下 3 层,地上建筑面积约为 $7773m^2$。该项目预制构件采用预制叠合楼板、预制叠合梁、预制楼梯、预制剪力墙、预制柱,外围护及内隔墙采用非砌筑,公共区及卫生间采用集成管线和吊顶 (无厨房)。项目单体预制率 40%,单体装配率 50% (图 3)。

图 2 曹各庄项目效果图

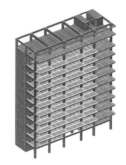
图 3 全楼模型

(二) 应用过程

1. 装配式建筑方案设计。方案阶段需要在满足建筑功能设计、符合结构分析结果的基础上,考虑生产及施工等因素进行初步设计,并形成各个预制构件方案模型,具体设计过程如下:

(1) 预制构件生成。基于预制构件“标准化、模数化”的特点，程序以输入参数→框选构件→批量拆分→模型调整的方式生成预制构件三维模型，通过标准层到自然层的构件复制、同层构件镜像复制等功能，实现全楼预制构件的快速生成（图 4）。

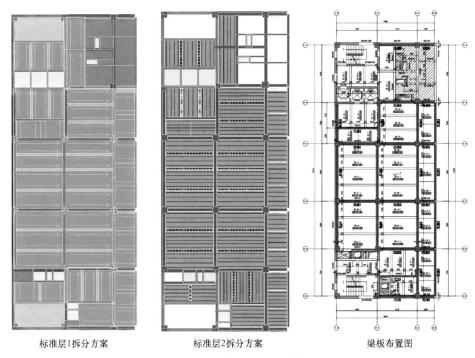

标准层1拆分方案　　标准层2拆分方案　　梁板布置图

图 4　项目各层方案设计成果

(2) 智能重量、尺寸检查。通过软件对构件进行重量、尺寸检查以确保满足生产、吊装、运输要求。

(3) 连接节点设计。基于 BIM 技术进行三维连接节点设计，包括主次梁、梁柱节点、预制墙间现浇段、PCF 板、灌浆套筒等，以保证选定可靠的结构连接方式。

(4) 装配率计算。运用 PKPM-PC 进行装配式相关方案设计，确定初步方案，进行装配率统计，并进一步调整模型，推敲方案，本项目预制率 40%，装配率达到 50%，满足地方标准要求（图 5）。

预制率统计表-体积法

楼层	参照楼层	外围护墙				内隔墙	梁		柱		板		楼梯
		整体预制墙(无洞、无集成保温)	整体预制墙(有洞、无集成保温)	整体预制墙(有洞、集成保温)	总	总	叠合梁	总	全预制柱	总	[illegible]	总	总
1	无	4.235	316.683	370.091	698.441	0.000	294.026	1863.732	0.000	913.120	608.715	1050.228	15.294
2	无	9.044	569.206	0.000	575.458	0.000	188.584	580.169	125.126	664.956	335.079	411.786	16.926
3	无	41.927	688.664	0.000	760.174	0.000	185.829	571.778	89.611	476.505	244.084	263.291	9.017
4	无	37.780	0.000	0.000	54.602	0.000	0.000	12.143	0.000	13.850	6.887	14.143	0.000
合计		92.987	1574.553	370.091	2088.675	0.000	668.439	3027.823	214.738	2068.430	1194.766	1739.448	41.236
主体总计								8968.308					
单项预制率		1.04%	17.56%	4.13%	--	--	7.45%	--	2.39%	--	13.32%	--	--
修正系数		1.05	1.10	1.20	--	--	0.75	--	1.00	--	0.45	--	--
预制率		39.36%	调整系数：	1.00	预制率(调...	39.36%							

预制率统计表-权重系数法

楼层	参照楼层	外围护墙				内隔墙	柱		梁		板		阳台板
		整体预制墙(无洞、无集成保温)	整体预制墙(有洞、无集成保温)	整体预制墙(有洞、集成保温)	总	总	全预制柱	总	叠合梁	总	[illegible]	总	总
1	无	3.100	215.700	153.000	427.850	0.000	0.000	1761.500	1183.050	6043.600	4048.500	7016.169	0.000
2	无	6.000	347.500	0.000	398.850	0.000	238.000	1099.000	764.570	2532.824	2230.015	2740.326	0.000
3	无	35.250	499.100	0.000	622.350	0.000	168.000	791.850	755.940	5219.488	1622.563	1758.472	0.000
4	无	50.950	0.000	0.000	86.700	0.000	0.000	70.950	0.000	119.454	57.314	117.858	0.000
合计		95.300	1062.300	153.000	1535.750	0.000	406.000	3723.300	2703.560	13915.367	7958.392	11632.826	0.000
主体总计			1535.750				3723.300		13915.367				11662.70
单项预制率		6.21%	69.17%	9.96%	--	--	10.90%	--	19.43%	--	68.24%	--	--
修正系数		1.05	1.10	1.20	--	--	1.00	--	0.75	--	0.45	--	--
权重系数			0.25				0.20		0.25				0.25
预制率		37.18%	调整系数：	1.00	预制率(调...	37.18%							

图 5　预制率统计表

（5）方案展示。方案展示利用 BIM 软件模拟建筑物的三维空间关系和场景，通过爆炸图功能和 VR 等的形式提供身临其境的视觉、空间感受，辅助相关人员在方案设计阶段进行方案预览和比选。

2. 结构计算。项目在软件中直接进行内力和承载力计算，并生成对应施工图图纸。

3. 装配式建筑深化设计。

在完成装配式建筑设计阶段后，需根据设计施工图，进行构件深化设计。

（1）机电预留预埋设计。通过协同机电专业自动生成、识别机电图纸布置或者交互布置等多种方法灵活便捷实现预埋件的布置（图 6）。

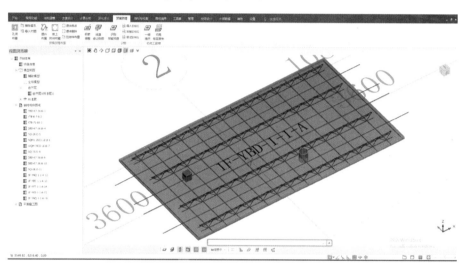

图 6 板上线盒止水节

（2）构件单构件验算。根据脱模吊装要求，确定吊点位置，并生成对应的吊装验算报告书（图 7）。

图 7 桁架钢筋脱模吊装容许应力验算

（3）碰撞检查及节点钢筋精细化调整。利用碰撞检查，确定构件、钢筋碰撞位置，通过批量调整、交互调整等功能，对钢筋进行避让处理，并在三维钢筋模型中实时查看相对位置；根据规范要求，自动处理洞口处钢筋加强（图 8、图 9）。

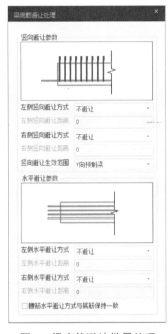

图 8　梁底筋避让批量处理

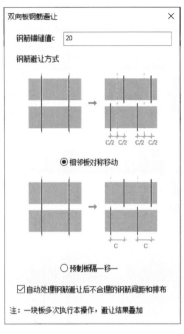

图 9　双向板钢筋智能避让

（4）算量统计。按成果要求分类型统计单个、整层、全楼的预制构件清单，也可采用更灵活的自定义清单功能，自由配置清单样式。

（5）构件详图及成果输出。根据 BIM 模型，通过批量出图功能生成全套装配式平面、构件详图图纸共 371 张。同时生成生产所需数据包（图 10～图 17）。

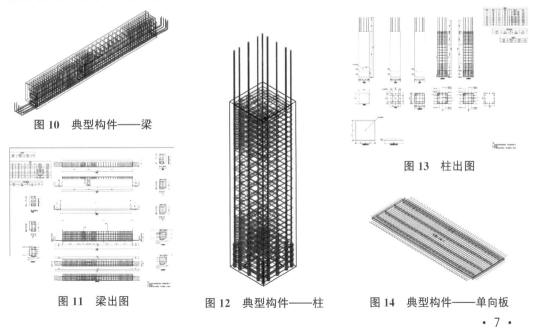

图 10　典型构件——梁

图 13　柱出图

图 11　梁出图　　图 12　典型构件——柱　　图 14　典型构件——单向板

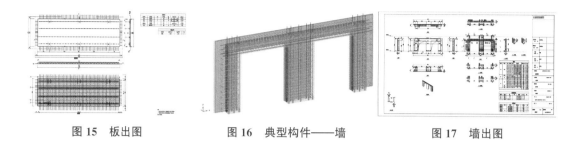

图 15　板出图　　　　　图 16　典型构件——墙　　　　　图 17　墙出图

四、应用成效

（一）解决的实际问题

1. 解决了二维设计图纸无法处理的复杂预制构件设计与节点钢筋避让问题。通过 PKPM-PC 全楼碰撞检查功能，定位钢筋碰撞和构件碰撞点，如图 18 所示梁柱节点，通过智能避让工具和自由交互调整工具，可以进行钢筋弯折避让设计并准确、实时查看避让效果，确保钢筋之间不发生碰撞、避免设计错漏，便于后期施工。

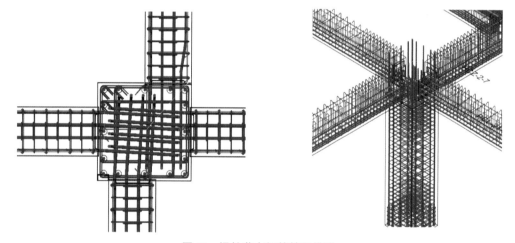

图 18　梁柱节点钢筋精细模型

2. 提升指标计算准确度，助力构件设计安全性。PKPM-PC 中的指标与检查功能，可实现全国近二十个地区的装配率计算，满足各省市工程实际要求。同时，软件支持自动设计符合验算要求的吊点点位，并批量进行短暂工况验算，生成短暂工况验算报告书，并给出详细计算过程、规范依据，帮助设计师了解计算细节，保证构件吊装安全。

3. 解决大量详图批量出图及修改问题。在 BIM 模型设计完成后，可直接批量生成图纸，减轻设计师工作量，同时如发生设计变更和调整，可在模型中调整后，重新出图，有效减少了因二次修改产生的重复工作量，降低设计成本，提高设计质量和效率。

4. 实现设计、生产数据自动对接。支持导出生产加工数据包，对接至装配式智慧工厂管理系统。使得生产的多个环节无需人工录入分配，降低人工成本，提高生产效率。并能通过信息传递，实现 BIM 设计数据在生产过程中三维可视化查看与管理，促进项目进度模拟以及生产控制（图 19、图 20）。

图 19　工厂数据对接

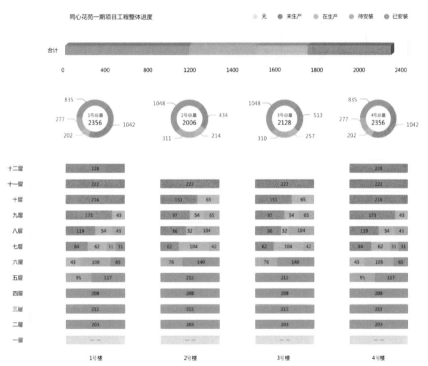

图 20　项目进度控制

（二）工程应用效果与价值

1. 利用 PKPM-PC 软件，可直观从三维层面进行设计，随时观察设计结果，及时发现设计问题并解决，并可利用软件自带的钢筋碰撞检测功能进行检查，最大限度减少修改和返工的时间，有效降低设计成本，并进一步改善当前设计与施工间的割裂，带来显著的社会效益和经济效益。

2. 软件提供的合理参数设置、交互设计及图纸清单统计等功能，充分考虑装配式建筑设计、生产到施工各阶段的应用特点，促进装配式建筑设计更合理。

3. 工程师可从繁重的绘图任务中解放，避免将大量时间浪费在重复绘图、改图中，专注于设计。对于设计过程中因各专业协同而产生的修改，可以直观地体现在模型上。对于类似本项目体量规模的项目，仅需一名工程师约两周即可完成整个项目装配式建筑设计制图，真正实现辅助装配式建筑设计提质增效。

4. PKPM-PC 基于自主可控的 BIMBase 平台开发，软件实现了 BIM 与装配式专业深度融合应用。可实现多专业基于同一个环境、同一个平台、同一个模型设计，实现多专业协同数据的无缝衔接，消除数据孤岛。同时，设计成果对接后端生产加工，促进了装配式建筑全产业链进一步发展。

执笔人：
北京构力科技有限公司（姜立、刘苗苗、陆丹妮、刘晓颖、赵瑞阳）

审核专家：
魏来（中国建筑标准设计研究院，副总建筑师）
陈顺清（奥格科技股份有限公司，董事长、教授级高工）

"打扮家"BIM 设计软件在家装设计项目中的应用

打扮家（北京）科技有限公司

一、基本情况

（一）案例简介

"打扮家"BIM 设计软件（以下简称"'打扮家'BIM"）基于"所想即所见""所见即所得"的目标，将 BIM 技术应用于家装设计服务平台的服务全流程。在服务过程中，设计师基于"打扮家"BIM 与业主远程协同，可以完成家装设计的原始户型绘制、户型拆改、平面布局、软硬装设计、水电设计，以实时渲染的方式在设计阶段完成家装施工预演，整个过程中的全量数据实时打通，最终可实时生成包括施工图纸、工料清单在内的数字化设计成果，提升了家装设计过程中的智能化设计、数字化协同能力。

（二）申报单位简介

打扮家（北京）科技有限公司（以下简称"打扮家"）成立于 2015 年，是一家互联网家装基础设施与服务提供者。公司主要从事针对家居家装行业的相关设计、工程管理软件研发，并运营设计、施工、材料、家居四大平台，招募包括设计师、验房员、量房员、施工工人、装修管家、材料供应商等家装行业服务者入驻，为装修业主提供家装业务所需的验房、量房、设计、施工、材料选购等家装相关服务，形成产业链闭环，以供应侧的海量丰富化和巨大多样化为目标，致力于为消费者装修提供最大限度的价格透明、来源透明、过程透明、结果透明。

二、案例应用场景和技术产品特点

（一）技术方案要点

"打扮家"BIM 是由打扮家自主研发的家装设计 BIM 软件，专门为家装市场量身打造，应用虚拟现实引擎 UE4（Unreal Engine 4，虚幻 4 引擎）做渲染研发，可以实现室内设计智能识别户型图，实时三维渲染和单帧高品质渲染，一键智能设计并输出设计效果图、施工图、精准的详细报价，节省了设计师人工编制施工图，材料员编制材料采购表和工程算料的时间，在提升工作效率的同时避免了人为漏项、误算量等失误的发生。

（二）产品特点和创新点

1. 本土团队自主研发。"打扮家"BIM 是由本土团队自主研发的在线智能设计软件，共申请软件著作权等 49 项，软件的易用性、精准度已经历市场验证。

2. 数字化 BIM 技术。"打扮家"BIM 将家装设计的过程和内容进行数据结构化（图

1)，便于后期处理。

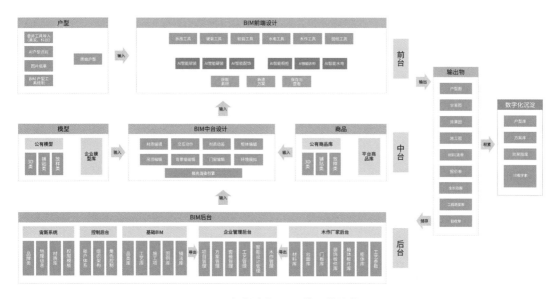

图 1 "打扮家" BIM 的系统结构图

3. 智能户型识别。通过图像预处理（二值化、滤波、降噪、高斯变换）、深度学习识别墙体门窗（改进版的 Stacked Hourglass Mode，即堆叠沙漏模型）、结构化和户型化处理、BIM 系统中完成对户型的重构等环节，实现户型智能识别（图 2）。

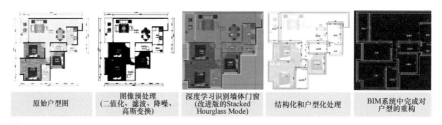

图 2 "打扮家" BIM 自动识别户型的过程

4. 智能三维设计。"打扮家" BIM 对户型数据进行网格化，利用贝叶斯原理进行深度学习得到布局规则，并与大量设计师经验总结的人为规则结合（图 3），实现"一键人工＋智能设计"，与单纯规则匹配逻辑不同。

5. 智能橱柜设计。"打扮家" BIM 对柜体数据和户型数据结构化，并根据空间实际情况自动化柜体匹配、生成可对接生产的柜体数据（图 4），免除人工拆单。

6. 基于虚幻 4 引擎的实时渲染。基于游戏级的实时渲染引擎，"打扮家" BIM 可完成对室内设计的实时渲染，并可一键转换 VR。同时，为了保证输出高质量单帧效果图，打扮家自主研发了极光渲染器，与市面上常用的渲染器 VRay（chaosgroup 和 asgvis 公司出品的一款高质量渲染软件）相比，在 VRay 中，2K 图传统渲染器使用 CPU 计算，渲染要 10～50 分钟，打光要求高，配置复杂，同时 VRay 作为 3Dmax（3D Studio Max，欧特克公司推出的三维设计工具）插件，需要整体安装 3Dmax 软件才能正常工作；极光渲染器使用 GPU 并行计算，10 秒即可出图，且可自动打光、手动补光，支持虚幻 4 场景文件格式快速导入、快速

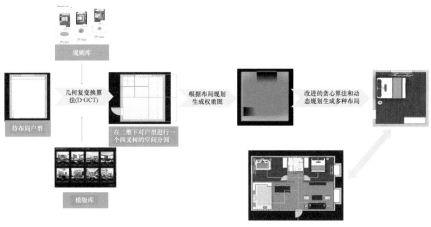

图 3 "打扮家"BIM 智能三维设计的过程

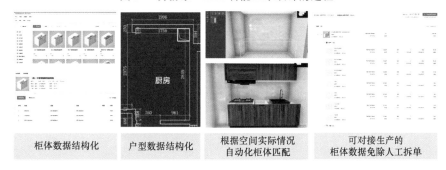

图 4 "打扮家"BIM 智能设计橱柜的过程

预览、轻量本地化独立运行。该渲染器已完美支持虚幻 4 场景的效果图渲染。

7. 持续迭代。"打扮家"BIM 历时 3 年，从零启动，研发投入超过 1 亿元，在研发期间与爱空间、全筑、住范儿等多个装修公司深入合作，获得实际业务经验，软件上线后，"打扮家"BIM 仍然保持着每 2~3 周迭代一个版本的开发速度（图 5），未来将持续研发与行业发展高度契合的产品。

图 5 "打扮家"BIM 的版本迭代图

（三）市场应用总体情况

"打扮家"BIM 可以应用到家装的各个环节，包括前期营销、量房、设计、材料选购、施工、竣工、维保等（图6）。

图6 "打扮家"BIM对于家装各个环节的支持

打扮家新一代产品家装BIM平台正式上线，签约付费用户已有包括欧派家居、红星美凯龙、全筑股份、广田家、爱空间、住范儿等近百家家装行业品牌企业，付费总金额超7000万元。

三、案例实施情况

（一）案例基本信息

2019年10月18日，打扮家推出基于BIM的家装设计服务平台，这是打扮家运营的四大平台（设计、施工、材料、家居）中第一个推出的平台。设计服务平台通过招募符合要求的设计师入驻，基于标准化的设计流程，由设计师挖掘用户的设计需要，并以"打扮家"BIM为核心设计工具，完成从远程量房、线上沟通，到最后施工图、效果图与算量清单的完整设计方案交付。目前，设计服务平台已有超过5000名设计师入驻，可为全球用户提供线上设计服务，上线1年多已服务超过10000个家庭。

（二）应用过程

设计服务平台基于标准化的在线设计流程，由设计师来挖掘用户的设计需要，并在快速响应用户需求的基础上完成设计方案的搭建，从远程量房、线上沟通，到最后施工图、效果图与算量清单的完整交付，给用户带来贴心的在线设计体验。

1. 需求阶段。在业主服务启动的时候，业主通过完成一系列精准的问卷，即可被系统自动完成标签的匹配，从而匹配到符合业主的设计师。业主可看到所选设计师的介绍，这其中包括"打扮家"BIM所生成的效果图和平台的服务标准，在服务开始之前业主即可完整了解整个服务的内容以及对业主的意义所在。

2. 量房阶段。设计服务平台的设计师通过远程视频的方式指导业主完成量房，设计师指导业主完成对室内环境的拍摄，以及对关键数据（例如门窗宽高、墙体长厚、室内净高等）的测量，量房结果数据（图7）会被精确记录到"打扮家"BIM系统，并且整个量房过程和结果均会与业主同步。

3. 设计阶段。设计师在"打扮家"BIM中根据业主的需求，确认装修风格，并对业主的个性化需求进行调整，必要时将根据业主需求从零开始完成方案的搭建。在方案初稿完成后，会通过远程视频的方式，将BIM系统展示在业主面前。业主可以通过手机与设计师直接沟通，由设计师介绍整个方案，业主可以在完全三维的环境下在自己设计好的房间中进行游走（图8）。对于业主提出的变更需求，设计师在与业主详细沟通后，可以现场立刻修改，业主即可实时看到修改后的结果并进行确认。设计师亦可在沟通后独立修改，并与业主约定下一次的沟通时间。整个设计过程将持续到业主满意为止。

在"打扮家"BIM系统中，同一个设计师不仅可以为业主完成硬装和软装相关设计，

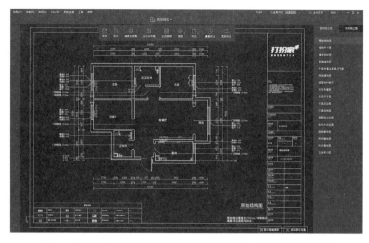

图 7 "打扮家"BIM 基于量房结果数据生成的平面户型图

图 8 "打扮家"BIM 的三维设计界面

也可以完成传统设计模式中需要单独设计人员所完成的全屋定制设计，整个设计过程与上述相同，在三维空间中实时完成、实时查看、实时修改（图 9）。同时"打扮家"BIM 针

图 9 "打扮家"BIM 的橱柜设计界面

对木作的型录工具可为用户的定制提供模数化设计（图10），且可拆分到板件级价格，让业主的每个改动带来的价格差异都一目了然。

图10 "打扮家" BIM 定制木作的型录工具界面

4. 交付阶段。由于施工图和算量清单无需人工绘制，而是由系统自动导出，因此，在完成三维设计后，设计师即可交付整个设计方案。设计师将"打扮家" BIM 渲染的屋内平面图或全景图、系统导出的施工图（图11）、算量清单（图12）与业主同步。在业主确认后，在施工开始前，设计师通过视频会议的方式即可完成对施工队伍的交底。

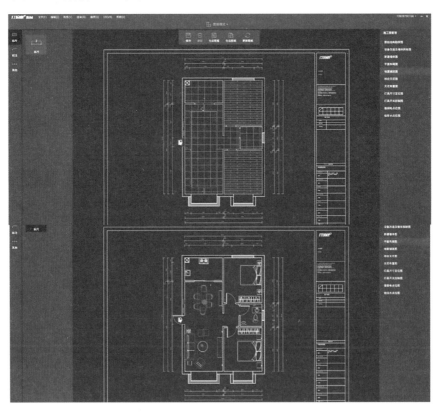

图11 "打扮家" BIM 自动生成施工图纸的界面

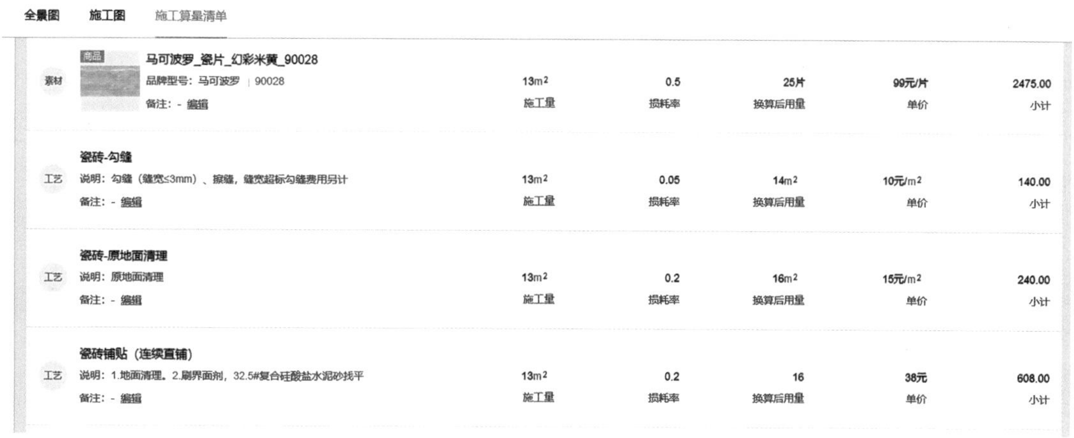

图12 "打扮家"BIM自动生成算量清单

综上，设计服务平台完全通过远程化、在线化、标准化的方式为业主提供设计服务，整个服务过程打破传统面对面设计服务的地域限制，同时完全在线留痕的设计过程也让服务质量的监控和问题追溯迎刃而解。

四、应用成效

（一）解决的实际问题

打扮家自主开发的 BIM 系统将整个家装流程进行了数字化拆分，并从底层进行了重建，形成了完全自主开发的 BIM 系统，实现从平面户型绘制、三维空间设计、水电设计、橱柜设计到自动生成施工图纸和精准算量清单的全套设计流程。该产品针对大型装企、房地产公司，采用 SaaS（Software-as-a-Service，软件即服务）模式提供服务。

对于缺乏设计师的小型装修企业，以及直接找工长自装的业主，基于 BIM 系统，可以通过独立的设计服务完成施工前的设计环节，获取包含效果图、施工图和算量清单的设计方案，并且与真实供应链链接，获得材料供应，也解决了小型装企和业主的材料渠道问题。

（二）应用效果

在时间维度上，基于"打扮家"BIM 的设计服务速度更快，周期更短。在传统的设计模式下，为了完成设计工作，需要至少 4 名设计师为用户服务，分别负责动线设计和平面布局、立面效果图制作、施工图绘制、算量清单整理，由于业主的需求在沟通中经常发生变化，因此，整个方案的设计过程平均需要 10 天完成；利用"打扮家"BIM 为业主进行在线设计，1 名设计师即可完成动线、平面、立面效果图、施工图、算量清单的全流程工作，且整个工作时间在 20 个小时以内。

在体验维度上，基于"打扮家"BIM 的设计服务能实现实时的"所想即所见"，用户体验更好。由于传统设计模式无法实时给出设计效果和参考价格，每次沟通需要先进行语言沟通，形成设计需求或修改需求，双方确认后，团队进行制作，并约时间与业主当面确认。利用"打扮家"BIM 进行在线设计，设计师可以边沟通、边修改，由于"打扮家"BIM 采用实时渲染技术，设计师的修改结果可以让业主实时看到，并且实时提出反馈意见，为设计师和业主节省了大量时间，无需反复修改和确认。

从预算维度上，基于"打扮家"BIM 的设计服务实现了实时的"所见即所得"，出具预算的效率更高，更加精细化。由于传统设计模式基本需要业主提供修改意见后，再过 1~2 天才能给出报价方案，而且只能精确到施工项和材料套餐，业主对于预算细节感知不足，因此超预算的情况时常发生。在"打扮家"BIM 系统中，每次修改后的价格实时呈现，而且预算精准到每一块材料、每一个施工项和施工工艺，装修业主花的每一笔钱都有清晰的去向，避免了在材料上的浪费。

（三）应用价值

与传统装修模式相比，"打扮家"BIM 采用完全数字化的技术，以统一的数据格式贯穿设计—材料—施工的家装全流程阶段，对家装中的所有环节完成了数字化和在线留痕，降低了各个服务者之间、服务者和业主之间的协作和沟通障碍，推动了家装行业的标准化和数字化进程，为家装行业各个环节之间的信息交互提供了统一、透明的技术基础，改变了传统家装行业"模糊""不规范"的状态。

利用 BIM 系统，家装行业服务者可以提升自身服务的效率，加快工期，从而降低服务成本，增加自身竞争力。从整个行业来看，行业效率的提升将直接让业主和服务者双方受益，推动家装行业健康发展。

执笔人：
打扮家（北京）科技有限公司（刘一会）

审核专家：
魏来（中国建筑标准设计研究院，副总建筑师）
陈顺清（奥格科技股份有限公司，董事长、教授级高工）

BIM 全流程协同工作平台在北京市城市轨道交通工程中的应用

北京市轨道交通建设管理有限公司
北京市轨道交通设计研究院有限公司

一、基本情况

（一）案例简介

BIM 全流程协同工作平台（图 1）以"可视化设计""精细化施工""信息化管理"为指导思想，将 BIM 技术应用至建设全过程，各参建单位在统一的组织框架、标准体系和平台界面下协同作业，虚拟指导实体建造，达到"工程建设投产，即可实现资产清晰移交"的先进管理目标，在交付实体地铁项目的同时，移交一套数字化地铁成果。

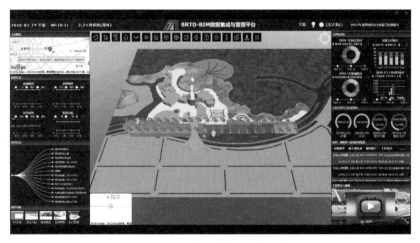

图 1　BIM 全流程协同工作平台

（二）申报单位简介

北京市轨道交通建设管理有限公司于 2003 年 11 月成立，是北京市负责组织城市轨道交通建设的专业管理公司，负责轨道交通新建线路的初步设计；施工设计、施工队伍、车辆设备的招标、评标和决标；组织轨道交通新建线路的土建结构、建筑装修、设备安装工程及相应市政配套工程的实施；组织轨道交通新建线路的系统调试、开通、验收直至交付试运营全过程的建设管理。

北京市轨道交通设计研究院有限公司于 2012 年 11 月成立，是在城市轨道交通快速发展的背景下，为满足城市轨道网络化建设运营需要，实现网络化资源共享，提高网络运行效率而组建的研究型设计院。业务范围涵盖轨道交通设计、网络总体设计咨询、BIM 信息技术研发、人防工程总承包和系统集成研发五大业务板块。

二、案例应用场景和技术产品特点

（一）技术方案要点

BIM 全流程协同工作平台分为：数据层、网络层、云部署、中台层、应用层 5 层体系架构（图 2）。数据层涵盖轨道交通相关的动态数据、静态数据、第三方数据等多源异构数据，通过轻量化工具进行数据的抽取、治理、归集，实现可视化动态浏览；网络层综合 5G（第五代移动通信技术）、LTE-M（基于长期演进的物联网技术）等传输技术，搭建承载网为各类应用提供数据传输通道，综合承载各项业务，保证各类信息的下发和上传；云部署基于北京轨道交通建设云，向各业务应用提供计算资源、存储资源、网络资源、安全防护以及运维服务，云平台系统架构采用安全生产网、内部管理网、外部服务网三网体系结构，实现"网间隔离、网内防护"的统一防护；中台层提供数据中台、业务中台；应用层以多专业正向协同设计为出发点、进度控制为主线、资金管控为基础、施工安全管理为根本、质量管理为导向、调试移交为依托、数字资产为目标，实现对建设期合同、工期、安全、质量、资金、资产等全生命周期项目全要素信息化管理，打造覆盖轨道交通全生命期的智慧建设应用体系。

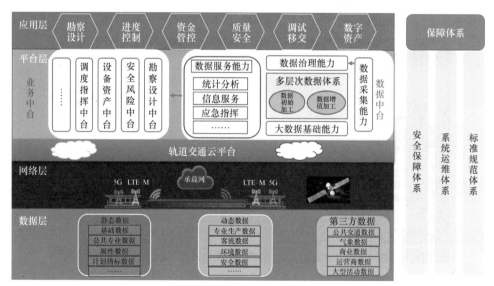

图 2 BIM 全流程协同工作平台体系架构

（二）产品特点及创新点

1. 分类分级的流程定制化审核机制，提高模型质量。按照模型来源单位的不同设定七类审核流程（图 3），定制其审核过程，发挥各参建单位的责任主体作用。

2. 内置审核要点库覆盖全生命周期。通过收集不同审核单位的审核要点，形成要点库，灵活配置多类别 BIM 模型、图纸的审核标准，不同阶段下各参建单位按要点审核，精简审核流程（图 4）。

3. 平台自动生成审核记录单，实现无纸化自动化办公、各参建单位高效的工作流，充分发挥各方责任主体作用（图 5）。

序号	审核流程类型	模型上传方		模型审核方		
1	勘察模型	勘察单位	总体设计/设计总承包单位	设计咨询单位		BIM咨询单位
2	设计模型	工点设计单位	总体设计单位	设计咨询单位		BIM咨询单位
3	构件库BIM模型	设备供应单位	工点设计单位	监理单位		BIM咨询单位
4	施工模型（土建施工模型）	施工总承包单位	监理单位	工点设计单位		BIM咨询单位
5	施工模型（设备施工模型）	施工总承包单位	工点设计单位	监理单位		BIM咨询单位
6	施工模型（公共区装修施工模型）	施工总承包单位	监理单位	工点设计单位		BIM咨询单位
7	竣工BIM模型	施工总承包单位	监理单位	工点设计单位		BIM咨询单位

图 3 审核权限设置

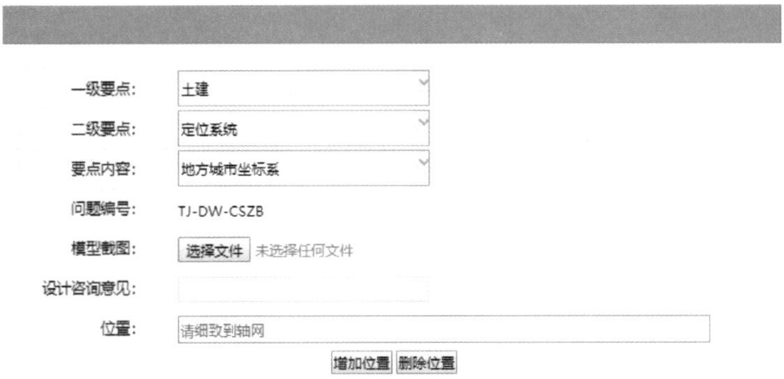

一级要点： 土建
二级要点： 定位系统
要点内容： 地方城市坐标系
问题编号： TJ-DW-CSZB
模型截图： 选择文件 未选择任何文件
设计咨询意见：
位置： 请细致到轴网

增加位置 删除位置

图 4 审核要点

工程设计咨询审查记录单

BIM模型	工程初步设计阶段 标段-停车场及出入线-建筑专业模型-第	工程名称	工程
设计阶段	初步设计阶段	送审时间	2020-09-25 10:20:58
审查单位		审查专业	建筑专业模型
设计单位			

审查意见：	对审查意见的答复：
（一）按照模型表达标准执行。 （二）轮对检测棚有过轨房间，模型无表示，请补充BIM模型。 （三）轮对检测棚有过轨房间，模型无表示，请补充BIM模型。 （四）变电所房间开窗大小与图纸不一致 （五）补充电动伸缩门模型 （六）洗车库轨行区门洞补充 （七）补充检查坑、登车梯等构件	（一）无意见 （二）动态检测棚过轨房间应由结构专业完成 （三）此过轨房间为钢结构房屋，应由结构专业来表示。 （四）按意见修改，已补充窗户模型 （五）按意见修改，已补充电动伸缩门模型 （六）按意见修改，因无与图纸门类型完全一直族，已补充相似门洞模型 （七）按意见修改，已将问题反馈至结构、设备专业，补充相应的检查坑、登车梯等构件。
签名： 日期：	签名： 日期：
审查人验证： 签名： 日期：	

1

图 5 审核记录单

4. 高度定制化的多方共享与阶段传递。BIM 模型审核完毕后，由业主单位确定，传递至下一阶段参建单位。

5. 根据不同角色自动汇总和推送重点关注内容（图 6）。平台自动统计分析建设进度和质量等信息，采用直观、形象的展示形式汇总和推送核心关注点，简化繁杂的分析流程，缩短反应时间和提升处理效率。

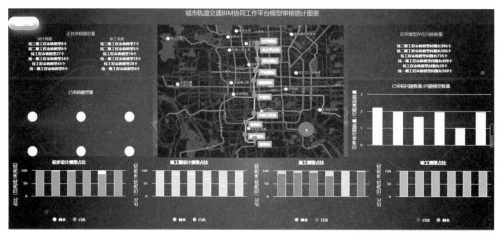

图 6　统计分析

6. BIM 正向设计。基于 Revit 软件定制开发出图插件，分专业制定出图导则，包括建模要求、样板视图设置、标注格式样式模板等，实现建筑、结构、管线综合图的平面图与详图出图，为后续新线的 BIM 应用积累经验（图 7）。

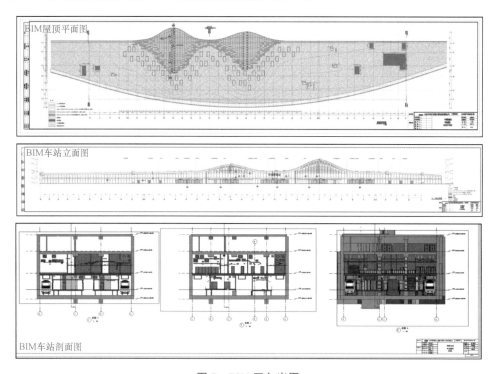

图 7　BIM 正向出图

7. BIM 工程算量。混凝土量方面，BIM 模型统计的土建混凝土量较图纸计算量少 0.78％，BIM 土建算量的结果较为精确且高效；钢筋算量方面，BIM 模型统计的钢筋量较图纸计算量误差 8％，相对于业内 10％～12％的误差量有了较大提升；钢结构算量方面，钢结构工程量包含节点构件，采用乘以系数进行计算，得出设计概算工程量，辅助钢结构厂商的招标工程量控制。

（三）应用场景

BIM 全流程协同工作平台适用于建筑工程建设全过程各环节，目前主要在城市轨道交通工程、枢纽工程、民航运输工程等不同类型的工程项目建设管理中应用，受地域、规模、环境等因素影响小。

三、案例实施情况

（一）工程项目基本信息

环球度假区站位于北京市通州区北京环球度假区南侧，是北京地铁 7 号线与北京地铁八通线的换乘站和东端终点站。车站的结构形式为双岛型站台，车站总长 347.8m，车站及两端相接区间施工工法为明挖法，围护结构均采用钻孔灌注桩加预应力锚索的结构形式。项目 2016 年 9 月 1 日开工，2021 年 8 月 26 日正式开通试运营。

（二）应用过程

在进一步完善和丰富北京数字城市轨道交通建设与管理体系的基础上，环球度假区站以建设管理需求为导向，分阶段分重点有序开展 BIM 应用，包括设计阶段协同设计、施工阶段虚拟建造、竣工阶段数字化交付。

1. 设计阶段协同设计

（1）周边环境建模。根据勘察资料、地形图，采用统一坐标系构建全线环境模型。建模范围为车站边界 200m 范围，建模精度达到 0.1m，建模类别为建（构）筑物、地形（含高程）、植被、道路及附属设施等（图 8）。

（2）地下环境建模。根据勘察资料、地下市政管线图，建立了环球度假区站的地质模型与市政管线模型（图 9）。地质模型建模范围为单位工程结构外轮廓 100m 以内，包含地层、水位线等；市政管线模型需包含所有风险工程及前期工作对象，包含管井、管道等。

（3）环境调查图纸核实。借助 BIM 模型对地上建（构）筑物环境、地下管线

图 8　周边环境模型

进行建模、核查，保证模型和实际的一致性，为后续施工提供基础。

（4）土建方案建模。建立并集成环球度假区站建筑结构专业模型（图 10）。模型细度分别达到初步设计及施工图设计深度，支持施工工法、换乘方案、重大工程风险分析等应用。

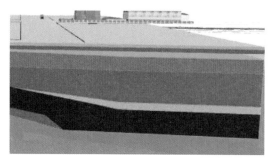
图 9　地质模型

图 10　车站主体结构模型

（5）正向设计。区别于轨道交通行业内常规的"后 BIM"（翻模）模式，环球度假区站 BIM 应用从源头出发，研究目前 BIM 出图与施工图的区别以及 BIM 出图的制约因素，实现正向设计。

（6）参数化建模。基于 Revit 开发工具插件，提高 BIM 建模效率、模型出图可用性等，服务 BIM 建模和应用工作，包括基坑、隧道、管线、设备井等构件参数化命名与建模等（图 11、图 12）。

图 11　参数化建模

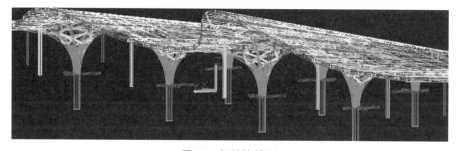
图 12　钢结构模型

（7）工程量计算。研究主体土建结构、屋面钢结构、幕墙、种植屋面的 BIM 算量方法，在各专业构件中添加相应参数（体积、面积、容量等），导出分型号、分层、分系统的统计报表、异形结构的配筋率等，辅助进行施工图预算，优化方案；算量模型可直接传递至施工阶段深化使用。

（8）多专业 BIM 协同。项目各专业设计人员同步文件时添加建模注释和历史记录，便于项目内部管理，提高设计质量和效率。

（9）三维管线综合。进行三维管综设计和重要节点的碰撞检查，提前发现空间冲突并进行修正，共解决碰撞点 200 余处，调整多处空间尺寸。模型交付施工单位进一步深化，指导现场施工。

（10）设计优化。与园区周边道路、市政管线、天桥、城市大道设计进行综合研究，保证车站外部的效果。对车站内部建筑布局、车站使用功能、装修边界条件、钢结构设计等进行优化（图 13）。

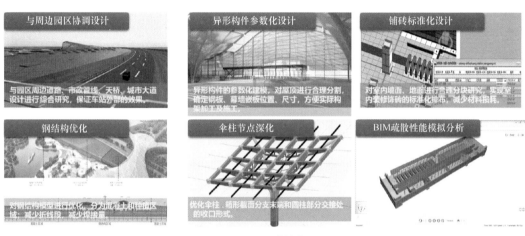

图 13 设计优化

2. 施工阶段虚拟建造

（1）施工方案深化。对基坑开挖、主体结构、模板支架等施工工序进行 BIM 模拟，优化设计方案，指导施工物资采购，减少物资消耗（图 14）。

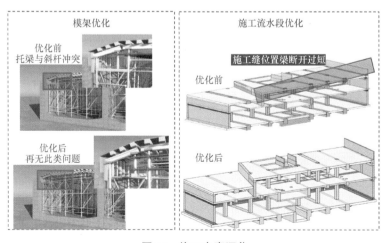

图 14 施工方案深化

（2）钢结构深化。由于环球度假区站屋顶及支撑柱为异形结构，弯曲度大，焊接工艺复杂，支架设计施工难度大，超重高空异形节段吊装难度大，充分发挥 BIM 优势深化钢结构设计（图 15）。

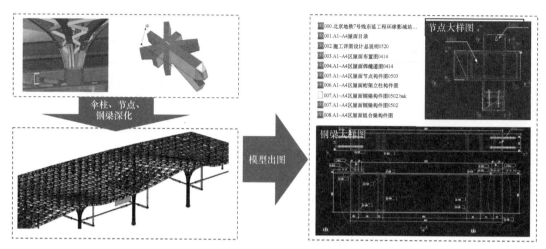

图 15　钢结构深化

（3）工程量统计。利用深化完成的钢结构模型，按照分区、分类统计钢结构工程量（净重、毛重、表面积等），进行钢结构的施工图预算复核，并根据工程进度统计已完工工程量（图 16）。

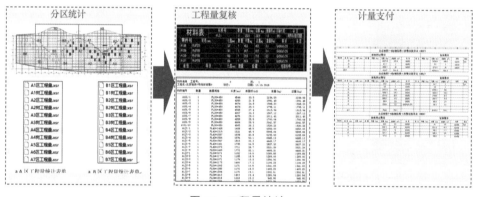

图 16　工程量统计

（4）复杂节点模拟。对梁板柱钢筋节点、支架搭设、异形模板装拆、钢结构安装等复杂节点进行施工模拟，施工人员可以在施工前熟悉掌握施工方法及内容，提高施工合格率，降低返工率（图 17）。

（5）进度管理。静态进度管理：根据流水段深化 BIM 模型，采用爆炸视图的方式展示各层结构，用流水段的进度参数驱动模型的颜色变化，表达施工现场的进度情况。动态进度管理：根据流水段深化 BIM 模型，根据施工现场的进度情况以及各个流水段间的先后顺序，在 Navisworks 软件中模拟施工过程达到进度管理的目的（图 18）。

（6）物料追踪。在车站钢结构施工过程中，全面开展二维码应用，实现物料和预制构件从进场、检验、安装、验收的全过程跟踪，实现信息透明化管理（图 19）。

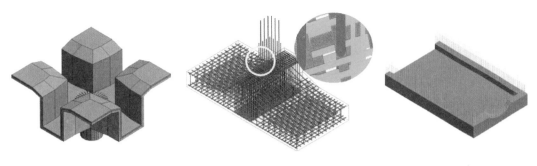

钢柱脚安装模拟　　　　　　板梁柱复杂钢筋节点模拟　　　　　　盾构环区间钢筋绑扎模拟

图 17　复杂节点模拟

图 18　进度管理

粘贴二维码标签　　　　构件扫描　　　　基本信息　　　　物流信息　　　　关联图纸

图 19　物料追踪

3. 竣工阶段数字化交付

BIM 总体单位组织环球度假区站所有设备供应商提供 BIM 族模型；施工单位按要求补充、替换设备族模型，并保证竣工模型与竣工实体一致。BIM 总体单位研发"数字化交付平台"，组织施工单位集成 BIM 模型并提交、关联相关工程资料（图20）。

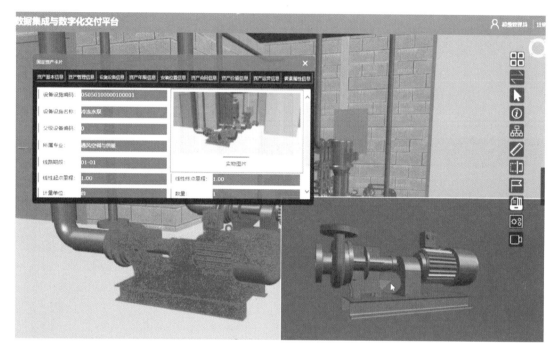

图 20　数字化交付

四、应用成效

（一）解决的实际问题

1. 提升了 BIM 模型质量。传统二维图纸由设计总体、设计咨询、强审单位多级审核会签，有效保证了图纸质量；而 BIM 模型通常由咨询单位审核，审核力量薄弱。通过使用协同平台，连接了各参建单位，提升了信息传递的时效性，降低了信息的丢失率。通过灵活添加审核角色可以实现多方模型审核，通过三维模型与设计图纸联动更精确地查看和审核模型，提升 BIM 模型质量。

2. 提升了 BIM 模型审核工作效率。BIM 模型审核的一般流程是设计单位自审，审核无误后提交至咨询单位进行二次审核。但各单位审核标准未实现结构化、条目化，导致审核人员审核时间长，工作滞后。协同平台根据不同模型标准预制不同的审核维度，审核人员直接按照审核点审核即可，极大提升审核效率。

3. 解决了二维设计图纸和 BIM 模型不同步的问题。地铁系统专业繁杂，设计工艺多变。由于每一条线路的周边环境不同，其设计和施工方案都不能完全复制，但是通过创建 BIM 模型指导设计和施工的思路可以完全复制。在设计源头上，由于缺乏有效的管控手段，BIM 设计期间发现的问题无法及时反馈至二维图纸中，导致无法发挥 BIM 协同设计的优点。通过协同平台办公，各个单位能够连接起来，信息传递更顺畅，能实时反馈信息以降低信息的不对称性。BIM 模型轻量化导入平台后，通过审核流程与设计图纸完成双向审核，设计人员可以同步下载审核报告校验设计图纸，发挥 BIM 应用的价值。

4. 实现了数据共享，提高了信息的时效性。轨道交通建设过程参建单位多，设计体量大，信息量大，并且可能存在冗余信息，这都增加了工程建设期的有效数据筛选和数据分析的难度。协同平台建立完善的数据分析机制，收集各参建单位关注的信息点，筛选、分析有效信息，并采用不同的展示形式简单、直观地分析出亟待解决的问题，显著提高了信息的时效性，缩短了处理周期，减少了风险。

5. 促进轨道交通各参建单位数字化转型。当前轨道交通项目建设的数字化程度相对较低。通过汇聚实时信息，简化业务流程，统计分析时效数据，协同平台将各参建单位联系到一起，提升工作效率，加快了业务流程推进和企业的数字化转型，响应国家的政策，实现绿色高效生产。

（二）应用效果

BIM 全流程协同工作平台采用灵活精简高效的审核流程和方法及数据统计分析等关键技术，收集整理全专业图纸、三维模型以及相关建设信息，提升了关键信息在各参建单位之间传递的时效性、准确性，降低了各企业间的数据鸿沟和工程建设的风险，推动了轨道交通行业数字化进程，提升了城市轨道交通系统复杂数据信息的智能化应用水平，为实现城市轨道交通建设的信息化和智慧化奠定了坚实基础。

通过本平台，不仅可以将项目中所创造和累积的工程信息加以分类、储存以及供项目团队分享，建构了一个传递建筑工程生命周期各阶段专业接口信息的整合作业环境，可提升工程整合效率，减少各专业接口冲突，达到提升设计质量的整体目标，还将加快工期，降低人力与成本，提升工作效率。平台技术应用前景广阔，经济效益明显，将持续推动城市轨道交通工程领域的数字化、自动化、智能化建设。

执笔人：
北京市轨道交通建设管理有限公司（张志伟、王宁、秦东平）
北京市轨道交通设计研究院有限公司（金淮、苑露莎）

审核专家：
魏来（中国建筑标准设计研究院，副总建筑师）
陈顺清（奥格科技股份有限公司，董事长、教授级高工）

工程建设项目三维电子报建平台
在北京城市副中心的应用

中设数字技术股份有限公司

一、基本情况

(一) 案例简介

该案例是北京城市副中心以工程建设项目报建审批业务改革作为突破口，通过应用三维电子报建平台，实现在线报建和自动审批工作模式的实践。该平台在"多规合一"的基础上，开发了规划审查、工程项目审批、施工图审查、竣工验收备案、不动产登记等功能，对接北京城市副中心现有信息化系统，促进工程建设项目规划、设计、建设、管理、运营全周期一体联动，探索构建了全域全空间、全链条、全生命期的"规建管一体化"体系。

(二) 申报单位简介

该平台由中设数字技术股份有限公司承担研发，该公司于 2018 年由中国建筑设计研究院有限公司、紫光集团有限公司、北京中设汉禾数字技术发展中心共同投资成立，依托中国建筑设计研究院有限公司 CBIM 技术优势和研发成果，借助紫光集团"从芯到云"的战略布局优势，共同组建以技术实践和滚动研发为核心，横跨工程建设行业、信息行业两大产业的创新型企业。

二、案例应用场景和技术产品特点

(一) 案例技术方案要点

平台总体架构设计分为辅助设计软件功能（本地端）和智能审查系统功能（图1）。辅助设计软件的用户是建筑规划审批的申请单位，如设计单位、建设单位等；智能审查系统的用户是审查审批管理方。辅助设计软件和智能审查系统实现数据连通和对接，同时考虑标准引领工作和与其他系统的融合、对接。

第一，软件系统的工作基础是标准体系。标准体系定义了 BIM 报建交付标准、数据标准、技术审查规范及建筑功能分类编码标准等（图2）。标准是软件系统的基础规范，保证软件系统的正确性，决定软件系统过程和结果的完整性和一致性。

第二，总体系统包含建筑工程辅助设计软件工具。基于主流 BIM 设计软件 Revit 研发 BIM 规划报建辅助设计软件，拥有 4 大功能模块，实现 12 项功能（表1）。

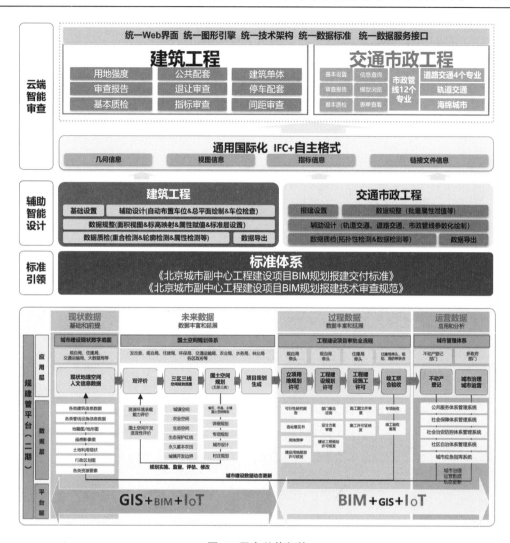

图 1　平台总体架构

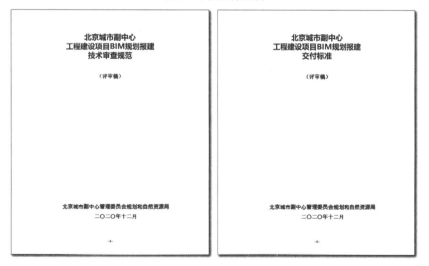

图 2　规划报建标准

规划报建辅助设计软件功能表 表1

功能模块	详细功能	功能描述
基础设置	文件名配置	一般情况自动从文件名称中提取建筑编号 支持特殊情况灵活配置，批量提取建筑编号
	整体信息	地块、建筑的基本信息（编号、用地性质等）
总平数据规整	总平属性赋值	针对总平构件赋值、规整，便于指标计算和审查
建筑单体数据规整	标高映射	将设计模型中的标高与标准标高匹配（室外地坪、屋顶等），便于进行相关审查和自动计算
	标准层设置	设置标准层范围，数据规整完成一层，自动计算相关所有层
	面积视图	辅助生成面积视图，进行面积绘制
	单体属性赋值	针对面积轮廓完成属性赋值，便于指标自动计算
质检与导出	格式质检	自动检查模型数据是否符合数据标准和审查要求
	指标表单	三个标准表单自动计算及导出
	轻量化导出	一键导出轻量化模型

第三，通过智能审查系统进行审查。参考北京市相关规划管理规范进行指标梳理，形成6大模块，35个审查对象，21个指标，并根据审查规则实现的技术可行性，分为自动、人工审查两类，最大程度实现人机交互审查（图3）。

图3 智能审查系统

（二）适用范围及条件

平台不仅适用于政府管理部门的建设规划审查审批过程，也适用于设计院审图专家的校审过程和设计过程中的自查自校。本平台是二维、三维兼容的审查平台，可以提升校审效率和设计质量。二维设计场景中，支持在线批注校审和留档；BIM设计场景中，支持BIM模型智能审查、自动比对和批注，包括规划指标审查、消防审查等专题。

（三）主要特点及指标

平台立足于工程建设项目成果交付，现阶段主要提供了针对设计成果自审、外审的相关功能，可供设计单位、建设单位与政府主管部门使用，是衔接前端设计至后续审查的统一平台。该平台具有以下主要特点：

一是采用国产自主数据格式，数据格式在 IFC 基础上自主定义，具有开放的特点，增加了平台数据兼容性（图4）；二是采用自主图形引擎，通过图形渲染与轻量化引擎的自主研发，为平台提供了有力支持；三是采用自主规则引擎，基于不同规范与地域要求的规则库，实现了建立在自主研发基础上的"云端驱动，灵活可配"；四是开发了智能审查业务模块，实现了 BIM 模型的自动审查，节省了审查时间，提升了审查质量；五是兼容二维和三维，二维、三维图纸均可查看，并为之提供了方便的批注工具，支持多种二维、三维格式。

图 4　平台数据格式

（四）技术比较及应用情况

与同类的施工图审查平台相比，平台应用范围更加广泛，不仅可应用于政府主管部门，还可应用于设计企业和报审单位，提供审查审批全流程支持。

本平台作为标准化产品，应用于北京城市副中心、南京市的 BIM 报建项目。其中，南京市 BIM、CIM 试点项目自系统上线以来，已经在主城四区、南部新城、江北新区核心区、紫东核心区以及 9 个新城新区试点启用，目前已累计完成 16 个工程项目报建手续，涵盖商业、产业园区、住宅、社区中心等多种形式，规划许可总建筑面积累计近 200 万 m^2；平台在北京城市副中心某工程、潞城全民健身中心（A4）—174 地块、东方厂、周转房、复地五个项目开展了应用，规划许可总建筑面积累积超过 276 万 m^2。南京市的系统上线后，从报建到发证，最快只需 3 个工作日就可全部完成，缩短了整个报建流程，提高了政府效能。用于北京城市副中心的系统，目前已完成试点项目的验证，预计在全面应用后，可达到与南京市相关系统相同的效率。基于试点项目总结形成的"特大城市 CIM 平台关键技术及示范应用"成果荣获"2021 年国家地理信息科技进步一等奖"。

三、案例实施情况

（一）工程项目基本信息

北京城市副中心行政办公区某工程用地面积 0.90hm²，总建筑面积约 3.8 万 m²，主要功能包含综合办公、展示、接待、监控中心、食堂、会议等。本项目于 2017 年 4 月完成图纸设计，于 2017 年 12 月交付使用至今。

（二）应用过程

为推进副中心"规建管一体化"体系构建，北京城市副中心在"多规合一"的基础上，基于报建审查数据与交付标准，联合设计单位、建设单位协同开展工程建设项目三维电子报建工作：

1. 设计环节

（1）BIM 协同设计

建设单位依据北京城市副中心主管部门提出的规划设计条件、BIM 规划报建应用要求及相关标准规范，组织设计单位开展 BIM 设计。设计单位借助"多客户端的 BIM 报建辅助设计软件（支持 Revit、ArchiCAD 多客户端）"，进行模型指标数据规整、模型自检并导出生成自主格式审查模型，保证设计端数据满足基本报建要求，提升报建通过率（图 5）。

（2）规划审查自校与送审

建设单位准备项目材料，包括 BIM 设计模型、轻量化审查模型、必要的来函公文及相关的附件，通过互联网登录北京市工程建设项目"互联网＋多规合一"协同平台，提交多规合一申请。通过模型材料一致性验证后，进行立案。一致性验证保证 BIM 模型和轻量化模型的版本一致性，确保提交材料的合法性。

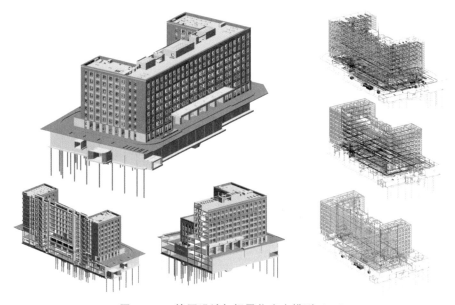

图 5　BIM 协同设计与轻量化审查模型（一）

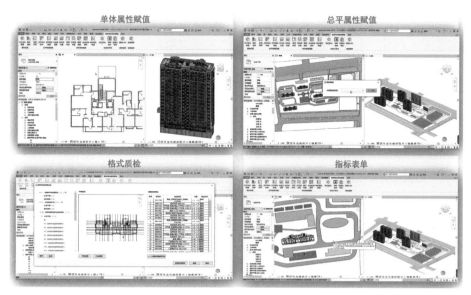

图 5　BIM 协同设计与轻量化审查模型（二）

　　选择"BIM 轻量化报审文件地址"和"原生文件夹地址"，进行一致性验证校审。验证通过后，导出表单，包含"建筑单体指标表单"和"总平面指标表单"，与提交的纸质材料进行比对（图 6）。

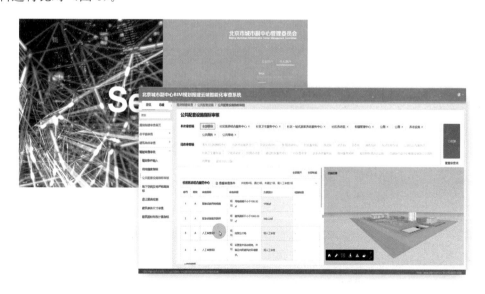

图 6　BIM 规划审查送审

2. 审查审批环节

　　通州区规划管理部门经办人员登录"北京城市副中心 BIM 规划报建云端智能化审查审批系统"，选择某工程项目及相关挂载的送审材料。

（1）BIM 规划审查审批

　　选择"一键审查"，对 BIM 模型进行用地强度指标、公共配套设施指标、地下空间及地坪标高、退让检测、停车配建指标、建筑单体尺寸等自动审查。自动审查直接生成结果后，可进入上述每个页面进行结果查看，同时可以点击数据进行对应位置模型的查看，确认审查结果无误。对中小学、场地等半自动和人工审查项，须对照审查要求，同时通过模型查看、浏览、漫游、剖切、测量等进行人工核查，记录意见形成报告（图7）。

完成全部审查后，经办人点击"审查报告"生成PDF报告。

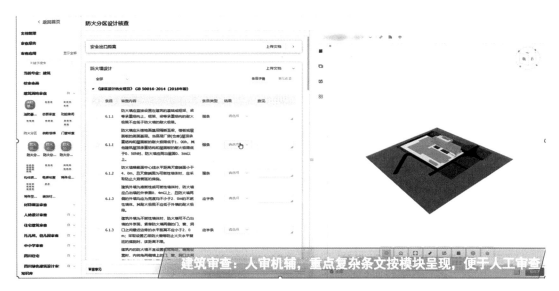

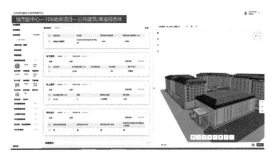
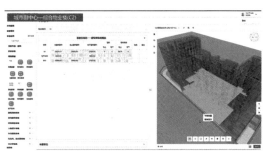
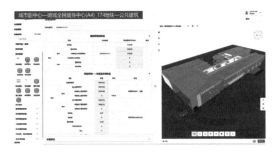
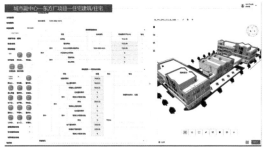

图7　北京城市副中心BIM规划审查审批

（2）BIM施工图审查审批

对BIM模型先运行一键审查，得到对自动审查项的审查结果。施工图审查模块包含：建筑消防（防火分区、房间、疏散楼梯、场地等）、火灾自动报警系统审查、消防给水审查、消火栓审查、防烟系统审查、排烟系统审查等消防类审查；办公建筑审查、老年人照料设施审查、住宅建筑审查、中小学审查等建筑类型审查和装配式审查等专项审查。

每个模块中自动审查可以得到机审的结果建议，标红数据提示规范依据，点击数据可查看模型具体位置的设计情况，进行人为复核，可以针对自动审查的结果作出人为复核的判断。每个模块中的人工审查项可作出专题的审查要点提示，查看模型图纸后记录审查意见（图8）。完成全部审查后，经办人点击"审查报告"生成PDF报告。

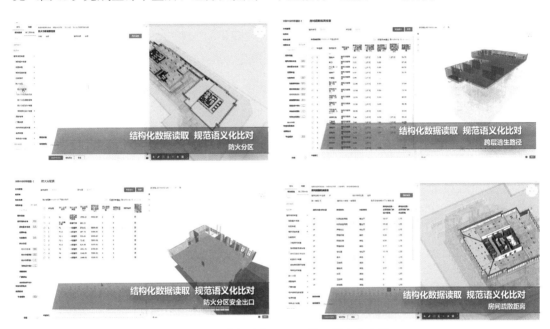

图 8　北京城市副中心 BIM 施工图审查审批

3. 数据入库环节

通州区规划管理部门按照建筑工程规划报批信息模型电子数据成果入库流程和要求，开展某建筑工程设计方案和建筑工程规划许可报建方案、施工图审查的二维电子数据和BIM报批数据的入库管理工作。

四、应用成效

(一) 解决的问题

1. 解决了运用 BIM 系统实现工程建设项目电子化报建的问题。传统审查审批模式采用纸质介质，其缺点显而易见，例如采用物理传输，依托邮寄、人工送达等手段，传输过程漫长；物理存放，检索不便，日后调取费时费力；在审批过程中，一旦出现信息变更，需要补充材料的，要经历完整的送达、归档、变更流程，耗时巨大；只能将图纸作为审批介质，无法承载 BIM 模型，且不能进行智能审批；对审批人员专业能力要求高，耗费大量宝贵的专业技术人力资源。运用 BIM 系统实现工程报建后，采用电子介质传输，传输速率高，检索调用过程简单，信息变更归档程序简单快速；面对越来越多的 BIM 报建，电子介质可对模型进行直接传输和应用智能审批；降低了对审批人员的专业技能要求，节约了宝贵的人力资源。

2. 实现了 BIM 报建系统与项目审批办事服务平台的衔接。打通了 BIM 报建系统与项目审批办事服务平台的数据，实现了平台间的纵向数据传递和横向数据共享，避免了以往因为数据格式不统一造成的数据信息丢失，数据不真实、不可靠的问题，实现了数据资产的真实、完整、可靠。

3. 统一标准，健全制度，加强数据安全信息管理。传统模式下，审查审批过程中大量数据都已经在电子—纸质—电子的介质转换中灭失。平台结合副中心制度建设情况，围绕工程建设项目全生命周期业务办理要求与工作需要，实现系统数据良好管控，做好数据信息安全保密工作。坚持依法行政，保障新一代"规建管"平台的顺利运行。

（二）项目成效

一是审查智能高效，提升电子报建审查效率。审查系统涵盖建设工程审查核心要素 205 项，通过 BIM 轻量化审查模型，实现了对方案审查、模型完整性、模型图纸一致性等关键工作和既有规范进行自动的、定量化的校审，提升审查效率，缩短审批周期。系统试运行阶段，从报建到发证，最快只需 3 个工作日就可全部完成。

二是标准格式统一。在统一数据标准、交付标准和格式的基础上，围绕规建管一体化，落实 BIM 模型从规划报建向施工图审查、竣工验收、运维的全流程管理，实现部门之间、系统之间 BIM 模型数据无缝无损流转和共享，促进信息流转，沉淀数据资产。数字化交付模式为 BIM 进一步向智能运营等领域的业务延伸打下基础，推进工程项目数字资产沉淀。

三是安全自主可控。采用国际通用的"BIM 数据标准（IFC）＋自主格式"，满足自主可控和与国际标准接轨的双重需求。该数据格式在实现数据模型自主可控的同时，也为未来国产设计端预留接口。同时，基于自主 BIM 图形引擎，实施云端审查，安全易用。

执笔人：
中设数字技术股份有限公司（于洁、石磊、魏辰、韩智华、李志文）

审核专家：
魏来（中国建筑标准设计研究院，副总建筑师）
陈顺清（奥格科技股份有限公司，董事长、教授级高工）

中国建设科技集团工程项目协同设计与全过程管理平台

中设数字技术股份有限公司

一、基本情况

（一）案例简介

中国建设科技集团工程项目协同设计与全过程管理平台（以下简称"协同设计与管理平台"）包含项目管理系统和协同设计平台。其中，项目管理系统根据集团业务类型划分为设计项目管理子系统、总承包项目管理子系统和全过程咨询项目管理子系统；协同设计平台包括 BIM 设计工具子平台、BIM 资源子平台和交付子平台。协同设计与管理平台可支持各类别设计业务人员在线完成项目从经营阶段的报备、立项，到设计阶段的任务单发布、人员策划、进度策划、交付管理、三维校审、电子签批、成果交付、成果归档，再到施工阶段的设计交底、变更洽商、现场服务等，可实现设计项目的全流程管理，满足项目组日常化、扁平化的协同管理要求，并解决碎片化的管理痛点。

（二）申报单位简介

该平台由中设数字技术股份有限公司承担研发，该公司于 2018 年由中国建筑设计研究院有限公司、紫光集团有限公司、北京中设汉禾数字技术发展中心（有限合伙）共同投资成立，是依托中国建筑设计研究院有限公司 CBIM 技术优势和研发成果，借助紫光集团"从芯到云"的战略布局优势，以技术实践和滚动研发为核心，横跨工程建设行业、信息行业两大产业的创新型企业。

二、案例应用场景和技术产品特点

（一）案例技术方案要点

该案例根据项目实际情况，针对 BIM 基础引擎技术与业务产品要求分别制定技术方案（图1）。

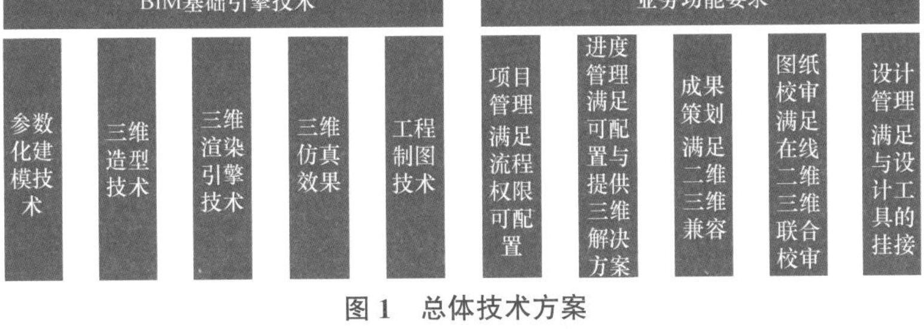

图1 总体技术方案

1. 项目 BIM 基础引擎。本项目支持工程建设三维设计和文件管理的 Web 应用软件及服务系统，具备自主知识产权的 BIM 基础引擎。包括但不限于三维几何引擎、渲染仿真引擎等建筑信息模型关键核心技术。（1）三维渲染引擎技术：渲染期间平均帧率至少达到 35FPS，渲染场景复杂度达到 5000 万三角面片；（2）三维仿真效果：支持第一人称动画输出、动态天气模拟增强、VR 效果输出模拟等；（3）参数化建模技术：实现基于空间定义的三维建模能力；（4）三维造型技术：包括点线面、实体、布尔运算、拓扑结构、曲面等基本造型能力；（5）工程制图技术：实现 DWG、PDF 格式输出，投影消隐算法和图例符号化算法功能。

2. 产品业务实施方案。结合本项目建设目标及功能要求，相关设计项目管理子系统目标及功能的产品方案如图 2 所示。

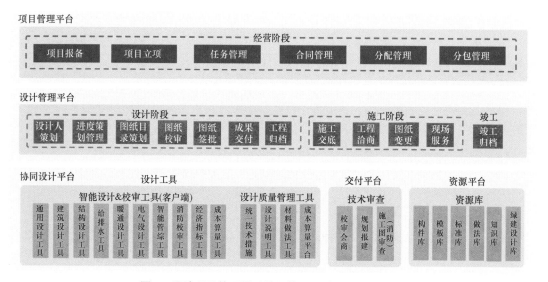

图 2　设计项目管理子系统及协同设计平台产品框架

设计项目管理子系统模块涵盖了设计项目从经营阶段的报备、立项，到设计阶段的任务单策划、人员策划、进度策划、图纸校审、成果交付、工程归档，再到施工阶段的交底、变更洽商、现场服务，最后到竣工归档的全流程管理。

协同设计平台为整个 BIM 协同管理的日常设计工作提供支撑，主要包括 BIM 设计工具子平台、交付子平台和 BIM 资源子平台三个部分。BIM 设计工具子平台包含了智能设计工具、管理工具和效率工具三大类，共计十二个子类的工具；交付子平台主要用于交付成果的质量和指标审查，比如规划报建的审查、施工图审查等；BIM 资源子平台则覆盖了构件、模版、标准、做法四大种类资源库。

设计项目管理子系统能保证设计项目全流程高效有序实施，其中，合同管理模块连接了业务与财务系统，实现了业财一体化的管理目标。协同工作平台能为团队提供日常化、扁平化的协同工作能力，为企业设计转型赋能。

（二）适用范围及条件

协同设计与管理平台针对的对象为设计单位与设计咨询单位，能够辅助项目管理、业财一体化管理、成本管理、设计协同管理、设计成果校审管理、项目归档管理以及成果交付管理等，适用于常规二维及 BIM 设计项目、工程咨询项目以及工程总承包项目。

（三）主要特点及指标

协同设计与管理平台涵盖设计项目全过程，包括项目管理平台、设计管理平台、BIM 协同设计平台、资源平台以及一系列设计工具，能够实现从设计立项到成果交付的设计业务全过程管控。总体具有以下特点：一是解决方案涵盖项目设计全过程、设计全专业，针对设计单位大部分场景都有相应应用；二是采用平台与工具相结合、云端与本地端相结合的实现手段，使所有设计流程、设计工具与设计知识形成体系，共同辅助完成设计项目；三是内置丰富的设计资源与知识，同时也可提供企业知识积累的管理与支持；四是二维、三维业务兼容，模块灵活，流程可配，适应不同类型设计业务的应用要求；五是对于 BIM 设计项目，采用引导式 BIM 设计辅助，降低了 BIM 正向设计门槛。

（四）技术比较及应用情况

目前，国内外主要有辅助设计和项目过程管理的平台或软件，如鸿业的云平台与 BIMSpace 软件（主要是建筑与机电）、探索者 BIM 设计软件（主要是结构）、橄榄山 BIM 设计软件（主要是建模）等。

协同设计与管理平台与上述同类产品相比较，主要区别为：一是功能覆盖范围更广，功能更加集成，形成了平台与软件的体系，能在项目的各个阶段提供支持，更好地为设计业务服务；二是提供了增效工具，更加注重项目过程及项目数据的应用，利用已有的设计知识为设计过程提效增质；三是可支持企业的知识与资源积累，可为企业的数字化转型提供数据基础。

此平台为标准化产品，部署在中国建设科技集团，同时在国内其他设计单位也有应用，已服务于数十项工程建造项目，如清华大学深圳国际校区（一期）、盈嘉广场综合体项目等。

三、案例实施情况

（一）总体目标

协同设计与全过程管理平台是中国建设科技集团业务数字化发展的核心平台，结合国资监管信息化建设"三年行动计划"，满足业财一体化建设要求，全面、快速、高效地改善信息化水平相对落后的状态，在完成"补课"的基础上实现"超越"。该平台不仅能够满足中国建设科技集团实现"纵向到底、横向到边""实时监控、动态监管""强化统筹、集成统一"的建设目标，也可以支撑企业"地域全球化＋业务多元化"的自身发展要求；同时以项目管理和设计协同推动集团各组织间的紧密协作，实现"空间无边界、企业无边界、产业无边界"的目标。

（二）案例实施情况

集团结合数字化转型和项目管理需求，在业务上应用了项目协同设计与全过程管理平台产品。

（1）设计项目管理子系统产品。以项目全过程管理为主线，覆盖了项目报备、项目立项、任务管理、合同管理、分配管理、分包管理以及设计管理等各个环节，通过更为精细化的流程拆解，实现数据的互通，以提高建筑设计企业经营管理、项目管理、财务、设计生产等部门的工作效率。

登录系统后默认进入系统首页（图 3），在顶部区域包含项目管理系统和协同设计平台，以及其他子管理系统的入口。

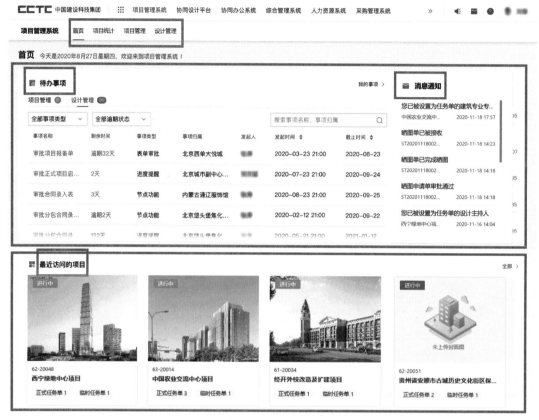

图 3　设计项目管理子系统首页示意

进入项目管理子模块首页默认是业务地图（图 4），所有经营人员和项目经理可以清

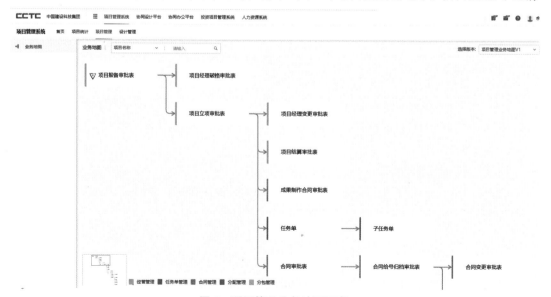

图 4　项目管理业务地图示意

晰地看到工作流程和工作内容，以及业务之间的顺序关系；同时也是流程操作的快捷入口，点击进入所需要的业务场景进行相关操作；已经创建好业务流程的，可以通过项目名称等关键词搜索，进入该项目的业务场景。通过底部的导航缩略图，可以拖动到所需要的业务场景。用五种颜色区分不同的业务场景分类。

业务地图配置灵活，可以根据企业管理需要，增加、删减和改变流程。

（2）协同设计平台产品。包含智能设计工具、校审工具、质量管理工具在内的20多个模块300多项功能（图5）。面向设计团队提供高效的智能化设计，内置设计标准及协同流程，丰富的设计资源支撑。

协同设计平台

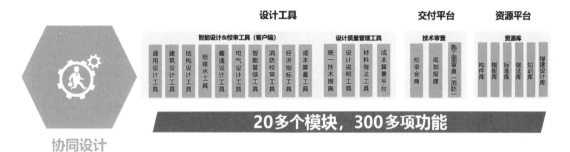

图 5 协同设计平台

智能设计工具以正向设计为主线，设计、建模与出图一体化，如楼梯走道工具、消火栓自动布置工具，内置设计规范，自动布置，极大地提升了效率和质量（图6）。

智能设计工具

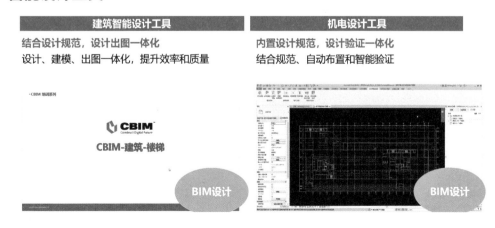

图 6 智能设计工具

智能设计工具中还包括经济指标工具，自动化或者半自动化地计算报批报建的各项规划指标，支持国标和北京、南京、广州的地方标准。随着产品的升级迭代，以后会将更多城市的标准引入到系统中，更全面地支持集团业务；材料做法工具，不仅适用三维的BIM项目，同时也支持二维项目，兼顾设计企业业务实施（图7）。

■智能设计工具

图7　经济技术指标工具与材料做法工具

智能管综工具是基于大量设计和施工经验总结出来的规则库，通过人工智能算法，生成管线排布方案，驱动管线自动排布与避让，大幅提高了BIM设计管线综合的工作效率（图8）。

■智能管综工具

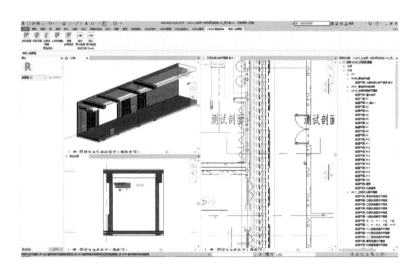

图8　智能管综工具

成本算量工具，针对建筑、结构、给水排水、暖通、电气五大专业的模型和建筑制图标准工程量清单，清单结果与模型实体对应可见，辅助设计人员进行成本控制，辅助成本造价人员快速准确计量，使估价效率大幅提升，为设计企业转型全过程咨询和 EPC 服务，提供了技术保障（图9）。

成本算量工具

图9　成本算量工具

质量管理工具包括统一技术措施工具、设计说明工具等，在设计过程中积累数据、设计知识、设计经验，形成企业专属知识库，设计过程中不断自我积累，提高生产力，且二维、三维项目均适用（图10）。

质量管理工具

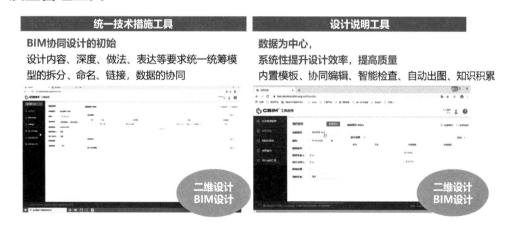

图10　质量管理工具

智能校审工具直接通过浏览器在线登录进行二维、三维联合校审，包括规划校审，建筑消防、机电消防等方面业务的应用（图11）。

智能校审工具

二维三维联合校审，直观方便

规划校审
建筑消防
机电消防
材料做法

不用学Revit，
也能看、查、批模型

图 11　智能校审工具

四、应用成效

（一）解决问题

由中设数字技术股份有限公司研发的协同设计与管理平台，在完成项目既定目标的基础上，还为集团解决了如下问题，为企业赋予新的能力：

1. 高品质的项目管理系统与协同设计平台，助力企业信息化转型。协助企业统一设计习惯、规范设计流程，解决企业因设计流程不统一、设计过程混乱、设计数据丢失导致的质量问题和进度问题。

2. 丰富的设计工具与资源，为用户提供坚实的知识支撑。平台整合了大量的设计工具和资源，为年轻设计师提供了高效的设计指导，为有经验的设计师提供了便捷的设计工具，提升工作效率和质量。

3. 多样化的设计资源存储，扩充用户的核心知识库。平台提供多样化的设计资源存储方式，解决人员变动、项目文件记录不全等因素导致的工作交接困难和设计经验断层，助力用户核心资源的积累。

4. 自动化的文档管理，缩短归档与调档周期，保证数据完整。平台根据项目进度节点自动生成设计文件目录，简化归档过程，保证项目文档的准确性和完整性；后期用户可以通过项目类型、时间点、相关人员、进度节点、关键字搜索等方式，有针对性的调档。

5. 云部署模式，提升用户的多终端和多地办公效率。平台的云部署模式有效解决本地数据随意拷贝导致资料外泄、资源分散不便于统一管理、多地办公工作不便、设备故障引发数据丢失、人员维护成本较高等问题。

6. 校审会商平台化。线上三校两审，方便快捷，提高校审效率；规范三校两审流程，标准化批注样式；支持图模文件的在线打开、批注和交互查看；校审意见通知到人，提升协同质量。结合 BIM 设计模型的 BIM 信息自动校审，大大降低了校审成本，提高了设计成果交付质量，规避了设计过程中的风险。

7. 降低 BIM 设计门槛。采用项目流程与设计工具相结合的引导式 BIM 设计，易学易用，零门槛进入 BIM 设计；模块灵活，流程可配，适应不同类型项目 BIM 设计的应用要求。

8. 提升交付成果价值。提供全专业、全流程，覆盖整个设计过程的工具与资源，与国家规范相结合，标准化 BIM 交付成果；方便与后续介入建设过程的单位相衔接，满足交付成果持续使用的要求。

9. 提升专项设计效率与质量。提供智能化设计系列工具，如楼梯智能设计工具、机电智能布置工具、智能管综工具等，提升专项 BIM 设计的自动化水平，进而提高效率与质量。

(二) 项目成效

工程项目协同设计与全过程管理平台通过内置的大量业务模板，减少专业设计人员在非设计任务上投入的时间，使设计人员更专注于生产，并极大提升了项目管理人员的管理效率，为企业降本增效提供了有力的辅助工具。平台内置的业务模板和预置的规范性业务流程是基于大型成熟设计院多年项目管理经验总结沉淀而成，可以实现设计项目的标准化管理，为未来设计行业标准化提供了抓手与工具。

通过平台的应用，集团实现业财一体化，满足业务发展的要求，发挥财务在业务中的支持和服务作用；助力业务协同，促进效率与管理水平的提升，降低建设成本；促进集团数字化转型，支撑未来业务国际化发展，并满足上级监管要求。

执笔人：
中设数字技术股份有限公司（于洁、张弘弢、张文华、武诗然、张书慧）

审核专家：
魏来（中国建筑标准设计研究院，副总建筑师）
陈顺清（奥格科技股份有限公司，董事长、教授级高工）

"天磁" BIM 模型轻量化软件在协同设计中的应用

上海交通大学

一、基本情况

(一) 案例简介

上海交通大学 BIM 研究中心依托多年来对 IFC (Industry Foundation Class, 工业基础类) 数据标准的研究成果, 创新开发了以轻量化、多软件兼容、数据共享为主要特点的 "天磁" BIM 模型轻量化软件 (以下简称 "天磁" BIM 软件) (图 1)。该软件以 Build-ingSMART OpenBIM® 技术路线为指导, 以解决专业型 BIM 软件间的数据共享与交换问题为目标, 摆脱了使用 Revit 单一软件的路线, 实现了更为高效的多元软件结合的 Open-BIM 技术路线 (图 1)。

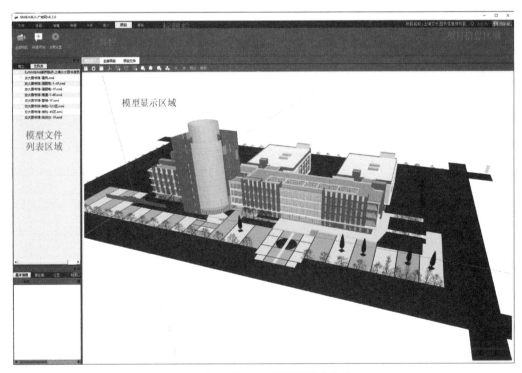

图 1 "天磁" BIM 模型轻量化软件

(二) 申报单位简介

上海交通大学 (以下简称 "上海交大") 是我国历史最悠久、享誉海内外的著名高等学府之一，是教育部直属并与上海市共建的全国重点大学。上海交通大学从 2005 年开始研究 BIM 技术以及 BIM 数据标准 IFC，至今已有 17 年，在 CAD、BIM 数据标准以及协同平台方面积累了丰富的研究成果。上海交通大学 BIM 研究中心在上海交通大学 BIM 研究团队的基础上创建，由 10 多位研究人员组成（多人具有丰富的建筑设计、施工管理经验，获得英国特许工程师证书），专业涵盖建筑、结构、给水排水、暖通、机电、工程管理、绿色能源、软件开发等，并邀请行业内具有丰富经验的总工、BIM 专家等组成专家委员会指导工作。

二、案例应用场景和技术产品特点

（一）技术方案要点

"天磁" BIM 软件由模型查看、碰撞检测、审阅批注、远程协同等功能部分组成，实现了多项目、多专业、多版本的建筑信息模型的数据存储、查询、显示、碰撞检查、测量批注、沟通交流、分析与管理。该平台的使用打破了国外建筑行业单一 BIM 软件平台的垄断，实现了多种 BIM 软件互联互通，为实现多种 BIM 软件共存的 OpenBIM 技术路线提供了全新的解决方案（图 2）。

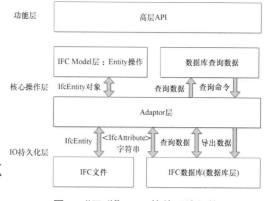

图 2 "天磁" BIM 软件系统架构

（二）关键自主技术难点和创新点

"天磁" BIM 软件创新地解决了设计领域应用 BIM 技术时存在的三大痛点问题：多软件兼容、碰撞检查和异地沟通交流。

1. 多软件兼容。"天磁" BIM 软件能够兼容市面上主流的建筑工程各领域 40 多款软件，各专业设计人员都可以选择最适合的 BIM 专业软件进行 BIM 设计，在设计的过程中清楚、准确地表达自己的专业意图，产生三维模型。建筑设计师可以选择 SketchUp 软件进行建筑方案设计，选择 ArchiCAD 软件进行建筑设计；结构工程师可以选择 YJK 或 PKPM 软件进行结构分析与设计，选择 3D3S 或 Tekla 软件进行钢结构深化设计；水暖电工程师可以选择专业的 MagiCAD、Rebro 或 PDMS 软件进行机电专业设计及深化。多部门、多专业设计成果通过 NMBIM（Natural Magnetism Building Information Modeling，天磁建筑信息模型）平台进行集成，实现设计人员异地沟通与协同设计，为解决多软件互操作性问题提供了解决方案。

2. 碰撞检查。通过"天磁" BIM 软件客户端内置的碰撞检查功能，基于各专业 IFC 或 NMI（Natural Magnetism Information，天磁信息）文件，快速对项目的土建、管线、工艺设备等进行管线综合及碰撞检查，测量批注，不但能大幅减少多专业之间的硬碰撞、软碰撞，优化工程设计，减少在建筑施工阶段可能存在的错误损失和返工，同时可以优化净空、优化管线排布方案等。

3. 异地沟通交流。"天磁" BIM 软件提供的审阅批注和视点功能，通过将重要视点保存并批注，异地多人可针对同一视点进行沟通交流，大大提高了异地沟通信息的一致性和有效性，同时也可以大大减少在查看模型过程中查找、隐藏构件等相关重复性工作。内置的审阅批注功能，更是直接将审阅指导意见或建议与模型局部——绑定，使沟通交流简洁明了，最大程度地规避了由于意见口头表述不清、调整部位表述不明导致多专业合作过程中效率低下、易出错等问题的发生。

（三）产品特点

"天磁" BIM 软件具有如下功能与特点：

1. 多专业模型合并。兼容显示常用 BIM 软件输出的 IFC 数据文件。包括建筑设计软件 ArchiCAD、SketchUp；结构设计软件 YJK、PKPM、3D3S、Tekla、Etabs、SAP2000、MIDAS；机电设计软件 MagiCAD、Rebro、PDMS、Inventor；综合类软件 Revit、Bentley、CATIA 等，同时支持 fbx、dxf、osg、ive、obj、stl 等多种通用数据交换格式。

2. 三维漫游与剖切。支持跨专业、多模型三维查看、漫游并可对三维模型进行自由剖切、定位查看模型细节。

3. 碰撞检测。各专业模型合并后对可能产生的软硬碰撞进行检查，并进行测量批注，在施工前及时发现各专业间的"错、漏、碰、缺"。

4. 审阅批注。将重要视点保存并批注，异地多人可针对同一视点进行沟通交流。

5. 自主研发 NMI、NMZ 数据格式。NMI 压缩数据文件大小至 1/5，大幅提高模型读取速度 10 倍以上。NMZ 采用动态加载技术，可以将 10G 以上多单体、多专业、多模型整合加载展示。

（四）应用场景

"天磁" BIM 软件适用于大中型建筑、石化、核电企业采用 BIM 技术进行协同工作，支持项目各参与方开展 BIM 项目管理、模型整合、数字化交付，能够广泛应用于土木与建筑工程的各个领域。包括政府主管部门，业主方，设计领域的建筑、结构、给水排水、暖通、电气、园林、景观等设计人员，造价人员，监理人员，施工管理人员，以及工程运营维护管理人员，均可运用天磁 BIM 协同软件。同时，道路、桥梁、隧道与轨道交通等市政工程的各个参与方，也可应用天磁 BIM 协同软件。

（五）竞争优势

"天磁" BIM 软件的竞争优势包括：一是采用 IFC 数据标准和 OpenBIM 技术路线。各专业设计人员都可以选择最适合的 BIM 专业软件进行 BIM 设计，清楚、准确地表达自己的专业意图，产生三维模型，通过 BIM 软件生成所需要的二维 CAD 图纸，无需第三方进行翻模工作。二是配置轻量化。自主研发 NMI 数据格式，压缩数据文件大小至 1/5，大幅提高模型读取速度 10 倍以上，提升 BIM 交付效率；软硬件配置轻量化，安装包大小仅为 50MB，安装时间约为 1 分钟；电脑配置要求低，仅需要 8G 内存及普通显卡，大幅降低 BIM 应用门槛，为全国 BIM 普及应用创造条件。

三、案例实施情况

（一）案例基本信息

上海艺术文化创新实践中心是由上海江欢成建筑设计有限公司承担设计的公共建筑，其地上部分共三层，主要用途为艺术展览。上海江欢成建筑设计有限公司将"天磁" BIM

软件技术应用于该项目设计全过程中，采用了 ArchiCAD、YJK、"Rebro＋NMBIM"的方式，实现了多专业 BIM 协同正向设计。

（二）应用过程

"天磁"BIM 软件应用于上海艺术文化创新实践中心项目设计全过程。在设计过程中，建筑、结构、机电三个专业的设计人员利用本专业设计建模软件进行各专业模型的搭建，在各专业模型搭建过程中利用"天磁"BIM 软件对各专业模型进行查看。在查看各专业模型之后，设计人员通过"天磁"BIM 软件中提供的碰撞检查功能进行各专业模型之间的碰撞检测，以了解各专业之间的碰撞情况，并根据碰撞情况修改各专业模型。在上海艺术文化创新实践中心项目的设计过程中，建筑空间净高控制是本项目非常重要的一部分。借助"天磁"BIM 软件，各专业设计人员通过定位剖切等功能非常方便地查看净高控制的准确性，很好地完成了净高控制工作。在多专业 BIM 协同设计过程中，设计人员还利用"天磁"BIM 软件中的批注功能，高效地完成了设计过程中的沟通交流，并最终出色地完成了全过程 BIM 正向设计。具体过程如下：

1. 各专业模型搭建。在本项目中，上海江欢成建筑设计有限公司设计人员选择了 ArchiCAD、YJK 和 Rebro 等软件进行了建筑、结构、机电暖通等各专业 BIM 模型的创建（图 3）。

ArchiCAD 建筑模型　　　　　　YJK 结构模型　　　　　　Rebro 机电模型

图 3　各专业 BIM 模型搭建

2. 多专业模型查看。"天磁"BIM 软件可同时打开多个 IFC 文件，并优化保存为自主研发的 NMI 文件，实现多专业的模型查看。在使用各专业软件将 BIM 模型搭建完毕后，"天磁"BIM 软件同时兼容打开各专业软件搭建的模型，实现模型的整合。支持跨专业、多模型三维查看，并可对三维模型进行自由剖切、定位查看模型细节（图 4）。

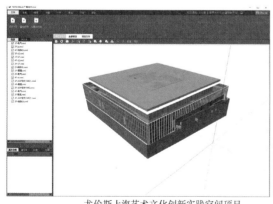 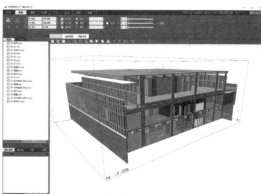

尤伦斯上海艺术文化创新实践空间项目　　　　　　剖切功能

图 4　多专业模型查看（一）

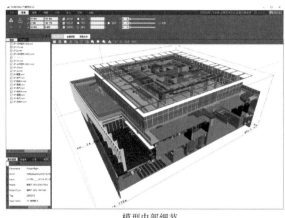

模型内部细节

图 4　多专业模型查看（二）

3. 碰撞检查。"天磁"BIM 软件基于对 IFC 数据标准的研究，对多专业 BIM 模型进行可选择碰撞检查来发现问题。上海艺术文化创新实践中心项目中使用"天磁"BIM 软件按照楼层或者构件类型对各专业模型进行有选择性的碰撞检查，设计人员根据自己的专业知识排除无效碰撞，保存有效碰撞三维视图，并输出碰撞结果以备修改。通过碰撞检查，各专业设计人员了解本专业模型与其他专业模型之间存在的矛盾点，避免后期大量返工，提高正向设计的效率。同时"天磁"BIM 软件将碰撞结果保存在云端或服务器，避免重复碰撞检查，优化功能服务（图 5）。

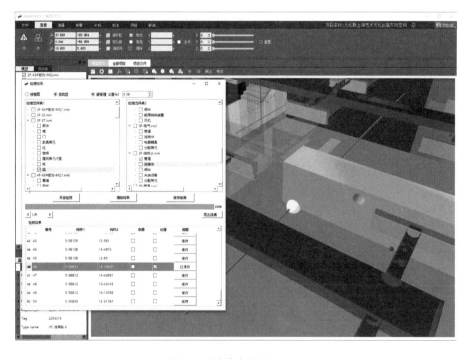

图 5　碰撞检查结果（一）

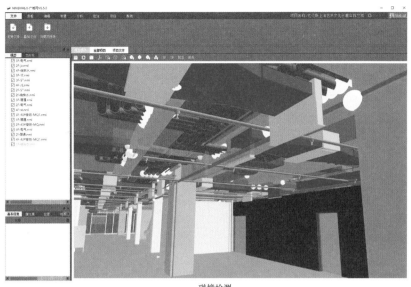

图 5 碰撞检查结果（二）

4. 净高控制。在公共建筑中，净高控制是一项极其重要的控制指标，在传统 CAD 二维图纸设计中，综合各专业设计进行净高控制是一项极其困难的工作，设计人员需要从各方图纸中仔细比对控制净高。这也是上海艺术文化创新实践中心项目在设计过程中存在的一大难点，"天磁"BIM 软件基于多专业模型兼容和精准定位剖切功能，有效查看净高控制区模型情况。具体实施过程为：利用"天磁"BIM 软件将各专业 BIM 模型进行集成查看，在净高控制时设计人员根据净高数值对多专业模型进行快速精准定位剖切，查看净高控制处是否有多余的其他专业模型，以此检查设计净高是否满足要求，大大提高了工作效率（图 6）。

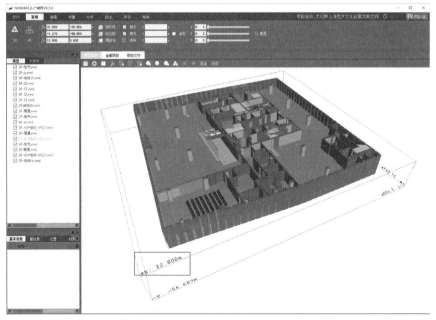

图 6 净高检查过程示意

5. 协同设计。"天磁"BIM 软件为设计人员提供了审阅批注和视点功能,设计人员通过将重要视点保存并批注,异地多人针对同一视点进行沟通交流,大大提高了异地沟通信息的一致性和有效性,同时也大大减少了在查看模型过程中查找、隐藏构件等相关重复性工作。"天磁"BIM 软件内置的审阅批注功能,更是直接将审阅指导意见或建议与模型局部一一绑定,使沟通交流简洁明了,最大程度地规避了由于意见口头表述不清、调整部位表述不明导致多专业合作过程中效率低下、易出错等问题的发生。批注信息同样保存在服务器,下次可直接查看(图 7)。

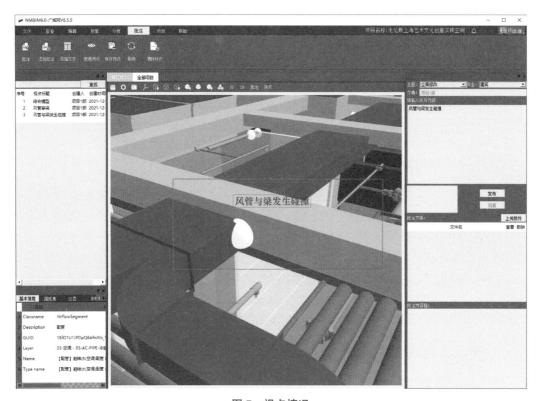

图 7　视点情况

四、应用成效

(一) 解决的实际问题

当前建筑设计行业在 BIM 应用过程中最突出的问题是,通用型 BIM 软件难以满足专业设计需求,而专业型 BIM 软件之间数据共享与交换问题难以解决,严重阻碍了 BIM 技术在勘察设计行业的全面推广。对此,大多数勘察设计企业选择使用单一软件平台的 BIM 软件,以避免不同专业软件之间的数据格式不兼容问题。但单一软件平台缺少专业创造、专业分析的能力,易形成落后的翻模工作模式。

"天磁"BIM 软件采用多元软件平台的 OpenBIM 技术路线很好地解决了该问题。在 OpenBIM 技术路线中,各专业设计人员都选择最适合、最高效的 BIM 专业软件进行 BIM 设计,清楚、准确地表达自己的专业意图,产生三维模型,通过 BIM 软件生成所需要的二维 CAD 图纸，无需第三方进行翻模工作。这种模式极大地提高了工程技术人员的主动性与参与度，大幅提升了数据产生效率。这一模式也在上海艺术文化创新实践中心项目设计过程的应用中得到了验证。

（二）应用效果

"天磁" BIM 软件在上海艺术文化创新实践中心项目设计过程的应用，使得各专业设计人员使用本专业最高效的 BIM 软件进行 BIM 专业设计，并通过"天磁" BIM 软件的兼容性和可视化解决各专业 BIM 数据共享与交换的难题。在净高控制检查这项工作中，相比传统的二维方法，使用"天磁" BIM 软件进行净高检查方便快捷，大大提高了设计效率，为设计项目节省了时间，提升了设计人员参与正向设计的积极性。

"天磁" BIM 软件获得上海市勘察设计协会 2020 年度优秀计算机软件专业一等奖。"天磁" BIM 软件已经投入市场并应用在多个工程项目中，为其全生命周期的统筹与决策发挥了重要作用。截至目前，软件已参与了包括上海江欢成建筑设计有限公司、上海市城市建设设计研究总院（集团）有限公司、上海市隧道工程轨道交通设计研究院、上海市核工程研究设计院有限公司、厦门顶峰房地产开发有限公司等单位的工程应用，在公共建筑、工业建筑、民用建筑、市政工程多个项目中得到了应用，充分验证了"天磁" BIM 软件功能丰富、高效稳定、具有进一步扩展与发展的潜力。

（三）应用价值

"天磁" BIM 软件解决了不同 BIM 专业软件之间的数据交互瓶颈难题，有利于打破我国 BIM 发展长期被国外 BIM 平台软件垄断的现状，实现同类 BIM 平台软件的自主可控。"天磁" BIM 软件在多软件兼容、碰撞检查、沟通交流三大核心功能的实践，为探索开放、包容、共享、标准、协同的 OpenBIM 技术路线提供了经验借鉴。采用"天磁" BIM 软件可以提高我国勘察设计行业人员 BIM 应用普及的主动性与参与度，提升 BIM 数据产生速度，有效化解 BIM 数字化交付、数据归档模型格式多源化的难题。

执笔人：
上海交通大学（胡展硕）

审核专家：
魏来（中国建筑标准设计研究院，副总建筑师）
陈顺清（奥格科技股份有限公司，董事长、教授级高工）

"同磊" 3D3S Solid 软件在钢结构深化设计中的应用

上海同磊土木工程技术有限公司

一、基本情况

（一）案例简介

为解决钢结构深化加工环节需要处理的纷繁复杂的细部连接，上海同磊土木工程技术

图1　3D3S Solid V2020 软件

有限公司依托 AutoCAD 平台的三维建模功能以及基于实体模型的自动绘图系统，创新研发了"同磊" 3D3S Solid V2020 软件产品（以下简称"Solid 软件"），该产品保持了 AutoCAD 平台下操作的便捷性，能够无缝衔接 3D3S 计算模型，实现模型的快捷生成，同时，在空间异形结构如桁架、网架网壳、弯扭构件的深化过程中具有一定优势，可以提高钢结构深化设计效率（图1）。

（二）申报单位简介

上海同磊土木工程技术有限公司成立于 2003 年 1 月，公司位于国家大学科技园——同济大学科技园内，是一家致力于为建筑结构行业提供信息化技术解决方案的专业技术服务公司。自成立以来，公司始终专注于研发土木结构设计软件，并提供土木结构领域的软件定制和项目咨询服务。通过近二十年的研发队伍培养和结构项目设计经历，积累了丰富经验。

公司主要产品为同磊 3D3S 系列结构设计软件、同磊钢结构 BIM 设计系统 V1.0 等，产品技术领域涵盖建筑、市政、电力、环保等多种行业。目前，在全国拥有 4000 余家用户，是国内最具影响力的结构专业软件之一。公司是国内最早研发和推广 BIM 技术的软件厂商之一，并将 BIM 应用于建筑结构设计与咨询，目前已承担上海世博轴、上海国金中心、宁波火车站、浦东机场卫星厅等十几个大跨、超高层结构的张拉、结构设计成套项目。公司自 2011 年起与同济大学合作研究 BIM 技术以及 IFC 标准，经过 10 年的理论知识储备，已较完整掌握 BIM 技术的核心理念和研发方法，为本项目的研发打下了扎实的理论基础。

二、案例应用场景和技术产品特点

（一）产品特点

Solid 软件是一款基于 AutoCAD 平台的钢结构深化设计软件，可完成各类钢结构的

实体建模、加工图绘制及材料清单汇总，可直接导入 3D3S Design 模型进行深化全过程设计，深化完成后可再导出成 IFC 或 DWG 格式文件，并导入其他 BIM 平台进行二次操作，内置丰富的节点库，并提供了丰富的细部建模功能，可完成复杂节点的拼装过程。

（二）应用场景

Solid 软件适用于绝大部分工业建筑领域的钢结构深化项目，目前，已成功应用于工业厂房、钢结构多高层建筑、工业变电支构架以及大跨度钢结构桥梁等项目的设计深化过程中。Solid 软件能够配合 3D3S 计算软件进行钢结构全过程设计，无缝衔接项目从概念设计到三维实体深化加工的设计流程，同时，在空间异形结构如桁架、网架网壳、弯扭构件的深化设计中具有优势。

（三）技术特点及创新点

Solid 软件的核心主要包含两块，即：（1）钢结构三维实体 1:1 建模；（2）根据构建的模型快速输出和管理加工图纸。

借助 AutoCAD 专业化的三维图形平台，Solid 软件构造了适用于钢结构深化领域的零件对象，并提供了一系列便捷的零件组装方式，如焊接、螺栓连接、切割等，能够快速将钢结构零件如同"搭积木"一般拼装成实际项目模型，同时，根据组装连接方式，自动记录拆分形成可用于加工的构件分组。

根据加工构件的分组信息，Solid 软件能够自动根据构件预定义的类型按不同的图纸输出标准进行图纸输出，输出的图纸包含了模板化的零构件文字标记、尺寸标注以及材料统计表，能够适应不同项目、不同单位的技术要求。

Solid 软件具体在以下几个方面进行了创新：

1. 实现钢结构全过程设计。Solid 软件为 3D3S 钢结构计算软件和施工图软件提供了对应的平台接口，能够将有限元计算模型快速转换成三维实体模型，并在此基础上进行深化设计；深化设计完成后可以将模型导出，能够与其他 BIM 软件平台继续对接，大大提升设计效率。

2. 内置丰富节点库。Solid 软件内置了超过 250 个国内常用形式的节点库，包括但不限于门架、框架、塔架、桁架等大类，能够实现模型的快速拼装；对于异常或较为复杂的连接节点，软件还可提供添加板件、添加连接件、细部切割等实体拼装功能，以满足各种钢结构节点零件的深化需要。

3. 允许用户自定义的参数化节点设计。Solid 软件以操作记录为基础，建立了一套完善的参数化节点设计系统，允许用户方便、快捷地自行制作参数化节点并加入到自定义节点库，系统节点和自定义节点都支持自动匹配和装配。

类似的钢结构深化软件国内同类型的产品是 PKPM DetailWorks（北京构力科技开发的钢结构深化设计软件），其特点在于建模时能够切片操作，同时提供了多窗口视图，便于建模时多角度观察，有较好的建模体验；缺点在于能够应用的结构形式比较单一，同时内置的节点库仅限于门架。而国外同类型的产品包括 Tekla Structure（芬兰泰科拉公司钢结构深化设计软件）和 Advance Steel（美国欧特克公司钢结构深化设计软件），两者在建模的通用性和图纸的完整性上有着很高的品质，但在一些特定结构的快捷建模和国内常用节点的形式的集成上，较难达成本土化，需要在建模上花费更多的时间。

对比上述几款产品，"同磊"3D3S Solid软件能够引用计算软件的各专业模型的快捷建模功能，同时内置了超过250个国内常用的内置节点，在结构和节点连接形式多样两方面具有优势。

三、案例实施情况

（一）案例概况

Solid软件的应用以厦门健康步道（狐尾山—仙岳山—湖边水库—观音山步道）景观提升工程为例，该工程是厦门岛中北部重要的生态节点，是贯穿厦门岛东西方向的山海步行通廊，全长约22.2km。

本案例中桥梁结构为厦门健康步道B标段节点七（图2），为增加行走体验感及趣味性，桥位上跨仙岳山庄侧山谷，属于林中大跨节点桥梁，高差达30m，可俯瞰筼筜湖，主桥采用90m张弦桁架桥，桥梁全长156m，桥面宽度4m。

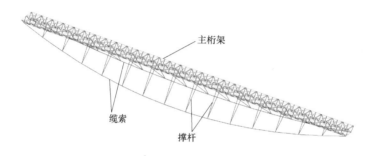

图2　主桥桥梁整体图

（二）实施情况

Solid软件在厦门健康步道B7段工程的应用主要包括两大方面：三维建模和深化加工出图。

1. 三维建模

（1）主杆件建模：桁架结构空间腹杆形式复杂，一般建模软件提供的快捷建模工具无法覆盖，需要不断反复调整，耗时较多，同时容易出错，利用Solid软件与3D3S Design的接口技术，将初步设计完成的主桥线杆模型转化为三维实体模型，为后续的节点细部深化建立框架基础，避免二次翻模。

（2）标准节点建模：对于常规形式的细部节点，可利用Solid软件中内置的250多个节点进行参数化生成，无需从零开始拼装，以主桥拼接节点为例（图3、图4），该位置一般为刚性法兰连接，通过程序内置的法兰节点，设置合适的节点参数即能一键生成。

（3）非标准参数化节点：对于以锁夹节点为主的非标准节点，拼装难度较大，且不同位置无法通过复制、镜像等方式批量生成，Solid软件中研发了参数化节点的功能，可以以相邻零件的位置作为参照，建立参数化的建模方式，并将操作过程进行记录，用于不同位置节点的快速生成（图5），大大提高了建模效率（图6）。

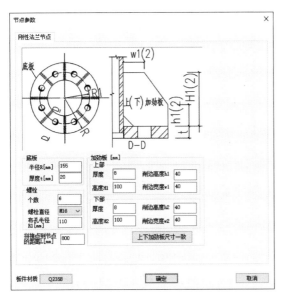

图 3 法兰连接参数化生成界面

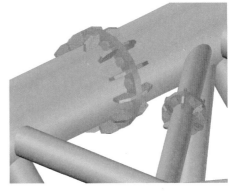

图 4 主桥拼接节点

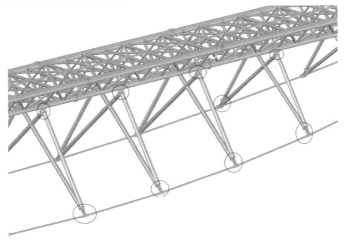

图 5 参数化节点批量生成

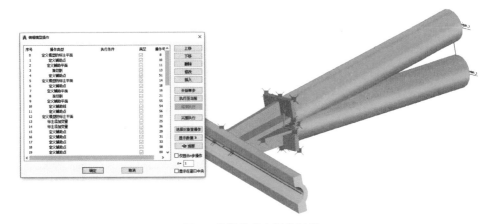

图 6 参数化节点操作过程

（4）锁夹零件：对于部分异形的拉伸零件，可采用自定义截面的方式生成。以锁夹为例，夹具呈不规则形状（图7），难以通过一般的折板、曲面板进行建模，本软件将其视作杆件，利用自定义截面的功能，首先在草图中进行断面形状的描绘或可直接由设计图中复制，然后导入程序进行截面识别，再以生成杆件的方式进行建模，三维模型效果如图8所示。

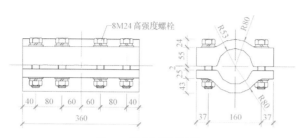

图 7　锁夹零件设计图　　　　　　图 8　3D3S Solid 实体模型

2. 深化加工清单及出图

加工清单与加工图是深化设计的最终产出成果，需要保证图纸、清单分组数据的正确性，同时对于大型项目需要考虑图纸输出的效率以及图纸版本管理与变更。

Solid 软件在深化建模阶段通过构件预定义技术，自动通过焊接、螺栓连接、切割等功能将模型按构件组进行分类，提高模型信息转化图纸的效率，在本案例（厦门健康步道项目 B7 段钢桥）中利用法兰连接中的内置焊接信息能快速将主桥结构分成可运输的若干构件组，主桥结构内部的大量腹杆亦是通过切割关系自动形成构件归属关系，无需做额外的信息定义，既保证了正确性又提高了建模效率。

在清单、图纸输出阶段，由于方案调整所带来的设计变动，会导致图纸、清单相关文件管理混乱，难以追溯版本信息，为此 Solid 软件对每次输出的历史信息进行了记录，并将当次输出数据与历史信息对比，得到变更信息，从而可以较好地进行版本管理，为项目的信息管理提供保障。

利用 Solid 软件进行深化设计的图纸、清单如图 9、图 10 所示。

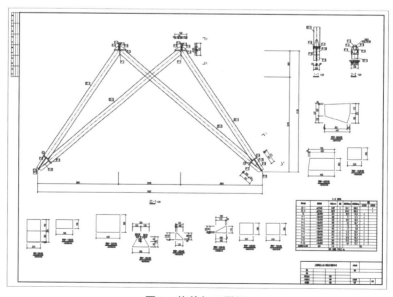

图 9　构件加工图纸

四、应用成效

（一）解决的实际问题

随着钢结构在国内建筑结构中的占比逐渐增大，越来越多造型各异的钢结构建筑不断涌现，不同于传统的门架、框架结构，类似于上述案例中的大跨度桥梁结构中的部分构件具有极强的空间性，无论是建模还是出图都是费时费力的，效率很低，难以保证详图绘制工作按计划的工期完成，且人工进行深化设计极易出错且很难校核和发现错误，反复的调整又会增加建模的复杂度。

	A	B	C	D	E	F	G	H
1				厦门健康步道B7段构件清单				
2				厦门健康步道B7段 构件清单				
3	序号	构件编号	数量	单重(kg)	总重(kg)	面积(m2)	总面积(m2)	备注
4	1	A-1	18	16.5	296.7	0.718	12.930	
5	2	A-2	9	14.5	130.7	0.635	5.712	
6	3	A-3	9	0.0	0.0	0.449	4.039	
7	4	A-4	11	10.0	109.9	0.441	4.852	
8	5	A-5	17	9.2	156.1	0.407	6.917	
9	6	A-6	18	117.7	2118.2	1.152	20.731	
10	7	A-7	21	91.1	1912.3	0.900	18.894	
11	8	A-8	12	102.8	1233.5	1.011	12.134	
12	9	A-9	14	88.9	1244.1	0.880	12.316	
13	10	A-10	52	121.0	6290.9	1.205	62.655	
14	11	A-11	18	109.3	1966.9	1.146	20.627	
15	12	A-12	50	84.6	4227.8	0.895	44.732	
16	13	A-13	18	95.4	1718.0	1.006	18.103	
17	14	A-14	84	82.5	6927.1	0.873	73.359	
18	15	A-15	149	61.2	9118.8	0.656	97.712	
19	16	A-16	14	82.5	1155.2	0.875	12.245	
20	17	A-17	12	60.3	723.7	0.647	7.760	
21	18	A-18	35	40.1	1405.0	0.439	15.352	
22	19	A-19	18	47.6	856.9	0.516	9.290	
23	20	A-20	6	38.7	232.2	0.424	2.542	
24	21	A-21	300	98.4	29509.8	1.057	317.242	
25	22	A-22	30	84.1	2522.4	0.907	27.212	

图 10　构件加工清单

根据本工程的特殊要求采用了 Solid 软件。该软件建立钢结构节点与杆件的全三维实体模型，根据输入参数自动快速生成所有的连接节点，快速、准确地自动绘制满足加工要求的所有深化详图并自动生成材料明细表。此外，该软件还兼备了用钢量统计等辅助功能。该软件基于 AutoCAD 三维图形平台，操作简单易用，详图工作人员能在很短的时间内熟悉应用。

（二）应用效果

Solid 软件在使用过程中展现出以下特点：一是准确，软件根据结构设计图建立厦门健康步道 B7 段的三维详细实体模型，模型符合所有加工制作与安装的要求和标准。二是精确，全三维的数字化模型具有极高的精度，从而保证了详图的精确度。三是快速，软件根据三维实体模型自动绘制详图，人工修改较少，为深化设计工作按期完成提供了有力保证。四是软件操作简单，使用方便，通过学习简单的软件介绍，深化设计人员即可上手。

执笔人：

上海同磊土木工程技术有限公司（章亚中、满延磊）

审核专家：

魏来（中国建筑标准设计研究院，副总建筑师）

陈顺清（奥格科技股份有限公司，董事长、教授级高工）

"黑洞"三维图形引擎软件在第十届中国花卉博览会（上海）数字管理系统中的应用

上海秉匠信息科技有限公司

一、基本情况

（一）案例简介

上海秉匠信息科技有限公司（以下简称"秉匠科技"）受承办单位委托，基于"黑洞"三维图形引擎软件打造了第十届中国花卉博览会数字管理系统。为了实现不同场馆作品的全景呈现，并满足园区方案频繁的设计变更，以及园区的分区管理，该项目依托"黑洞"三维图形引擎，通过软件对场景中三百余种植被类型、八万多棵树种模型及周边场馆的多源异构数据进行支持，使园内各种设施和树种信息与模型进行超大场景完美呈现。

（二）申报单位简介

秉匠科技成立于 2017 年，是一家专注于研发高性能三维图形引擎和数字化智慧管理系统的科技公司。公司为上海市高新技术企业，获得上海市科学技术委员会"科技创新行动计划"资金支持，核心技术已申请专利和几十项软件著作权。公司研发人员占比超过80％，核心成员在计算机图形学、分布式计算、大数据挖掘、工程管理等领域具有丰富经验，对行业的痛点和需求有深刻认识，是上海市三维审批平台试点开发单位。

二、案例应用场景和技术产品特点

（一）技术方案要点

1. 超大场景极速展示

中国花卉博览会（以下简称"花博会"）整个园区面积达到 $318hm^2$，在"黑洞"引擎中，按照 1∶1 的比例对园区地形地貌模型、管道模型、多种格式的场馆模型以及植被模型和水面模型进行建模，总体 BIM 模型体量达到 10GB 左右，三角面数达到上亿个，植被模型约有 8 万棵，对场景的实时渲染构成巨大挑战。

借助于"黑洞"引擎的多细节层次技术（Levels of Detail，LOD），可将海量模型构件重新划分为空间局部块数据，通过实时高效的 LOD 调度技术，加载少量的块数据即可渲染出指定精度的所有 BIM 模型。对于大批量植被模型，借助于动态广告板技术，使远处的树木仅渲染一个矩形，其上赋予特定视角下的动态图像，降低了大量树木的 GPU 渲染负载，同时对树木进行自适应的批次合并，进一步降低任务负载，实现网页端流畅查看。

2. 多源数据融合处理

花博会项目模型主要包括整个园区多种格式的地形地貌模型、管道模型、场馆模型、植被模型和水面模型，模型格式包括 rvt、fbx、skp、3ds 等，以及在 SpeedTree 中建立的三百余种植被模型，平台分别对上述模型进行数据处理后统一进行渲染模拟。

针对数据的多源异构性，可以为 Revit、3dmax 等建模软件开发独立的数据导出插件，将建模软件中的异构模型数据导出成统一格式的中间交换格式，再启动引擎资源转换进程将中间数据转换为引擎所需的最终模型资源，将数据异构截留在导出插件端，对后续的数据处理和渲染提供统一的格式存储。

3. 计划变更快速查看

花博会项目整体规划周期短、场馆多，并且树种树木存在大量的不确定性因素，在设计初期和规划阶段，图纸变更与方案调整非常频繁。整个项目的设计还要充分考虑艺术性和周边环境的融合性，需要不断的优化设计方案，调整设计效果。

借助基于"BIM+GIS"的花博会三维可视化平台可快速将设计好的场馆模型进行三维可视化呈现，并且可以通过多角度进行环境融合展示，从而提高方案可读性和直观性。在场馆设计变更中，场馆设计模型的直接调整能够通过展示平台快速呈现；在树木分布方案变更中，通过三维可视化树种库来完成树种1∶1的数字化模拟，为园区树木分区优化提供了有力技术支持。

（二）关键技术指标

（1）承载数据大小：超过 10TB（模型资源容量，包括了几何信息和纹理数据）。

（2）承载构件数量：超过 5000 万个（项目中包含的 BIM 模型构件的数量）。

（3）承载面片数量：超过 100 亿个（项目中包含的总三角面数量）。

（4）运行帧率：50fps 以上（决定了项目渲染和交互时流畅程度）。

（5）数据响应速度：10s（场景从启动加载到看到模型的等待时间）。

（6）支持数据类型：支持 rvt、dgn、obj、rvm、nwc、IFC、3ds、Fbx、obj、倾斜摄影（OSGB）、DEM、DOM 等多种常用格式（图 1）。

图 1　支持多源数据

（三）创新点

1. 多细节层次（Level of Detail，简称"LOD"）技术

引擎通过空间分割将所有构件强行按空间区域分割分组，然后对每个空间区域进行自动减面，并将空间区域进行 LOD 分级，从而将海量构件模型转换为一个层级化的空间区域树。通过动态调度空间区域树，从而可以在不影响渲染效果的基础上，将渲染负载减小一个量级。

2. 场景分页加载

通过互斥加载页面、叠加加载页面等技术对场景模型进行层级组织，可以实现城市级别的建筑物的高效加载和渲染。

3. 自定义抗锯齿算法

通过对多帧渲染数据进行统计计算，实现抗锯齿渲染效果，相比于 WebGL 自带的抗锯齿功能，可以提高 5～6 倍的计算速度，优化渲染效果。

4. 遮挡剔除算法

渲染时通过对事先划分好的屏幕空间块进行遮挡查询，即可计算出下一帧的渲染负载，相比于对单构件进行遮挡剔除，效率可高一个量级，当模型构件数量足够大时，比如上千万级别，也可流畅渲染，不会因构件数量对渲染效率造成影响。

（四）与国内外先进技术的比较

根据调研，目前商用市场的工程图形引擎大多基于国外开源的 3D 库进行。"黑洞"引擎采用"OpenGL＋WebGL2.0"作为底层支撑，基于标准 C++自主研发的引擎内核，其具备四大优势：第一，精度可控的模型轻量化技术，实现了数据从模型到平台的全自动无损传递；第二，在不影响模型渲染效率的同时，满足了大场景模型数据的承载力；第三，跨平台架构的搭建，打通从不同浏览器到 Windows、安卓、iOS，和 Linux 等操作系统之间兼容性；第四，开发遮挡技术相关优化算法，降低模型每一帧的渲染负载，实现网页端的性能资源最优调度（图 2）。

图 2　国内外图形引擎现状

三、案例实施情况

（一）项目概述

第十届中国花卉博览会于 2021 年 5 月 21 日至 7 月 2 日在上海市崇明区东平国家森林

公园举行，建设面积 $10km^2$，园内计划种植苗木三百余种，共八万余棵。规划设计阶段，为了实现不同场馆作品的全景呈现，并满足园区方案频繁的设计变更，以及园区的分区管理，光明集团委托秉匠科技基于"黑洞"三维图形引擎软件打造了第十届中国花卉博览会数字管理系统，使园内各种设施和树种信息与模型进行超大场景完美呈现。

系统通过多技术融合，将"BIM＋GIS"模型中包含的大量数据信息与二维码、AR等技术融合，实现项目整体数字化，让数据成为可读取、可使用的数字资产，为后续园区总体运维打下基础。

（二）技术应用点

1. 多源异构"BIM＋GIS"数据的处理与分析

花博会项目模型数据包括整个园区多种格式的地形地貌模型、管道模型、场馆模型、植被模型和水面模型，针对不同来源的模型数据，分别采用不同的数据处理插件进行轻量化处理，使整个园区的模型在"黑洞"引擎中集成，并实现不同模型间的位置分析和碰撞检测分析（图3～图5）。

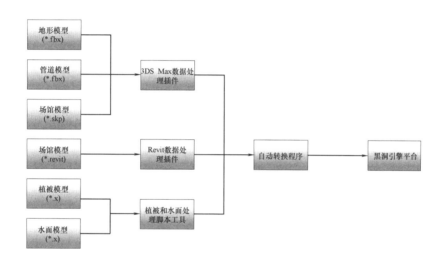

图 3　不同格式的模型处理流程

图 4　施工现场

图 5　三维仿真引擎中的效果

2. 海量植被模型动态仿真模拟

花博会项目共包含三百余种植被类型，共计八万余棵植被。针对形态各异的植被类型，统一建立树种库进行管理，每种类型的植被首先在 Speed Tree（一种三维树木建模软件）中建立统一的形态，再通过脚本进行随机缩放和旋转，实现每棵树的呈现效果均不相同。植被模型支持 GPU 过程动画，通过在树叶模型的顶点位置赋予不同的动态随机数，实现树叶随风摆动的仿真效果（图6）。根据植被名称和所属区域等信息，提取不同区域的 dwg 格式设计图中植被的精确位置信息，生成带有区域、名称、位置等信息的植被信息入库，树种库的每一棵植被模型均有自己的全局唯一编号，从而实现对每一棵树进行全生命周期管理。

图6　植被模型动态仿真模拟

3. 苗木变更与设计变更管理

在花博会项目中，通过后台的苗木库，准确地将苗木展现在三维模型上。一旦出现变更，设计人员可以快速地从苗木库中提取需要变更的苗木信息，将原有旧的苗木替换为新的苗木，实现准确、快速的设计变更，保证整体效率，节约经济成本。新的苗木种植效果也可以直观地在三维模型上进行展示，让设计人员能够结合周围的实际情况，保证园林设计效果的美观性。

在花博会项目中，为了保证整体园林的美观性，其大门经历了数次修改。每一次的修改，设计师都可以快速地将新的大门模型上传至图形引擎，替换旧的大门模型，以此来直观地向各个相关单位展示设计变更后的效果，各个单位也可以根据设计变更后的效果图提出修改意见（图7）。

图7　苗木变更与设计变更管理

4. 园区分区管理

花博会项目在设计初期划分为十大区域，采用传统二维图纸的方式进行整体呈现与展示，但随着项目的不断推进与管理的不断细化，对园区的分区管理要逐步进行动态调整与动态变更。利用"BIM＋GIS"基础图形可快速进行行道树区域、分界道路、河道的地块范围区分，借助GIS模型进行矢量图生成，将原来的十大区域划分为更加详细的44个区域，并在树木后台管理系统中同步进行生成，满足项目分区盘点、管理的需要（图8）。

图8　园区分区管理

（三）创新举措

1. 基于 Impostor（一种高级广告板技术）技术的大型园区植被系统仿真

花博会场景树木总量达到数万棵，树木的种类也达到了上百种，个体大小差异巨大。引擎基于多级 LOD 网格原理，降低了植被的整体渲染负载。但是，由于花博会树木总量巨大，单靠 LOD 技术仍会带来繁重的 GPU 负载，所以加入了 Impostor 技术。当树木距离超过一定阈值时，树木将以矩形广告版的形式替代实体树木模型。为降低每棵树的渲染指令延迟，当距离继续增加时，则将相邻的一堆树木合并为一个整体来管理和渲染，降低了 GPU 负载。

2. 基于 Filmic Tone Mapping（电影色调映射）技术真实光照渲染效果仿真

花博会的场馆以及水面，在真实情况下都会在环境光照下出现反射、折射等光照效果。为真实表现花博会植被与场馆的交相呼应、水面波光粼粼的效果，引擎采用了基于物理的光照模型，通过模型基色、金属性、粗糙度等简单的材质参数，真实地表现出场馆等模型在不同光照环境下的渲染效果，对太阳光的反射以及环境光的散射都能得到准确的表现。

同时，改进了传统的低动态范围光照计算，加入了高动态范围光照处理，使得模型表面反射光强大于显示器像素的强度范围时，可对屏幕所有像素上的光强进行统计测定，确定出一个合适的曝光度，然后将高强度光照信息重新映射为显示器能够显示的低范围强度，并根据屏幕像素的光强分布加入镜头鬼影、泛光等特效，从而真实还原了花博会中生动逼真的动态场景。

3. 基于动态植被系统的实时阴影仿真

针对花博会的八万余棵植被，仿真平台对所有植被模型均做了动态效果模拟，为更接近真实的仿真效果，采用大范围实时软阴影技术，将场景由近及远分割为若干部分，每个部分被独立的阴影图所覆盖，每个阴影图使用随机扰动点过滤等技术，在所覆盖区域内生成具有半影效果的实时阴影,多个区域叠加形成了完整的超远视距的软阴影效果。从而实现在不同的时间、角度查看模型时,都能达到接近真实的阴影效果。

四、应用成效

(一)采用定位系统,保证树木的精准定位

花博会园内苗木共计三百余种,共八万余棵,管理平台基于"黑洞"三维图形引擎开发的种植管理系统对矢量路径及树木位置坐标自动识别,精确匹配模型位置,一键完成系统内大小树木自动定位种植。大大缩短了设计人员对于树木模型定位的时间,通过该系统轻松实现了 $10km^2$ 模型场景内植物或其他固定设施等构件的精确定位。

(二)通过智慧决策,实现树木的精益管理

"黑洞"三维图形引擎内自带约三十多种树种,项目实施过程中对引擎内树种的补充现已达到三百余种,涵盖了花博会园区内全部的树木种类,通过平台苗木管理系统,对园区内树木进行了有效的数字化管理。每棵树木上均有独立的二维码图形,通过唯一的苗木编号确定其名称、高度、木龄、管养时间等信息,该系统在后期还可以形成独立的树木运维系统,具有可拓展性。

(三)沉淀数字资产,为园林行业注入新能量

由于花博会项目不同于其他建设工程,其系统开发需求更倾向于苗木等植物管理,软件打通园区各管理部门的数据,实现部门资源共享,软件依据不同部门对园区内数据的筛选,使管理人员获取有用的数据要素,根据自身情况加以整理与应用。同时,在设计及施工阶段对园区内的相关数据进行采集,整合为园区数字资产。数字化建设中产生的数据既覆盖了用户的各个行为阶段,也贯穿了园区整体运作流程,对其进行有效沉淀,可为传统园林行业注入新能量。

执笔人:
上海秉匠信息科技有限公司(夏海兵、沈沁宇、高阳、杨伟强、杨宇轩)

审核专家:
魏来(中国建筑标准设计研究院,副总建筑师)
陈顺清(奥格科技股份有限公司,董事长、教授级高工)

"开装"装配化装修 BIM 软件在上海嘉定新城 E17-1 地块租赁住宅项目中的应用

上海开装建筑科技有限公司

一、基本情况

（一）案例简介

"开装"装配化装修 BIM 软件是基于 BIM 技术在数字化精细管理中的优势，以标准化、模数化的装配化装修技术体系为核心算法依据，所开发的一套适用于装配化装修工程设计、生产下单、施工管理的 BIM 软件。该案例是软件在上海嘉定新城 E17-1 地块租赁住宅项目中的应用，实现了工程项目的降本增效，提升了装配化装修在大型项目中的信息化管理水平，为装修工程项目的智能建造提供了参考借鉴。

（二）申报单位简介

上海开装建筑科技有限公司于 2015 年 7 月成立，是装配化装修全链路一站式服务商，专注于装配化装修的技术研发、部品生产和工程服务。公司自主研发了全屋装配化装修产品体系，已累计取得 40 项专利、14 项软件著作权，是国家高新技术企业，并参编了多项国家、地方及行业标准。上海开装建筑科技有限公司在上海和江苏两地建立了装配化装修生产研发基地，业务涵盖政府租赁住房、精装住宅、连锁酒店、商业办公等，交付工程超过 10 万 m^2，并基于行业特性，研发了"开装"装配化装修 BIM 软件以及数据综合管理平台，以创新技术和信息化手段，助力装配化装修行业高质量发展。

二、案例应用场景和技术产品特点

（一）技术方案要点

"开装"装配化装修 BIM 软件基于 Revit 开发，分为设计平台、构件库、数据库三大版块内容。

设计平台基于标准化的装配式装修产品工艺体系，包含墙面设计、吊顶设计、地面设计、卫生间设计、水电设计等硬装设计版块，可实现快速建模、出图、计料等功能，并可与建筑、结构、给水排水、暖通、电气等专业协同，满足各类型项目的装修需求（图1）。

构件库支持各类装配化装修构件上传，以及从构件库加载构件以供建模使用。用户可在构件库设置动态建模参数，以及各构件关联成本、工效等信息（图2）。

数据库基于用户建模后上传的数据信息，可对项目数据进行管理，包含项目列表、模型管理、图纸查看、物料清单、成本管理、进度管理等功能（图3）。

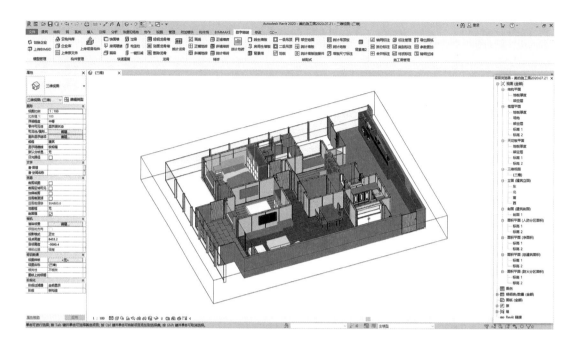

图 1　软件设计界面

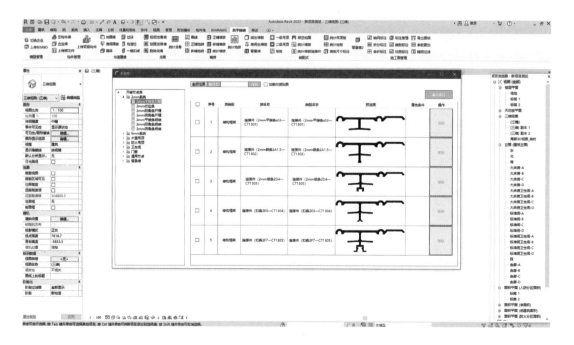

图 2　软件构件库

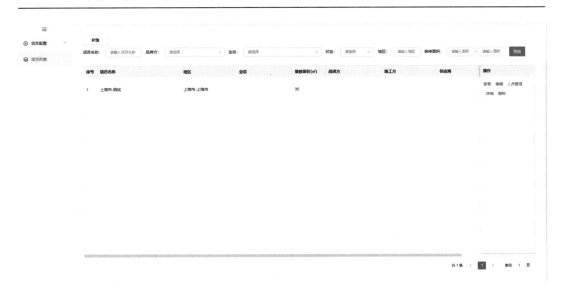

图 3　软件数据库项目列表

"开装" 装配化装修 BIM 软件通过设计平台、构件库、数据库各版块功能结合，实现对装配化装修项目全要素信息化管理，打造高效率、高质量的智能 BIM 软件。

(二) 产品特点和创新点

1. 基于装配化装修的智能设计计料功能。软件将标准化的装配化装修工艺和材料标准、排布标准等转化为软件规则，通过清晰的用户界面可实现让设计师标准化设计，大大提高了设计效率（图 4）。通过在系统中设定丰富的装配式构件、节点工法体系，设计师

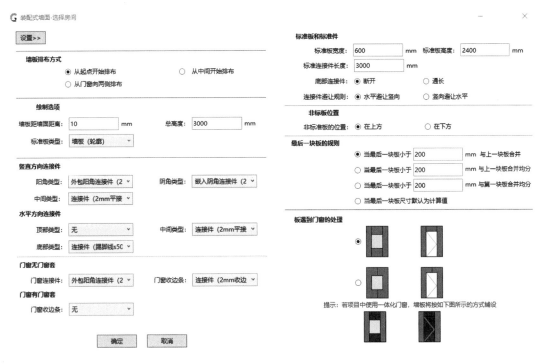

图 4　智能设计参数界面

只需简单设置参数即可完成设计，同时各个节点、构件均能够得到精确计算，可精确到螺丝钉等辅料配件，高效生成图纸和清单，可以让相关管理者快速准确获得工程基础数据。

2. 可支持3D测量数据导入。由于装配化装修的部品部件均需要在工厂预制生产完成，其对项目前期的测量精度要求较高，因此，本软件支持激光点云测量数据格式导入，无需第三方软件转换，通过设置墙体参数即可自动生成空间模型，设计师可在此基础上快速设计（图5）。

图5　3D测量数据导入

3. 部品信息贯通生产和安装环节。设计师选用系统中标准化的材料体系，通过数据库上传生产、采购等信息，同时，系统为每个物料生成包装标签（图6），可有效提升现场材料组织效率。安装人员扫码可查看安装位置等信息，提高安装效率，避免传统工程模式中设计、生产、施工各环节脱节的现象。

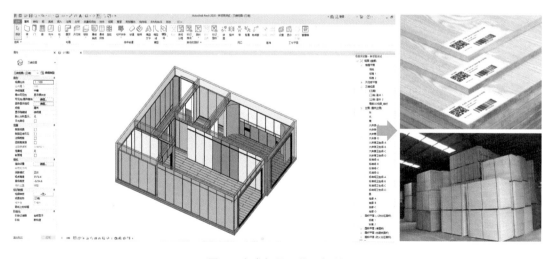

图6　生成部品二维码标签

（三）应用场景

"开装"装配化装修 BIM 软件适用于装配化装修工程项目的测量、设计、生产和施工全过程，已在精装住宅、酒店公寓、办公商业等不同类型的项目中应用，不受地域、规模、环境等因素影响。

三、案例实施情况

（一）工程项目基本信息

上海嘉定新城 E17-1 地块租赁住宅项目位于嘉定新城核心区，是上海首批公开出让的两幅租赁住房用地之一、嘉定首个创新创业人才租赁住房项目，总建筑面积 101131.8m^2，建成后将提供全装修公寓 1120 套（图 7）。

目前，项目土建和装修已基本完成，采用装配化装修（图 8），整体装配率高达 60％以上。

图 7 E17-1 地块建筑现场照片　　　　图 8 E17-1 地块租赁住宅室内设计效果

该项目不但体量大、工期紧、任务重，而且投入的资源多，施工组织难度大。由于采用装配化装修，具有以下特点：

1. 设计要求精确度高。项目全部实施装配式建造方式，主体采用预制 PC 结构，管线均预埋处理。装配化装修设计需与主体结构完美衔接，装配式部品设计需合理美观，与预埋点位不冲突。同时，由于项目共有 1120 套公寓，各房间尺寸均存在一定偏差，在保证装修部品预制尺寸的精确性，避免工厂返工以及现场二次加工方面具有较大挑战。

2. 材料组织管理要求高。项目的大批量材料组织需要更高效地管理，采用装配化装修可极大压缩现场的安装时间，但由于大量材料加工在工厂完成，需要更有效地对材料进行组织，按照施工要求分批次地进场，尽量避免施工现场人员等待、多次搬运、翻拣材料的状况，同时避免因管理不当造成的材料损耗。

（二）应用过程

为达到提高建设效率、节约建设成本、提升建设质量的目的，本项目提前进行 BIM 应用策划，为工程实施全生命周期 BIM 应用管理，测量—设计—拆单—生产—安装等各个环节均采用"开装"装配化装修 BIM 软件，以下将从测量、设计、生产、施工四个阶段分别阐述其实施应用过程（图 9）。

图 9　装配化装修工程全周期示意

1. 测量阶段

3D 测量数据导入快速建模。项目采用激光点云扫描设备，对各房型测量数据进行采集。测量上传的点云数据，通过后台服务程序进行自动运算，把各空间扫描的点云数据合并成一个整体点云模型，并可通过设置墙体厚度智能转换成 Revit 模型（图 10）。

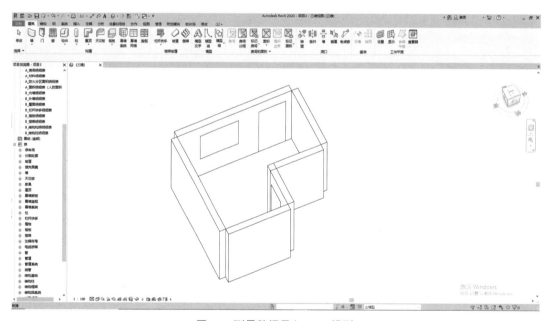

图 10　测量数据导入 BIM 模型

2. 设计阶段

快速智能设计。"开装"装配化装修 BIM 软件具备墙面、吊顶、地面、卫生间等快速设计功能，设计师只需设定所选用的系统、板材尺寸、关键部位（如阴阳角、窗洞等位置）的构件，以及设定排布方式，即可对房间的每个面进行一键式智能设计，软件将自动运算生成装饰主材及辅料的选型、排布及数量，避免了传统复杂的作图模式。对比传统设计大大提高了效率，减少了错误。

（1）墙面设计。3 秒钟一键生成全空间的墙面排布，包括阴阳转角、柱子、门窗洞口等，都有相应的算法支持（图 11）。所有铝合金结构件将被自动配置完毕，每一个结构件款式选型均可在菜单界面进行调整（图 12）。

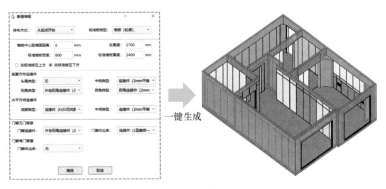

图 11　墙面智能设计界面

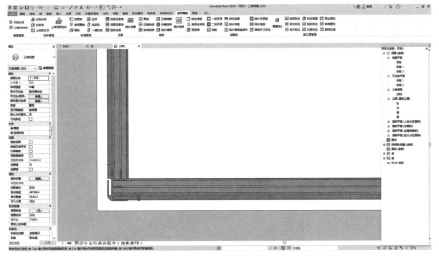

图 12　装配式构件呈现效果

（2）顶面设计。同样 3 秒钟一键生成全空间的顶面排布，包括窗帘盒、叠级吊顶、收边条款式等都可在系统中选择配置（图 13）。

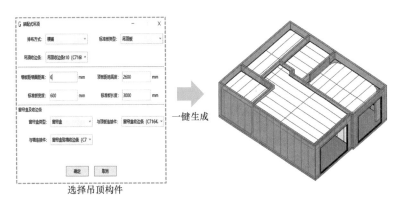

图 13　吊顶智能设计界面

（3）地面设计。一键生成房间地面铺设方案（图 14）。

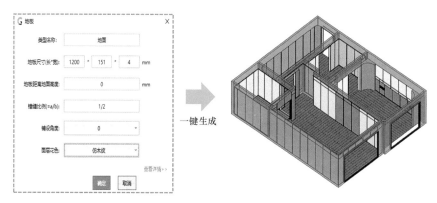

图 14　地面智能设计界面

（4）一键算量。设计方案确认无误后，对做好的模型进行一键算量操作（图 15）。通过系统内关联成本设置，可快速生成预算。

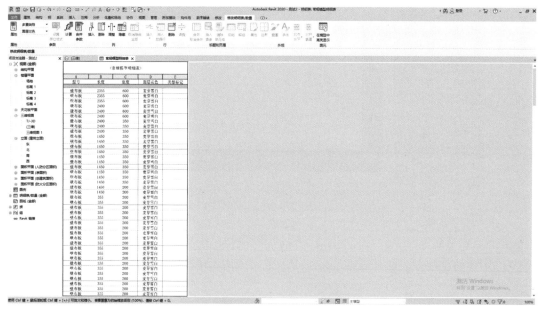

图 15　生成物料清单界面

（5）快速出图。根据模型可导出渲染效果图（图 16），也可导出平立面、详图等施工图纸（图 17），标注清晰简洁，一目了然。设计师修改图纸时也只需修改模型，相应图纸会自动调整。

3. 生产阶段

（1）生成加工和采购清单。设计人员将深化拆分设计完成后的图纸、表格、

图 16　3D 模型生成效果图示意

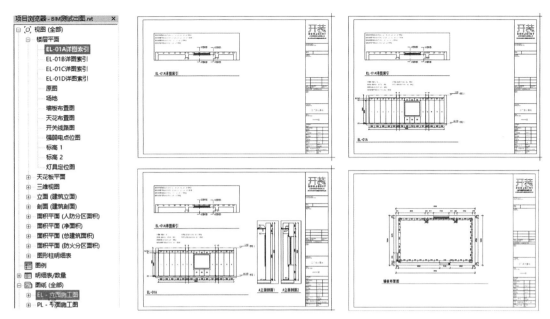

图 17　生成施工图纸界面

文件等信息以数据的形式传输到项目数据库（图 18），清单带有完整加工工艺信息，项目管理人员根据项目总体进度要求和现场施工条件安排工厂生产时间。

序号	使用位置	构件名称	材质	安装编号	宽 (mm)	高 (mm)	数量 (片)	开槽	倒角、斜角	面积 (m²)	备注	企业编号
1	1A立面	墙板（轮廓）	TIN-008黄橡木	1C-001-Z	600	2400	1	无需开槽	无需斜角	1.44		
2	1A立面	墙板（轮廓）	TIN-008黄橡木	1C-002-Z	600	2400	1	无需开槽	无需斜角	1.44		
3	1A立面	墙板（轮廓）	TIN-008黄橡木	1C-003-Z	600	2400	1	无需开槽	无需斜角	1.44		
4	1A立面	墙板（轮廓）	TIN-008黄橡木	1C-004-Z	600	2400	1	无需开槽	无需斜角	1.44		
5	1A立面	墙板（轮廓）	TIN-008黄橡木	1C-005-Z	600	2400	1	无需开槽	无需斜角	1.44		
6	1A立面	墙板（轮廓）	TIN-008黄橡木	1C-006-Z	600	2400	1	无需开槽	无需斜角	1.44		
7	1A立面	墙板（轮廓）	TIN-008黄橡木	1C-007-V1	272	2400	1	无需开槽	无需斜角	0.65	最后一块板	
8	1A立面	墙板（轮廓）	TIN-008黄橡木	2C-001-Z	600	161	1	无需开槽	无需斜角	0.10		
9	1A立面	墙板（轮廓）	TIN-008黄橡木	2C-002-Z	600	161	1	无需开槽	无需斜角	0.10		
10	1A立面	墙板（轮廓）	TIN-008黄橡木	2C-003-Z	600	161	1	无需开槽	无需斜角	0.10		
11	1A立面	墙板（轮廓）	TIN-008黄橡木	2C-004-Z	600	161	1	无需开槽	无需斜角	0.10		
12	1A立面	墙板（轮廓）	TIN-008黄橡木	2C-005-Z	600	161	1	无需开槽	无需斜角	0.10		
13	1A立面	墙板（轮廓）	TIN-008黄橡木	2C-006-Z	600	161	1	无需开槽	无需斜角	0.10		
14	1A立面	墙板（轮廓）	TIN-008黄橡木	2C-007-V1	272	161	1	无需开槽	无需斜角	0.04	最后一块板	
15	1B立面	墙板（轮廓）	TIN-008黄橡木	1C-001-Z	600	2400	1	无需开槽	无需斜角	1.44		
16	1B立面	墙板（轮廓）	TIN-008黄橡木	1C-002-Z	600	2400	1	无需开槽	无需斜角	1.44		
17	1B立面	墙板（轮廓）	TIN-008黄橡木	1C-003-Z	600	2400	1	无需开槽	无需斜角	1.44		
18	1B立面	墙板（轮廓）	TIN-008黄橡木	1C-004-Z	600	2400	1	无需开槽	无需斜角	1.44		

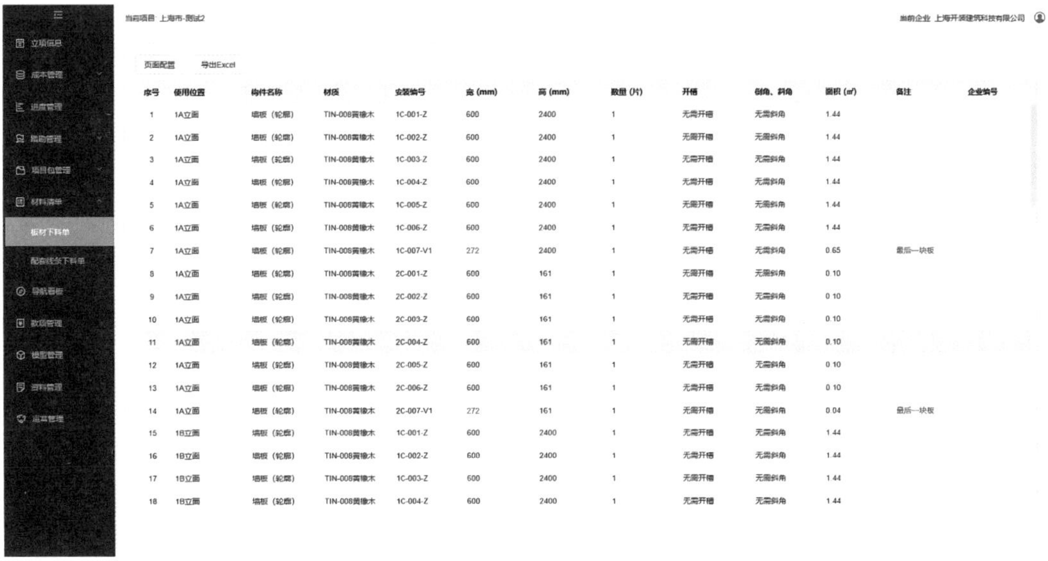

图 18　数据库项目加工清单信息

（2）生成包装标签。系统中每一块预制构件都能生成独一无二的标签代码（图 19），物料出厂包装带有安装位置等信息，方便施工阶段现场人员安装。

4. 施工阶段

（1）技术可视化交底。对技术交底进行可视化演示，明确施工质量标准，被交底人可以更加深刻地理解交底内容。

图 19　后台生成板材标签代码

（2）物料管理。利用"开装"装配化装修 BIM 软件可对不同房间、不同位置的材料进行分类组织，给予不同的标签编码。物料到达现场后可以快速分拣到对应区域，大量节省现场施工人员拣选材料的时间，同时减少二次搬运频次对材料造成的磕碰损耗。

（3）现场安装指导。对于现场施工人员，仅需扫码即可获得安装板材的位置、工艺、安装说明等信息，操作简单，提高人工效率。

四、应用成效

（一）解决的实际问题

通过在项目测量—设计—拆单—生产—安装等各个环节中的应用，"开装"装配化装修 BIM 软件实现了批量装配化装修项目的显著降本增效。通过对 3D 测量数据导入格式的支持，提高了工程设计的精准度。通过系统自带的一键排布、自动算料等功能大大简化了设计师的工作量，减少了设计尤其是深化阶段的绘图和算料时间，提升了室内装修 BIM 模型的质量。精确的物料清单为精细化生产和施工管理提供了依据，避免了人工算料造成的误差，减少了材料浪费，大大降低了设计与生产、施工的沟通成本，提高了装配化装修工程管理水平。

（二）应用效果

1. 提高组织决策效率。通过应用"开装"装配化装修 BIM 软件，利用模型三维可视化的特点，为不同层级、不同管理人员提供直观的装配化装修工程管理工具，提高项目各方对设计意图的理解，工程难易程度的认知，施工方案的交流和审核，促进项目各方共识的顺利达成。

2. 提高设计深化效率，提升设计成果质量。通过"开装"装配化装修 BIM 软件进行智能设计深化，每个房型从方案设计到全套施工图完成仅需 3 个小时，相比采用 CAD 等传统设计工具综合人工成本可降低 80％以上，同时，设计精确度显著提升。提高了项目施工方与设计方沟通和意见反馈效率，达到准确建模，精确指导构件加工和安装施工。

3. 提高项目施工技术管理能力。项目管理人员通过 BIM 模型三维可视化技术交底和"二维码"扫描技术应用,提高了项目技术人员与作业人员之间的沟通效率和现场技术管理。

4. 提高项目成本控制管控能力。通过 BIM 技术精细建模,准确提量,在材料方面为项目直接带来的效益比传统方式节约 5% 左右,同时显著减少补单、漏单状况。另外,通过生产和施工阶段物料的科学组织,减少返工率,有效减少现场材料二次搬运拣选时间,提高现场安装效率。

(三) 应用价值

1. 社会效益:助力装配化装修智慧化管理

装配化装修具有标准化设计、工业化生产、装配化施工等特点,对于装修部品信息在项目全流程的数据传递和管理有着更高要求。实践证明,"开装"装配化装修 BIM 软件在项目中的应用显著提高了装修工程在设计、生产、安装施工中的效率,并为信息化运行维护奠定了基础。

通过应用"开装"装配化装修 BIM 软件,可以建立从设计到施工装配再到运营维护的全生命周期信息系统,为每一项部品部件建立"档案",实现可追溯的运营维护体系,实现产品服务社会的价值理念。采用"开装"装配化装修 BIM 软件,在方案设计、建造施工、运维过程的整个阶段中,进行系统设计、协同施工、虚拟建造、工程量计算、造价管理、设施运行的技术和管理手段,可提高装配化装修项目全过程精细化管理水平,缩短工期,提升装配化装修项目质量。

2. 经济效益:降低装修成本、提升项目效益

由于装配化装修要求所有装修部品构件都在工厂预制,对设计深化的准确度要求较高,设计工作量较大,通过"开装"装配化装修 BIM 软件可大大提高设计环节效率,通过软件自带的一键排布、自动算料等功能大大降低了设计师的工作量,减少了设计尤其是深化阶段的绘图和算料时间,对比传统设计软件,其设计综合人工成本可降低 80% 以上,同时可大大降低设计与生产、施工的沟通成本。

通过完善的装配化装修标准化工艺和 BIM 技术的结合,设计生成的模型精确到每一个构件,大大降低因为传统人工计算引起的资源浪费、能耗和工期损失。再利用装配化装修 BIM 技术进行精确断料、装饰板材的优化排布,进行优化下料,可大量减少废料产生与材料损耗。

除此之外,通过装配化装修 BIM 数据库,可以建立与项目成本相关的数据库,包含材料成本、工效、工法等,数据信息细化到装修部品构件一级,使实际成本数据高效处理分析有了可操作性,大大提升了精细化管理能力,控制物料的输入与输出,限额领料与用料,从而有效控制装配化装修项目成本,提高经济效益。

执笔人:
上海开装建筑科技有限公司 (叶思浓)

审核专家:
魏来 (中国建筑标准设计研究院,副总建筑师)
陈顺清 (奥格科技股份有限公司,董事长、教授级高工)

"BeePC" 软件在装配式混凝土建筑项目深化设计中的应用

杭州嗡嗡科技有限公司

一、基本情况

(一) 案例简介

"BeePC" 软件是基于 Revit 平台研发的装配式混凝土建筑 BIM 深化设计软件，具有可视化操作、参数化输入、一键编号、一键出图、一键出数据等功能。软件前端可与盈建科建筑结构计算软件的相关数据打通，后端可与工厂生产 MES 系统打通，有利于解决传统深化设计软件容错率低、结果要求精度高、费时、不协同等问题，应用对象主要包括设计院、生产及施工企业，相关产品已经作为国内部分高校开展装配式建筑深化设计教学的辅助软件工具。

(二) 申报单位简介

杭州嗡嗡科技有限公司成立于 2017 年，是在 BIM 技术和装配式建筑快速发展的背景下，为满足装配式混凝土建筑深化设计需要，实现智能生产、智能施工而成立的建筑软件研发科技公司。公司主营业务包括：装配式建筑设计咨询、网络信息技术、计算机软硬件技术开发三大板块。目前，公司的主打产品 "BeePC" 软件已应用于全国近 1000 家企业中，为设计院和工厂客户带来了巨大的便利和实际效益。

二、案例应用场景和技术产品特点

(一) 技术方案要点

"BeePC" 软件分为四大模块，分别是装配式方案设计模块，主要功能是进行装配式建筑方案的快速比选、计算装配率并确定装配式建筑方案的相对最优解；深化设计模块，主要功能是装配式混凝土构件工厂级的深化设计，即图纸及数据结果可以直接达到工厂加工需要的深度；数据中台模块，主要功能是根据设计模型出具装配式混凝土构件工厂级 BOM（物料清单）表及其他各类清单，赋能智能建造；智能模具模块，主要功能是根据深化设计结果，一键出具混凝土构件模具方案。软件各个模块相互联动、协同，为赋能装配式混凝土建筑深化设计、生产提供了巨大帮助，可以解决设计到施工中易错、耗时、不智能等痛点（图 1）。

"BeePC" 软件致力于提供装配式混凝土建筑综合性智能化解决方案，从装配式混凝土建筑全生命周期考虑，后续将结合装配式混凝土建筑特点在工厂排产、管理、模具等一系列工具式软件方面继续做精细化研发，在实现正向的 BIM 设计基础上，推动数据的正向应用。

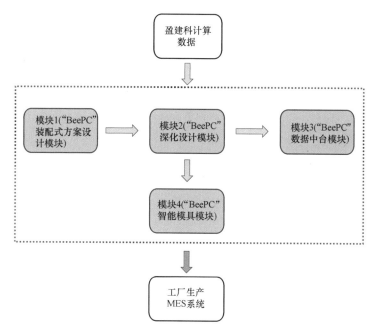

图1 软件数据流及模块关系

（二）关键自主技术的难点、创新点和竞争优势

"BeePC"软件在混凝土预制构件深化设计中具有可视化操作、参数化建模、一键编号、一键出图、一键出数据等功能，解决了装配式混凝土建筑深化设计过程中容错率低、结果要求精度高、费时、不协同等问题。"BeePC"软件前端可以直接对接盈建科建筑结构计算软件的相关数据，软件的深化设计模型及结果可以直接对接工厂生产MES系统。经部分应用项目对比，"BeePC"软件的设计效率是传统CAD设计方法的5～10倍。

与传统结构计算软件相比，"BeePC"软件的竞争优势包括：一是改变了传统软件重视结构计算忽略后期成果的做法；二是"BeePC"软件相较传统结构设计软件，打码了与后端生产数据的壁垒，出具的图纸可以直接用于生产。

与国外的装配式混凝土建筑设计软件如Tekla、Planbar相比，"BeePC"软件的竞争优势是软件针对本土装配式混凝土建筑发展而定制研发，符合我国推动装配式建筑发展的要求。

（三）产品特点

1. 软件可以实现参数化建模、一键编号、一键出具所有图纸，图纸精细度直接满足生产要求，大大节省了设计时间，提高了设计效率，解决了传统结构设计软件重视结构计算而忽略工厂生产实际的精细化、落地性需求的问题。

2. 打通了结构计算、深化设计、工厂生产的数据流。其中"BeePC"软件前端接入结构计算数据，后端为工厂生产MES系统提供构件加工数据，是整个流程中的重要纽带，改变了传统深化设计仅仅提供图纸、与前后端数据不联动、生产数据多次重复采集、采集结果易错等缺点。

3. 软件的画布操作模式使设计师建模过程直观、明了、方便、快捷。重视思考、重视策划、重视可视化模型创建的设计思路，改变了传统设计将大量时间用于枯燥而繁琐的绘图的模式。

4. 软件可以实现智能模具功能，根据软件创建的装配式混凝土建筑深化设计模型及结果，一键出具模具设计图纸，与传统根据深化设计图纸再次设计模具图相比，缩短了工作过程，达到了一模多用、提高效率、结果准确的目标。

5. 软件的数据中台模块，可以提供工厂级的算量计价清单。计价清单颗粒度小，精确到"螺丝钉"级，克服了传统工厂粗放式算量计价的弊病，为工厂的精益制造、智能制造打下了基础。

（四）应用场景

"BeePC"软件应用对象主要包括设计院、装配式混凝土构件生产工厂及施工企业，同时国内部分高校已把软件作为装配式混凝土结构专业教师教学、学生学习的辅助工具。

三、案例实施情况

（一）工程应用项目基本信息

以浙江宁奉城际铁路金海路站 03-05 地块住宅项目应用情况为例，该项目位于宁波市奉化区岳林街道，由 8 幢 10~18 层住宅楼及其配套用房组成，总用地面积为 22905m^2，建筑高度为 27~54m，需满足装配率不低于 50％的要求（图 2）。

建设单位：宁波奉化宝龙华和置业有限公司
设计单位：上海联创设计集团股份有限公司
BIM咨询：杭州友巢结构设计事务所有限公司
施工单位：浙江潮远建设有限公司
深化设计：杭州友巢结构设计事务所有限公司
构件生产：上海毅匹玺建筑科技有限公司

图 2　宁奉 03-05 地块住宅项目概况

（二）应用过程

1. 装配式建筑方案设计阶段。采用"BeePC"软件装配率模块对各楼栋进行快速建模，并指定预制构件的类型及范围，自动计算装配率，并求得各单体装配式建筑方案的相对最优解，一键出具装配率计算书（图 3~图 5）。

2. 装配式混凝土建筑深化设计阶段。应用"BeePC"软件进行预制构件深化设计，按拆分建模、机电点位建模、构件一键编号、构件一键出图的流程进行。整个建模及出图过程与传统 CAD 方式设计相比，效率提升了约 8 倍（图 6~图 9）。

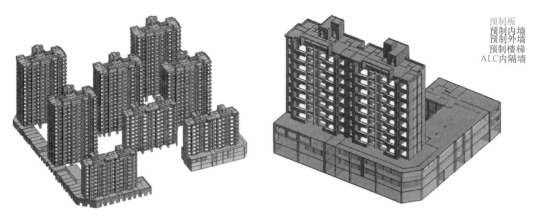

预制板
预制内墙
预制外墙
预制楼梯
ALC内隔墙

图3　地块整体 BIM 模型　　　　　　图4　单体装配率计算 BIM 模型

装配式建筑预制率评分表

基本预制率 Y1	预制混凝土方量				预制混凝土总方量 m³	混凝土总方量 m³	计算	实际得分
	类型	构件	方量 m³	小计 m³	$77.62 \times 95/60 + 23.36 + 430.51 + 287.02$ $=863.91$	$\oplus 32.12 \times 0.3438 + 0.9 \times 430.51 + 287.02$ $=3507.74$	$863.91/3507.74$ $=28.3\%$	28.3
	水平PC构件	预制楼板	61.97	77.62				
		预制阳台	15.65					
		预制楼梯	23.48	23.48				
	竖向PC构件	预制外墙+现浇连接段	258.32+8.4	430.51				
		预制内墙+现浇连接段	73.92					
		预制飘窗	89.87					
	ALC 墙板			287.02				

附加预制率 Y2		评价项	评价要求	预制率分值		
	建筑新技术 Y2a	预制外墙采用	外墙与保温、装饰一体化	-	6	
			外墙与装饰（或保温隔热）一体化	-	4	
			预制外墙窗框一体化	-	2	
		非挤土预制桩	20m≤平均桩长≤40m	4~6		
		BIM 技术	-	2~4	5 个应用点	3
		减隔震技术	-	6		
	构件标准化 Y2b	预制（叠合）楼板	应用比例≥70%	30%≤应用最多的5种规格的标准化程度≤70%	3~5	
		预制外墙	应用比例≥50%	30%≤应用最多的5种规格的标准化程度≤70%	3~5	172.8/258.32=66.9% 4.8
		预制楼梯	应用比例≥70%	30%≤应用最多的3种规格的标准化程度≤70%	2~4	100% 4
		整体预制阳台	应用比例≥70%	30%≤应用最多的3种规格的标准化程度≤70%	2~4	
预制率 Y	Y=Y1+Y2					40.1

图5　软件出具的计算书（部分）

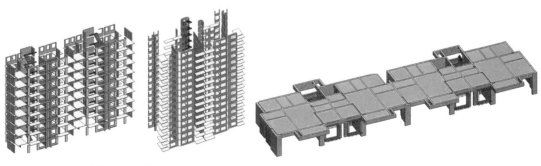

图6　楼栋预制构件拆分模型　　　　　　图7　预制构件标准层模型

图 8　预制飘窗模型

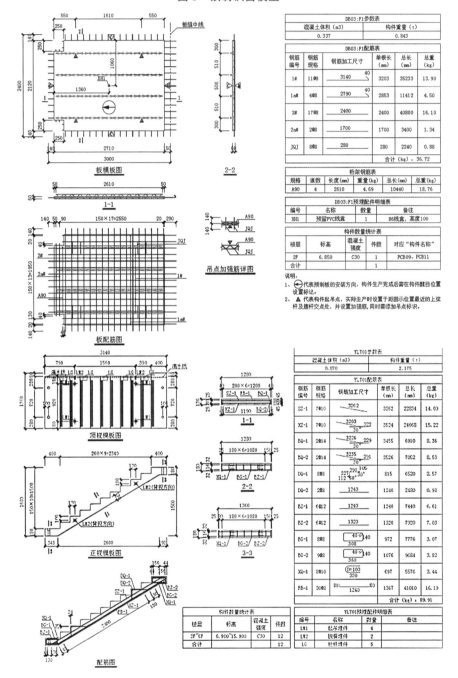

DB03:F1参数表	
混凝土体积 (m3)	构件重量 (t)
0.337	0.843

		DB03:F1配筋表			
钢筋编号	钢筋规格	钢筋加工尺寸	单根长 (mm)	总长 (mm)	总重 (kg)
1#	11Φ8	3140	3203	35233	13.90
1a#	4Φ8	2790	2853	11412	4.50
2#	17Φ8	2400	2400	40800	16.10
2a#	2Φ8	1700	1700	3400	1.34
JQJ	8Φ8	280	280	2240	0.88
				合计 (kg)	36.72

		桁架钢筋表			
规格	道数	长度 (mm)	重量 (kg)	总长 (mm)	总重 (kg)
A90	4	2610	4.69	10440	18.76

	DB03:F1预埋配件明细表		
编号	名称	数量	备注
XH1	预留PVC线盒	1	86线盒，高度100

	构件数量统计表			
楼层	标高	混凝土强度	件数	对应"构件名称"
2F	6.850	C30	1	PCB09、PCB11
合计			1	

说明：
1、⊙代表预制板的安装方向，构件生产完成后需在构件醒目位置设置标记。
2、▲代表构件起吊点，实际生产时设置于距图示位置最近的上弦杆及腹杆交点处，并设置加强筋，同时需添加吊点标识。

TLT01参数表	
混凝土体积 (m3)	构件重量 (t)
0.870	2.175

		TLT01配筋表			
钢筋编号	钢筋规格	钢筋加工尺寸	单根长 (mm)	总长 (mm)	总重 (kg)
SZ-1	7Φ10	3262	3262	22834	14.03
YZ-1	7Φ10	3203	3524	24668	15.22
SQ-1	2Φ14	3226	3455	6910	8.36
SQ-2	2Φ14	3235	3526	7052	8.53
CQ-1	8Φ8	290	815	6520	2.57
CQ-2	2Φ8	1240	1240	2480	0.98
SZ-1	6Φ12	1240	1240	7440	6.61
SZ-2	6Φ12	1320	1320	7920	7.03
SG-1	8Φ8	972	972	7776	3.07
SG-2	9Φ8	1076	1076	9684	3.82
XQ-1	8Φ10	697	697	5576	3.44
FB-1	30Φ8	1367	1367	41010	16.19
				合计 (kg)	89.91

	TLT01预埋配件明细表		
编号	名称	数量	备注
LM1	起吊埋件	4	
LM2	脱模埋件	2	
LG	栏杆埋件	5	

	构件数量统计表		
楼层	标高	混凝土强度	件数
3F~6F	6.900~15.900	C30	12
合计			12

图 9　预制构件 "BeePC" 加工图

3. 与构件生产的数据传递。通过"BeePC"软件数据中台模块自动生成各种生产表单，包含构件清单表（图 10）、物料汇总表（图 11）、钢筋下料表（图 12）、单构件明细表（图 13）等，实现与预制构件加工厂的协同和数据的对接，方便加工厂直接生产，节约工厂再次统计的人力、物力，提高了生产效率。软件提供了直接将深化数据对接 MES系统的功能，一键助力生产，对接 MES 界面如图 14 所示。

编号名称	所在户型	所在楼层	构件所在的总层数	此构件在本层的个数	构件类型	长(mm)	宽(mm)	高(mm)	构件总重(t)	构件含钢量(含损耗)(kg/m³)	构件不含桁架含钢量(含损耗)(kg/m³)	混凝土等级	外轮廓体积(m³)	洞口体积(m³)	构件体积(m³)	混凝土下料体积(m³)	结算体积(m³)	混凝土生产用体积(含损耗)(m³)
2F-PCB1	2F	1	1	预制板	2500	1700	60	0.64	125.46	74.78	C30	0.255	0	0.255	0.255	0	0.255	0.2677
2F-PCB2	2F	1	1	预制板	3000	1700	60	0.76	136.24	84.37	C30	0.3064	0.0024	0.304	0.304	0	0.304	0.3131
2F-PCB3	2F	1	1	预制板	3000	1700	60	0.76	136.24	84.37	C30	0.3064	0.0024	0.304	0.304	0	0.304	0.3131
2F-PCB4	2F	1	1	预制板	3000	1700	60	0.76	135.46	83.59	C30	0.3064	0.0024	0.304	0.304	0	0.304	0.3131
2F-PCB5	2F	1	1	预制板	3500	1700	60	0.87	160.08	107.1	C30	0.3568	0.0078	0.349	0.349	0	0.349	0.3595
2F-PCB6	2F	1	1	预制板	3400	2000	60	1	164.05	104.08	C30	0.4079	0.0089	0.399	0.399	0	0.399	0.411
2F-PCB7	2F	1	1	预制板	3000	1700	60	0.75	136.81	84.42	C30	0.3058	0.0048	0.301	0.301	0	0.301	0.31
2F-PCB8	2F	1	1	预制板	3600	2200	60	1.17	150.7	96.24	C30	0.4749	0.0089	0.466	0.466	0	0.466	0.48
3F-9FPCB1	3F~9F	7	1	预制板	2500	1700	60	0.64	125.46	74.78	C30	0.255	0	0.255	0.255	0	0.255	0.2677
3F-9FPCB2	3F~9F	7	1	预制板	3000	1700	60	0.76	136.24	84.37	C30	0.3064	0.0024	0.304	0.304	0	0.304	0.3131
3F-9FPCB3	3F~9F	7	1	预制板	3000	1700	60	0.76	136.24	84.37	C30	0.3064	0.0024	0.304	0.304	0	0.304	0.3131
3F-9FPCB4	3F~9F	7	1	预制板	3000	1700	60	0.76	135.46	83.59	C30	0.3064	0.0024	0.304	0.304	0	0.304	0.3131
3F-9FPCB5	3F~9F	7	1	预制板	3500	1700	60	0.87	160.08	107.1	C30	0.3568	0.0078	0.349	0.349	0	0.349	0.3595
3F-9FPCB6	3F~9F	7	1	预制板	3400	2000	60	1	164.05	104.08	C30	0.4079	0.0089	0.399	0.399	0	0.399	0.411
3F-9FPCB7	3F~9F	7	1	预制板	3000	1700	60	0.75	136.81	84.42	C30	0.3058	0.0048	0.301	0.301	0	0.301	0.31
3F-9FPCB9	3F~9F	7	1	预制板	3600	2200	60	1.17	150.7	96.24	C30	0.4749	0.0089	0.466	0.466	0	0.466	0.48
3F-9FPCB10	3F~9F	7	1	预制板	2500	1700	60	0.63	153.97	104.18	C30	0.2554	0.0024	0.253	0.253	0	0.253	0.2606
10F-14F-PCB1	10F~14F	5	1	预制板	2500	1700	60	0.64	125.46	74.78	C30	0.255	0	0.255	0.255	0	0.255	0.2677
10F-14F-PCB2	10F~14F	5	1	预制板	3000	1700	60	0.76	136.24	84.37	C30	0.3064	0.0024	0.304	0.304	0	0.304	0.3131
10F-14F-PCB3	10F~14F	5	1	预制板	3000	1700	60	0.76	136.24	84.37	C30	0.3064	0.0024	0.304	0.304	0	0.304	0.3131
10F-14F-PCB4	10F~14F	5	1	预制板	3000	1700	60	0.76	135.46	83.59	C30	0.3064	0.0024	0.304	0.304	0	0.304	0.3131
10F-14F-PCB5	10F~14F	5	1	预制板	3000	1700	60	0.76	136.24	84.42	C30	0.3058	0.0048	0.301	0.301	0	0.301	0.31
10F-14F-PCB6	10F~14F	5	1	预制板	3000	1700	60	0.75	136.88	84.49	C30	0.3058	0.0048	0.301	0.301	0	0.301	0.31
10F-14F-PCB7	10F~14F	5	1	预制板	3500	1700	60	0.87	160.08	107.1	C30	0.3568	0.0078	0.349	0.349	0	0.349	0.3595
10F-14F-PCB9	10F~14F	5	1	预制板	3600	2200	60	1.17	150.7	96.24	C30	0.4749	0.0089	0.466	0.466	0	0.466	0.48
15FPCB1	15F	1	1	预制板	2500	1700	60	0.64	125.46	74.78	C30	0.255	0	0.255	0.255	0	0.255	0.2677
15FPCB2	15F	1	1	预制板	3000	1700	60	0.76	136.24	84.37	C30	0.3064	0.0024	0.304	0.304	0	0.304	0.3131
15FPCB3	15F	1	1	预制板	3000	1700	60	0.76	136.24	84.37	C30	0.3064	0.0024	0.304	0.304	0	0.304	0.3131

图 10 构件清单表

类别	物料名称	规格型号	单位	数量
构件基本信息	外轮廓体积	C30	m³	11.0663
	洞口体积	C30	m³	0.1453
	构件体积	C30	m³	10.921
	混凝土下料体积	C30	m³	10.921
	结算体积	C30	m³	10.921
	混凝土生产用体积（含损耗）	C30	m³	11.24863
	构件重量		t	27.3025
	构件含钢量（含损耗）		kg/m³	142.6193023
	构件不含桁架含钢量（含损耗）		kg/m³	89.68196136
钢筋统计	钢筋	HRB400C8	kg	870.83
	钢筋	HRB400C12	kg	80.06
桁架统计	三角桁架	A80	m	316.8
	三角桁架	A80-1	m	1.087
	三角桁架	A80-2	m	1.063

1#楼物料汇总 项目 物料表

图 11 物料汇总表

1#楼钢筋下料 项目 钢筋加工下料表							
型号规格	单根长度(mm)	单根加工尺寸（图例）(mm)	数量(根)	单根重量(Kg)	长度汇总(mm)	重量汇总(Kg)	备注
HRB400C8	280	280	272	0.11	76160	30.07	
HRB400C8	468	468	8	0.18	3744	1.48	
HRB400C8	641	641	14	0.25	8974	3.54	
HRB400C8	768	768	4	0.3	3072	1.21	
HRB400C8	791	791	2	0.31	1582	0.62	
HRB400C8	839	839	2	0.33	1678	0.66	
HRB400C8	968	968	6	0.38	5808	2.29	
HRB400C8	1009	正弦 40 946	4	0.4	4037	1.59	
HRB400C8	1062	1062	18	0.42	19116	7.55	
HRB400C8	1630	1630	20	0.64	32600	12.87	
HRB400C8	1880	1880	420	0.74	789600	311.8	

图 12　钢筋下料表

构件总信息							
编号名称	构件编码	所在楼层	此构件在本层的总个数	构件类型			
2F-FCB1		2F	1	预制板			
构件基本信息							
长(mm)	板混凝土尺寸 宽(mm) 高(mm)		构件总重(t)	构件含钢量（含损耗）(kg/m³)	构件不含钢架含钢量（含损耗）(kg/m³)	混凝土等级	
2500	1700 60		0.6375	125.46	74.28	C30	
构件方量统计							
外轮廓体积(m³)	斜口体积(m³)	压槽体积(m³)	企口体积(m³)	键槽体积(m³)	手孔体积(m³)	减重块体积(m³)	保温板体积(m³)
0.255	0	0	0	0	0	0	0
附属圆槽体积	附属方槽体积(m³)	附属圆孔体积(m³)	附属方孔体积(m³)				
0	0	0	0				
构件体积	混凝土下料体积(m³)	斜口键槽企口不结算体积(m³)	斜口键槽企口不结算体积(m³)	结算体积(m³)	混凝土生产用体积（含损		
0.255	0.255	0	0	0.255	0		
构件钢筋统计明细表							
型号规格	单根长度(mm)	单根加工尺寸（图例）(mm)	数量(根)	单根重量(kg)	长度汇总(mm)	重量汇总(kg)	备注
HRB400C8	280	280	8	0.11	2240	0.88	
HRB400C8	1880	1880	14	0.74	26320	10.39	
HRB400C8	2575	2575	7	1.02	18025	7.12	

图 13　单构件明细表

图 14　对接 MES 界面

四、应用成效

(一) 解决的实际问题

目前,我国装配式混凝土建筑深化设计模式大部分仍采用传统的 CAD 手工绘制模式,存在效率低下、结果不准确、修改费时、数据不利于统计等缺点,严重制约了装配式混凝土建筑的设计效率。"BeePC"软件既可以解决上述行业痛点,提高设计效率,也能够对接结构计算软件的数据,并将深化设计数据直接与工厂生产 MES 系统对接,有利于打通装配式建筑全产业链。

(二) 应用效果

浙江宁奉城际铁路金海路站 03-05 地块住宅项目在深化设计中,通过运用"BeePC"软件收到了良好的应用效果。具体体现在:

1. 大大节省了设计时间,提高了设计效率。该项目的深化设计与传统设计方法的效率对比如图 15 所示。

项次	内容	采用BeePC所用时间（小时）	采用传统CAD方法设计所用时间（小时）	采用传统CAD方法与BeePc方法的时间比
1	建模及模型校核	28	0	0.00%
2	编号及统计	0.5	12	2400.00%
3	自动出图	0.5	0	0.00%
4	校对	1.5	13	866.67%
5	CAD整理及修改	3	230	7666.67%
	合计	33.5	255	761.19%
	按每天工作10个小时计换算为天	3.35	25.5	761.19%

图 15 效率对比表

2. 结果准确,所见即所得。该项目装配式混凝土构件已经安装完毕,大大降低了从生产到吊装、安装全过程的出错概率。

3. 助力业主快速建造、辅助招标投标及预决算工作。使用该软件后,预制构件详细工程量数据一键导出,为招标投标公平、公正、快速进行提供了巨大帮助。同时,提供的工程量数据精度和细度高,在后期决算时减少了业主与总包方的计算工作量和数据核对时间。

执笔人:
杭州嗡嗡科技有限公司 (黄克强、朱粤萍)

审核专家:
魏来 (中国建筑标准设计研究院,副总建筑师)
陈顺清 (奥格科技股份有限公司,董事长、教授级高工)

"晨曦"BIM算量软件在福建省妇产医院建设项目的应用

福建省晨曦信息科技股份有限公司

一、基本情况

（一）案例简介

针对建筑业面临的建模周期漫长、工程量算量繁琐、数据信息复用性较低等痛点，福建省晨曦信息科技股份有限公司研发了"晨曦"BIM算量软件，为项目各参与方提供一站式BIM应用。该软件基于人工智能技术，实现BIM模型创建和BIM模型运用，具有自动识别构件、快速创建BIM模型等功能，不仅解决了建模过程中BIM模型名称定义、截面形状定义、尺寸输入、平面定位、标高设置等繁琐问题，也减少了用户日常工作量，提高了建模效率。同时，该软件既可在通用一个模型的条件下，根据BIM土建、BIM钢筋与BIM安装模块内置的全国清单定额以及计算规则实现快速工程算量，又可实现材料提量、钢筋布置、钢筋下料、碰撞应用、BIM出图、集成数据等BIM技术应用。该案例是软件在福建省妇产医院建设项目的应用，实现了计量过程智能化、可视化、精准化以及工程项目的提质增效（图1）。

（二）申报单位简介

福建省晨曦信息科技股份有限公司正式成立于1999年，前身为"晨曦建筑软件工作室"。公司长期致力于建设行业信息化及应用软件的研制开发，是集软件开发、系统集成与培训、咨询、服务为一体的企业。公司核心产品为晨曦AI&BIM产品系

图1 "晨曦"BIM算量软件组成

列，包括BIM智能翻模、BIM智能算量、BIM智能计价、BIM管控平台（全过程咨询）等，软件内容覆盖工民建、水利、电力、通信、轨道交通等方面，产品线齐全。同时，公司已在全国26个省市建立服务基地，为全国上万个项目提供信息化解决方案，推动产品、服务、信息的融合和无缝集成。

二、案例应用场景和技术产品特点

（一）技术方案要点

"晨曦"BIM算量软件由BIM智能翻模、BIM土建模块、BIM钢筋模块、BIM安装

模块四个部分组成，遵循正向设计原则，进行模型的高效创建、设计优化、工程算量、一键出图等一系列的流程，旨在最大限度减少时间成本，确保施工进度，加强质量安全。结合建筑规范的要求，通过 BIM 智能翻模快速生成各专业模型，利用三维 BIM 模型完成协调各个专业建模、优化图纸、协调施工和纠偏预算等工作。继而在通用一个模型的基础上，对 BIM 土建、BIM 钢筋、BIM 安装模块在充分考虑用户日常操作习惯和出量要求下进行二次研发，更注重 BIM 模型调整和工程量出量。通过 BIM 模型的快速且精准提量，代替了部分手工算量，促进了项目技术人员职能的转变。不仅如此，该软件打破了不同应用之间难以互通操作的障碍，可与晨曦 AI&BIM 产品系列，包括 BIM 智慧工地、BIM 管控平台（全过程咨询）、晨曦造价咨询管理系统等有机结合，实现各系统之间信息统一、可视、共享、交付、集成，满足集成化管理，个性化应用需求，从而逐步建立完整的建筑全生命周期的应用生态和商业生态（图 2）。

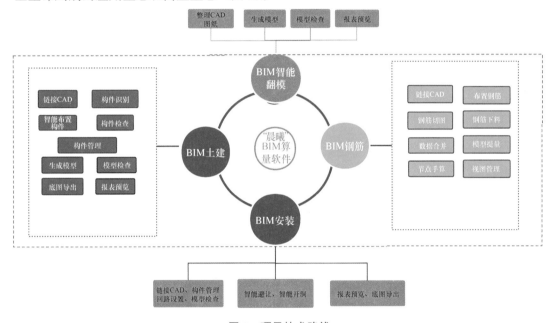

图 2　项目技术路线

（二）产品特点

"晨曦" BIM 算量软件中 BIM 智能翻模、BIM 土建模块、BIM 钢筋模块、BIM 安装模块特点分别如下：

1. BIM 智能翻模。BIM 智能翻模是一款新型的智能翻模工具。它一改往日费时费力的建模过程，将标准化、有规律的步骤交由软件自动完成，不仅能一体化完成图纸分割与整理、构件识别、生成 BIM 模型、管理 BIM 模型等过程，还能与土建、钢筋、安装模块无缝对接，完成土建、钢筋、安装的快速出量。通过运用智能翻模能有效帮助项目技术人员简化操作步骤，提高建模效率，保证 BIM 信息的完备，为全生命周期的 BIM 技术应用提供模型基础。

2. BIM 土建模块。适用范围广，主流 BIM 模型格式均可直接应用。模块内置《建设工程工程量清单计价规范》GB 50500—2013 及全国各地现行定额，拥有清单定额一键套用、精准、快速完成工程量汇总，实现建筑工程全生命周期数据共享等核心优势。

3. BIM 钢筋模块。攻克行业难点，BIM 钢筋模块内置各种楼梯类型，可供用户选择，实现一键布置楼梯钢筋和一键生成钢筋实体。针对异形构件如集水井、异形挑檐、自建异形构件等，可以通过模块内的通用工具进行配置钢筋，形成钢筋实体。同时，以国标图集、设计规范及施工经验为计算依据，通过平法参数输入与 CAD（计算机辅助设计软件）识别参数一体化实现全面布置钢筋信息、动态展示钢筋实体、精准算量钢筋工程等步骤。

4. BIM 安装模块。以国家定额规范等为计算依据，分项工程设置全面。并且支持智能避让和智能开洞、清单定额自动调用、报表输出项联动构件支持反查等功能，从根本上解决了 BIM 模型对应计算规则不一致的问题，实现 BIM 算量的应用。

（三）应用场景

"晨曦" BIM 算量软件的可视化、精准度高、易用性强、拓展性优等核心优势可为房产住宅类、商业综合类、医院综合类、工业场馆类、轨道交通类项目的策划决策阶段、设计阶段、建设实施阶段和运营维护阶段提供以进度控制、成本控制、质量控制为目标，以 BIM 模型为载体、工程进度为主线、造价管理为核心的一体化、智能化、全方位的解决方案。

三、案例实施情况

（一）案例基本信息

福建省妇产医院项目总投资 23 亿元，总建筑面积 17.72 万 m²，其中地上建筑面积 11.95 万 m²，地下建筑面积 5.77 万 m²，建成后将编制 800 张床位，建筑层数为地上 4～16 层，地下 2 层，建筑高度 69.00m，为框架剪力墙结构、框架结构。项目由福建建工工程集团有限公司承建，于 2018 年 12 月开工，计划于 2022 年 5 月 9 日竣工（图 3）。

图 3 福建省妇产医院项目效果图

（二）应用过程

1. 智能设计与规划

相比于传统的设计过程，"晨曦" BIM 算量软件的应用价值体现为能快速建立并集成建筑、结构、机电等专业的 BIM 模型；在建筑设计中充分考虑项目智能化及实用性等因素，开展智能与规划工作。BIM 智能翻模遵循业界国际标准，采用数据字典、图形交互技术、翻模构件及信息识别算法、双重加密等技术能快速将项目 CAD 图纸生成 BIM 模型，进行数字信息仿真，模拟建筑物所具有的真实信息。项目技术人员只需通过简单的操作设置就可以生成 BIM 模型，通过项目模型的全方位展示就能一目了然地发现图纸存在的问题，确保在项目施工前期，快速发现和解决图纸问题，完成图纸的审核与优化。例如应用"晨曦"BIM算量软件，可直观地查看到某处混凝土柱梁节点的碰撞问题。经过软件配合设计完成了大量的优化工作，确保满足净高控制要求，达到最合理的空间利用效果（图4）。

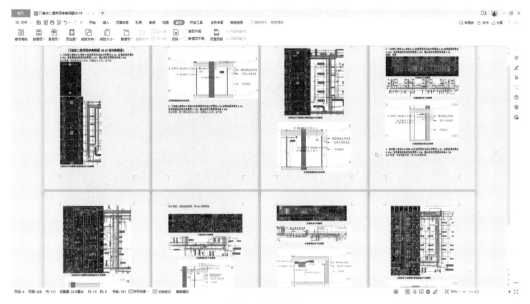

图4　图纸审查

在图纸优化的基础上，进行多项深化设计与智能规划。按照设计意图运用安装模块将项目各专业管线的位置、标高、连接方式及施工工艺顺序进行三维模拟，按照现场可能发生的工作面和碰撞点进行方案的调整，实现方案的可施工性。尤其是除水、暖、电、空调、消防等基本民用建筑管线外，还需要重复、详细地碰撞检查医疗气体、智能系统、污洗消毒等管线系统。根据碰撞检查报告，使用软件中智能避让和智能开洞工具完成管线的深化设计。通过动态漫游项目的三维模型模拟施工过程，使得项目参与方更加了解项目的细部构造，促进设计与业主方和参建各方及设计内部各专业工种之间多方面的协调与管理（图5、图6）。

2. 智能装备与施工

施工阶段是建筑实体形成的过程，也是项目资源集中投入的过程。该过程中各参与方基于2D图纸的管理与沟通往往会带来工期的延迟、项目的返工和浪费，与可持续建设背道而驰。施工阶段，"晨曦"BIM算量软件的应用主要体现为在通用一个模型基础上，赋予每个构件进度计划和造价信息，并实现智能装备与施工。"晨曦"BIM算量软件整合与优化各专业模型，提供自动套用清单定额、智能布置构件、布置钢筋等功能，使土建、钢筋、安装算量数据与设计数据以BIM模型为载体实时联动，快速完成工程土建、钢筋、安装计量工作。值得注意的是，软件中的计算模拟人脑思维，可脱离软件给审核方按设计图纸查阅，解决安装算量软件难以对账的问题，确保算量的精确度。同时，软件通过施工段关联物料信息，可输出详细的各主材工程量及各批次浇筑的方量，协助项目管理人员统筹安排施工组织、材料供应以及资金供应等工作内容，保证项目进度和顺利履约（图7）。

图 5　智能避让效果图

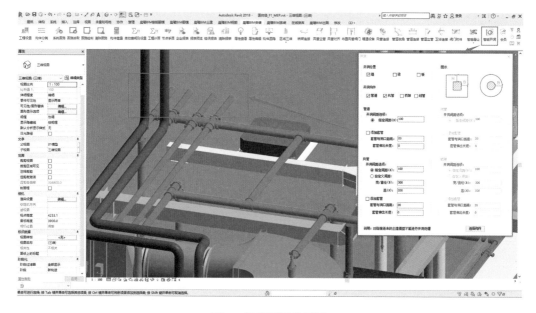

图 6　智能开洞效果图

在钢筋实体绘制方面,手动逐根绘制钢筋 BIM 模型效率低。结合 BIM 钢筋模块,通过配筋信息,软件自动绘制钢筋实体,并计算钢筋工程量,不仅可以大大节省钢筋 BIM 建模的时间,而且可以实现钢筋的深化应用。在项目中,软件快速布置了坡道钢筋、楼梯钢筋、混凝土钢筋穿钢结构等复杂钢筋节点。基于创建的 BIM 三维钢筋模型,运用软件中自带的钢筋切图工具从钢筋模型中读取相关信息,集成下料单、三维标注图、二维标注图三个信息展示模块,完成钢筋模型调整、钢筋工程量输出、钢筋下料及出图等内容,供钢筋加工厂、材料领用人、施工人员等项目成员使用,真正做到足不出户便可知道现场施

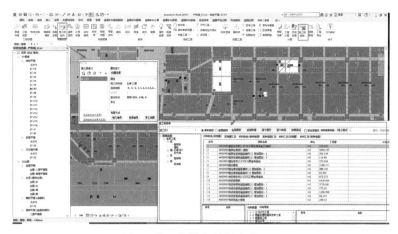

图 7　施工段输出材料表效果图

工的效果（图 8～图 10）。

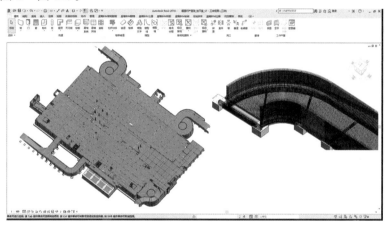

图 8　坡道钢筋布置

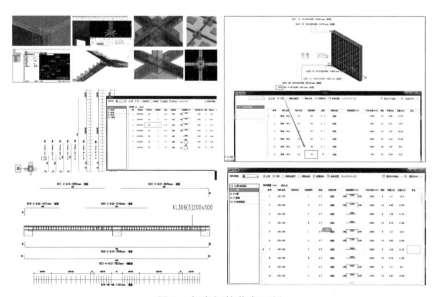

图 9　复杂钢筋节点下料

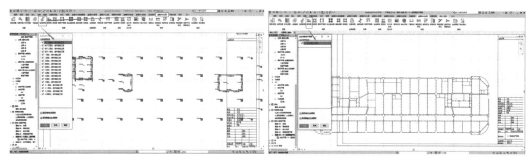

图 10　平法出图

3. 数字化交付

为最大化地体现信息的价值，根据《建筑信息模型分类和编码标准》GB/T 51269—2017，运用"晨曦"BIM算量软件对福建省妇产医院建设项目模型进行分类和编码。通过统一且唯一性的信息编码，使得项目技术性能数据、经济数据、维护数据等得以交互、共享、集成应用，提高多方协同的工作效率，促进信息流动（图 11）。

序号	专业	子专业	二级子专业	构件类别	构件子类别	构件类型（规则）	构件类型	构件编码	专业代码	子专业代码	二级子专业代码	构件类别代码	构件子类别代码	构件类型代码
1	结构	混凝土结构	混凝土结构	柱	矩形柱	截面参数：长度(mm)×宽度(mm)	3050×3750	03.02.01_04.0002.0163	03	02	01	04	0002	0163
2	电气	供配电系统	低压配电系统(普通电力)	低压配电箱(普通电力)	双电源自动切换箱	长度(mm)×宽度(mm)×高度(mm)-[二级子专业]	800×1800×400-低压配电系统(普通电力)	06.01.02_01.0005.0023	06	01	02	01	0005	0023
3	电气	供配电系统	低压配电系统(普通电力)	低压配电箱(普通电力)	现场控制箱	系统控制-[二级子专业]	吊扇控制箱-低压配电系统(普通电力)	06.01.02_01.0008.0028	06	01	02	01	0008	0028
4	电气	供配电系统	低压配电系统(普通电力)	低压配电箱(普通电力)	现场控制箱	系统控制-[二级子专业]	卷闸门控制箱-低压配电系统(普通电力)	06.01.02_01.0008.0029	06	01	02	01	0008	0029
5	电气	供配电系统	低压配电系统(普通电力)	低压配电箱(普通电力)	现场控制箱	系统控制-[二级子专业]	开水机制箱-低压配电系统(普通电力)	06.01.02_01.0008.0030	06	01	02	01	0008	0030
6	电气	供配电系统	低压配电系统(普通电力)	低压配电箱(普通电力)	现场控制箱	系统控制-[二级子专业]	射流风机控制箱-低压配电系统(普通电力)	06.01.02_01.0008.0031	06	01	02	01	0008	0031
7	电气	供配电系统	低压配电系统(普通电力)	低压配电箱(普通电力)	现场控制箱	系统控制-[二级子专业]	液压平台控制箱-低压配电系统(普通电力)	06.01.02_01.0008.0032	06	01	02	01	0008	0032
8	电气	供配电系统	低压配电系统(普通电力)	低压配电箱(普通电力)	照明配电箱	长度(mm)×宽度(mm)×高度(mm)-[二级子专业]	800×1800×400-低压配电系统(普通电力)	06.01.02_01.0001.0031	06	01	02	01	0001	0031
9	电气	供配电系统	低压配电系统(普通电力)	电缆桥架	工艺干线桥架	类型-材质	槽式-镀锌	06.01.02_07.0002.0001	06	01	02	07	0002	0001
10	电气	供配电系统	低压配电系统(普通电力)	电缆桥架件	槽式-垂直等径上弯通	材质-系统	镀锌-工艺干线桥架	06.01.02_08.0001.0004	06	01	02	08	0001	0004
11	电气	供配电系统	低压配电系统(普通电力)	电缆桥架件	槽式-垂直等径下弯通	材质-系统	镀锌-工艺干线桥架	06.01.02_08.0002.0004	06	01	02	08	0002	0004
12	电气	供配电系统	低压配电系统(普通电力)	电缆桥架件	槽式-水平三通	材质-系统	镀锌-工艺干线桥架	06.01.02_08.0004.0004	06	01	02	08	0004	0004
13	电气	供配电系统	低压配电系统(普通电力)	电缆桥架件	槽式-水平四通	材质-系统	镀锌-工艺干线桥架	06.01.02_08.0005.0004	06	01	02	08	0005	0004
14	电气	供配电系统	低压配电系统(普通电力)	电缆桥架件	槽式-水平弯通	材质-系统	镀锌-工艺干线桥架	06.01.02_08.0003.0004	06	01	02	08	0003	0004

图 11　建筑信息模型编码表效果图

四、应用成效

（一）解决的实际问题

1. 完成了与模型构件相对应的分类编码体系，实现了规范化建模，避免了因建模规则不统一造成模型不匹配，数据可追溯性低等问题。

2. BIM智能翻模不仅是将CAD图纸快速生成三维模型，而且以BIM模型为基础解决"错、漏、碰、缺"问题，复核施工图的设计错误和不足，提高图纸的准确率。

3. "晨曦"BIM算量软件将建筑、结构、机电等专业模型整合，根据设计意图和净高要求进行碰撞检查、管线优化，从而达到深化设计，降低工程返工的风险。

4. "晨曦"BIM算量软件突破手动逐根绘制钢筋BIM模型中复杂构件难以布置实体

钢筋的难点，实现实体钢筋快速布置和出量。同时，软件支持深化设计钢筋预算和施工下料等流程，满足复杂节点及工艺可视化交底。

5. "晨曦"BIM算量软件让造价工作更高效、更智能。通过模拟手工计算方式，一键生成多种报表形式，方便与手工算量对账，满足既快又准提取工程量的需求。

（二）应用效果

在福建省妇产医院建设项目中，"晨曦"BIM算量软件在图纸优化、碰撞检查、协调管线排布、动态漫游、精准算量、钢筋设计、优化施工方案、材料计划管理、数字化交付等方面取得了很好的应用成效。

一是优化设计质量，其中通过BIM审图解决图纸问题532处；取消工程桩改为筏板基础，取消咬合桩，减少降水井数量；通过深化设计，项目底板、正负零抬高2m，周边道路相应提高3~4m，基坑开挖土方量由原来41万m³减少至29.6万m³；管线综合解决机电管线碰撞427处，预留矩形洞口657个，支吊架设计155种，实现全过程BIM机电安装落地应用；通过BIM安装模型搭建，完成排砖区域12处，样板间3处。

二是节约成本5840万元，其中通过优化工期，节约费用约4700万元；通过严格的材料计划管理，节约材料造价1140万元。

三是缩短工期16个月，其中通过优化设计节约工期8个月；通过精益化管理，较原计划提前近8个月交付投用。

四是提高从业人员BIM技术应用能力，其中在项目实施过程中，共34人全过程参与BIM项目管理，共培养出专职BIM人员3人。

（三）应用价值

"晨曦"BIM算量软件结合人工智能、图形交互技术、翻模构件及信息识别算法、双重加密等高新技术，不仅仅高效实现模型的3D可视化效果，更是将3D模型作为载体，一模通用、一模用到底，实现快速建模、精准出量、智能规划、信息资源的协同化管理，为产业链贯通、智能化建造和可持续建筑创作提供了技术保障，为设计团队、施工团队、项目管理团队、业主单位等各参建方均创造了一定价值。

执笔人：

福建省晨曦信息科技股份有限公司（曾开发、陈镇西、曾毅、潘一帆、倪杨）

审核专家：

陈顺清（奥格科技股份有限公司，董事长、教授级高工）
魏来（中国建筑标准设计研究院，副总建筑师）

装配式建筑深化设计平台在福州市 蓝光公馆项目的应用

福建省城投科技有限公司

一、基本情况

（一）案例简介

装配式建筑深化设计平台是福建省城投科技有限公司研发的装配式建筑深化设计软件，包含了预制构件深化设计系统、铝模深化设计系统、内墙板深化设计系统三大部分。平台通过 BIM 技术对装配式混凝土建筑、铝模等设计内容进行协同整合，让设计师可以在同一软件平台、同一模型下实现数字化协同设计，避免了由于设计不协同导致的各种问题，提高了工作效率和设计准确率，实现数字化设计数据无缝对接生产管理平台，使设计数据向生产端流转，推动基于数字模型的设计、采购、生产、施工、运维一体化。

（二）单位简介

福建省城投科技有限公司是国有控股的混合所有制企业，是福州市城投集团面向建筑产业现代化的窗口企业，是国家高新技术企业、国家装配式建筑产业基地、福建省"专精特新"企业。公司秉承"用科技推动建筑产业化创享美好生活"的理念，在项目建设的全生命周期过程中，提供投资策划、产业研究、设计咨询、构件生产、施工工程管理、管理运营等一站式产品及服务。目前，公司已经获得 52 项知识产权，其中软件著作权共计 38 项，实用新型专利 14 项。

二、案例应用场景及技术产品特点

（一）技术方案要点

1. 在软件接口方面，平台可以适配采用 Autodesk Revit 正向设计的 BIM 模型，并在此基础上完成深化设计。对于采用传统 AutoCAD 设计的装配式建筑项目，平台也提供了多种图纸格式的接口，能快速识别图纸，自动转化为装配式设计所需的 BIM 模型，完成后续的装配式设计工作。

2. 在软件功能架构设计方面，平台包含了装配式建筑设计的三大系统，预制构件深化设计系统共有 9 个模块，27 个功能；铝模深化设计系统共有 4 个模块，21 个功能；装配式建筑内墙板深化设计系统共有 3 个模块，8 个功能，可以实现快速建模、一键出图、一键生成物料清单表等功能（图 1）。

3. 在文件输出方面，平台在完成深化设计后，可自动生成满足部品部件生产精度要求的深化图、加工图。对于采用智能生产管理平台等信息化手段的生产制造企业，平台还支持输出不同内容的数据文件（图 2），对接智能生产管理平台，批量导入部品部件生产

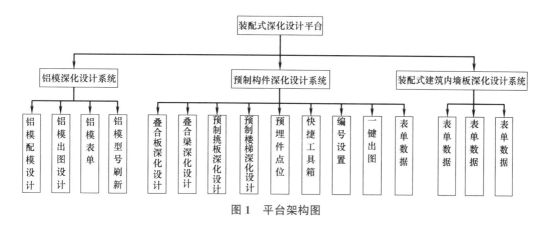

图 1　平台架构图

所需的物料信息，实现数字化设计的数据向生产制造端流转，保证底层数据的协同性和一致性，提高效率。

构件名称	长度(mm)	宽度(mm)	厚(高)度(mm)	单块砼体积(m³)	分项砼总体积(m³)	单块砼重量(T)	分项砼总重量(T)	板块数量
2~20、WPCB1	1920	1860	60	0.2143	4.286	0.5357	10.714	20
2~20PCB2	1920	1460	60	0.1682	3.1958	0.4205	7.9895	19
WPCB2	1920	1460	60	0.1682	0.1682	0.4205	0.4205	1
2PCB3	2520	2320	60	0.3461	0.3461	0.8653	0.8653	1
3~20、WPCB3	2520	2320	60	0.3508	6.6652	0.877	16.663	19
2~20、WPCB4	3920	1640	60	0.3857	7.714	0.9643	19.286	20
2~20、WPCB4a	3920	1640	60	0.3857	7.714	0.9643	19.286	20
2~20、WPCB4b	3920	1640	60	0.3857	7.714	0.9643	19.286	20
2~20、WPCB5	3820	2020	60	0.452	9.04	1.1299	22.598	20
2~20PCB6	2020	1520	60	0.1775	3.3725	0.4438	8.4322	19
WPCB6	2020	1520	60	0.1775	0.1775	0.4438	0.4438	1
2~20、WPCB7	3220	1840	60	0.3555	7.11	0.8887	17.774	20
2~20、WPCB7a	3220	1840	60	0.3555	7.11	0.8887	17.774	20
2~20、WPCB7b	3220	1840	60	0.3555	7.11	0.8887	17.774	20
2~20、WPCB8	2720	1320	60	0.2154	4.308	0.5386	10.772	20
2PCB8a	2720	1320	60	0.2154	0.2154	0.5386	0.5386	1
3PCB8a	2720	1320	60	0.2154	0.2154	0.5386	0.5386	1
4~20、WPCB8a	2720	1320	60	0.2154	3.8772	0.5386	9.6948	18
2PCB9	4820	1320	60	0.3817	0.3817	0.9544	0.9544	1
3~20、WPCB9	4820	1320	60	0.3817	7.2523	0.9544	18.1336	19
2PCB9a	4820	1320	60	0.3817	0.3817	0.9544	0.9544	1
3~20、WPCB9a	4820	1320	60	0.3817	7.2523	0.9544	18.1336	19
2~20PCB10	3060	2320	60	0.4149	7.8831	1.0373	19.7087	19
WPCB10	3060	2320	60	0.4149	0.4149	1.0374	1.0374	1
2PCB10R	3060	2320	60	0.426	0.426	1.0649	1.0649	1
3~20PCB10R	3060	2320	60	0.4149	7.4682	1.0373	18.6714	18
WPCB10R	3060	2320	60	0.4149	0.8298	1.0374	2.0748	2
2~20PCB10R1	3060	2320	60	0.4149	7.8831	1.0373	19.7087	19
2~20PCB11	2320	1460	60	0.2032	3.8608	0.5081	9.6539	19
WPCB11	2320	1460	60	0.2032	0.2032	0.5081	0.5081	1
2PCB11R	2320	1460	60	0.2032	0.2032	0.5081	0.5081	1

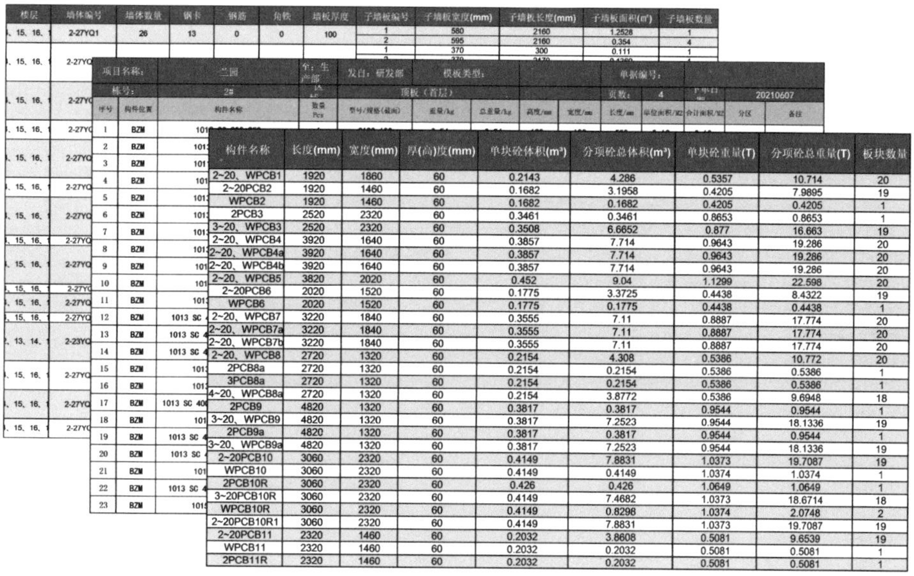

图 2　数据表单

（二）创新点

1. “三同”设计

“三同”设计即在同一软件平台、同一模型下，实现协同设计。在传统的装配式建筑设计中，由于设计工作可能在不同的软件平台上开展，导致设计成果分布在不同的图纸或者模型中，一旦设计方案出现修改，不可避免的需要反复在多个图纸或模型中比对，无法实现协同设计，设计效率低下，甚至出现因信息不同步导致的“错、漏、碰、缺”问题，造成工期浪费和经济损失。本平台从“三同”设计的层面上解决了装配式建筑设计协同的问题，实现设计阶段的降本增效。

2. “一键”设计

“一键”设计即本平台为装配式建筑设计师提供了一键智能拆分、一键自动配模、一键出图的便捷功能，提升了设计效率，避免了设计师重复的机械式工作，让设计师将更多的时间和精力放在装配式建筑设计的标准化和品质上。

在一键智能拆分方面，针对预制混凝土构件的拆分，平台会在考虑标准化和模数化的基础上，将需要拆分的构件自动拆分成符合规范要求的预制构件；针对装配式内墙，通过选择模型中需要采用装配式内墙的范围，平台将按照用户定义的内墙板类型和参数，自动将内墙按规范要求拆分为相应的大小和拼装方式。

在一键配模方面，用户选择需要配模的位置，平台将自动判断需要配设的模板类型，并按规范要求及预设的配模方案，自动配置铝模板。

在一键出图方面，在设计师完成深化设计后，可通过各个模块一键出图功能，由平台按照预设的参数，自动批量生成构件图和加工图。

3. 设计数据向制造端流转

部品部件进入生产制造环节后，传统的物料清单制作是一个费时费力的环节，出错率高，出错后不易检查，且容易造成批量性浪费。通过本平台可实现在深化设计完成后，批量输出部品部件的物料清单数据文件，不仅省时省力，而且能保证数模一致，提高了准确性，实现了设计数据向制造端流转（图 3）。

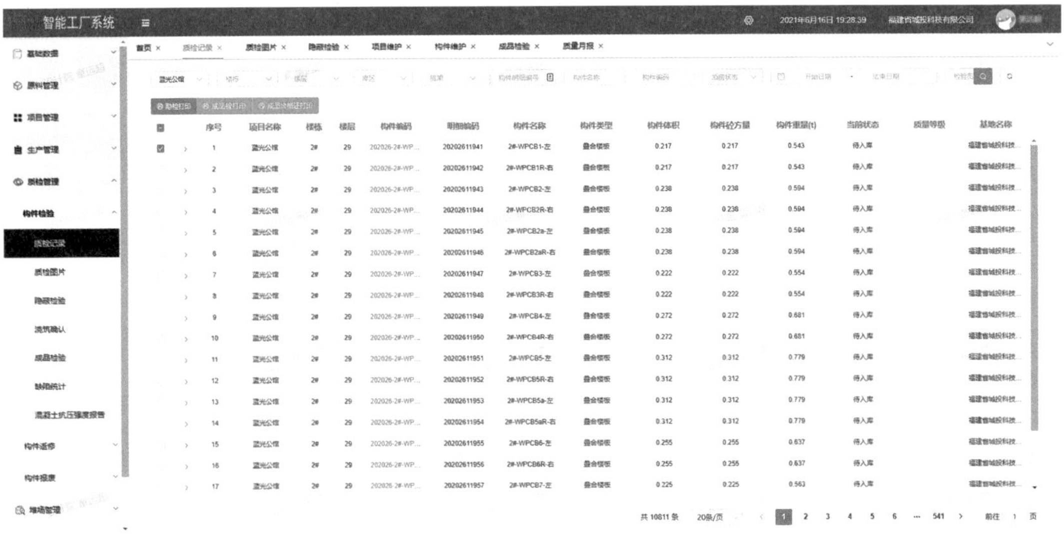

图 3 智能生产管理平台

（三）应用场景

本平台适用于包括住宅、学校、公共建筑、工业建筑在内的各类装配式建筑的深化设计，通过快速建模、一键拆分、一键出图等功能可以高效完成装配式建筑深化设计，批量自动输出满足生产精度的图纸，实现图模一致、数模一致。

三、案例实施情况

（一）案例基本信息

平台应用情况以福州市蓝光公馆项目为例，该项目总用地面积 11648.36m²，总建筑面积 155273.61m²，包含 3 栋 28 层住宅，1 栋 27 层住宅，结构形式采用框架—剪力墙结构，其中 2 号楼、3 号楼、6 号楼、7 号楼采用装配式建造方式，装配式建筑的计容面积为 67259.53m²，装配率均不低于 50%。

（二）应用过程

1. 预制构件深化设计系统

项目的预制构件深化设计采用了叠合板深化设计、预制楼梯深化设计、一键出图及物料清单等功能。

（1）叠合板拆分及深化设计。项目的叠合板采用宽缝叠合板，接缝宽度为 300mm，叠合板厚度为 60mm。在叠合板拆分时，通过叠合板拆分功能，框选 BIM 模型中的楼板，设置叠合板参数（图 4），即可自动完成叠合板拆分设计（图 5）。

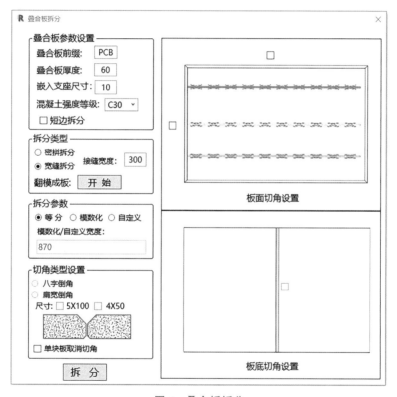

图 4 叠合板拆分

在叠合板拆分完成后，预制构件深化设计系统会自动计算当前层的预制构件水平投影面积，并且生成预制构件水平投影平面图（图 6）。

叠合板拆分方案确定以后，设计人员可以对叠合板进行深化设计，包括生成钢筋、调整钢筋避让以及放置预埋件。通过叠合板深化设计功能中的布置叠合板钢筋（图 7），对已拆分好的叠合板批量生成钢

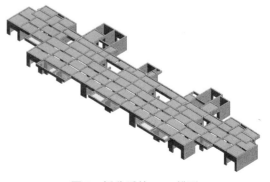

图 5 拆分后的 BIM 模型

筋（图8）。叠合板钢筋生成完毕后，设计人员将带有预埋件点位的CAD图纸链接进模型中，通过批量生成预埋件的功能，对所有点位进行翻模并且对点位进行编号，节约了设计人员手动布置点位的时间，提高了设计效率。

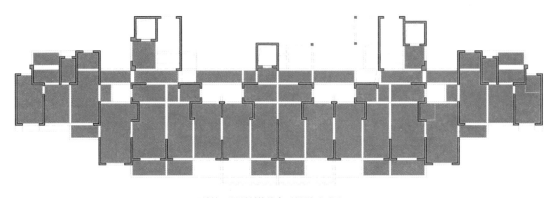

2号楼二层预制构件水平投影平面图

注：1.预制构件水平投影面积为455.08平方米

图例：

▨ 表示：预制叠合板水平投影面积

☐ 表示：预制楼梯水平投影面积

图6　预制构件水平投影平面图

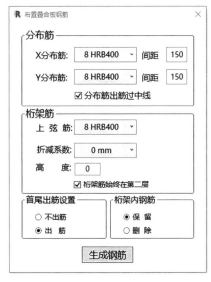

图7　布置叠合板钢筋

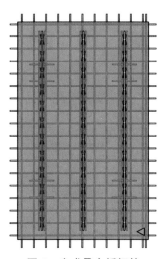

图8　生成叠合板钢筋

（2）预制楼梯拆分及深化设计。本项目选用标准楼层的梯段板作为楼梯的标准构件，采用120mm厚度的预制双跑楼梯，预制楼梯采用高端支承为固定铰支座，低端支承为滑动铰支座的装配方案。通过预制构件深化设计系统中楼梯放置功能，设置楼梯参数后（图9），把预制楼梯放置在模型中。

预制楼梯放置完毕后，通过预制构件深化设计系统中楼梯配筋功能，对预制楼梯进行自动配筋（图10）。

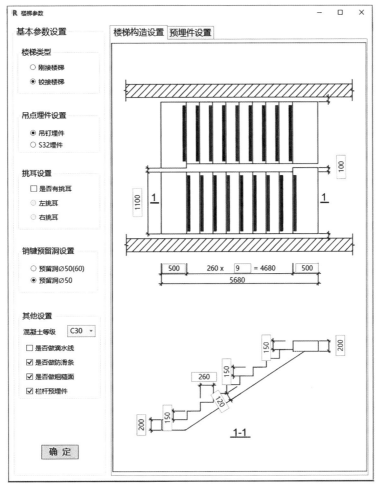

图 9　放置预制楼梯

（3）出图及物料清单。在完成本项目的预制构件深化设计后，设计人员通过预制构件深化设计系统的一键出图功能及物料清单功能，对模型中的所有预制构件及平面进行出图（图 11），并导出本项目的物料清单表（图 12）。根据导出的图纸及清单直接通过智能生产管理平台对接构件厂，完成生产构件详图交付。

2. 铝模深化设计系统

项目从第二层墙柱至顶层墙柱均采用铝模板，设计人员通过铝模深化设计系统对本项目的铝模进行深化设计，实现设计阶段精准配模、高效输出图纸及料表数据。

（1）自动配模。设计人员通过运用铝模

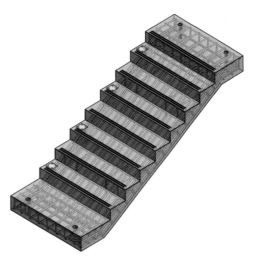

图 10　预制楼梯配筋后

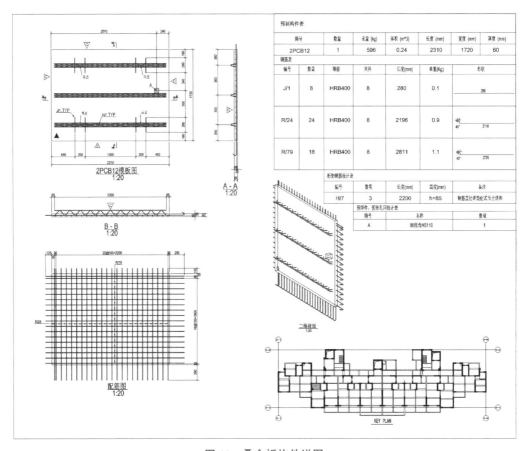

图 11　叠合板构件详图

构件名称	长度(mm)	宽度(mm)	厚(高)度(mm)	单块混凝土体积(m³)	单块混凝土重量(t)	板块数量	单块钢筋含量(kg)	分项总体积(m³)	分项总重量(t)	分项钢筋总重量(kg)
WPCB80	2735	1620	60	0.2658	0.6646	1	44.2	0.2658	0.6646	44.2
WPCB80a	2735	1620	60	0.264	0.6601	1	43.5	0.264	0.6601	43.5
WPCB81	4920	2385	70	0.8151	2.0377	1	141.2	0.8151	2.0377	141.2
WPCB81a	4920	2385	70	0.8214	2.0535	1	142.8	0.8214	2.0535	142.8
WPCB82	5770	1740	70	0.7028	1.757	1	134.8	0.7028	1.757	134.8
WPCB82a	5770	1740	70	0.7028	1.757	1	130.9	0.7028	1.757	130.9
WPCB82b	5770	1740	70	0.7028	1.757	1	125.8	0.7028	1.757	125.8
WPCB83	3520	2340	60	0.4609	1.1523	1	71.8	0.4609	1.1523	71.8
WPCB83a	3520	2340	60	0.4942	1.2355	1	79.6	0.4942	1.2355	79.6
WPCB83b	3520	2340	60	0.4906	1.2265	1	82.6	0.4906	1.2265	82.6
WPCB83c	3520	2340	60	0.4609	1.1523	1	71.8	0.4609	1.1523	71.8
WPCB83d	3520	2340	60	0.4942	1.2355	1	79.6	0.4942	1.2355	79.6
WPCB83e	3520	2340	60	0.4906	1.2265	1	82.6	0.4906	1.2265	82.6
WPCB84	2570	2370	60	0.3655	0.9136	1	55.6	0.3655	0.9136	55.6
WPCB84a	2570	2370	60	0.3655	0.9136	1	55.6	0.3655	0.9136	55.6
WPCB85	2320	1520	60	0.2116	0.529	1	34.5	0.2116	0.529	34.5
WPCB86	2320	1320	60	0.1837	0.4594	1	32.2	0.1837	0.4594	32.2
WPCB87	4920	1820	60	0.5373	1.3432	1	88.9	0.5373	1.3432	88.9
WPCB88	5520	1720	70	0.6646	1.6615	1	120	0.6646	1.6615	120
WPCB88a	5520	1720	70	0.6646	1.6615	1	125.8	0.6646	1.6615	125.8
WPCB88b	5520	1720	70	0.6646	1.6615	1	119.8	0.6646	1.6615	119.8
WPCB89	4295	2310	60	0.571	1.4274	1	133	0.571	1.4274	133
WPCB89a	4295	2310	60	0.5941	1.4852	1	121.3	0.5941	1.4852	121.3
WPCB90	5770	1905	70	0.7607	1.9017	1	142.6	0.7607	1.9017	142.6
WPCB90a	5770	1905	70	0.7694	1.9236	1	149.5	0.7694	1.9236	149.5
WPCB90b	5770	1905	70	0.7632	1.9081	1	142	0.7632	1.9081	142
WPCB91	4920	1780	60	0.525	1.3125	1	117.5	0.525	1.3125	117.5
WPCB91a	4920	1780	60	0.5255	1.3136	1	112.9	0.5255	1.3136	112.9
WPCB91b	4920	1780	60	0.5255	1.3136	1	107.8	0.5255	1.3136	107.8
WPCB92	4320	1620	60	0.4121	1.0303	1	65.2	0.4121	1.0303	65.2

图 12　预制构件物料清单

深化设计系统的自动配模功能选择需要配模的柱梁板墙等结构构件，程序会按照预设的配模规则自动生成符合规范要求的铝模板相关构件，减少设计人员手动放置的机械性工作，提高工作效率和配模的准确性。并且与预制构件模型实时交互，避免因设计误差导致的漏浆等问题。

（2）图纸输出及物料清单。当设计人员配模完成后，可以通过程序选择所需出图的部位自动生成生产图纸（图13）和物料清单（图14），简化设计人员图纸输出的操作步骤，节省统计和筛选工程量的时间，降低工程量统计错误的概率。

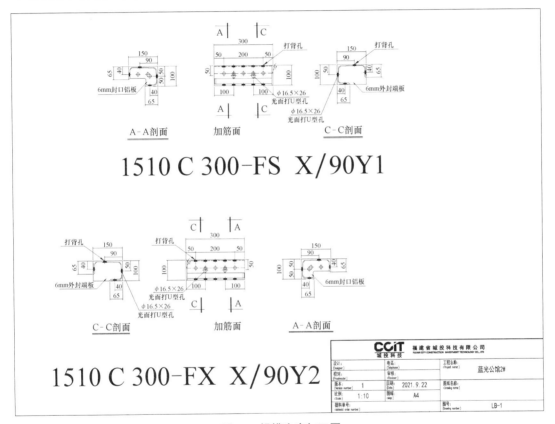

图 13　铝模生产加工图

3. 内墙板深化设计系统

项目内隔墙采用钢筋陶粒混凝土空心条板内隔墙，设计人员通过内墙板深化设计系统对本项目的内墙进行深化设计及图纸输出。

（1）内墙板拆分。设计人员通过 BIM 模型，对外墙、砌筑内墙和非砌筑内墙进行区分。将模型处理完成后，通过内墙板拆分将非砌筑内墙进行拆分（图15），并且自动对拆分好的内墙板编号。

（2）图纸输出及物料清单。内墙板拆分完成后，可以通过程序一键生成内墙板构件详图（图16），并且导出物料清单。导出的物料清单、生产加工数据及模型数据通过智能生产管理平台与项目进度计划关联，可进行构件生产、构件自动编码，实现一件一码和构件生产、运输、施工的实时跟踪。

楼栋号	区域	楼层	标准属性	构件类型	构件名称	数量/pcs	基材类型	重量/kg	总重量/kg	高度/mm	宽度/mm
2#楼	墙板	首层	标准不常用	QYM	1510 CA 2740	20	C100x150	17.63	352.6	100	150
2#楼	墙板	首层	标准不常用	QYM	1015 CA 2340	2	C150x100	15.18	30.36	150	100
2#楼	墙板	首层	标准常用	QYM	1510 C 2700	19	C100x150	17.38	330.22	100	150
2#楼	墙板	首层	标准不常用	QYM	1510 CA 2340	2	C100x150	15.18	30.36	100	150
2#楼	墙板	首层	标准不常用	QYM	1015 CA 2740	22	C150x100	17.63	387.86	150	100
2#楼	墙板	首层	标准不常用	QYM	1510 C 2750	4	C150x100	17.69	70.76	150	100
2#楼	墙板	首层	标准常用	QYM	1015 C 2700	20	C150x100	17.38	347.6	150	100
2#楼	墙板	首层	标准不常用	QYM	1510 CA 2690	1	C150x100	17.32	17.32	150	100
2#楼	墙板	首层	非标准	QYM	1510 CA 2740-AL	3	C100x150	17.63	52.89	100	150
2#楼	墙板	首层	小部件	QYM	1510 CA 540	3	C100x150	3.6	10.8	100	150
2#楼	墙板	首层	非标准	QYM	1015 CA 400	3	C150x100	2.74	8.22	150	100
2#楼	墙板	首层	标准不常用	QYM	1510 C 1100	2	C100x150	7.16	14.32	100	150
2#楼	墙板	首层	标准不常用	QYM	1015 C 2750	2	C150x100	17.69	35.38	150	100
2#楼	墙板	首层	非标准	QYM	115X115 C 2360 Y/90 X/90(50)	1	C115x115	11.97	11.97	115	115
2#楼	墙板	首层	非标准	QYM	1010 CA 2400-FS	1	C100x100	13.34	26.68	100	100
2#楼	墙板	首层	标准不常用	QYM	1515 C 650	1	C150x150	5.08	5.08	150	150
2#楼	墙板	首层	标准不常用	QYM	1510 C 1650	1	C100x150	10.67	10.67	100	150
2#楼	墙板	首层	标准不常用	QYM	1510 CA 690	1	C100x150	4.66	4.66	100	150
2#楼	墙板	首层	标准常用	QYM	1015 C 550	1	C150x100	3.66	3.66	150	100
2#楼	墙板	首层	非标准	QYM	1010 CA 1030 -J(30)	4	C100x100	5.76	23.04	100	100
2#楼	墙板	首层	非标准	QYM	1010 C 1010-FS	4	C100x100	5.67	22.68	100	100
2#楼	墙板	首层	非标准	QYM	1015 C 1250-AR	2	C150x100	8.23	16.46	150	100

图 14 铝模物料清单

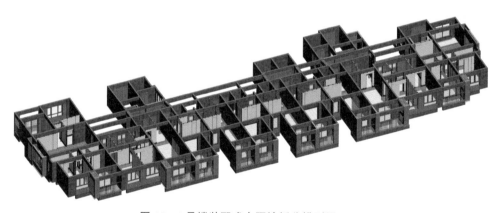

图 15 2号楼装配式内隔墙拆分模型展示图

四、应用成效

(一)实现多专业同平台协同设计

项目通过装配式建筑深化设计平台,实现了多专业的装配式建筑协同设计,通过 BIM 技术在设计阶段将后期可能遇到的建造问题前置,如在外立面上通过协同配合,优化复杂节点构造,使得建筑整体更加适配工业化建造手段;在装配式设计时提前优化预制构件和铝模的支撑系统;提前在铝模和装配式内墙间预留压槽等一系列优化措施,很大程度上减少设计阶段的"错、漏、碰、缺"问题,将同平台协同设计的优势在实际项目中体现。

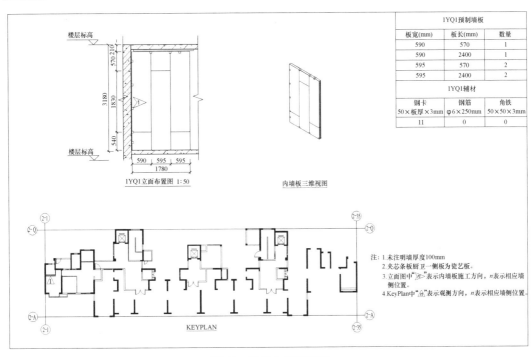

1YQ1预制墙板		
板宽(mm)	板长(mm)	数量
590	570	1
590	2400	1
595	570	2
595	2400	2
1YQ1辅材		
钢卡	钢筋	角铁
50×板厚×3mm	φ6×250mm	50×50×3mm
11	0	0

注：1.未注明墙厚度100mm
2.夹芯条板厨卫一侧板为瓷艺板。
3.立面图中"↗"表示内墙板施工方向，n表示相应墙侧位置。
4.KeyPlan中"↗"表示观测方向，n表示相应墙侧位置。

图 16　预制内墙板详图

（二）数字化设计实现装配式建筑"数字孪生"

项目在设计阶段利用 BIM 集成化应用，通过数字化设计将生产和建造场景虚拟呈现（图 17、图 18），实现蓝光公馆项目的"数字孪生"。

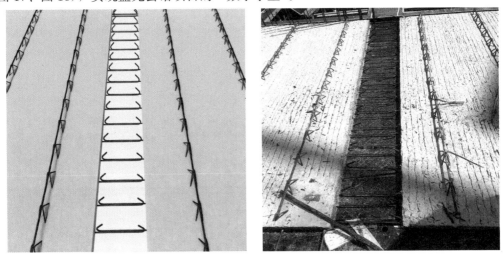

图 17　叠合板模型与现场对比图

（三）应用效果

平台已在包括蓝光公馆项目在内的 11 个装配式建筑项目中使用，共完成装配式深化设计面积超过 100 万 m² ，应用成效主要体现在效率提升和质量提升两个方面。

在效率提升上，预制构件深化设计的总用时从 30 天减少到了 7 天，效率提升了

图 18　项目整体模型与现场对比图

图 19　施工现场及建筑脱模效果

328%；铝模深化设计的总用时从 23 天减少到了 11.5 天，效率提高了 100%；内墙板深化设计的总用时从 16 天减少到了 3.5 天，效率提升了 357%。明显缩短了项目的设计周期，提高了设计人员的工作效率，也提高了部品部件的生产效率。

在质量提升上，得益于设计数据向生产制造端传递，福州市蓝光公馆项目预制构件的尺寸合格率达到了 100%，一次合格率达到 98.6%，铝模深化设计出错率控制在 1‰ 以内，预制构件实现了全生命周期的管控，铝模施工实现了免预拼装工艺，装配式内墙实现了水电精准定位。

施工现场及建筑脱模效果如图 19 所示。

(四) 效益分析

1. 预制构件深化设计系统效益分析

预制构件深化设计系统设计时间与传统设计时间效率对比如图 20 所示。

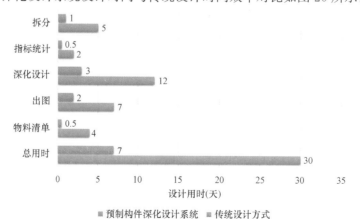

图 20　预制构件深化设计系统效益分析

预制构件深化设计系统相较传统设计方式效率提升情况如表1所示。

预制构件深化设计系统效率分析表 表1

设计流程	效率提升	备注
拆分	400%	智能拆分,也可灵活调整,极大提升了效率
指标统计	300%	可以自动计算指标,并输出统计结果,节省大量手算时间
深化设计	300%	批量生成钢筋和预埋件,可进行钢筋避让,大大提升深化效率
出图	250%	图纸质量较高,但部分细节问题需要手动调整
物料清单	700%	可以自动统计料表,节省大量人工统计的时间
总用时	328%	全流程的设计通过自动拆分、深化、出图,大大减少绘图工作量

2. 内墙板深化设计系统效益分析

内墙板深化设计系统设计时间与传统设计时间效率对比如图21所示。

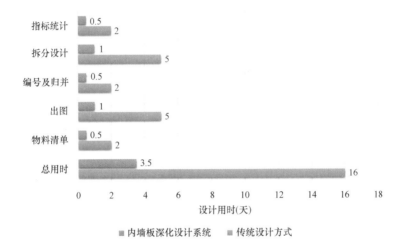

图 21　内墙板深化设计系统效益分析

内墙板深化设计系统相较传统设计方式效率提升情况如表2所示。

内墙板深化设计系统效率分析表 表2

设计流程	效率提升	备注
指标统计	300%	自动计算指标,输入结果,节省手算时间
拆分设计	400%	智能拆分,也可灵活调整,效率较高
编号及归并	300%	自动编号,相同墙体编号自动归并
出图	400%	智能批量出图,仅需图纸校对和部分细节调整
物料清单	300%	自动统计料表,快速对接生产平台
总用时	357%	批量处理、批量出图等,大大减少绘图工作量

3. 铝模深化设计系统效益分析

铝模深化设计系统设计时间与传统设计时间效率对比如图22所示。

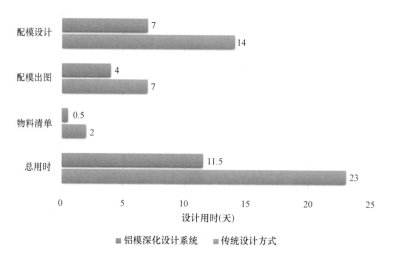

图22 铝模深化设计系统效益分析

铝模深化设计系统相较传统设计方式效率提升情况如表3所示。

铝模深化设计系统效率分析表 表3

设计流程	效率提升	备注
配模设计	100%	自动按规范需求计算配模规格及类型,节省手算时间
配模出图	75%	智能标注,批量出图,仅需校对部分细节
物料清单	300%	自动统计料表,快速对接生产平台
总用时	100%	批量生成模具、图纸、数据等,大大减少绘图工作量

执笔人：

福建省城投科技有限公司（陈珑、刘艳军、童远超、刘志鹏）

审核专家：

陈顺清（奥格科技股份有限公司，董事长、教授级高工）

魏来（中国建筑标准设计研究院，副总建筑师）

中机六院数字化协同设计平台

国机工业互联网研究院（河南）有限公司

一、基本情况

（一）案例简介

中机六院数字化协同设计平台以"标准先行、流程固化、资源支撑、平台助力"为指导思想，将数字化技术全面应用于机械工业第六设计研究院有限公司（简称"中机六院"）的设计业务，各业务人员通过平台开展项目的设计和管理，打通了各个常用设计软件的工程数据互用通道，全面提升设计质量和设计效率，初步达成无纸化高效协作、自动化流转、数字化交付、智能化检查的阶段目标，有力推动了企业数字化转型升级的进程。

（二）申报单位简介

国机工业互联网研究院（河南）有限公司（简称"国机互联"）隶属于中国机械工业集团有限公司，是由中机六院联合多家单位成立的国家高新技术企业，是河南省智能工厂系统集成创新中心和制造业大数据应用产业技术研究院的共同载体。公司聚焦于工业、工程行业，通过在协同设计、可视化建造、数字化交付、企业数字化转型等方面的探索和实践，形成了基于 BIM 的工程全生命周期数字化解决方案，为工程设计企业数字化转型提供成套产品和服务。

二、案例应用场景和产品技术特点

（一）技术方案要点

平台是由国机互联自主研发，名为兮睿，主要包含协同设计管理子系统、设计资源管理子系统和基于设计软件 AutoCAD、Revit 等开发的设计工具插件子系统（在设计软件端以 E 开头）3 部分（图1），使用方式包括网页端、桌面客户端及与设计软件集成的客户端。平台协同设计管理子系统，通过项目设计人员管理、设计流程管理、标准化作业管理、设计成果管理，并与设计软件集成，实现多专业协同设计、多人异地协同工作。设计资源管理子系统，通过将企业常用设计资源进行统一管理，并通过二次开发的工具插件与设计软件集成，方便设计师调用，标准化设计内容。设计工具插件子系统，通过基于常用设计软件自主开发的工具插件，帮助设计师完成设计成果，并对设计成果进行合规性检查，大幅提高设计效率和设计质量。通过平台的应用，帮助企业建立设计知识库，积累设计经验，提高企业核心竞争力。

（二）关键技术的难点和创新点

一是通过研究自主可控的设计数据格式，解决了设计数据跨设计软件传递和共享的问

图 1　平台架构体系

题。二是通过协同平台实现了二维、三维设计的无缝衔接，一处修改处处更新，解决了二维图纸和三维模型相互割裂协同性差、修改变更费时费力的问题。三是在自有数据格式的基础上，研发设计合规性检查系统，解决了传统设计模式设计质量严重依赖设计人员自身的能力和人工校对审核导致的设计质量难以把控的问题。

（三）产品特点

1. 建立协同工作体系，提升协作效率。使设计各参与方在同一个平台中开展工作，实现跨地区、企业、部门的协同设计，提高沟通与协作效率。

2. 自研自主可控的数据格式，保障数据安全。目前，平台支持 rvt、obj、3dm、fbx、ifc 等多种数据格式，能够单向导入本平台，实现设计资源数据存储和数据交互的平台无关性，解决了各软件之间的数据交换问题，增加了数据安全性。

3. 集成主流设计软件，实现跨平台数据流转。平台与多种常用设计软件集成，包括 AutoCAD、Revit、SolidWorks（三维机械设计软件）等，通过自定义的设计数据格式，实现设计数据的跨平台流转和二维、三维实时协同。

4. 丰富的设计工具，提升设计效率。平台提供覆盖工艺、建筑、机电等专业的设计工具供用户在线使用，支持设计、机电深化、设计出图表达、工程量统计等工作，提高设计效率。经统计，使用平台的工具，设计效率可提升 30% 以上。

5. 丰富的构件资源，提升设计标准化水平。平台提供设计常用的构件资源，帮助企业建立专有云构件库，积累企业知识，提高企业标准化设计水平。

（四）应用场景

1. 平台适用于各类工程设计企业。平台是以工程设计企业为核心，连接建设单位、勘察单位、施工单位的数字化协作平台，功能覆盖工程建设项目组织策划、设计辅助、协作管理、设计成果交付全过程，实现项目各参与方协同工作。

2. 平台适用于开展工程总承包业务的成套装备企业。企业通过平台优化企业设计工作流程，通过基于同一模型的设计协作，提升设计工作效率，降低设计错误概率，助力企业数字化转型升级。

三、案例实施情况

（一）案例基本信息

中机六院是全国性综合性甲级设计院，总部在河南省郑州市，现有 12 个生产部门

（包含厦门、天津两个外地分院），共有员工 3000 余人，为提高企业跨部门协同工作效率，应用了本数字化协同设计平台。

（二）应用过程

本着"标准引领、流程固化、资源支撑、平台助力"的原则，构建协同设计的标准体系，借助平台进行全专业、全过程的协同设计，并根据特定项目及专业开展深度应用。

1. 进行跨区域、跨部门的设计协同

企业所有设计项目使用平台开展，所有人员基于平台进行协同工作。项目立项阶段，部门生产负责人确定项目负责人，下发项目编号。项目负责人组建项目团队，制定项目验收标准和要求，编制项目计划（图 2）。平台将计划任务推送给设计人员，由设计人员使用平台完成设计，上传过程资料，归档设计成果（图 3），完成设计过程。图文中心直接打印已经归档的图纸，无需设计人员参与。

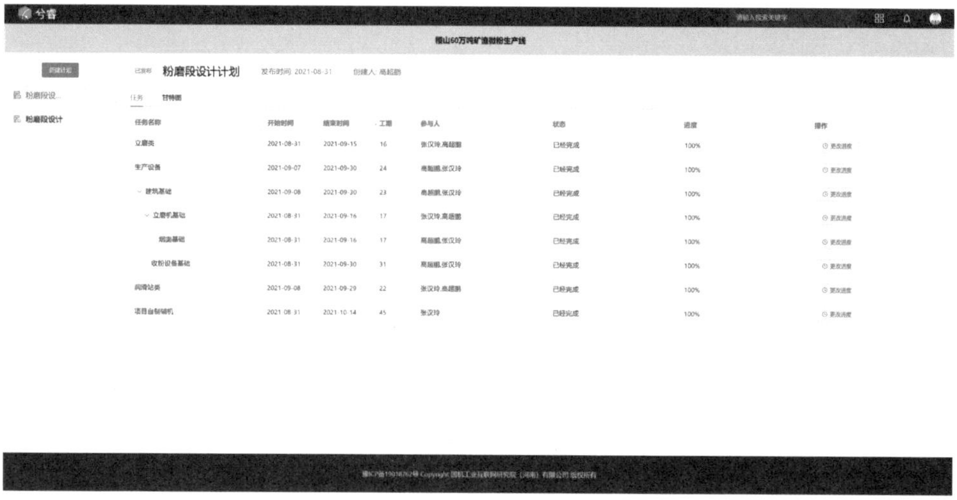

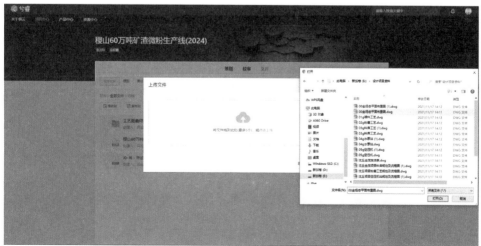

图 2　编制项目计划

图 3　归档设计成果

2. 标准化设计过程

在平台应用前，设计过程需要大量的资料互提，设计成果也需要多次校审，过程管控复杂。企业将设计业务流程、设计作业任务标准化，形成作业标准，制定各类规章制度，对各部门、各岗位人员进行培训。通过将设计过程的设计任务进行梳理，制定设计任务的完成标准。最后，企业将梳理的标准流程和作业要求集成在平台。平台应用后提交资料与校审等设计任务通过与设计软件集成的设计插件完成，设计人员按照要求提交过程文档，平台自动将过程文档提交到协同设计管理子系统的过程控制资料袋中，同时进行过程留痕（图4～图6）。

图4 设计控制文件

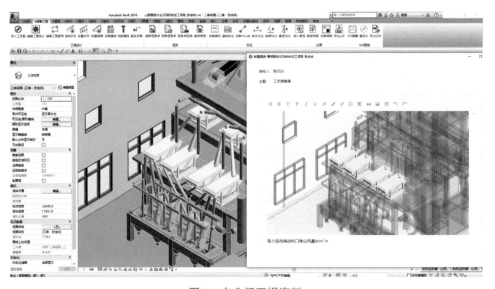

图5 专业间互提资料

图 6　模型校审

3. 统一管理企业设计资源

根据业务特点，中机六院建立企业级设计资源的管理流程、制作标准、审核标准。借助平台收集项目的资源，审核通过后，整理到企业资源库，建立企业项目模板、典型工艺流程、典型功能空间、专业系统、数字化构件、设备等设计资源库（图7～图10）。设计人员在项目设计过程中，借助平台研发的与常用设计软件 AutoCAD、Revit、SolidWorks集成的工具，获取并使用需要的设计资源。

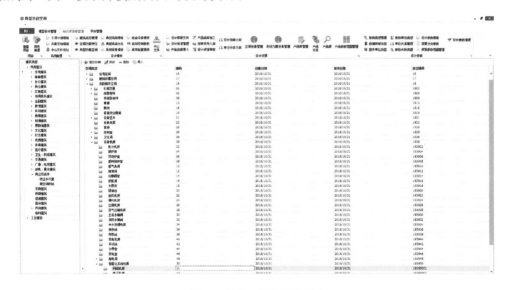

图 7　典型功能空间布局库

4. 工艺方案规划

工艺设计人员根据项目的需求，确定工艺顺序，并在 AutoCAD 中绘制工艺流程图，借助平台设备库完成工艺设备的选型，确定设备能力（图11）。

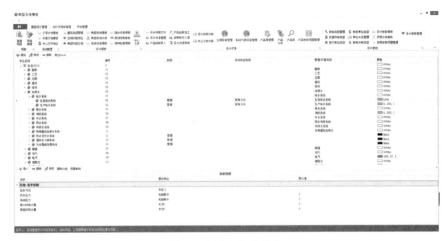

图 8　典型专业系统库

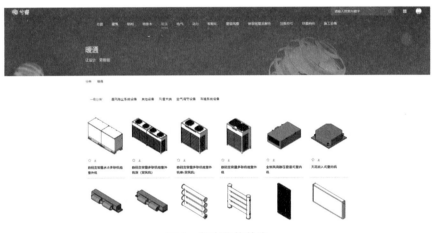

图 9　数字化构件库

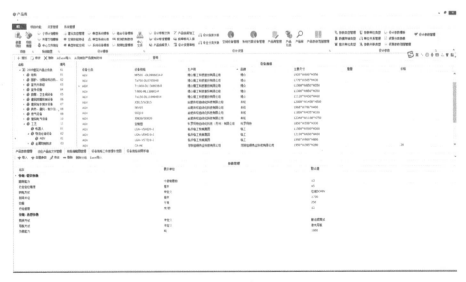

图 10　设备库

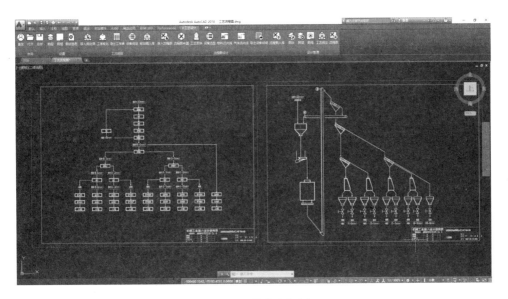

图 11 工艺方案规划

5. 工艺设备布置

工艺设计人员在 Revit 软件中，借助平台研发的设计工具导入绘制好的工艺流程图，使用平台推送的数字化构件，完成项目的工艺设备布置（图 12），通过三维可视化模型进行方案评审。当工艺规划变更时，借助平台对变更内容进行核查，响应规划方案的变化（图 13）。

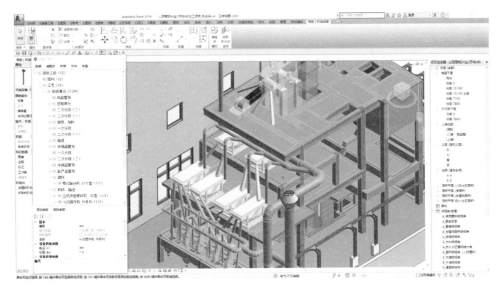

图 12 工艺设备布置

6. 建筑方案布局

建筑设计人员利用平台规划模块和布局工具，进行车间分区规划（图 14）和工厂建筑功能空间快速布局（图 15），生成功能布局方案，根据工艺方案需求和功能空间面积指

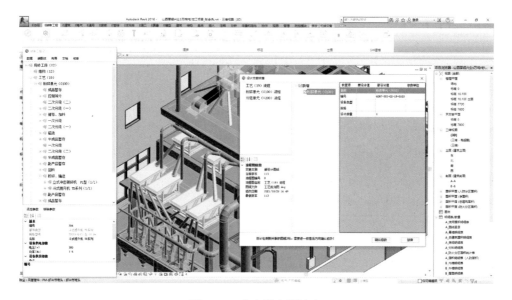

图 13　工艺方案变更核查

标调整完善布局方案，划分建筑功能区、评审设计方案和规划主干管线空间。通过各专业可视化调整方案，最终得出初步的建筑布局、站房布局、机电主干线布局。

图 14　车间分区规划

7. 快速施工模型设计

各专业设计人员应用平台的数字构件库和设计工具插件，快速完成设备选型、空间布局、管线路由连接。采用 BIM 三维空间进行一体化设计，将各专业模型整合为一个整体项目模型。施工模型继承方案阶段的信息，且设计表达完整、数据一致（图 16、图 17）。

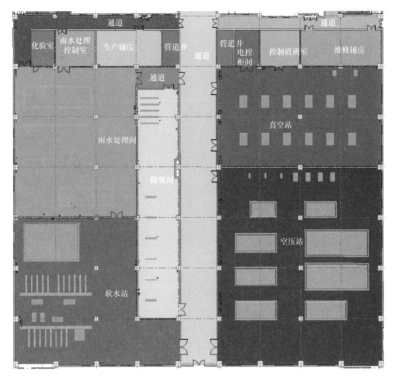

图 15　建筑快速布局

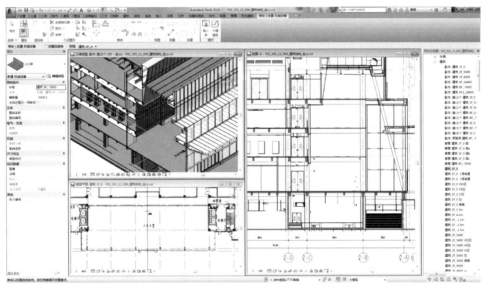

图 16　建筑施工模型

8. 快速设计出图

在数字化设计模型的基础上，生成建筑施工图纸，包括建筑平立面图、剖面图、门窗表、设计详图等。借助平台二次开发的工具插件自动标注，一键出图，生成各专业综合管线平面图、单专业平面图、轴测图、剖面图、支吊架布置图和支吊架详图（图18、

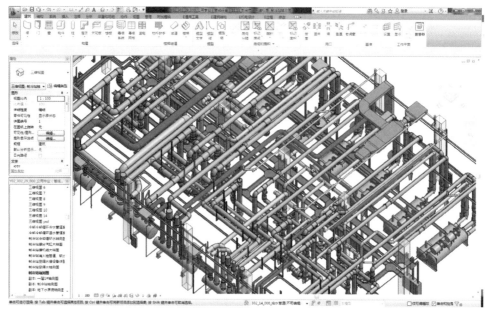

图 17　机电安装模型

图 19）。根据综合管线模型，优化构造柱布置，自动生成一次、二次结构洞口及图纸，指导土建预留预埋。

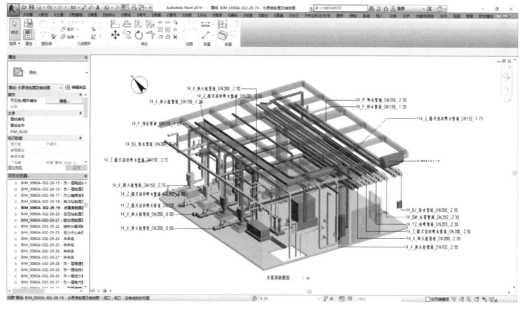

图 18　综合管线轴测图

9. 设计材料统计

设计完成后，设计人员利用平台开发的统计插件，实现土方量、材料量（如管线、桥架、电线电缆等）、机电设备清单的快速统计，并导出材料设备明细。借助明细，对设计方案进行优化完善（图 20）。

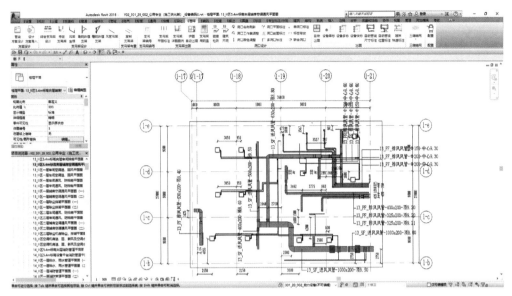

图 19   综合管线平面图

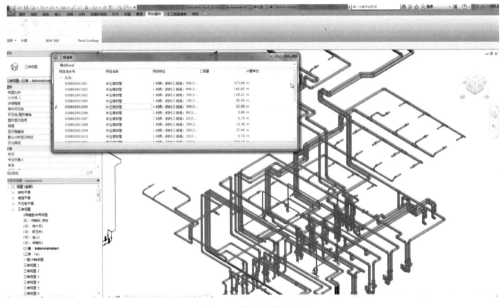

图 20   管道用量统计

10. 设计质量核查

企业通过建立常用的规则库，借助平台的工具对数字化设计成果进行检查，作为质量检查的辅助手段。目前，已完成在模型、图纸、构件的命名方式、设计属性数据、布局数量等设计数据的完整性核查，构件尺寸、净高的正确性核查，工艺、机电设备、管线的空间位置干涉核查等方面的应用（图21）。

11. 设计模型编码

针对企业的 EPC 业务，中机六院建立了一套编码体系，涵盖设施设备的空间、系统、

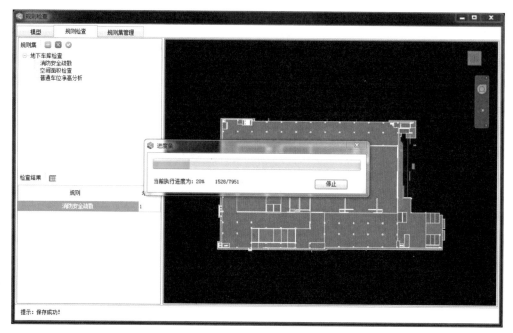

图 21   设计质量核查

物料分类等信息。设计人员进行工程项目设计时，使用平台的编码模块进行编码，在设备选型的同时进行物料编码，在空间规划的同时进行空间编码，在系统设计的同时进行系统编码。所有编码信息存储在设计成果和平台中，随着设计的变更而自动更新（图 22、图 23）。

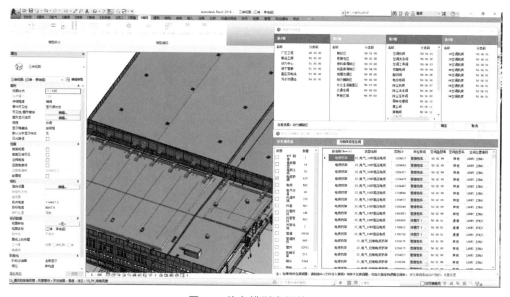

图 22   信息模型空间编码

12. 设计成果交付

设计完成后，设计人员将成果上传到平台，通过平台将不同格式的二维设计图纸和三维设计模型转换为统一的数据格式，交付给建设单位，设计成果满足数字化审查的要求（图 24）。

图 23　信息模型设备编码

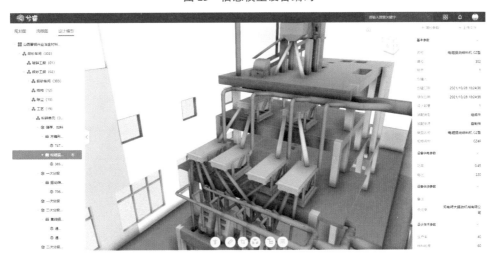

图 24　设计成果交付

四、应用成效

(一) 解决的实际问题

1. 提高了总体协作的效率。在平台应用前中机六院在进行多专业协作时，资料版本多、不同步，人工校审工作量大，图纸归档无效劳动占用时间多，总体协作效率低。依托平台实现了项目全过程无纸化高效协作，过程资料版本自动归集，专业碰撞检查与标准化合规检查自动化，图纸拆分、电子打印图纸和电子签章自动化，优化图纸归档与签章流程，做到图纸归档与成品交付零跑腿，不仅减轻了相关人员工作量，还大大提高了项目总体协作效率。

2. 加强了设计过程管控。在传统的设计推进过程中，往往多项目并发，设计人员状态、任务进展不透明，过程控制监管困难。在平台中可以实现多专业成果一体化呈现，专业协调一致性改善。利用平台数据接口将项目协作数据与企业原有管理平台一体化集成，质量记录自动电子装袋，任务状态自动留痕，使得设计过程变得相对透明，为企业优化资源配置、实现业财一体化、持续降本增效提供了可能。

3. 提高了设计作业效率。项目 BIM 设计工作量大，设计过程中有大量重复性劳动，借助平台的设计工具和设计资源，提高了设计效率，使得设计人员可以全身心推敲设计方案。目前，管线标注工作长期停留在手动标注阶段，工作量巨大。平台通过开发实现自动管线标注功能，可根据图面对标注内容自动对齐，标注准确完整、清晰美观，节省了设计人员大量工作时间，使其能专注于设计本身。

4. 解决了数据共享与应用的问题。由于项目中二维、三维设计方式并存，项目协作出现数据共享瓶颈，设计效率低，质量难以保证。利用平台提供的工艺、土建、机电等专业高效应用工具，在不改变现有设计软件使用习惯的基础上，可自动识别二维图纸信息，将二维图纸、三维模型与平台工程特征数据相互关联，与三维数据集协同无缝衔接，很好地解决了二维、三维跨平台协作问题，也为跨阶段数据共享应用奠定了基础。

5. 降低了数字化设计在设计企业的推广难度。三维设计性能低，缺少专门针对工厂的设计特别是工艺设计。中机六院借助平台建立起混合部署的云端工程设计数据共享环境，总部统一管理工程类型、专业模板与各类企业标准化资源库、参数化构件与设备设施库，各分公司、子公司设计人员均可利用分布式部署的协作管理平台自动配置项目协作环境。平台实现了三维设计成果云端轻量化自动转换和 Web 端与手机端在线浏览查看，平台工具简化了从项目环境配置、设计过程到成果交付使用全过程的操作，大大降低 BIM 技术应用推广难度，推动生产人员积极参与到 BIM 技术应用中。

（二）应用效果

平台为中机六院搭建了一个基于互联网的协同工作环境，让不同位置、不同部门的项目人员在平台中协同工作，实现了中机六院本部及外地分院 3415 名用户的实时在线协作。

平台促进了企业在项目全过程全专业全面推行无纸化协同设计。目前已服务二维协同项目 5296 个，三维协同项目 239 个，2020 年归档交付电子图纸约 11 万张。企业平均协同工作效率提升 30%。

平台为实现图纸、模型、数据三位一体的数字化交付提供了手段，降低了企业 BIM 设计应用推广难度。目前平台已经建设各类标准化设备数量超 1089 个，提供设备规格数据 5313 条，积累参数化构件 13257 个、典型功能空间 563 种、专业系统 2362 个。借助平台，中机六院已完成了数百项 BIM 技术专项应用服务项目，以及大量有信息模型技术应用要求的各类项目，为开拓工程全生命周期数字化咨询服务、实现业务数字化与数字业务化奠定了基础。

执笔人：
国机工业互联网研究院（河南）有限公司（刘莹、关俊涛、张会兵、张汉玲）

审核专家：
陈顺清（奥格科技股份有限公司，董事长、教授级高工）
魏来（中国建筑标准设计研究院，副总建筑师）

"智装配"BIM设计平台在装配式叠合剪力墙结构设计中的应用

美好建筑装配科技有限公司

一、基本情况

(一) 案例简介

"智装配"BIM设计平台是美好建筑装配科技有限公司根据装配式叠合剪力墙全自动化生产线的需求,开发的一套基于BIM的智能结构设计平台。该平台以BIM技术为核心,参数化设计为基础,将模型元素转化为自动化生产线所需要的数据结构,并建立高效的工程信息传递和共享渠道,实现了装配式工程项目的三维可视化、拆分自动化、图纸数字化、报表标准化等多种应用,实现了预制构件设计信息与生产数据的直接关联,避免了设计与生产错误,提高了自动化生产能力和生产效率。

(二) 申报单位简介

美好建筑装配科技有限公司(简称"美好装配")成立于2001年,是美好置业集团股份有限公司控股子公司,注册资金8亿元,以"绿色环保、智能制造"为目标,专业从事装配式建筑精装房屋智造,已累计完成装配式建筑项目超过350万 m^2。公司作为主编单位之一完成9省市装配整体式叠合剪力墙结构地方标准编制,已获授权技术专利100余项,逐步形成涵盖材料、设计、生产、施工以及信息化应用的全产业链知识产权体系。

二、案例的应用场景和技术产品特点

(一) 技术方案要点

"智装配"BIM设计平台主要面向装配式叠合剪力墙体系,核心功能是将设计成果有效地转换为自动化生产线可生产、施工现场可拼装的构件实体;导出多种结构化和非结构化的数据,以驱动自动化设备的运转;通过云服务实现设计协同、数据共享、信息交换,完成装配式建筑全方位、立体化的管理。

"智装配"BIM设计平台能够实现预制构件全流程、一体化的设计。通过数据中心化的管理,实现多人、多专业的在线协同,设计师利用向导式的交互操作、流程化操作指引,将"普通素模"转换成"生产精模",并完成构件模型的输出。平台的一键出图功能,能快速导出构件详图、模板图、安装图等多种图纸。生产数据导出引擎,可根据自动化设备的需要,一键导出构件的PXML(ProgressXML)和UNI(UniCAM)生产文件,同时也可以快速导出物料清单(BOM)、明细表等。

"智装配"BIM设计平台通过统一的数据标准和BIM信息云平台,实现了设计信息与生产、施工的互通。快速地将构件信息传达给生产基地和施工现场,便于生产排产与施工组织；也可将生产和施工中出现的问题，反馈到设计平台上，实现信息的双向传递。最终实现装配式建筑精细化管理，有利于缩短周期、节约成本、保证质量，提高项目管理水平。

（二）关键技术和创新点

1. 全面支持叠合剪力墙体系（标准件与异型件）的深化设计与多专业协同的 BIM 设计平台。

2. 开发了预制构件三维可视化编辑引擎，可对预制构件进行自由编辑、检测碰撞与生产验证。同时解决了 PXML、UNI 等数据格式的导出与转换问题，形成了自主可控的部品部件数据加工接口。

3. 建立了符合我国标准与行业要求的叠合剪力墙设计方法与工具，并在众多工程项目中得到了应用与验证。

4. 智能化的设计方法，内置行业和企业规范，可实现一键自动化设计与手动辅助设计。设计过程实时与规范进行校正，可避免设计错误。同时，内置工厂及相关设备的生产约束，可规避设计冲突，降低沟通成本，提升设计效率与产品质量。

5. 向导式的交互操作，降低用户的学习难度，提升软件的用户体验，用户可短时间掌握软件的应用技巧。

（三）产品的特点

1. 支持多专业协同与信息共享，方案阶段或建筑设计阶段的模型，稍作调整后可直接用于深化设计，避免了重复建模，生成的构件模型也可以供其他专业使用。同时，支持跨区域、跨专业的协同作业，多人、多角色可同时操作一个模型文件。

2. 平台解决了装配式工程项目各阶段 BIM 应用脱节的问题，实现了设计、生产、施工等各阶段的工程数据信息共享和传递。

3. 通过云服务功能，实现多项目、多工厂灵活配置，可根据工厂的差异和特点，建立对应的参数配置，降低平台的应用难度，让工程师能专注设计。

4. 一键出图，并支持图纸个性化定义。内置出图布局库，用户可以根据需要自定义图纸的布局排列。依据构件几何和钢筋的 3D 模型，一键点击即可自动生成 2D 图纸。图纸上不仅自动提供了预埋件、钢筋的标签和尺寸标注线，还提供了该预制构件的所有物料信息。

5. 图纸与模型实时联动。用户在图纸中修改了构件、预埋件、钢筋的数量、位置、形状等相关信息，"智装配" BIM 设计平台都会在后台自动编辑模型，实现模型的实时更新。反之，亦然。图纸与模型的实时联动，让两者在任意时刻保持一致，保证了设计图纸的质量，提高了用户的工作效率。

6. 数据中心化管理。核心数据存储于中心服务器，信息一键同步上传，保证数据的可靠性与安全性，同时满足跨区域协同合作。

（四）应用场景

"智装配" BIM 设计平台面向叠合剪力墙体系设计人员，可快速设计、修改和编辑 BIM 模型，实现从"普通素模"到"生产精模"全过程可视化设计；并可生成所需的生产加工文件、图纸、工程清单等。设计人员、工厂生产人员、现场安装人员可通过统一的云服务平台，进行数据查看与信息反馈，最终实现全流程的信息管控。

三、案例实施情况

（一）案例基本信息

项目位于江苏省张家港市塘桥镇，东邻 202 县道，北邻富民路，计容建筑面积 110143.64m²，拟建住宅 13 栋。该地块中 2 号、3 号、5 号、7 号～13 号、15 号～17 号楼为住宅，且均为装配式建筑楼栋。

（二）应用过程

1. 创建项目

通过"智装配"BIM 设计平台的云项目管理后台，读取服务器的相关项目信息，并自动创建项目文件，用户可修改与补充项目信息，并同步到云服务器，本项目其他用户可实时获取修改信息，实现项目的综合管理与协同作业（图 1）。

图 1　项目信息管理

2. 工厂配置

针对不同工厂设备，"智装配"BIM 设计平台内置了多个工厂的参数信息，设计师可以快速调取相关参数进行设计，同时，也支持对参数进行编辑、更新和同步（图 2）。本项目中，设计师通过参数共享与同步，保证了项目参数的唯一性，所有构件按照统一的标准进行设计。并通过工厂设备的约束限制，设计师能实时检查设计成果是否满足工厂设备需求，减少了大量返工与修订。

3. 中心协同

"智装配"BIM 设计平台能深度结合 BIM 的协同工作模式，本项目采用中心文件、工作集等方式，将预制构件拆分、深化、机电预埋件、工艺节点说明等进行了

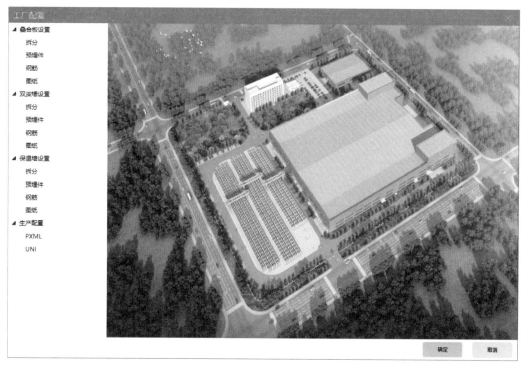

图 2　工厂配置

中心协同（图 3），最大程度优化各专业之间的信息交互，避免了专业冲突，提升了设计效率。

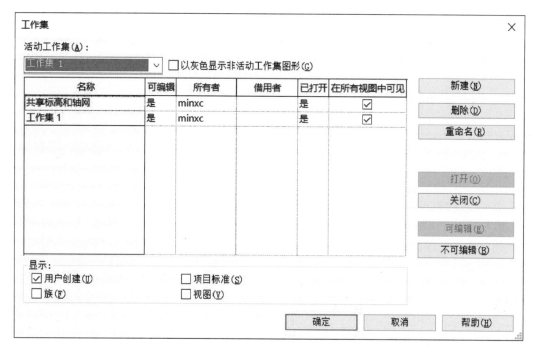

图 3　协同设计与工作集

4.智能拆分

"智装配"BIM 设计平台提供智能一键拆分与手动拆分两种方式。本项目中，设计师载入前期定义的 BIM 基础模型，根据工厂设备最大宽度、最大跨度、最佳宽度以及模台最优组合对叠合板、叠合墙进行一键拆分（图 4、图 5），同时对拆分后的结果进行修订与调整，形成满足生产要求的预制构件。拆分后的预制构件可应用"智装配"BIM 设计平台提供的拆分平面布置图样板，生成水平或竖向拆分平面布置图。

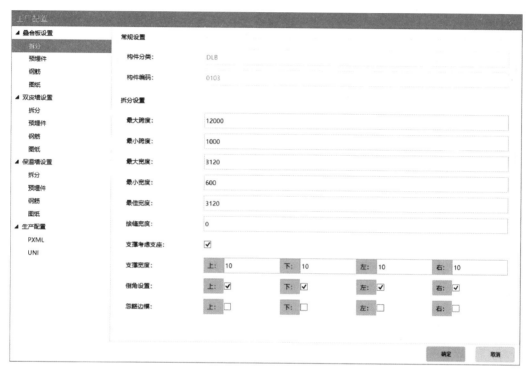

图 4　拆分参数设定

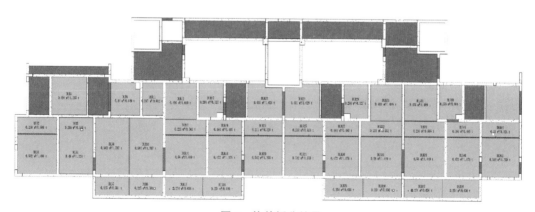

图 5　构件拆分结果

5.预制构件深化设计

"智装配"BIM 设计平台在预制构件深化方面提供钢筋生成、点位预埋等功能，能够高效地设计出满足要求的模型及图纸。本项目中，通过统一的工厂配置和参数设置，设计

师通过一键点击钢筋生成命令即可按照已有参数生成所需的钢筋。平台程序支持部分常规
点位自动预埋，如安装方向、吊点、斜支撑、模板孔等。

（1）叠合板的参数设置与布置如图6、图7所示。

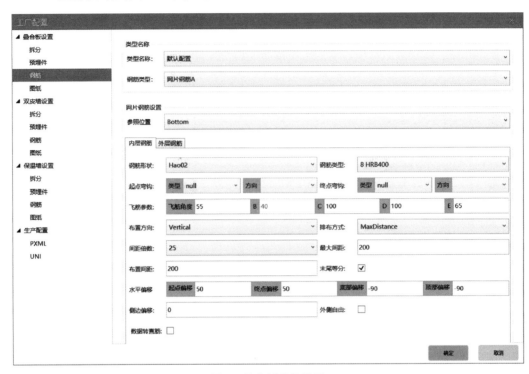

图 6　叠合板参数设置

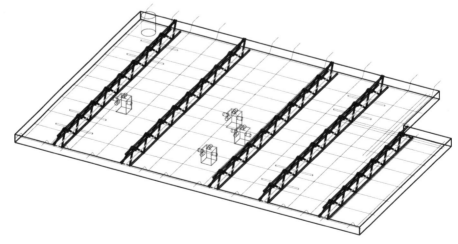

图 7　叠合板 3D 钢筋布置与预埋

（2）叠合剪力墙的参数设置与布置如图8、图9所示。

6. 图纸一键生成与管理

图纸生成功能支持用户自定义模板样式，根据构件大小自动计算视图比例，一键生成
模板图、构件详图、安装图等（图10），并自动标注轮廓、洞口、钢筋、预埋件等。本项

目中，通过图纸一键生成与图纸管理等功能（图 11），完成了一个标准楼栋近 1 万张图纸的生成和管理。

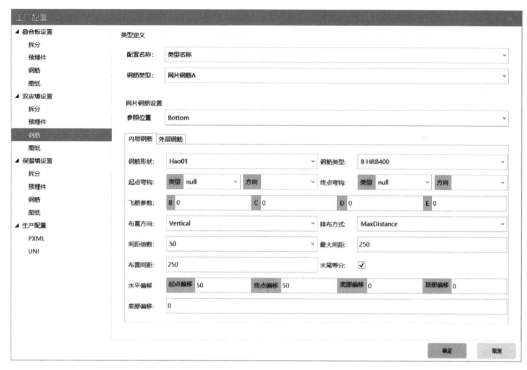

图 8　叠合剪力墙参数设置

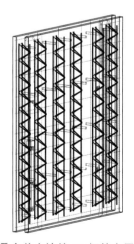

图 9　叠合剪力墙的 3D 钢筋布置与预埋

7. BOM 清单与报表

"智装配" BIM 设计平台的三色表功能会根据内在的逻辑，对预制构件的各项属性进行计算和赋值。本项目中，用户通过自定义表格生成 BOM 清单与明细表，并进行信息统计，也可将相关信息反馈给预算、采购等人员，实现全方位数字化管理（图 12、图 13）。

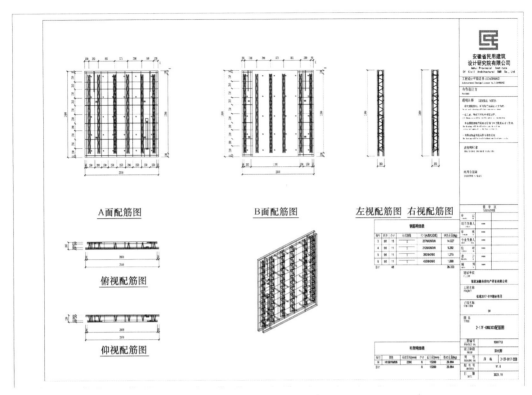

图 10 构件详图生成

	图纸编号	图纸名称	版本	尺寸	自定义图纸编号
☐	13-18F-0117-7A	模板图		PS_515x297	
☐	13-18F-0117-7B	配筋图		PS_502x297	
☐	13-18F-0117-8A	模板图		PS_515x297	
☐	13-18F-0117-8B	配筋图		PS_502x297	
☐	18F-0103-22	模板配筋图		A3	
☐	18F-0103-33	模板配筋图		A3	
☐	18F-0103-48	模板配筋图		A3	
☐	18F-0103-49	模板配筋图		A3	
☐	18F-0103-6	模板配筋图		A3	
☐	18F-0103-7	模板配筋图		A3	
☐	18F-0105-10A	模板图		PS_515x297	
☐	18F-0105-10B	配筋图		PS_502x297	
☐	18F-0105-11A	模板图		PS_515x297	
☐	18F-0105-11B	配筋图		PS_502x297	
☐	18F-0105-12A	模板图		PS_515x297	
☐	18F-0105-12B	配筋图		PS_502x297	
☐	18F-0105-13A	模板图		PS_515x297	
☐	18F-0105-13B	配筋图		PS_502x297	
☐	18F-0105-1A	模板图		PS_515x297	

图 11 图纸管理界面

<叠合剪力墙外墙明细表>

A	B	C	D	E	F	G	H	I	J	K	L	M	N	O	P
名称	SN码	轮廓体积(m³)	预制体积(m³)	构件重量(t)	钢筋重量(kg)	桁架重量(kg)	用钢量(kg/m³)	数量	总轮廓体积(m³)	总预制体积(m³)	构件总重量(t)	钢筋总重量(t)	桁架总重量(t)	混凝土密度(kg/m³)	构件子分类
3-16F-YWQ101	1001713.005.03.0109.101	0.826	0.418 m	1.044	34.214	29.510	77.172	14	11.56	5.848	14.621	479.001	413.140	2500.00	0109
3-16F-YWQ102	1001713.005.03.0109.102	1.122	0.583 m	1.457	54.785	31.099	76.545	14	15.708	8.162	20.405	766.988	435.386	2500.00	0109
3-16F-YWQ103	1001713.005.03.0109.103	0.411	0.208 m	0.520	18.502	17.706	88.178	14	5.749	2.914	7.284	259.029	247.884	2500.00	0109
3-16F-YWQ104	1001713.005.03.0109.104	0.356	0.18 m	0.451	14.536	17.706	90.601	14	4.982	2.525	6.313	203.511	247.884	2500.00	0109
3-16F-YWQ105	1001713.005.03.0109.105	0.849	0.43 m	1.075	33.891	29.510	74.710	14	11.881	6.022	15.054	474.472	413.140	2500.00	0109
3-16F-YWQ106	1001713.005.03.0109.106	0.448	0.216 m	0.541	18.364	17.706	80.599	14	6.265	3.029	7.571	257.095	247.884	2500.00	0109
3-16F-YWQ107	1001713.005.03.0109.107	0.991	0.501 m	1.253	41.996	35.412	78.118	14	13.873	7.018	17.545	587.938	495.768	2500.00	0109
3-16F-YWQ108	1001713.005.03.0109.108	0.448	0.216 m	0.541	19.425	17.706	82.971	14	6.265	3.029	7.571	271.955	247.884	2500.00	0109
3-16F-YWQ109	1001713.005.03.0109.109	0.991	0.501 m	1.253	41.996	35.412	78.118	14	13.873	7.018	17.545	587.938	495.768	2500.00	0109
3-16F-YWQ110	1001713.005.03.0109.110	0.849	0.43 m	1.075	29.558	29.510	69.605	14	11.881	6.022	15.054	413.816	413.140	2500.00	0109
3-16F-YWQ111	1001713.005.03.0109.111	0.356	0.18 m	0.451	15.760	17.706	94.038	14	4.982	2.525	6.313	220.636	247.884	2500.00	0109
3-16F-YWQ112	1001713.005.03.0109.112	0.411	0.208 m	0.520	19.070	17.706	89.562	14	5.749	2.914	7.284	266.983	247.884	2500.00	0109
3-16F-YWQ113	1001713.005.03.0109.113	0.826	0.418 m	1.044	29.140	29.510	71.026	14	11.56	5.848	14.621	407.960	413.140	2500.00	0109
3-16F-YWQ114	1001713.005.03.0109.114	1.122	0.583 m	1.457	48.786	36.547	76.058	14	15.708	8.162	20.405	683.009	511.658	2500.00	0109
3/9/15F-YWQ101	1001713.005.04.0109.101	0.826	0.418 m	1.044	34.214	29.283	76.897	3	2.477	1.253	3.133	102.643	87.849	2500.00	0109
3/9/15F-YWQ102	1001713.005.04.0109.102	1.122	0.583 m	1.457	54.785	31.099	76.545	3	3.366	1.749	4.372	164.355	93.297	2500.00	0109
3/9/15F-YWQ113	1001713.005.04.0109.113	0.826	0.418 m	1.044	34.214	29.283	76.897	3	2.477	1.253	3.133	102.643	87.849	2500.00	0109
3/9/15F-YWQ114	1001713.005.04.0109.114	1.122	0.583 m	1.457	54.785	31.099	76.545	3	3.366	1.749	4.372	164.355	93.297	2500.00	0109
4/10/16F-YWQ101	1001713.005.05.0109.101	0.826	0.418 m	1.044	34.214	29.283	76.897	3	2.477	1.253	3.133	102.643	87.849	2500.00	0109
4/10/16F-YWQ102	1001713.005.05.0109.102	1.122	0.583 m	1.457	54.785	31.099	76.545	3	3.366	1.749	4.372	164.355	93.297	2500.00	0109
4/10/16F-YWQ113	1001713.005.05.0109.113	0.826	0.418 m	1.044	34.214	29.283	76.897	3	2.477	1.253	3.133	102.643	87.849	2500.00	0109
4/10/16F-YWQ114	1001713.005.05.0109.114	1.122	0.583 m	1.457	54.785	31.099	76.545	3	3.366	1.749	4.372	164.355	93.297	2500.00	0109
17-YWQ1	1001713.005.17.0109.001	0.834	0.423 m	1.057	35.015	29.510	77.369	1	0.834	0.423	1.057	35.015	29.510	2500.00	0109
17-YWQ2	1001713.005.17.0109.002	1.223	0.67 m	1.551	52.109	41.314	76.376	1	1.223	0.67	1.551	52.109	41.314	2500.00	0109
17-YWQ3	1001713.005.17.0109.003	0.358	0.179 m	0.447	15.925	17.706	94.074	1	0.358	0.179	0.447	15.925	17.706	2500.00	0109
17-YWQ4	1001713.005.17.0109.004	0.853	0.426 m	1.066	37.312	29.510	78.383	1	0.853	0.426	1.066	37.312	29.510	2500.00	0109
17-YWQ5	1001713.005.17.0109.005	0.473	0.24 m	0.599	20.716	17.706	81.298	1	0.473	0.24	0.599	20.716	17.706	2500.00	0109
17-YWQ6	1001713.005.17.0109.006	1.001	0.508 m	1.269	42.970	35.412	78.320							2500.00	0109
总计：28								225	167.149	84.933	212.333	7109.399	5938.774		

图12　叠合剪力墙信息明细表

<钢筋明细表-按构件>

A	B	C	D	E	F
部件名称	直径	钢筋重量(kg)	预制数量	钢筋体积(cm³)	钢筋密度
2-3F-DLB6	Φ8	24.888	2	3170.50	7850.000 kg/m³
2-3F-DLB6	Φ12	6.147	2	783.09	7850.000 kg/m³
2-3F-DLB17	Φ8	21.383	2	2723.89	7850.000 kg/m³
2-3F-DLB17	Φ12	5.171	2	658.68	7850.000 kg/m³
2-3F-DLB28	Φ8	21.383	2	2723.89	7850.000 kg/m³
2-3F-DLB28	Φ12	5.171	2	658.68	7850.000 kg/m³
2-3F-DLB39	Φ8	19.037	2	2425.16	7850.000 kg/m³
2-3F-DLB39	Φ12	4.993	2	636.06	7850.000 kg/m³
2-11F-GWQ306	Φ8	57.653	10	7344.29	7850.000 kg/m³
2-11F-GWQ307	Φ8	57.061	10	7268.89	7850.000 kg/m³
2-11F-GWQ314	Φ8	57.653	10	7344.29	7850.000 kg/m³
2-11F-GWQ315	Φ8	57.061	10	7268.89	7850.000 kg/m³
2-17F-DLB1	Φ8	76.021	16	9684.15	7850.000 kg/m³
2-17F-DLB2	Φ8	31.492	16	4011.74	7850.000 kg/m³
2-17F-DLB3	Φ8	32.544	16	4145.70	7850.000 kg/m³
2-17F-DLB4	Φ8	38.417	16	4893.95	7850.000 kg/m³
2-17F-DLB5	Φ8	15.502	16	1974.83	7850.000 kg/m³

图13　钢筋明细表

8. 数据检查与验证

“智装配”BIM设计平台不仅在快速生成预制构件模型方面有着强大的功能，并且在模型生成后，可实现模型快速检查与验证（图14），为后续的生产、吊装施工提供各阶段的信息模型。如异型件转换、钢筋工具、数据检查、图纸管理、部件关联、顺序编号等功能。本项目中，通过数据检查与验证，发现部分碰撞和不符合约束的情况，通过修正调整，数据实现全部达标。

9. 数据导出

PXML和UNI生产数据是智能化工厂的核心数据来源，本项目中，“智装配”BIM设计平台获取预制构件信息模型数据，将其导出为PXML和UNI数据生产文件，并且进行验证检查（图15）。美好装配合肥工厂利用“智装配”BIM设计平台提供的设计成果，完成了所有预制构件的生产，构件达标率100%。

图 14　数据检查与验证

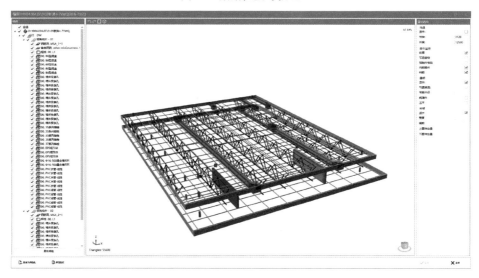

图 15　PXML、UNI 数据检查工具

四、应用成效

（一）解决的实际问题

1. 为自动化生产设备提供可靠的生产数据。通过"智装配"BIM 设计平台所提供的生产数据，可以与自动化流水线进行无缝对接。例如，将生产数据以 PXML 和 UNI 等格式导出后传递到中控系统，实现工厂流水线的高效运转。

2. 提升了工作效率，降低了设计成本。通过"智装配"BIM 设计平台的自动化设计与自动化出图功能，大大降低了设计人员的工作量，减少了大量重复繁琐的工作，实现了预制构件的快速拆分设计。

3. 避免了设计错误，减少了工作周期与物料损耗。通过多专业协同与预制构件三维可视化检查系统，实时检查模型与数据问题，平台可进行钢筋与钢筋、钢筋和预埋件之间的碰撞检查，用户可以快速发现设计中存在的问题并及时解决，将错误降到最低，最大限度地避免了预制构件返工的风险。

4. 建立了一套符合国情的装配式 BIM 设计工作流程。促进装配式建筑各专业、各环节、各参与方的协同工作，通过对 BIM 技术的深度融合，保持各阶段、各专业全过程统筹共享，从而实现"全专业协同数字化设计"。

（二）应用效果

"智装配"BIM 设计平台直接支持实际项目应用 20 余个，完成了对全国 8 个工厂的深化设计支持，减少了工厂的软件采购成本约 2000 余万元。

"智装配"BIM 设计平台提升了工作效率，降低了软件应用难度，减少了技术人员对国外软件的依赖和学习成本。在项目实施中，减少了所需专业工程师数量 40%，将深化设计成果与工厂信息化系统贯通，减少了信息传递成本，建立了精细化的管理，为企业提升了工作效能 20%，直接和间接提升利润 10%，大幅提升了产品质量，降低了次品率。平台与 BIM 深度结合，实现了直接基于模型的深化，无需提前绘制图纸，更无需翻模与二次建模，缩短了深化设计周期 30%，大幅提升了设计效率与产品质量。

（三）应用价值

1. 经济效益

在"智装配"BIM 设计平台应用之前，美好装配单个工厂需采购国外深化设计软件，总计成本达 250 余万元，通过"智装配"BIM 设计平台的推广应用，单个工厂可降低软件采购成本 200 余万元。"智装配"BIM 设计平台的智能设计与专业协同功能，可大量减少重复劳动，减少设计人员数量 40%。随着国内叠合剪力墙自动化生产线规模的逐年增加，当前已投产或即将投产的已接近 20 余家，从深化设计软件的需求、人员减少和工效提升等多个维度考虑，"智装配"BIM 设计平台能带来良好的经济效益（表1）。

经济效益测算 表 1

工厂数量	费用类型	节省数量	节省费用(万元)	总计(万元)
20	功效提升	60(人)	6000	10000
	软件采购	20(套)	4000	
50	功效提升	150(人)	15000	25000
	软件采购	50(套)	10000	

注：1. 人均成本 20 万/年；
　　2. 人工费用按照 5 年汇总。

2. 社会效益

当前装配式建筑深化设计，大多受限于国外软件和传统的 CAD，BIM 项目并没有真正的整合各个实施阶段的工程数据信息并进行利用。"智装配"BIM 设计平台通过自主探索与深度开发，整合各个实施阶段的工程数据信息并进行利用，实现工程信息数据的传递和共享，建立符合中国标准与行业需求的叠合剪力墙设计方法与工具，不仅符合企业发展需要，也适应国家发展智能建造的需求。

执笔人：
美好建筑装配科技有限公司（闵小双、胡典、谭园）

审核专家：
陈顺清（奥格科技股份有限公司，董事长、教授级高工）
魏来（中国建筑标准设计研究院，副总建筑师）

BIM 智能构件资源库系统在中信智能建造平台中的应用

中信工程设计建设有限公司
中信数智（武汉）科技有限公司

一、基本情况

（一）案例简介

中信智能建造平台是旨在实现建筑行业全产业链高效协同的产业互联网平台，BIM智能构件资源库系统是中信智能建造平台的重要组成部分。该系统以统一的数据标准将构成建筑物的基本单元（如空调等机电设备）数字化，形成可连接工业生产端的建筑行业标准资源库，从而解决工程建设过程中各阶段产业链割裂、缺少信息共享、缺乏系统性管理和平台支撑的痛点问题，有效提升建筑行业数字化发展水平，推进建筑行业高质量转型发展（图1）。

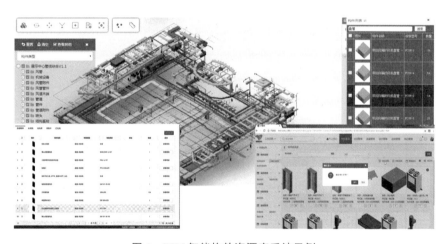

图1　BIM智能构件资源库系统示例

（二）申报单位简介

中信工程设计建设有限公司成立于2014年9月1日，由中信建筑设计研究总院有限公司和中国市政工程中南设计研究总院有限公司战略重组而成。公司聚焦于新型城镇化和生态文明建设两大领域，为工程项目提供策划、规划、投融资、勘察设计、工程总承包、全过程咨询、运营维护等全过程一体化服务，致力于成为城镇基础设施建设和生态文明领域一揽子解决方案的提供商和行业领导者。

中信数智（武汉）科技有限公司成立于2020年11月4日，是中信工程旗下重点科技子公司,是中信智能建造平台的建设者和运营者、中信工程数字化战略转型与科技创新的实施载体。公司致力于构建建筑产业互联网平台与核心生态圈,实现工程建设领域资源高效整合与云化微服务,实现建筑项目全要素、全产业链和全价值链互联互通。公司成立一年以来,汇集各类专业人才,涉及建设工程、互联网通信、软件科技、金融等领域。

二、案例应用场景和技术产品特点

(一) 技术方案要点

BIM 智能构件资源库系统分为:数据层、服务层、数据传输层、应用层 4 层体系架构(图 2)。数据层通过 Redis 缓存、PostgreSQL 数据库、FastDFS 文件存储等方式存储构件、设计参数、交易信息、建设数据等结构化和非结构化信息;服务层基于 Eureka 等微服务组件实现多业务服务的微服务化部署;数据传输层基于网关(Gateway)和 Auth 鉴权等技术从安全和稳定性方面保障了服务层各业务服务与应用层应用之间的数据传输;应用层以多专业协同设计为出发点,以智能构件库为基础实现了 Web 端和桌面端两类应用,Web 端包含了智能构件库、在线招采等门户应用,桌面端包含了 PKPM、Revit 等建筑设计客户端。系统架构采用了安全生产网、内部服务网、外部服务网等三网体系结构,实现了"网间隔离、网内防护"的统一防护。

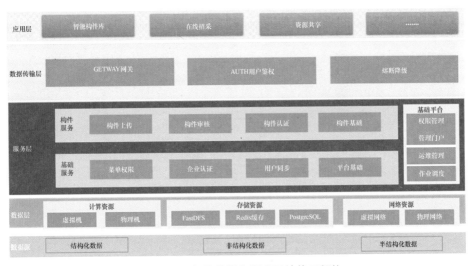

图 2 BIM 智能构件资源库系统体系架构

(二) 产品特点及创新点

1. 内置分类编码库,统一构件管理。基于《建筑信息模型分类和编码标准》GB/T 51269—2017,结合《建筑产品信息系统基础数据规范》JGJ/T 236—2011 和《建设工程工程量清单计价规范》GB 50500—2013 实现几何模型数据与产品基础数据、清单定额等非几何业务数据统一关联,方便不同建设阶段专业技术人员在项目建设过程中快速配置并调用构件数据,完成各阶段业务需求。

2. 流程化审核机制,保障入库构件质量。由专业技术人员对上传至平台的构件进行几何表达、参数化、实用性、重复性、信息安全性等多方面审核,做到严格入库管控,确保构件资源质量（图3）。

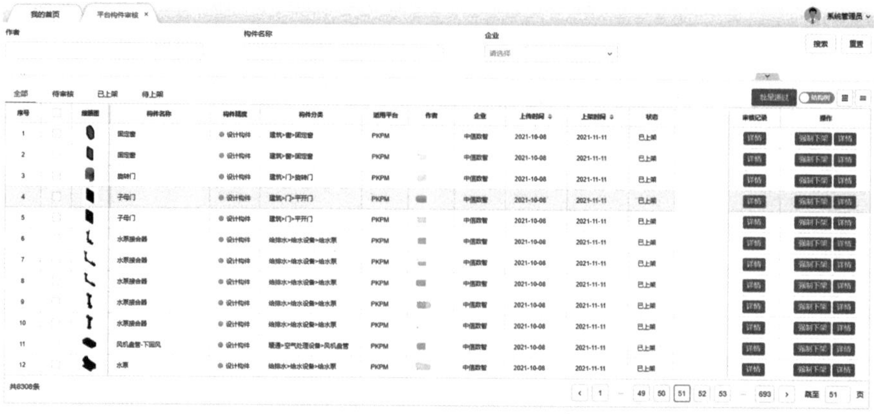

图3　审核管理

3. 建立产品供应商库，打造"买得着"的构件资源库。为智能构件引入真实产品供应商，为每个供应商精心打造宣传页面，可展示企业信息、最新动态、解决方案、商品等内容。采购方可以在网站上获取丰富的供应商及产品信息，进行产品采购方案比选（图4）。

图4　供应商定制化页面

4. 基于模型快速算量，辅助造价清单编制。结合第三方BIM算量软件，提取BIM模型数据，形成工程量清单。造价人员通过构件分类编码完善造价属性，与清单定额进行关联，快速生成工程量清单及造价编制文件。通过将BIM技术与清单定额标准相结合，实现招标采购的周期、成本控制（图5）。

5. 构件招标投标线上化，实现工程物资端到端采购。根据招标技术要求（例如产品参数、投标限额等）智能匹配智能构件库中的产品物资及供应商名录，推动线上招标投标工作。通过智能构件库实现端到端采购，改变传统的工程设备材料的多级代理分销方式，

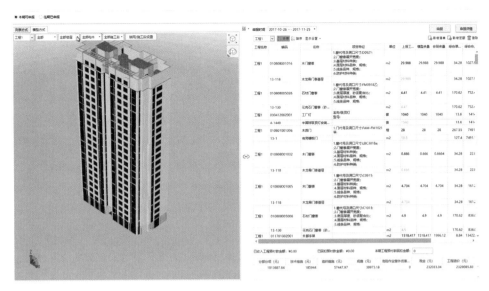

图 5　编制造价清单

形成设备材料供应的直销模式，提高采购效率，透明化招标采购流程，积累企业信用信息（图 6）。

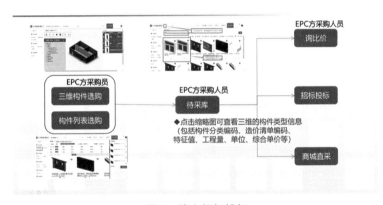

图 6　线上招标投标

（三）市场应用情况

BIM 智能构件资源库系统已在国家网络安全人才与创新基地、清水入江三期项目、某实验室项目中应用并取得明显成效。项目设计变更明显减少，管理效率显著提升，在有效节约成本的同时提高了项目数字化水平。

三、案例实施情况

（一）工程项目基本信息

国家网络安全人才与创新基地项目（以下简称"安网基地项目"）位于武汉临空港经济技术开发区，总建筑面积达 150 万 m^2，主要建设内容有公共建筑部分（网络安全学院、网络安全研究院、培训中心、展示中心、发布中心）、国家人才社区、临空港新城道路与地下管廊部分、绿化景观与湿地公园工程部分。项目采用政府与社会资本合作（PPP）方式运作，总投资约 101 亿元。项目于 2017 年 9 月启动，截至今日，展示中心、网络安全学院、培训中心陆续投入使用。

（二）应用过程

依托中信智能建造平台，BIM 智能构件资源库系统应用贯穿设计、招标采购、施工、运维四个阶段（全专业数字化设计、招标采购阶段采购管理、施工阶段建管赋能及施工管理、运维阶段智慧运营），是安网基地项目全过程数字化运用的基础设施。为安网基地项目减少设计变更、提升管理效率、有效节约成本起到重要作用（图 7）。

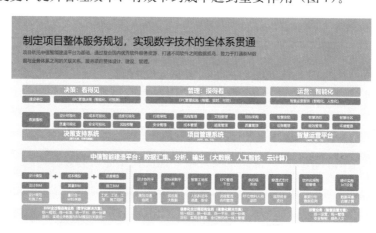

图 7　产品全局图

1. 设计阶段全专业数字化设计

（1）建筑方案设计。实现精细化的建筑方案和结构一体化设计，建筑的网状结构支撑同时是建筑表皮，满足高品质展厅所需的无柱大跨度的空间要求，实现形式即功能，既美观大气又节约经济（图 8）。

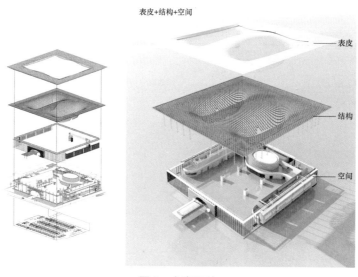

图 8　方案设计

（2）参数化优化设计。项目双曲面幕墙建设成本和运营成本过高，在不影响整体效果的同时，如何控制造价是设计需要重点考虑的问题。项目以智能构件库系统为支撑，通过构建标准参数化构件，按照视距边缘 7m 外范围设计要求，优化控制屋面幕墙双曲面构件数量，在最初设计方案基础上，将约 $1300m^2$ 双曲玻璃优化为单曲玻璃。通过优化，幕墙专项最终节约 245.05 万元（图 9）。

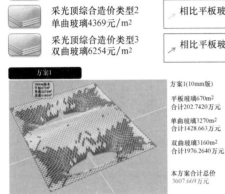
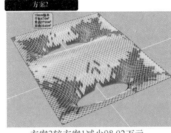

图 9　参数化设计

（3）基于 BIM 的建筑绿色性能分析。依托 BIM 技术，通过中信智能建造平台多源异构数据处理能力，快速对接第三方分析计算软件，减少为日照、风环境、热环境、声环境等性能指标建模的时间和成本，为建筑绿色性能分析的普及应用提供可能性（图 10）。

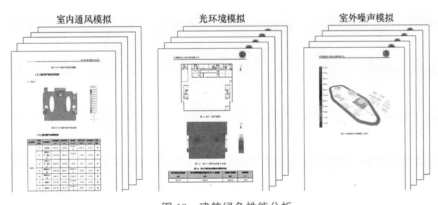

图 10　建筑绿色性能分析

（4）全专业正向设计。BIM 智能构件资源库系统可以提供满足全专业 BIM 正向设计需要的三维可视化表达和二维出图表达的构件。项目采用精细化的结构设计，通过模型细化钢结构节点生成标准构件，通过构件生成加工图纸，直接进行工厂化加工，现场拼装，极大地提高了施工的精度和效率（图 11）。基于中信智能建造平台，通过在第三方商业软件集成 BIM 智能构件资源库系统插件，实现在线化的机电设计（图 12），通过 BIM 可视化和可协调性，在设计阶段最大程度优化管线走向，减少对建筑美观的影响（图 13），避

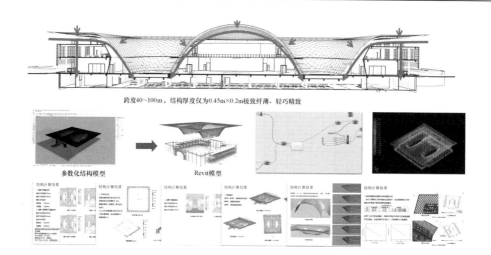

跨度40～100m，结构厚度仅为0.45m×0.2m极致纤薄、轻巧精致

参数化结构模型 → Revit模型

图 11 结构设计

使用平台族进行在线设计

图 12 机电设计 1

原信息综合楼网络攻防实验室设计方案中，喷淋主管穿钢结构梁安装。后期精装修设计中，此区域由原定扣板吊顶改为穿孔板吊顶。在BIM模型漫游过程中发现，吊顶上方喷淋管道裸露，由此产生观感问题，遂将此区域喷淋主管移至边缘，喷淋支管梁窝敷设，喷淋支管下方安装灯槽，有效改善了空间观感。

图 13 机电设计 2

免空间冲突（图 14），减少在施工图完成后出现大量项目变更，提高项目建设效率和品质。

（5）标准化成果交付。设计 BIM 交付物主要分为两个部分：由三维信息模型生成的二维平面图纸和包含设计信息的三维信息化模型。依托 BIM 智能构件资源库系统，项目交付模型数据标准统一，为项目建造传递更多有效的项目信息，更清晰直观地反映设计和施工意图，为提升现场施工的工作效率奠定坚实基础（图 15）。

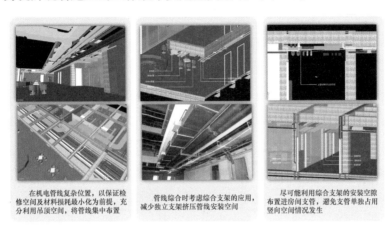

在机电管线复杂位置，以保证检修空间及材料损耗最小化为前提，充分利用吊顶空间，将管线集中布置

管线综合时考虑综合支架的应用，减少独立支架挤压管线安装空间

尽可能利用综合支架的安装空隙布置进房间支管，避免支管单独占用竖向空间情况发生

图 14　机电设计 3

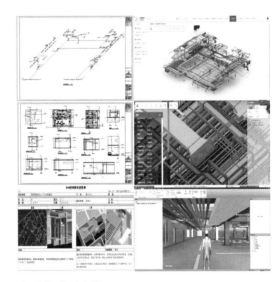

图 15　标准化成果交付

2. 招标采购阶段采购管理

（1）工程量统计。BIM 智能构件资源库系统提供标准统一的数据源，结合第三方 BIM 造价软件快速提取项目工程量，并将工程量清单导入云端平台（注："织巢鸟"为中信智能建造平台招采子系统模块），协助项目招标采购成本控制（图 16、图 17）。

（2）基于构件的在线招标采购。借助 BIM 智能构件资源库系统，项目管理方完成基于中信智能建造平台的在线招标采购工作。通过将 BIM 技术与清单定额标准相结合，实

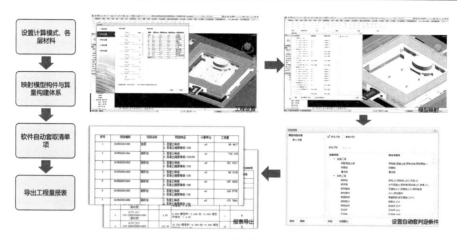

图 16　工程量提取

图 17　工程量清单导入云端平台

现招标采购的周期、成本控制；利用 BIM 技术产生的实物量清单，结合 BIM 智能构件资源库系统和"数智招采系统"，实现基于构件的在线招标采购。"数智招采系统"实现线上招标采购全流程，系统支持公开招标、邀请招标、竞争性谈判、竞争性磋商、询价采购以及单一来源采购等采购方式，实现招标采购业务线上化管理。采购各节点可管可控，对关键节点信息实现存储、展示、交换和同步；采购全过程留痕可追溯，对业务结果数据和资料进行汇编归档（图 18、图 19）。

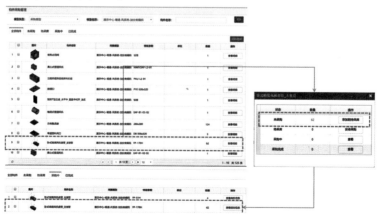

图 18　自动读取 BIM 模型参数及实物量

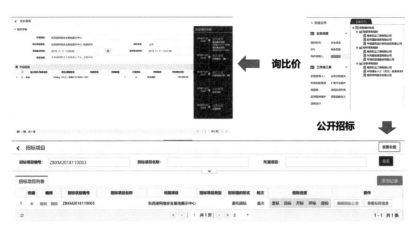

图 19 安网基地项目在线招标采购

3. 施工阶段建管赋能及施工管理

通过 BIM 智能构件资源库系统，除了将工程信息数字化、在线化，还将对项目资料的管理从文件级深入到构件级，大幅度提升项目管理的综合能力。

（1）施工深化设计流程。在设计阶段，通过制定能够用于后续施工深化的建模原则，完成深化设计 BIM 模型达到施工阶段应用的目的，从而实现高效的信息传递，实现 BIM 全生命周期应用的价值（图 20）。

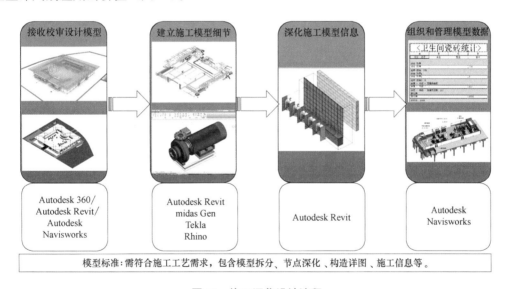

图 20 施工深化设计流程

（2）BIM 三维交底及现场安装。基于 BIM 模型技术交底，有效提高了工作效率以及交底内容的直观性和精确度，施工班组也能很快理解设计方案和施工方案，保证了施工目标的顺利实现（图 21）。

（3）BIM 设计与构件生产。利用 BIM 模型进行钢结构深化设计，通过软件自带功能将所有加工详图（包括布置图、构件图、零件图等）利用三维视图原理进行投影、剖面生成深化图纸，图纸上的所有尺寸，包括杆件长度、断面尺寸、杆件相交角度均是在杆件模

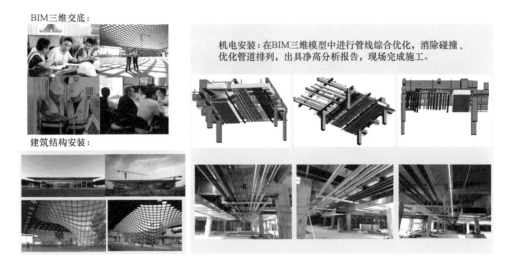

图 21　BIM 三维交底及现场安装

型上直接投影产生的，通过深化设计产生的加工数据清单，直接导入精密数控加工设备进行加工，保证了构件加工的精密性及安装精度（图 22）。

图 22　BIM 设计与构件生产

（4）基于互联网的 EPC 管理。利用基于 BIM 全过程信息模型和 BIM 智能构件资源库系统的建管应用进行数据集成，将进度、成本、质量信息进行一体化整合，实现项目信息基于同一基础模型进行集成、积累和共享，构建虚拟建造和智慧管控体系（图 23）。

4. 运维阶段智慧运营

以"智能＋营运"为目标，搭建智慧运维管理系统，进行智能运维管理和数据可视化展示，实现数据的协同、管理的协同、智能运维的协同，包括对设备数据信息标准化、设备编码、各子系统数据集成及调试等工作。智慧运维管理系统实现了智慧运维全覆盖，兼容各类系统，不受制于设备供应商，便于维护拓展，避免重复投资（图 24）。

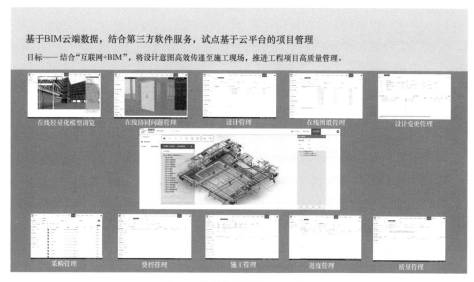

图 23　基于互联网的 EPC 管理

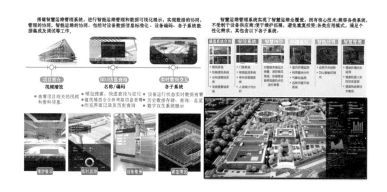

图 24　运维阶段智慧运营

四、应用成效

（一）为企业或工程项目解决的实际问题

BIM 智能构件资源库系统为工程项目全流程数据打通、推进数字化管控提供一种新途径，让项目全过程管理逐渐透明化、精细化，让项目数据价值化，有效解决设计过程中各阶段产业链割裂、标准缺失、信息隔绝、管理系统性缺乏等问题，具体体现为：

1. 让设计可见，依托 BIM 智能构件资源库系统形成统一标准，融合 BIM 技术、信息化技术应用到工程设计过程，真正实现数字化设计和交付。三维可视化与数据的标准化，支撑设计阶段的高效决策，提高设计效率。标准的数据体系有利于数据的向下传递，避免不同阶段信息传递的丢失和断层。

2. 让管理可控，依托 BIM 智能构件资源库系统与线上招标采购系统，实现招标采购的精准管控。融合中信智能建造平台开展 EPC 项目管理，以数字化方式协助 EPC 方、设计方、施工方、运维方进行全过程管理，突破传统经验决策体系，做到"心中有数"，让管理可控。

3. 让交付可用，以最终运维为目的开展数字化设计及建设实施，可在前期做好充分沟通，减少阶段过渡时的重复工作量，降低建设成本。并以中信智能建造平台的 BIM 智能构件资源库系统为数据载体与信息传递核心，有效保障各阶段交付成果能顺利过渡至下一阶段，实现全流程数据打通，让每个阶段的交付真实可用。

（二）应用效果

项目采用"投建营"一体化的建设模式，合作期 15 年（3 年建设期＋12 年运营维护期），全社会资本投入。得益于 BIM 智能构件资源库系统及中信智能建造平台的创新科技模式，项目双曲面幕墙建设成本和运营成本过高的问题得以解决，幕墙专项最终节约245.05 万元。整体项目从立项到建成，只用了两年半时间，为国内同类园区高品质、高效率建造提供了经验借鉴。

执笔人：

中信数智（武汉）科技有限公司（胡继强、王胜明、郑莹）

审核专家：

陈顺清（奥格科技股份有限公司，董事长、教授级高工）

魏来（中国建筑标准设计研究院，副总建筑师）

基于 BIM 的装配式建筑设计协同管控集成系统

中机国际工程设计研究院有限责任公司

一、基本情况

(一)案例简介

基于 BIM 的装配式建筑设计协同管控集成系统(以下简称"设计协同管控集成系统")是以三维正向设计工作流为指导,融合 BIM 技术、模型轻量化技术以及互联网技术等技术,构建了流程化、可视化、标准化的装配式建筑 BIM 全专业设计协同管理平台,进行了 BIM 设计软件和设计过程业务管理的集成,实现了 BIM 模型信息与项目管理信息的数据互联互通。设计协同管控集成系统将 BIM 正向设计理念融入装配式混凝土建筑实际项目中,各相关专业在协同环境中应用 BIM 技术进行集成交互,并在设计过程中通过协同校审、过程监控、流程审批、进度预警等功能实现全专业的一体化管控,实现了装配式建筑 BIM 协同正向设计过程的可追溯和可监控,有效提升了装配式建筑设计质量(图 1)。

图 1 基于 BIM 的装配式建筑设计协同管控集成系统主界面

(二)申报单位简介

中机国际工程设计研究院有限责任公司(以下简称"中机国际")作为我国最早组建的国家大型综合性设计单位之一,隶属于世界 500 强企业中国机械工业集团有限公司,是中国机械设备工程股份有限公司的全资子公司。中机国际是集工程咨询、工程设计、工程总承包、项目管理、工程监理、工程勘察、工程施工、专用设备设计与制造、设备成套和工程技术研究于一体的高新技术企业。

二、案例应用场景和技术产品特点

(一) 技术方案要点

1. 基于国产 BIM 引擎实施协同设计：在国产自主研发的 P3D 引擎（由中国建筑科学研究院研发的一种三维图像软件引擎）的基础上，进行全专业 BIM 设计的协同模块开发，实现装配式建筑一体化集成设计。

2. 设计过程业务管控平台：基于服务的 SOA（面向服务架构）架构技术搭建系统框架平台，实现业务接口组件和三方软件及系统的对接和集成，实现系统所有业务功能维护、业务调整修改以及业务兼容性和扩展。

3. 多专业云协同：提供建筑、结构、机电、装配式等专业设计功能，可实现专业间共享模型数据、互相引用参考，方便多专业异地协同工作。

4. BIM 设计与设计过程业务深度集成：覆盖所有设计环节，提供进度计划、设计提资与校审、图档管理等模块，平台统一管理，实现设计过程管控，提升设计质量。

5. BIM 设计轻量化校审：采用高效数据库技术，解决多专业集成信息模型的存储问题，实现 BIM 设计轻量校审、BIM 模型轻量化展示（图 2）。

基于BIM的装配式建筑协同设计

在装配式建筑的设计过程中，内装、预制构件拆分深化设计和成本控制需要前置到方案和初设阶段就开始考量。设计阶段需要介入的专业更多，同时源于装配式建筑一体化建造的要求和预制构件深化设计图的庞大工作量，各专业之间需要紧密配合、高度协同，才能合理完成装配式建筑的设计工作。

装配化技术	**信息化手段**	**规范化标准**
预制构件技术	BIM协同正向设计	装配式建筑评价标准
标准化、模数化设计技术	精细化设计	湖南省绿色装配式建筑评价标准
减隔震技术	多专业集成	装配式混凝土建筑技术标准
管线分离技术	高效协同工作	装配式钢结构建筑技术标准
同层排水技术	智能拆分	装配式木结构建筑技术标准
……	BIM出图	……
	……	

图 2　基于 BIM 的装配式建筑协同设计技术体系

(二) 产品特点及创新点

1. 具备从项目立项、单体工程分解、设计团队组建、设计任务派发、权限划分、设计进度计划管控、设计过程业务流程审批到图档模型归档等设计业务模块，实现项目设计全过程管理。

2. 具备设计过程的专业提资、校对审核流程的在线审批及预警提醒，以及设计过程进度节点的管控和消息提醒等。

3. 实现 BIM 协同设计软件的上传模型和模型轻量化转换、自动同步功能；同时，在设计管理平台实现轻量化模型的查询、预览等功能。

4. 具有客户端与服务器图档文件的自动读取上传和图档同步功能，并可在 BIM 设计各专业图档与设计院管理系统图档间实现实时互通、自动更新、实时查阅和自动归集管理。

5. BIM 各专业设计过程业务与设计管理系统过程业务流程可互联互通，在 BIM 设计平台可直接发起设计相关的业务审批流程。

6. 在 BIM 软件环境中，可直接实现协同设计成果轻量化发布，即将当前显示模型的三维视图进行图层轻量化并发布到设计协同管控集成系统的网页端，由不同角色人员进行成果的在线轻量化模型预览、批注、审批等操作。

（三）与国内外同类先进技术的比较

在 BIM 软件体系的选择上，目前行业内 BIM 设计软件仍存在轻量化程度不理想、运行硬件需求高、非自主研发技术不可控等缺点，诸如 Revit、Tekla、Allplan、ArchiCAD 等主流建模软件。市场上还具有各类以专项业务为主要发展方向的 BIM 软件，例如专注于造价的广联达 BIM 土建计量平台 GTJ，专注于建筑工业化设计的软件 Planbar，以及专注于建造管理的鲁班 BIM，在装配式协同管理方面也有诸如基于 BIM 的装配式建筑协同管理系统 GDAD-PCMIS。与上述各类软件相比，本系统除了能实现 BIM 多专业建模、装配式混凝土建筑工业化设计以及设计项目管控以外，还将多项技术融合应用，凸显基于 BIM 的装配式建筑一体化集成设计技术。

本系统平台通过对国产自研引擎进行再研发，形成协同设计软件和协同设计过程管控平台两大成果，并相互深度集成，实现设计人员登录协同设计平台即可跨软件和平台操作自己权限范围内的工作；实现专业设计和过程管控的对接和融合；借助协同设计平台，逐步形成一套规范化、标准化、统一化的管理体系和支撑数据库，逐步解决装配式建筑设计的管理难点，有效提高装配式建筑设计的整体管理水平和设计工效。

（四）应用场景

该系统主要适用于装配式混凝土结构建筑工程项目设计，目前该系统已纳入湖南省装配式建筑全产业链智能建造平台企业侧子平台范畴，在湖南省进行了推广应用。通过在同一平台进行设计与管理，实现多专业异地协同工作，促进了设计过程管控，提高了设计效率，强化了质量管控，取得了良好的应用效益。

三、案例实施情况

（一）工程项目基本信息

系统应用情况以湖南省邵阳市隆回县芙蓉学校项目为例，项目建筑面积 $1601.40m^2$，地上四层，总高度 14.80m，采用装配式混凝土框架结构，主要预制构件为叠合板、预制楼梯、预制柱、预制外墙等，装配率为 64.53%。

（二）应用过程

1. 采用 BIM 正向设计模式。本项目全程采用设计协同管控集成系统的 BIM 软件端实施 BIM 设计，按照 BIM 设计要求不仅包含建筑物构件的几何信息、专业属性及状态信息，还包含非构件空间（如消防分区、疏散距离）的状态信息，以及实际配筋与计算配筋、规范、构造措施比对等信息，有效提升了 BIM 信息的丰富程度，与设计关联程度更高（图 3）。

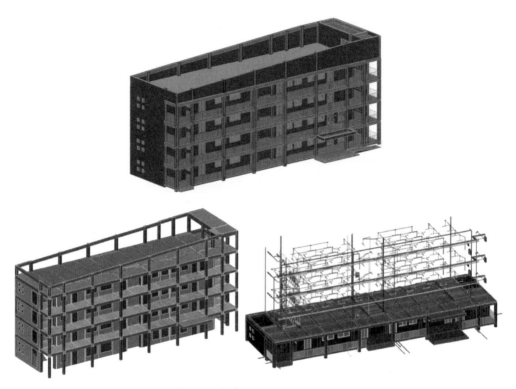

图 3　案例项目各专业采用 BIM 协同交互设计

通过专业提资、专业收资功能，各专业在同一个 BIM 文件中，采用并行设计工作模式，利用数据共享以及可视化服务，实现各专业设计交互（图 4）。

图 4　案例项目软件端协同设计提资界面

通过参数化部署，将已有构件根据参数规则进行相应的深化布置，设计师需要关注的是如何合理地设置参数。同理，装配式建筑构件详图也可基于已完成深化设计的 BIM 模型，通过参数设置自动转换生成，实现智能化出图（图 5～图 7）。

2. 实现项目全程管控。项目各专业设计人员通过登录集成系统，在具有自定义权限设置的设计软件端及管控平台端，同步开展设计工作，在设计工作中完成设计流程，实现了 BIM 软件与管理平台的集成。设计人员在完成专业间的 BIM 协同交互设计后，在 BIM 软件端点击与平台端对应的功能，就可以进行设计流程审批管理工作。与此同时，整个设计项目的任务、进度和设计成果管控也可以在设计环境中集中完成。最终的设计成果可以通过 BIM 轻量化模型提交给校审人员进一步地校审和反馈（图 8～图 12）。

图 5 装配式建筑混凝土模块参数化配筋

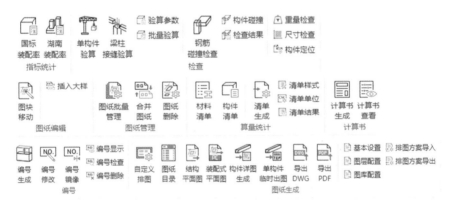

图 6 装配式建筑混凝土模块辅助出图工具

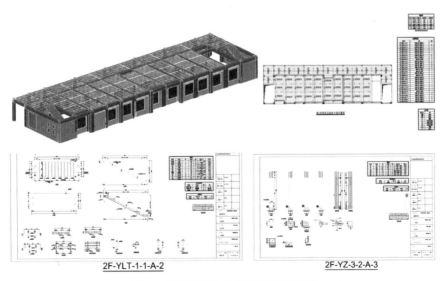

图 7 案例项目构件深化及智能出图

图 8　设计协同管控集成系统平台端登录界面

图 9　案例项目进度控制

图 10　案例项目提交设计成果进入设计审核流程

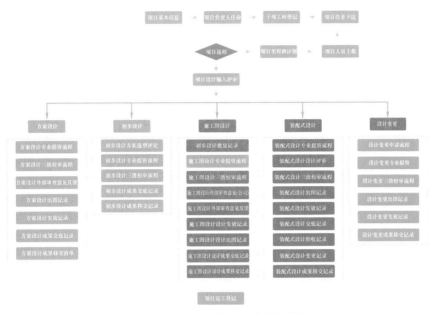

图 11　可视化设计流程追溯及管控

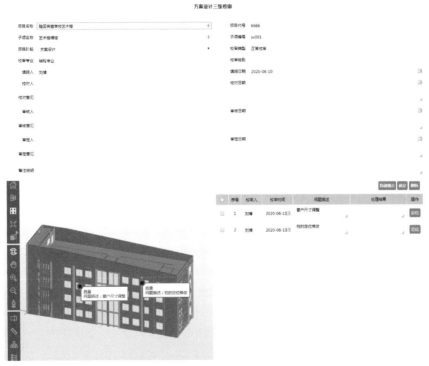

图 12　案例项目三维校审过程

四、应用成效

（一）解决的实际问题

1. 解决了采用 BIM 正向设计时，BIM 建模与出图任务协调管理难的问题。基于 BIM

的装配式建筑设计协同管控集成系统对 BIM 设计软件和设计项目管理软件的各项功能进行了集成,设计师在 BIM 设计过程中,实现任务下发、成果提资等各项任务都能够按照既定计划接收到通知提醒,实现各项管理任务在设计过程中协同完成,提高了 BIM 正向设计的管理效率。

2. 解决了 BIM 设计模型难以轻量化校审的问题。BIM 设计模型在软件端中信息数据多、体量大,基于原始 BIM 模型进行校审对人员操作软件、本地硬件配置提出了较高要求。基于 BIM 的装配式建筑设计协同管控集成系统实现了将本地软件端的 BIM 模型轻量化处理,上传至平台端,在网页中即可实现三维模型校审,校审人员可以直接查看轻量化的 BIM 模型,具有运行速度快、操作方式便捷、可直接对模型中的各项设计问题进行三维定位及说明等优势,较大提升了 BIM 设计成果校审流程的效率和质量。

(二)应用效果

本案例项目通过基于 BIM 的装配式建筑设计协同管控集成系统提供的建筑、结构、机电、装配式等专业设计功能,实现了专业间共享模型数据、互相引用参考,方便多专业异地协同工作;保障了设计团队采用 BIM 协同正向设计方式,设计质量显著提高;并且提供了进度计划、设计提资与校审、图档管理等模块,实现设计流程统一管理。设计协同管控集成系统采用高效数据库技术,解决多专业集成信息模型的存储问题,实现模型轻量化展示和 BIM 模型在线校审。设计校审人员在填写校审表单时,可在表单网页内直接查看三维 BIM 模型,并对校审提出的问题进行实际部位精准定位,在提高了协同工作效率的同时,还能够确保每一条校审问题都能够被精准解决,设计效率和质量都得到了明显提升。设计协同管控集成系统可直接提供满足湖南省 BIM 审图要求的模型,相较于传统的 BIM 翻模模式,在实现设计管控的同时,更系统化、规范化地满足审图要求。

(三)产生的效益情况

1. 经济效益。本系统目前已经在中机国际的多个装配式建筑设计项目中进行了试点应用,极大地推动了基于 BIM 的装配式建筑正向设计模式的实现。目前,本系统依托湖南省装配式建筑全产业链智能建造平台,将进一步向湖南省和全国装配式建筑设计行业进行推广。

2. 社会效益。基于 BIM 的装配式建筑协同正向设计是装配式建筑设计的未来发展方向,能够极大地提升装配式建筑设计质量和效率,同时,能够为装配式建筑全过程信息化管理提供核心数据来源。设计协同管控集成系统对湖南省和全国装配式建筑高质量、智能化、精细化发展具有一定的借鉴意义。

执笔人:
中机国际工程设计研究院有限责任公司(李乐天、韩磊)

审核专家:
陈顺清(奥格科技股份有限公司,董事长、教授级高工)
魏来(中国建筑标准设计研究院,副总建筑师)

小库智能设计云平台在建筑工程项目设计方案评估、优化和生成中的应用

深圳小库科技有限公司

一、基本情况

（一）案例简介

该案例是深圳小库科技有限公司自主研发的智能设计云平台，是协助设计院和开发商在房地产开发投资拓展决策阶段实现智能设计的应用。平台运用语义识别、启发式学习算法、多维度多参数方案评估算法等技术，通过一键查询项目周边信息、AI（人工智能）辅助设计、实时校核修改、联动核算指标数据、项目协同交互编辑、多种格式成果输出等功能，快速生成规划设计和开发决策的 AI 强排方案，提升设计合规性，简化设计流程，提高决策效率，缩短项目周期。

（二）申报单位简介

深圳小库科技有限公司（以下简称"小库科技"）成立于 2016 年，是国家高新技术企业，致力于将新科技转化为建筑产业底层新语言 ABC（AI-driven BIM on Cloud，云端智能建筑信息模型）及相应云端工具，打造覆盖产业全周期的智能设计与管理平台。公司基于自主研发的设计引擎，为建筑设计端提供"智能设计云平台"，一站式提升设计能效，并持续研发建筑产业 AI 应用产品系列，为产业链上下游提供智能化解决方案。

二、案例应用场景和技术产品特点

（一）适用场景

小库智能设计云平台目前主要应用在住宅项目的前期阶段，其生成的设计方案可以用于住区的规划设计和开发决策中。平台基于云端算力，用户只需要在有网络的地方使用账号登录，再通过参数化的方式输入项目条件，即可获得设计方案，不再采用传统建筑软件的客户端安装模式，降低了使用门槛。

（二）技术方案要点和创新点

在技术角度，主要采用建筑设计 CAD 语义识别、基于启发式学习算法的智能规划方案生成模型、基于深度神经网络的智能单体生成模型以及多维度多参数方案评估算法等核心技术，将 AI 技术与建筑设计领域知识深度融合，实现了跨领域交叉创新。

在产品角度，自研出以 AI 驱动的云端建筑信息模型——ABC 格式。相较于传统的BIM、CAD 等格式的图形驱动，该模型是数据驱动型，实现了数模规一体化，以 AI 辅助建模，并可以调用大数据进行对比分析，得出的底层数据结果又能进一步通过云计算反馈

到智能化生成上。同时，方案数据通过云端渲染呈现，实现可视化数模规联动的实时编辑，最终可以将结果数据进行云端分享协同和多格式输出。

在产业应用角度，本项目的实施，将SaaS云平台引入建筑设计领域，提升了工程项目开发前期的容积率、项目价值等关键指标的高效确定，拓展了传统建筑设计软件的服务能力和功能，能够有效促进平台在开发商、设计院等客户在拿地阶段、方案设计等项目实施环节的深度应用，助力下游用户提质降本增效。

（三）国内外同类先进技术的比较

小库智能设计云平台在国外的同类技术产品主要是挪威的Spacemaker（已于2020年底被Autodesk收购）和澳大利亚的Archistar。与Spacemaker和Archistar类似，小库智能设计云平台目前也主要服务于城市尺度的建筑排布设计。但该平台基于国内工程项目现状，以住宅项目设计为切入点，使用人工智能相关技术作为基础，整合内嵌建筑工程行业的规范，以达成自动化智能设计方案的生成。同时，该平台建立了楼型库和户型库，满足客户可以以企业内部已有的楼型平面为基础进行排布的需求。

（四）主要功能模块

相较于传统的设计，小库智能设计云平台可以实时快速评估已有的设计，并在此基础上辅助建筑师清晰理性地设置优化策略，并在优化策略的指引下生成较优秀的设计方案。当然，整个顺序不是固定的，评估、优化和生成可以在过程中随时进行。

1. 利用城市大数据评估基地。小库智能设计云平台可基于大数据、地理信息技术等快速建立从基地界线外扩1.5km范围内的三维城市空间模型（图1），进而直观形象地展示基地周边状况，并通过数据挖掘分析基地的商业价值，大幅提高建筑设计前期调研建模的效率。

图1　小库智能设计云平台上的基地评估

2. 智能算法加速设计。平台用户只需三步即可完成方案设计：第一步，直接在小库智能设计云平台上在线圈地或者上传基地CAD文件；第二步，输入容积率、覆盖率等基本限定条件；第三步，选择楼型产品获得智能推荐组合。完成这三步即可获得平台通过智能算法设计生成的多组满足用户指标、当地规范和日照的方案（图2），并可在线多视角查看和编辑方案三维模型，也可以为建筑切换几种风格的表皮、手动调整方案、查看方案各项数据指标、显示户型组合等。同时，方案的经济技术指标表、三维模型和CAD格式等文件可供下载。

图2　小库智能设计云平台基于智能算法自动生成的设计方案

3. 方案验算科学准确。平台集成国家、31个省区、328个城市的建筑规范、日照法规及行业标准，可在几秒内完成方案的日照验算及规范检查，大大减少建筑设计中机械重复的计算工作。其中，日照分析基于太阳方位、项目经纬度、遮挡建筑和被遮挡建筑的日照计算范围等，对地块内和周边建筑的光照热力进行矩阵化的计算，保证分析的科学性与准确性。

4. 促进产业高效协同。以平台和智库协同产业链条实现精益效应，促进设计单位及房地产开发企业的信息共享及协同工作。目前，在平台注册的企业通过在线管理标准化楼型、户型文件等，以及借助平台辅助设计，已实现企业内部的数据统一及企业各地员工协同工作（图3）。

图3　基于二维码扫描的协同操作

三、案例实施情况

(一) 案例1：和前海柏涛设计（深圳）有限公司的合作

1. 工程应用项目概况

此项目服务前海柏涛在龙华地块 A817-0609 项目的强排方案设计过程。该项目包括普通商品住房以及配建的人才住房，初始配建比例为 10% 以上，建筑面积 148300m²，容积率 4.54。

2. 基于政策方向的设计方案评估、优化和生成

(1) 幼儿园指标 5000m²，学前教育配套成的关注重点

2018 年深圳全市学前教育工作会提出，要努力扩充幼儿园学位资源，大力推进新型公办幼儿园建设，解决学位供给问题。该项目的幼儿园指标是 5000m²。在小库智能设计云平台上，通过"在线圈地"画出地块可以直观看到，幼儿园在整个地块的占比很大（图 4）。

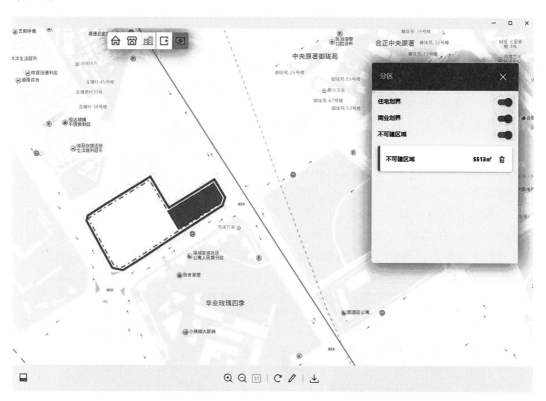

图 4 "在线圈地"功能可确定项目的位置和业态分区

为满足日照和独立出入口要求，设计人员在小库智能设计云平台上进行了多种方向的尝试。

方向 1：幼儿园地块独立，放置在东侧位置，临近龙华实验学校形成城市教育空间组团（图 5）。

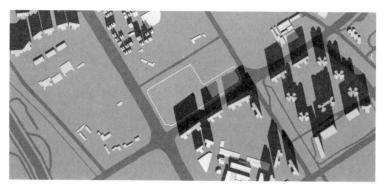

图 5　方向 1：幼儿园（红色块）东侧放置

方向 2：幼儿园地块纵向放置在中间位置，形成连续的住宅线性组合和城市界面（图 6）。

图 6　方向 2：幼儿园（红色块）中间放置

方向 3：幼儿园地块横向放置在项目西南侧位置，形成中间低、四周高的低遮挡、高品质住宅空间分布（图 7）。

图 7　方向 3：幼儿园（红色块）西南侧放置

（2）配建人才住房占比 24％左右，住房供给侧的结构性改革

项目配建人才住房占建筑总面积 24％左右，对于人才住房，板式楼型相对节省空间，日照也更易通过。在小库智能设计云平台上，项目快速模拟了幼儿园和人才住房各类排布情况的空间关系，并从实时的调整反馈中优选出以下 3 个方向的排布方案：

方向1：人才住房靠近幼儿园布置，独立分区，商品房充分利用西南向的景观资源（图8）。

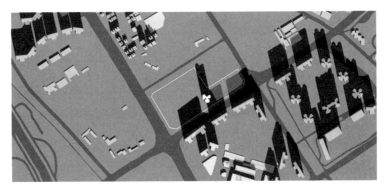

图8 方向1：人才房（白色块）靠近幼儿园放置

方向2：人才房放置在东侧区域，独立分区，靠近东侧的地铁（图9）。

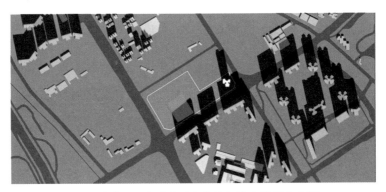

图9 方向2：人才房（白色块）独立放置在东侧

方向3：人才房放置在东侧区域，独立分区，靠近东侧的地铁，与幼儿园相隔较远（图10）。

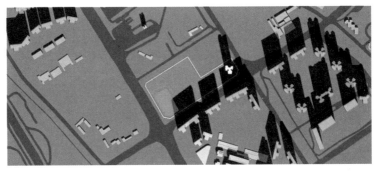

图10 方向3：人才房（白色块）远离幼儿园放置

（3）90m² 户型占比70%以上，以刚需房为主导

项目所在地块要求套内建筑面积在90m²以下的普通住房的建筑面积和套数占比不低于商品住房项目总建筑面积和总套数的70%，结合政策、深圳区位、项目指标特点，项目尝试选择T4和T5的楼型，以建筑面积90～115m²的户型为主（套内建筑面积75～

$90\mathrm{m}^2$)。

在龙华地块上，对于容积率 4.54 的密度而言，在确定幼儿园和人才配套的基础上，需要充分运用剩余用地强排（景观、交通等用地价值最优的位置，独立分区和出入口），尝试更多排布可能。

方向 1：按照景观用地价值最优位置排布（图 11）。

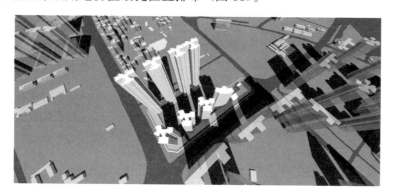

图 11　按照景观用地价值最优位置排布的方案

方向 2：按照交通用地价值最优位置排布（图 12）。

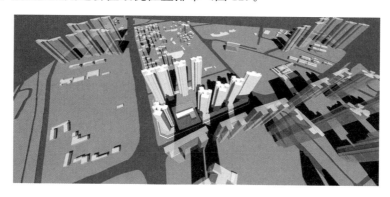

图 12　按照交通用地价值最优位置排布的方案

方向 3：按照独立分区和出入口排布（图 13）。

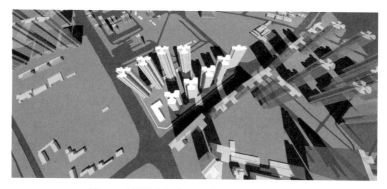

图 13　按照独立分区和出入口排布的方案

3. 基于价值优化方向的方案评估、优化和生成

选择纯高层楼型产品的组合，主要是通过对视野、视距、花园等方面的优化设计从而提升项目价值（图14）。

图14 选择纯高层楼型产品组合的排布方案

选择高层与叠拼楼型组合，主要是通过产品本身的溢价来提升整体项目价值。通过小库智能设计云平台完成的方案，叠拼面积是 11700m^2，叠拼比纯高层单价高 4 万元，项目价值增加 46800 万元（图15）。

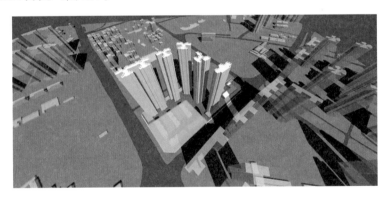

图15 选择纯高层与叠拼楼型产品组合的排布方案

总结来看，在该项目中，小库智能设计云平台在极短的时间内帮助设计单位生成了多个方案进行比选，为甲方在拿地阶段提供了高效可靠的决策基础。

（二）案例 2：和万科集团深圳区域公司的合作

在智能设计云平台标准化产品的基础上，小库还为一些开发商提供了"定制开发＋采购报告"的服务。万科集团深圳区域公司与小库开发了"万科—罗塞塔"算法，依据企业的需求编写算法，生成多种业态，满足其投资拓展土地的初筛需求。小库为万科累计完成了大湾区勾地项目方案 48 个。

图16、图17为其中一个项目小库智能设计云平台快速生成的 9 个方案中，智能推荐的 2 个。

图 16　小库智能设计云平台利用算法生成并智能推荐的排布方案 1

图 17　小库智能设计云平台利用算法生成并智能推荐的排布方案 2

（三）案例 3：和中国金茂控股集团有限公司的合作

在 2021 年，小库科技与中国金茂控股集团有限公司不断深化合作，已在全国 7 大区域、16 个城市落地超过 80 个项目。现将典型的使用场景举例如下：

1. 金茂华北区域（青岛公司）：数据分析和交互优化

在青岛大云谷市北 305-2 地块项目前期的项目可行性研究阶段，小库智能设计云平台可最大限度发挥修改方便、调整快捷、修改联动、输出成果灵活、数据分析准确的优势（图 18）。

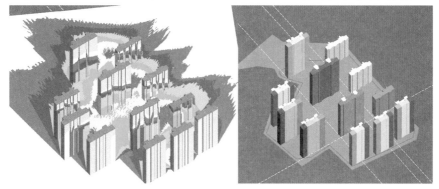

图 18　分户日照和户配以三维模型的方式联动修改

2. 金茂华中区域（南昌公司）：价值最大化和工作效率提升

在南昌市新建区 DAK2021006 地块中，平台帮助金茂南昌公司设计部实现方案穷举（图19），其中，"高层＋小高层＋集中商业"的方案协助金茂南昌公司拿下两块宗地。并在确保项目价值最大化的同时，还提升了整体的工作效率，将传统的需要 3～5 天的强排方案设计阶段，缩短到了 2～3 天。

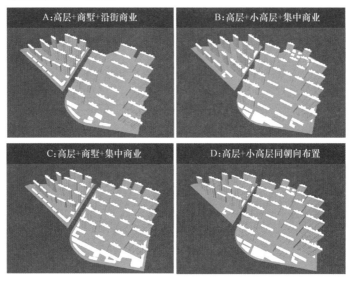

图 19　小库与金茂南昌公司合作方案

3. 金茂西南区域（昆明公司）：实时方案调整

在昆明螺蛳湾 XSCG2019-01-A2-3 号地块项目前期，金茂昆明公司在办公现场手绘草图，利用小库智能设计云平台，将其提出的不同设计方向及时输出方案并调整通过相应规范审核，深入挖掘方案的可能性，并提出最有潜力的方案建议（图20）。

图 20　小库与金茂昆明公司合作方案

四、应用成效

2016～2021 年，小库智能设计云平台累计注册企业达到了 3240 家。在前期的居住区规划中平台完成了 1000 多个项目案例，帮助企业简化设计流程、缩短设计时间、提升设计能效，同时持续研发建筑产业 AI 应用产品系列，助力建筑产业智能化升级。基于小库智能设计云平台，运用"AI＋大数据"，设计院能够快速提供智能设计解决方案，高效解决建筑方案设计前期的痛点、难点，快速输出优秀设计成果，达到沟通交流顺畅、降本增效的目的，目前，已实现平均项目价值提升10%～15%。

平台为地产企业提供了智能产品与解决方案，协助企业在新一轮挑战中降本增效、提升价值，帮助企业在投研阶段更加注重精细化管理提效和科学决策判断，解决目前设计端口存在的投资前研判效率低、人工成本较高、方案复改频繁、人员精力分配不足等问题。

执笔人：
深圳小库科技有限公司（何宛余、赵珂）

审核专家：
陈顺清（奥格科技股份有限公司，董事长、教授级高工）
魏来（中国建筑标准设计研究院，副总建筑师）

华智三维与二维协同设计平台

广州华森建筑与工程设计顾问有限公司

一、基本情况

（一）案例简介

华智三维与二维协同设计平台是广州华森建筑与工程设计顾问有限公司（以下简称"广州华森"）与深圳四方智源科技有限公司，结合自身多年 BIM 正向设计技术储备与成熟的二维协同技术研发的新一代数字协同软件产品，其核心理念是对设计业务传统工具信息进行数据结构化，提供与 BIM 技术相应的协同基础，将 CAD 图纸与模型各视图进行智能挂接，解决了专业间三维二维软件之间的数据协同、三维软件二维加工效率低下、数据库集中管控、统一设计标准、数据提取与分析等一系列信息化问题。自 2017 年开发至今，平台已经完全覆盖广州华森所有人员与项目，并推广至众多外部设计机构应用，在沟通效率、质量提升、数据分析等方面已有一定成效，并获得 2020 年广东省工程勘察设计行业协会科学技术奖一等奖。

（二）申报单位简介

广州华森是广东省守合同重信用企业。目前，公司拥有高素质的各类专业技术和管理人才超过 130 人。公司始终秉承"建筑美好，设计生活"核心价值观，设计作品涵盖城市商业综合体、酒店、办公产业园、文教医疗、住宅小区、城市更新等，获得省部级、市级优秀设计奖项共计 60 余项，并在 BIM 协同设计等方面形成了特色。

二、案例应用场景和技术产品特点

（一）技术方案要点

由于建筑行业正处于传统二维非结构化图形设计与 BIM 三维结构化对象设计的变革过程中，这个过程中必然同时存在两种业务形态的数据。如何利用软件平台及植入其中的相关规则要求，使得传统与创新之间的数据互通，顺利进行业务生产是研发华智三维与二维协同设计平台的首要任务。为解决这一问题，平台采用的技术方案通过对 CAD 二维数据"楼层"的信息进行一次结构化处理定义后，与 BIM 三维模型"楼层"视图进行相互挂接引用，并在其数据交互过程中，把不兼容、需要映射的数据利用计算机代替人工进行批量高速处理，打通 CAD 与 BIM 软件之间的数据，充分发挥各自优势与特点，设计师根据项目情况灵活控制其业务比重，实现传统与信息化之间的平滑过渡，更有利于新技术的推广普及（图 1、图 2）。

（二）关键核心技术和创新点

平台专注于数据在生产过程中的应用而不是一般同类技术仅注重成果数据的应用，通

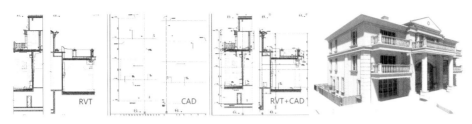

图 1　CAD 二维注释融合 BIM 三维视图投影制图

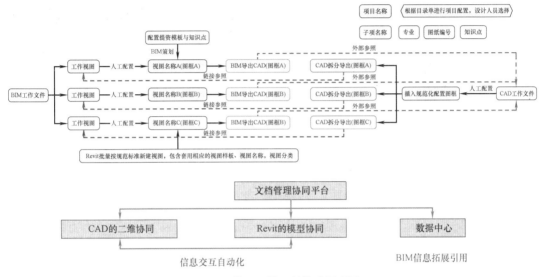

图 2　二维、三维互链技术原理图

过对常用设计软件包括 BIM 与传统 CAD 数据格式的拆解与分析，实现自主可控的业务数据重构，在此过程中除了使数据无缝对接外，还融合了一定的智能化业务逻辑，拓展了设计业务的数字化应用。

平台能同时兼容传统二维图纸与三维模型，并打通两者之间的数据交互实现专业内与专业间的协同设计，并且引入对象结构化与参数模块概念后，结合知识资源库管理对象，实现构件级的对象协同，与传统文档之间共享与引用相比上升一个维度，具有更高效与精细化的特点。由于该平台主要服务于设计过程而不是成果，信息的输入、修改、归档全过程均在线上留有痕迹，所以能通过更丰富的技术手段保证标准统一、成本下降、信息录入输出权责一致，为成果端应用提供高质量的 BIM 数据模型（图 3、图 4）。

（三）产品特点

1. 实现三维与二维设计成果的互链。本平台的成果应用主要是建立在 BIM 三维设计体系的基础上，但基于现阶段行业普及程度与技术条件，二维传统业务还将长期伴随存在，需要以开放性的创新思维整合三维与二维之间的关系而不是把两者对立，满足这一规则需要寻找两者之间数据对接的合理交互点，并搭建一座桥梁，让二维和三维软件发挥各自优势。例如在三维里搭建设计对象模型，在二维里标注仅用于人工解读的图面信息，实现二维图纸和三维模型相互联动，用合理的成本完成设计项目。

为此，平台创新地采用对二维图纸的楼层结构化与三维模型视图之间的楼层剖切视图

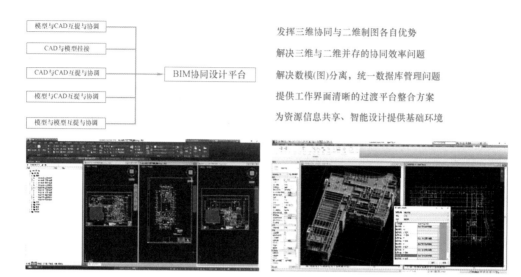

图 3　二维、三维互链数据交互技术难点突破

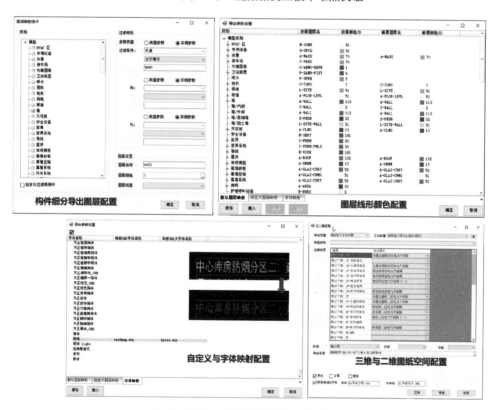

图 4　二维、三维互链数据交互功能

作为二维、三维互链的数据接口，批量预处理二维、三维软件之间数据交换的人工操作，实现一键更新相互数据，并通过技术手段保证两者的"互补"性质，避免出现信息重复带来的歧义，从而解决"图模一致性"的行业痛点。通过华智三维与二维协同设计平台整合使 CAD 变成类似 BIM 的一个"子功能面板"，专门负责三维软件不擅长的二维绘制及内

容补充。在使用协同平台后，二维、三维设计能形成一个闭环，实现信息互通，最终形成一套完整的三维正向设计流程（图5）。

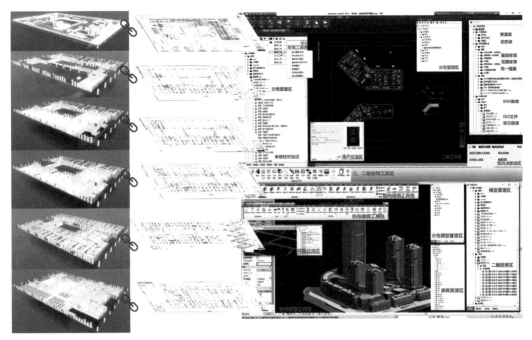

图5 基于同一个文档管理架构下的二维、三维联动协同

2.采用动态标签分类法管理知识资源。对于传统知识资源库的管理办法，均采用类似文件夹模式，按某一特点专业知识体系进行系统分类，具有固定的单一维度从属顺序。该分类方式存在两个主要问题，一是不能同时满足不同专业不同业务场景的用户需求，二是不能完全表达创建者对内容属性的认知。所以，在引入互联网平台时常采用动态标签分类法，以解决传统分类带来的局限性。

动态标签分类法能根据专业范围、业务场景进行智能切换的动态分类，满足设计对象的多维度分类。随着业务应用迭代过程中不断补充未曾考虑完善的信息标签，能更丰富精确地区分对象身份，从而让计算机获得识别对象的"智能"效果，只要把不同标签对象利用逻辑公式挂接对应，便能实现平台对知识的精准推送，批量自动处理等信息化应用（图6）。

（四）应用场景

对于设计企业，可使用华智三维与二维协同设计平台作为企业生产业务平台，根据该企业特点定制其BIM标准与资源并封装于平台内，逐步通过实时模型审核—二维、三维互补—完全BIM正向设计三个阶段实践，从传统二维平稳过渡至三维BIM正向设计。可通过平台对全业务过程数据的线上管控，对数据、成果的痕迹监控，对数据的透析分析，有效精确追溯成果的权责与成本投入，让去中心化的设计院成为可能（图7～图9）。

（五）同类技术产品对比

关于协同对象，传统协同设计平台仅关注二维图纸文档的存储版本管控，并未穿透文档对其中内容与数据进行结构化，进行构件级与数据级的协同，华智三维与二维协同设计

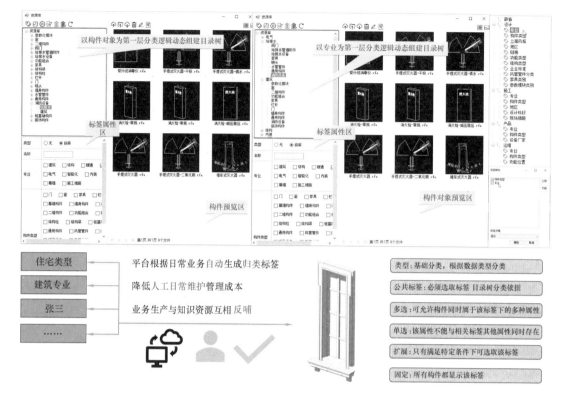

图 6　动态标签分类资源库

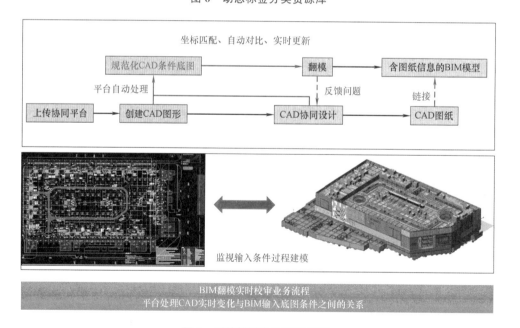

图 7　实施模型校审应用场景

平台，在满足文档存储、版本控制、提资校审等基本功能的前提下，加入了数据穿透、挂接、清洗、转换等功能，并支持三维 BIM 软件，使得二维与三维通过数据级协同形成有

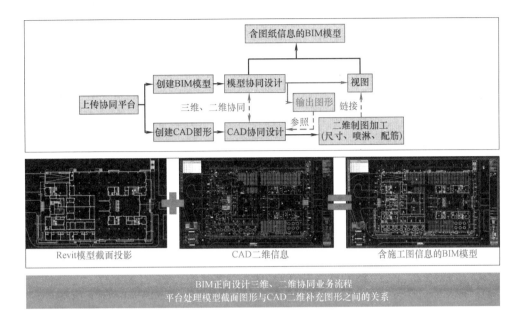

图 8　二维、三维互补应用场景

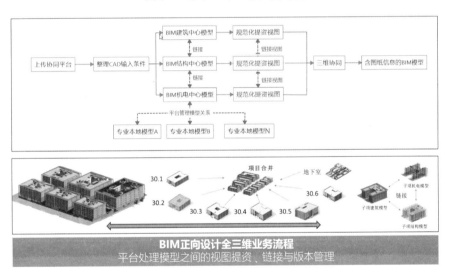

图 9　全专业正向设计应用场景

机整体，打造广义的 BIM 概念，使得建筑工程设计信息化、数字化转型更加容易过渡与落地。在此协同设计平台的基础上，搭建与生产紧密结合的动态知识资源库，使得抓取与推送知识数据并赋予业务特征标签的技术路线更方便实用。平台产品是一款低门槛、可持续发展的数字化转型产品，比市场上大多数仅支持数据与交付成果的协同或平台产品，更具有基层适应性与市场竞争力。

三、案例实施情况

（一）平台实施案例一

中国铁建海语熙岸凤凰广场商业综合体项目位于广州南沙凤凰大道旁，规划用地总面积共 41464m^2，用地性质为商业服务业设施用地、公园绿地用地，由 4 栋塔楼与 1 座 6 层裙楼组成（图 10）。

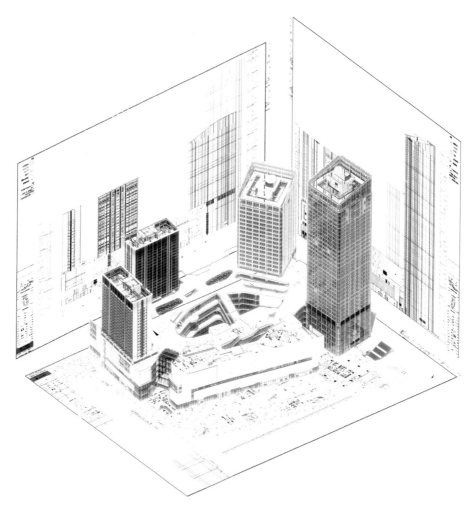

图 10　中铁海语熙岸凤凰广场 华智平台 BIM 正向设计应用

本项目属于商业综合体项目类型，功能复杂、涉及专业众多，作为 EPC 项目中的设计总包方，广州华森需要通过华智三维与二维协同设计平台进行全专业全过程的协调与文档数据管控，广州华森能进行全专业的 BIM 正向设计，但内装、景观、幕墙等分包方仍然使用传统 CAD 设计制图，所以需要通过协同平台进行"目录单系统"图纸拆分，从条件输入、过程沟通、共享引用、审核交付的文档数据扭转均通过平台数字化机制线上进行，做到数据转换自动化、业务标签自动化、冗余信息清理自动化、数据生成责任方唯一、其余业务引用数据源唯一，打破了信息孤岛并提高了沟通与协调效率，充分发挥了平台的应用价值（图 11～图 13）。

项目通过协同平台对模型提取的数据文档进行路径挂接，实现数模分离联动的智能分析应用，其中包括自动数字化审查防火分区面积与疏散宽度要求，模型与图纸更改即时联动数据表格，及时发现与调整相关设计，满足规范要求（图 14）。

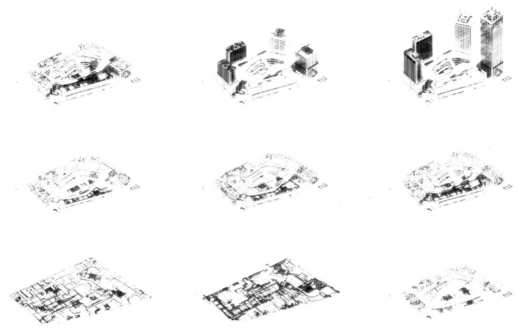

图 11　中铁海语熙岸凤凰广场 全专业模型剖切图

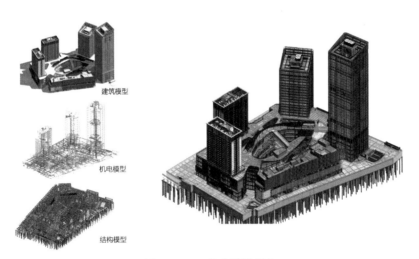

建筑模型

机电模型

结构模型

图 12　BIM 专业模型拆分

（二）平台实施案例二

深汕合作区深耕村住宅项目位于广东省深圳市深汕特别合作区，建筑面积 30 万 m²，13 栋塔楼带两层裙房商业，两层地下室，户型要满足全龄化功能需求，标准层做装配式建筑（图 15）。

本项目通过华智三维与二维协同设计平台进行模型拆分与组装管控，融合广州华森《基于设计逻辑参数模块化工法》专利技术，对可变户型封装入动态标签资源库，并进行住宅户型按工况自动匹配拼装，实现了对三个基本户型模块的管控，通过参数化户型衍生完成整个项目的 BIM 施工图正向设计，协调效率得到显著提高（图 16～图 19）。

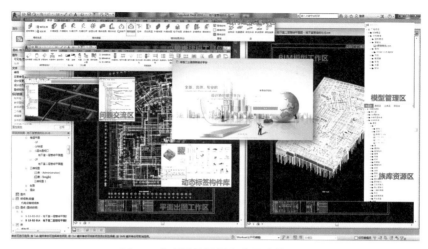

图 13　本项目协同平台应用功能展示

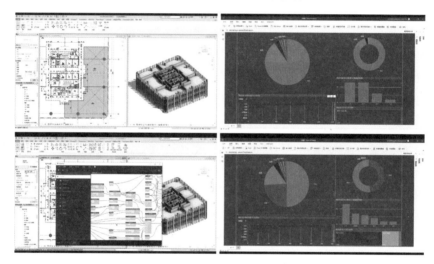

图 14　本项目协同平台应用功能展示

图 15　深耕村 BIM 装配式协同平台实践项目

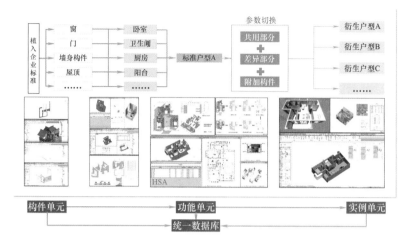

图 16 《基于设计逻辑参数模块化工法》专利技术平台植入

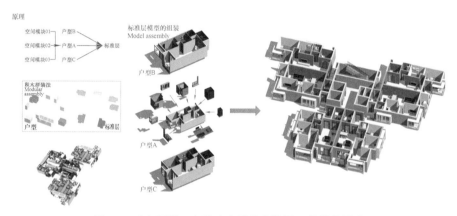

图 17 对本项目 3 个基础户型参变满足 8 种拼装需求

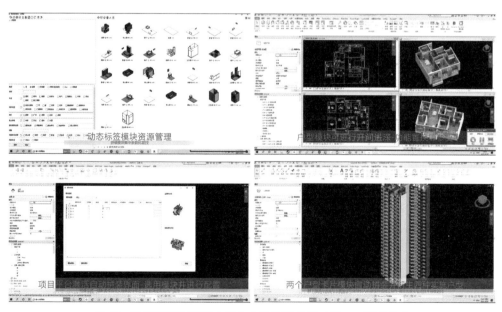

图 18 动态户型封装库＋平台自动匹配拼装功能——高效整合

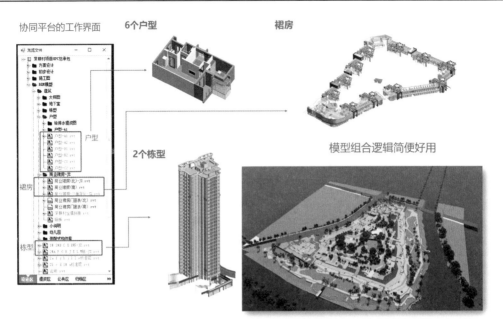

图 19　平台模型管理文档树——二维、三维挂接

项目的 BIM 模型在平台数据交互功能的帮助下同时兼顾完成了装配式计算、绿建分析等应用，利用平台协助，充分发挥 BIM 模型一模多用、信息共享的特点与价值（图 20）。

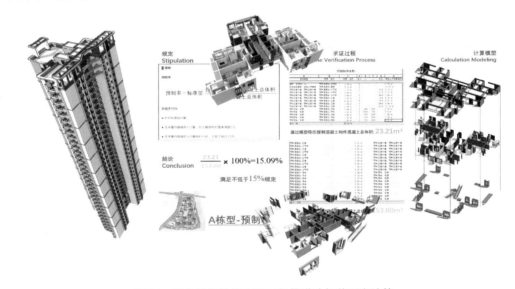

图 20　平台数据挂接实现工程量联动与装配率计算

四、应用成效

华智三维与二维协同设计平台在常规 BIM 正向设计项目中已经投入使用三年，累计机时（技术手段实现统计真实操作时间，不记录挂机时间）达到 27 万小时。其中 BIM 软件使用时间 17 万小时，实践项目数量超过 30 个，设计出图时间与传统基本持平；设计勘误变更减少 70%；其他不可量化效益如可视化沟通、绿建分析、装配率计算、成果展示、

任务书与强条自动检测、指标计算、平台质量管理效率提升等，预估比传统模式节约成本15%以上。

"二维、三维协同设计模块"使模型的二维制图加工效率提高60%以上，勘误设计变更下降至原来的30%，封装参数模块化工法对住宅等标准化项目效率提高30%以上。

平台下的"动态索引知识资源关联模块"使常规交付成果标准化程度提高至80%，标准转化效率提高150%以上。该知识分类方法使得基础资源对象数量降低至原来的60%（对应维护成本下降），检索与引用效率提高200%以上（图21、图22、表1）。

华智三维与二维协同设计平台综合效益评估　　　　表1

装配率成本分析	相对于手动测量与抄录数据汇总计算，通过平台对模型数据动态抓取与自动规则计算分析提效200%
户型数量	通过对不同户型的变量拆分与工况设置减少1/3以上数量，设计基础工作量至少减少1/4；随着修改次数越多，效益越明显
技术措施统一	通过对企业、业主标准的内容拆分封装至所有对应模块内，如房间、门窗、降板等；降低学习协调审查成本50%以上
修改效率	对非颠覆结构性修改如开间进深调整、立面局部修改、加层减层、拼接空间或端部空间调整等通过预设变量提效30%以上
标志性装饰构件	如屋顶门廊通过参数调整变量统一模块适配所有楼栋，提效40%以上
技术指标统计	完成模型修改无需框线即可获取面积、基本工程量快速统计
出图与提资效率	由于提前注释与尺寸标注、跨专业的构件锁定与封装，二维、三维协调可以提效30%以上
人员配比	对参与组装模块的设计人员的软件及专业水平要求下降，制作模块人员综合水平要求提升；随着规模效应人力成本下降约15%
初始化模块	首次模块搭建根据人的掌握水平降低效率20%~40%，但这一数字随着模块迭代增加（或使用我司已完成资源）将会降至10%左右
标签动态资源库	提高检索效率、减少资源维护数量、可持续拓展属性与建立逻辑、批量转译标准、使用提效30%，入库增加工作量10%，综合提效20%

单元式项目实践结论：效益估算能提升30%，非单元式建筑综合效益估算能提升15%

参照基准：与未使用协同平台的纯BIM正向设计比较

执笔人：
广州华森建筑与工程设计顾问有限公司（游健、林臻哲、史旭、李镓岐、匡海峰）

审核专家：
陈顺清（广州奥格科技股份有限公司，董事长、教授级高工）
魏来（中国建筑标准设计研究院，副总建筑师）

"Ecoflex" 设计施工一体化软件
在装配化装修项目中的应用

广州优智保智能环保科技有限公司
广州优比建筑咨询有限公司

一、基本情况

（一）案例简介

"Ecoflex" 设计施工一体化软件（以下简称 "Ecoflex"）是应用于装配化装修项目的专业软件，按照装配化装修体系的结构逻辑进行开发，将装配构件的形状、规格、材质、构造方式、连接关系等嵌入软件，实现基于 BIM 的装配化装修正向设计、装配构件深化、预拼装、计件算量、下单生产、指导建造等项目全流程的数字化管控，大幅提升工作效率，缩短施工工期，节省成本。该软件解决了常规装配化装修项目的设计效率低、准确性难以保证、现场返工多、工期长等常见弊端，同时生成 "图模一致" "模实一致" 的装修 BIM 模型，为后期维修保养提供可靠的数字化基础，对比传统设计方式具有显著优势（图1）。

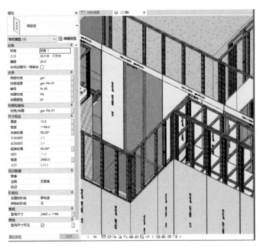

图1　Ecoflex 确保图模一致并指导现场安装

（二）公司简介

广州优智保智能环保科技有限公司成立于 2019 年，将数字化技术应用于装配式精装修的设计、生产、施工全流程，以 Eclflex 及 BIM 技术为核心打造一站式公装装配化装修服务平台，提供方案设计、装配深化、构件生产、供应链管理、工程实施等整体解决方案。公司核心成员拥有超过二十年的室内设计及工程经验，经过数年的研发和项目实践，将自主开发的装配技术体系结合数字化设计，实现项目从设计、施工、维护、更新等全生命期的数字化管理。目前，该软件已应用到商业办公、酒店公寓、医疗康养、品牌展览等类型项目。

广州优比建筑咨询有限公司成立于 2010 年，为专业 BIM 咨询公司，在 BIM 研究、开发和应用领域长期深入耕耘，为城市建设和管理领域提供高水平 BIM 战略咨询、BIM 项目咨询、BIM 软件研发、企业 BIM 生产力建设培训、BIM 可视化体验等专业服务。

二、技术产品特点及应用场景

(一) 产品技术特点

Ecoflex 基于 Revit 进行二次开发，按照装配化装修的结构逻辑和思路，设置了 5 个功能模块：设置、间墙系统生成与编辑、天花系统生成与编辑、编码统计、出图工具（图 2)，可实现基于 BIM 的正向设计、方案可视化展示、装配构件深化、预拼装模拟、计件算量、生成信息数据、指挥生产和建造等全流程作业，提升项目工作效率并缩短施工工期。

图 2　Ecoflex 功能面板

Ecoflex 有以下技术特点：

1. 内嵌了构件的产品规格、装配工艺，使成果模型符合实际要求。主要包括构件的支撑、悬吊体系，构件的搭接关系，构件的收口，构件的模数与公差，安装与拆卸的顺序等。这些细部规则的嵌入，避免了手动绘图或手动建模经常出现的构造错误或构件错漏、构件冲突等情况，大幅提高准确率（图 3)。

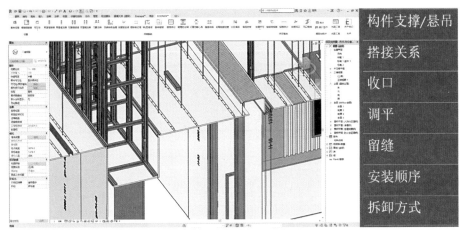

图 3　Ecoflex 按装配体系的逻辑开发

2. 可实现极速建模，一键生成 LOD500 的高精度 BIM 模型，包括墙体、天花的面板，及其主次龙骨、各种配件，整体同步生成（图 4）。

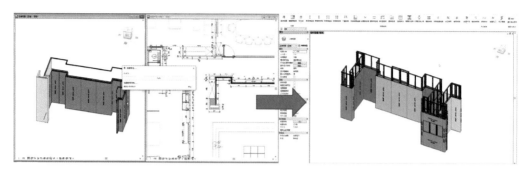

图 4　Ecoflex 一键生成 LOD500 的高精度模型

3. 软件生成的模型包含各类构件信息，包括其材质、型号规格、编号等，可实现极速算量，一键生成构件清单，直接下单生产（图 5）。

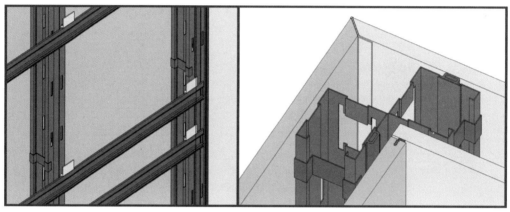

图 5　Ecoflex 一键生成构件清单

4. 软件支持灵活的编辑，如面板的分格尺寸、排列方向、面板材质、样式等，均可在生成后按需修改，同时，其对应的主次龙骨体系、各种配件均同步进行修改（图6）。

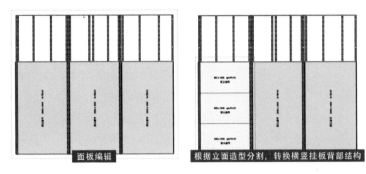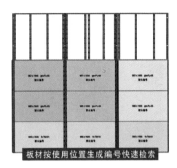

图 6 Ecoflex 支持灵活的编辑

5. 软件预留了扩充的接口，可适配更多的构件规格、材质，为设计带来更大的自由度（图7）。

图 7 Ecoflex 可扩展更多规格、材质的构件

6. 软件基于 Revit 开发，保证其兼容性与通用性。如结合 Revit 的即时渲染插件，可快速进行设计方案的可视化表现，辅助客户高效沟通、快速决策（图8）。

图 8 结合即时渲染插件快速展现设计效果

图9　Ecoflex 适用于各种装配化装修项目

（二）应用场景

Ecoflex 适用于各种装配化装修项目，包括以下类别：一是对施工湿作业、粉尘、噪声有严格限制的装修项目，如医院、老年公寓；二是有反复、频繁修改布局需求的装修项目，如各类办公空间、教育培训空间；三是需要一边运营一边装修的项目，如各类办公空间、部分商业空间；四是需要不定期更换不同风格面板的装修项目，如酒店公共区域；五是大批量标准布局的空间，如酒店客房、医院病房（图9）。

三、案例实施情况

（一）案例基本信息

Ecoflex 设计施工一体化软件应用以某办公室改造项目为例，为减少施工对原办公区域的影响，在尽量缩短施工周期的同时亦要保持工程质量，项目应用 Ecoflex 进行数字化设计，并利用信息模型提前预演，解决现场施工问题和生产问题，得出设计、施工、生产管理的整体方案。

项目位于广州周大福金融中心 48 层，01-03、12 单元办公室，面积约 500m²，施工期 1 个月。数字化技术的应用大幅提升项目工作效率，缩短施工工期，节省成本，得到客户高度认可。

（二）设计阶段应用

设计阶段主要通过 Revit 建立房间平面布置方案，然后通过 Ecoflex 进行装配构件的深化设计。

1. 建立房间平面布置方案及模块化分析

在 Revit 软件中建立房间平面布置方案（图10）。先放置装配系统预设的参数化门窗构件，然后对间墙进行模块化分析，根据装配体系的结构规则，按 600mm 的挂板标准宽度模数、300mm 的龙骨标准间隔模数制定分板尺寸方案。

2. 墙体系统生成

墙体系统包括墙体龙骨及面板。用"单面墙挂板"或"双面墙挂板"命令，对每个房间立面设定挂板尺寸和排序方式（图11）。Ecoflex 根据墙身立面分板的尺寸（同时考虑门窗洞口位置），批量生成墙体挂板及其相应的顶底收口线（图12）。

每件挂板都带有尺寸规格、饰面材料、底板分类、模型定位编号和生产编号等信息，阳角及阴角转弯位的板材也按规则正确拼接，端部挂板进行特殊备注，方便生产厂家在模型导出的生产清单中了解板材加工要求。在墙体挂板生成的同时，龙骨系统也同步生成。

3. 墙体面板调整编辑

墙体面板可根据需要进行横、竖方式转换，软件在修改面板的同时，横挂、竖挂墙板

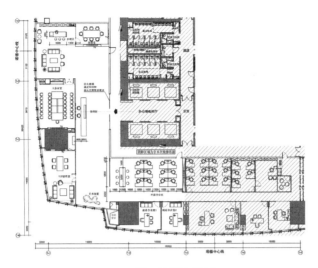

图 10 项目平面布置图

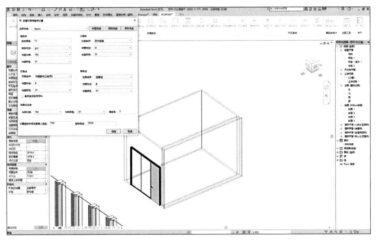

图 11 Ecoflex 创建双面墙挂板设置

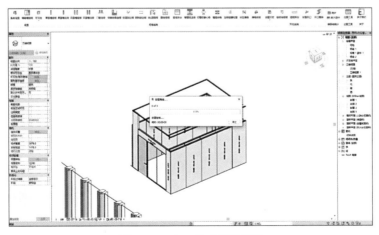

图 12 Ecoflex 生成墙体系统

的龙骨配件也同步自动修改，无需人工干预（图13）。

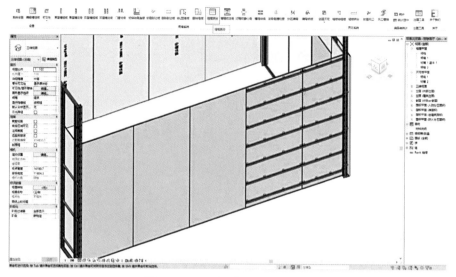

图 13　立面分板横、竖方式转换

4. 天花系统生成

Ecoflex 的天花系统预设了三种装配铝天花模式（附有参数化的造型灯槽、出风口、投影幕盒），满足方案不同需求和造型的天花设计快速转换，同时自动生成天花吊杆龙骨（图14）。

图 14　Ecoflex 创建天花设置界面

不同型号的墙体挂板及天花挂板的关系（图15）已按装配逻辑写入软件，自动处理搭接关系、调整尺寸，生成可供厂家生产级别的精准尺寸模型（图16）。

模型精细程度可以直接截取局部作为安装示意图（图17）。

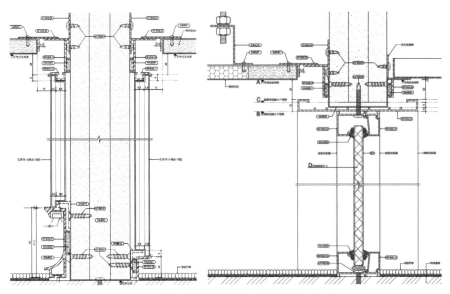

图 15　不同型号的墙体及天花挂板关系示意

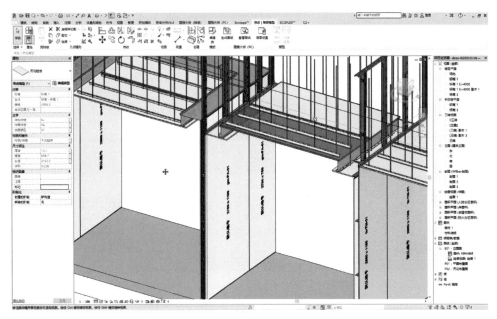

图 16　天花模型剖面图

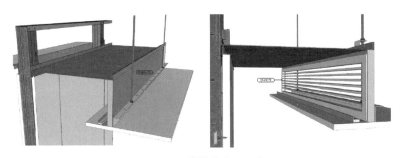

图 17　天花搭接关系局部

5. 固定家具

Ecoflex 预设常见的定制橱柜构件、隔断、收口配件型材等，均以参数化方式制作，方便调用。固定家具的构件库仍在不断增加，以满足不同项目的需求（图 18）。

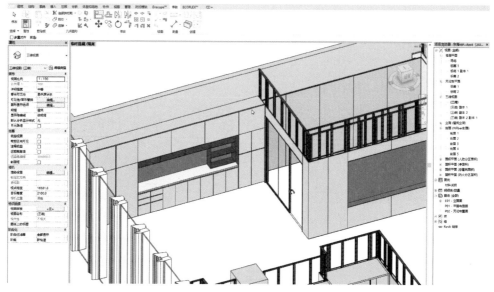

图 18　放置 Ecoflex 预设的固定家具构件

图 19　模型可视化展示

6. 方案可视化浏览

模型完成后，通过 BIM 软件的多种可视化方式进行渲染、漫游，使各方能快速体验设计方案，从而辅助决策。可视化模型还可以隐藏面板，观察龙骨及配件的构造细部，查看构件的型号尺寸，对装配方案进行充分的展示与交底（图 19）。

（三）生产施工阶段应用

在生产施工阶段，Ecoflex 主要用于生成构件明细表，直接下单生产，同时，通过 BIM 模型进行施工模拟、技术交底，从而指导施工的顺利进行。

1. 生成构件明细表

Ecoflex 生成的模型构件均包含型号规格、材质、编号等信息，同时提供统计功能，一键生成各部位构件清单（图 20），清单按照工厂下单的格式生成，并直接下单到工厂生产，基材、饰面板材可在进场施工前准备到位，大大缩短施工周期。

该明细表实际上在设计阶段已经生成，当进行方案调整时，因构件已包含成本信息，更换构件可立即反映到统计清单中，以便了解造价变化，助力设计方案推敲。

2. 施工模拟

装配化装修对于工序要求非常严谨。通过 BIM 模型与工序的挂接，可直观展示安装

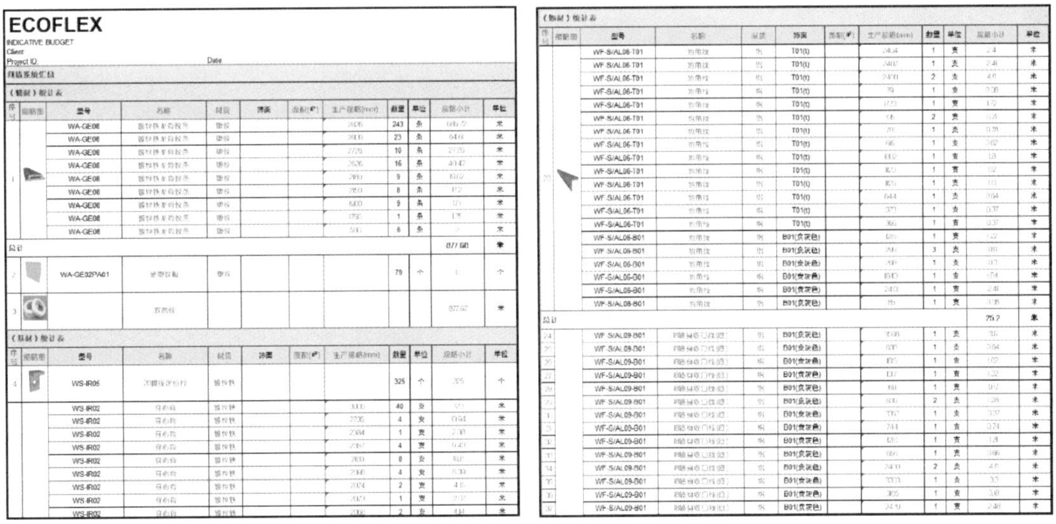

图 20　Ecoflex 一键生成构件清单

顺序，指导工人施工（图 21）。各
环节通过模型施工模拟可提前发现
现场问题，及时沟通落实合理的安
排，有效规避因误工产生的额外
成本。

3. 指导现场施工

装配构件生产完毕准备到位后，
现场使用 BIM 模型指导施工，使现
场施工安装更准确高效，同时确保成
本可控、质量可控（图 22、图 23）。

图 21　BIM 施工模拟

图 22　装配部件安装现场

图 23　施工现场

　　数据化订制的柜体及门窗系统尺寸精准，配合装配式工艺，部件安装快捷方便（图 24）。

图 24　订制柜体及门窗系统安装现场

（四）实施效果

　　项目经快速设计、工厂生产备料，现场 1 个月即完成施工，施工质量高于常规装配化装修项目，得到客户高度认可（图 25）。

图 25　项目完成交付效果

四、应用成效

(一) 解决的实际问题

1. Ecoflex 解决了装配化装修对设计和加工精度要求较高的问题。装配化装修是一种减少现场湿作业、减少现场加工、提高安装效率、减少装修垃圾和扬尘的施工方法,既提高效率节约成本,又切合国家倡导的绿色施工导向。但装配化装修是场外工厂加工、现场安装,现场纠偏度较低,一旦设计出错,现场安装出现问题就难以纠正,因此,对设计和加工精度要求较高。Ecoflex 设计施工一体化软件通过 BIM 的预演,预先将装配构件在BIM 环境中进行深化设计与预拼装,既确保设计效果,又确保构造正确,模型精度达到LOD500。基于模型导出图纸及清单,可确保设计与加工的精度,满足装配化装修的高要求。

2. Ecoflex 解决了快速设计及快速预算的问题。通过 Ecoflex 的建模工具,可以批量快速生成装配式深化模型,配套生成面板、龙骨及配件,所有构件带有规格及成本信息,因此,可以快速完成设计,同时一键生成成本预算清单,从而大幅节省设计阶段的时间。

3. Ecoflex 解决了生产管理及指导现场安装的问题。通过 Ecoflex 的构件清单,可直接下单给厂家生产,每个构件均有编码,通过与轻量化 BIM 模型构件的一一对应,使生产、运输、堆放、安装均有序进行。

4. Ecoflex 解决了装修数字化维修保养的问题。通过信息完备的 BIM 模型,为客户提供了数字化维修保养的基础,对于需要进行灵活空间变换的项目尤其便利,可以实现快速的方案设计、构件复用及重新生产。

(二) 应用效果

传统的装配化装修项目在方案确定后,一般通过二维 CAD 方式进行深化,往往效率低、准确性难以保障、现场返工多。通过优智保公司十余个项目的应用统计，Ecoflex 相比传统方式有如下应用效果。

1. 项目整体施工周期比传统建造方式节省了 1/3。主要得益于快速设计和下单备料交底充分，现场返工少。

2. Ecoflex 自动生成的部品模型尺寸与实际安装需求高度一致，几乎可以完全消除设计上的错漏，最大程度确保构件的加工和现场安装的顺利，现场几乎没有因为设计原因产生的返工，整体工程质量也得到提升（图 26）。

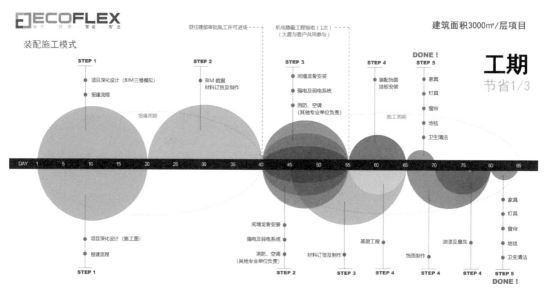

图 26　Ecoflex 与传统模式工期对比

执笔人：
广州优智保智能环保科技有限公司（黄彦良、翁曦彦）
广州优比建筑咨询有限公司（杨远丰、庄凯宏）

审核专家：
陈顺清（奥格科技股份有限公司，董事长、教授级高工）
魏来（中国建筑标准设计研究院，副总建筑师）

建筑工程结构 BIM 设计数字化云平台（EasyBIM-S）在成都天府新区独角兽岛启动区项目的应用

中国建筑西南设计研究院有限公司

一、基本情况

（一）案例简介

建筑工程结构 BIM 设计数字化云平台（以下简称"EasyBIM-S 平台"）由中国建筑西南设计研究院有限公司研发，针对建筑结构专业的 BIM 正向数字化设计，以平面和构件设计为核心，以参数化设计为理念，以自动化校审为优势，在大幅提升结构设计的质量与效率的同时，打通了部分数据源头。该案例是 EasyBIM-S 平台在成都市独角兽岛启动区项目的应用，初步解决了数据交换、混凝土结构施工图数字化设计与智能校审、混凝土及钢筋智能算量及现场装配等难点。

（二）申报单位简介

中国建筑西南设计研究院有限公司（以下简称"中建西南院"）始建于 1950 年，是国有甲级建筑设计院，隶属世界 500 强企业——中国建筑集团有限公司，现有员工约 5000 人。70 年来，中建西南院设计完成了万余项工程设计任务，遍及全国各省、自治区、直辖市及全球 20 多个国家和地区，获国家级、省部级优秀奖 1300 余项，获国家级科技进步奖 4 项、省部级科技进步奖 40 余项。

二、案例应用场景和技术产品特点

（一）技术方案要点

建筑工程结构 BIM 设计数字化云平台（EasyBIM-S）围绕数据核心，基于建筑工程结构设计中间数据格式，双向打通数据壁垒，实现结构计算软件与设计软件之间、专业间协同设计以及与造价、施工等环节的数据交互，为应用研发提供数据基础。基于自主研发的高性能二维信息化图形平台和三维图形引擎，实现图模联动并构建应用层，进行结构施工图设计、校审和算量的功能模块研发，实现建筑工程结构施工图的高度自动化设计，以及高效准确的一键校审。同时，与专业 BIM 算量软件进行对接，将设计结果自动直接转化为算量模型，实现混凝土结构、钢筋智能算量。打通部分数据源头，驱动数据向下传递，在建筑全生命周期体现了数字化技术的价值。

（二）产品特点和创新点

中建西南院自主研发的建筑工程结构 BIM 设计数字化云平台（EasyBIM-S）集成了

传统 CAD 技术和 BIM 数字化的优点，平台将计算模型转换为 BIM 模型耗时为分钟级，施工图生成耗时为秒级、施工图智能校对审查耗时为秒级，可集成 Revit、PKPM、YJK 等多种模型格式文件。平台可靠性和稳定性较好，在平台运行过程中定时进行数据备份，可有效恢复出错的数据。图形显示技术好，大体量模型不卡顿，海量数据视图不卡顿。支持二次开发，平台进行了大量功能函数封装，并提供二次开发 API 接口。

创新点如下：

1. 自主研发了国产信息化图形引擎。具备高效的二维图形处理能力和三维图形显示能力，实现了兼具二维制图流畅便捷与模型可视化的 EasyBIM-S 平台。

2. 自主研发了结构施工图数字化智能设计平台。以结构设计数据为核心，以 EasyBIM-S 平台为基础，自主研发了结构施工图数字化设计模块，实现了混凝土结构平面图与梁、楼板、墙柱等构件施工图的自动生成。

3. 自主研发了结构施工图数字化智能校对审查平台。针对规范条文、工程经验及统一技术措施建立了规则库，并自主研发了结构施工图数字化智能校对审查平台，实现了针对结构施工图的一键智能自动校对审查。

4. 对接算量中台实现智能算量。通过 EasyBIM-S 平台实现了结构施工图设计数据与工程算量环节的数据交互，保障了结构 BIM 设计成果的数据信息有效向下传递。

5. 编制了《CSWADI 结构设计数字化交换标准 SDIEM》。填补了现阶段国内还没有自主知识产权的建筑工程结构设计数字化交换标准的空白，弥补了国际数据交换标准 IFC 与国内主流结构设计软件的数据交换的障碍。

6. 提出了一种将既有软件改为 BIM 软件的方法。使传统软件的用户不需要或只要花少量的学习成本就能掌握 BIM 工具，大幅减少人工处理信息的工作量，提高设计效率。

7. 提出并实现了一种结构信息数据多源映射方法。该方法通过自主研发的可用于将主流结构设计模型转化为 sim 标准数据格式的软件，实现了结构计算信息与结构设计信息的高效、快捷整合。

（三）市场应用总体情况

EasyBIM-S V1.0 版在中建西南院内部进行了广泛应用，试用项目包括柬埔寨金边机场航站楼、天府艺术公园文博坊、优山樾园项目、广东省第二中医院中医药传承创新工程（EPC）等，应用面积达 100 余万平方米。试用结果获得广泛好评，大幅提高了设计和校审效率，提升了设计质量。

三、案例实施情况

（一）工程应用项目简介

"独角兽岛"坐落于成都天府新区，是以独角兽企业孵化和培育为主体的产业载体。项目用地面积 $25716m^2$，总建筑面积 $12205m^2$，建筑高度 20m，地上两层，地下一层，主要使用功能包括媒体发布大厅、办公区以及会议室、停车场等其他配套服务设施。采用现浇钢筋混凝土框架结构，立面及采光中庭采用异形钢结构（图 1）。

（二）应用过程

平台的应用以成都独角兽岛启动区项目为例，该项目采用 EasyBIM-S 及其他数字化技术，高效率、高标准完成结构施工图设计，整体提高了建造过程的智能化水平，减少了对人力资源的依赖，提升了建筑的性能和可靠性（图 2）。

图 1　独角兽岛启动区项目效果图

图 2　独角兽岛启动区项目

1. 结构施工图平面设计

采用 EasyBIM-S 平台提供的结构施工图平面设计模块进行设计，该模块可根据项目的整体信息模型按用户需求自动映射各个标高的结构平面图，提供的编辑操作类似用户熟悉的 CAD 功能。在保证项目完整模型信息的同时，提供了类似 CAD 快捷流畅的操作模式，使用户使用新软件进行二维视图编辑时无需改变操作习惯。同时，平台提供了自动裁剪、一键降板、一键开洞等一系列智能化工具，兼具二维、三维设计软件所长，大幅提高结构施工图设计效率。

在 EasyBIM-S 平台中，通过模型关联技术实现设计模型与计算模型的映射绑定，导入结构计算模型后，通过轴网布置、梁标高检查、截面自动标注、自动填充降板区域等多个智能辅助工具，快捷精准完成结构平面布置图，各操作步骤及设计成果如图 3～图 12 所示。

图 3　EasyBIM-S 平台初始界面

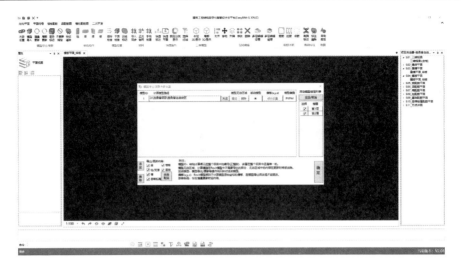

图 4 模型关联映射

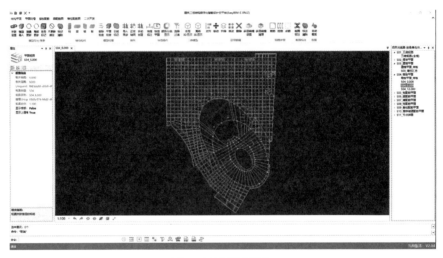

图 5 计算模型导入

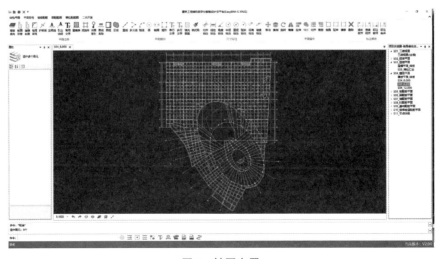

图 6 轴网布置

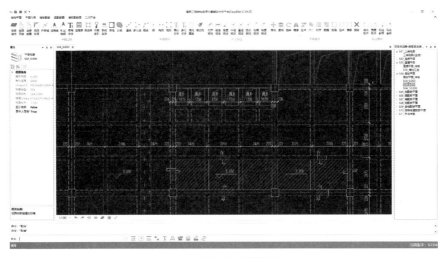

图 7　结构平面图绘制

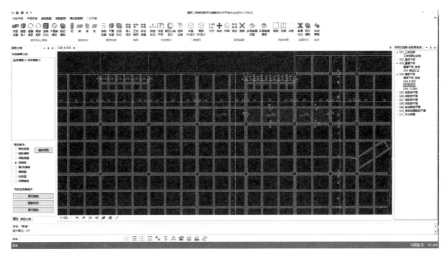

图 8　梁标高检查

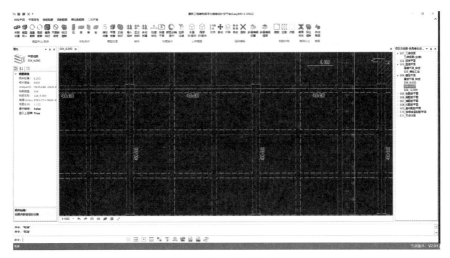

图 9　截面自动标注

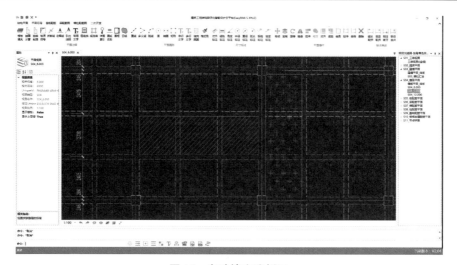

图 10　自动填充降板区

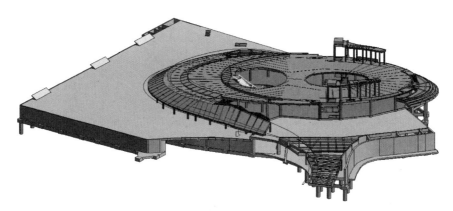

图 11　本案例结构 BIM 模型

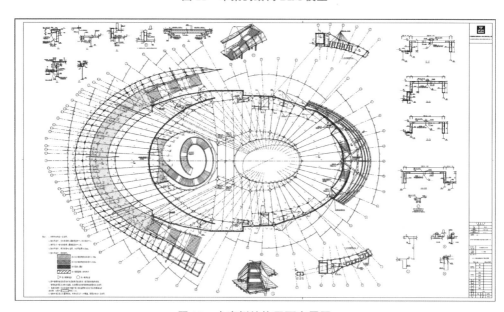

图 12　本案例结构平面布置图

2. 结构施工图楼板配筋

以传统二维设计方法完成的楼板配筋，遇到支座布置修改时，楼板钢筋需要逐一调整并重新计算钢筋长度，机械工作量大且容易出错。EasyBIM-S平台采用动态关联技术，实现楼板配筋与楼板及支座构件百分之百精确映射，调整支座后自动挪动板钢筋，根据规范校对审查钢筋长度与配筋值，并提供局部重生成功能快速完成局部板配筋修改，在保证板图准确性的同时大幅提高工作效率。

本案例中，该模块可通过项目的整体信息模型与计算书匹配生成各个标高的楼板配筋图，提供智能校审与局部重生成功能辅助用户在计算调整后快速更新图纸。此外EasyBIM-S平台提供了

图13　计算书管理

板筋合并、板筋断开、配筋修改等一系列智能化工具，兼具二维、三维设计软件优势，大幅缩短了楼板配筋图设计周期，各操作步骤及设计成果如图13～图17所示。

图14　楼板配筋参数设置

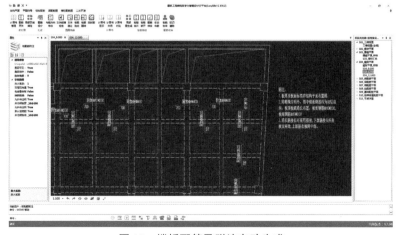

图15　楼板配筋及附注自动生成

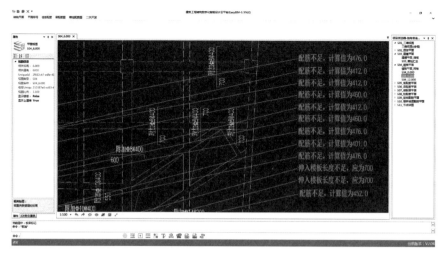

图 16　楼板配筋自动校对审查

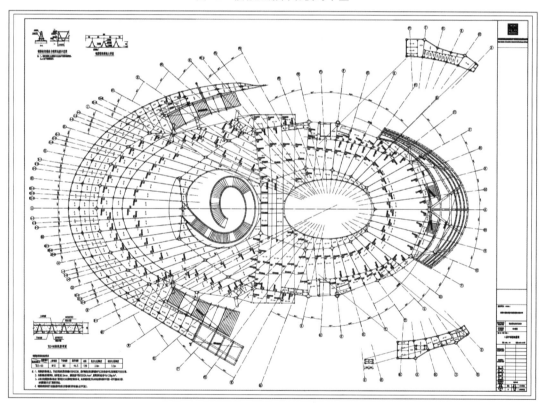

图 17　本案例楼板配筋图

3. 结构施工图梁平法配筋

梁配筋计算值对计算模型较为敏感，梁布置发生局部调动后需要整层核对梁配筋。以传统方法画梁，计算修改后需要整层逐一对比计算值，修改配筋后需要逐一排查强条，校对工作量大且容易出错。EasyBIM-S 平台采用动态关联技术，实现梁配筋与梁构件精确映射，为智能校对审查提供了坚实的基础。计算模型发生修改后，应用智能校对审查功能，程序根据规范逐一排查强条，不再需要人工核对。同时，为最大程度解决梁平法配筋的手动修改量，减少设计周期，EasyBIM-S 平台提供局部重生成功能，在完全满足计算与规范的前提下，实现局部梁配筋快速修改，在确保准确性的同时大幅提高设计效率。

本案例中，该模块可根据项目的整体信息模型与计算模型数据库匹配生成各个标高的梁配筋图，提供智能校审功能审查强条，提供局部重生成功能快速完成修改。此外，EasyBIM-S 平台提供了梁串合并、梁串断开、平法拖动等一系列智能化工具，兼具二维、三维设计软件优势，极大减少了梁配筋图人工耗时，各操作步骤及设计成果如图 18～图 24 所示。

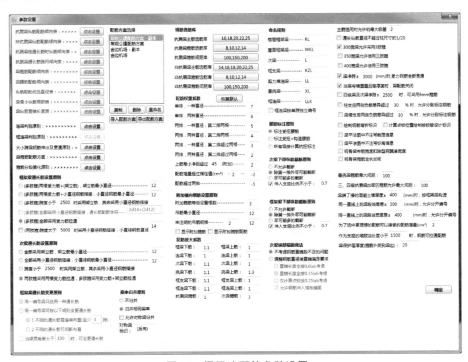

图 18　梁平法配筋参数设置

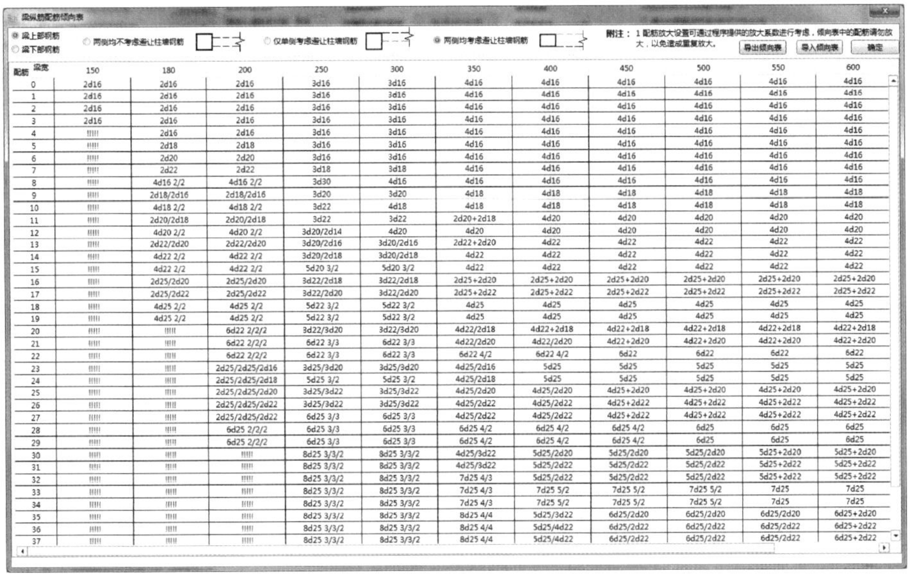

图 19　梁平法配筋倾向表

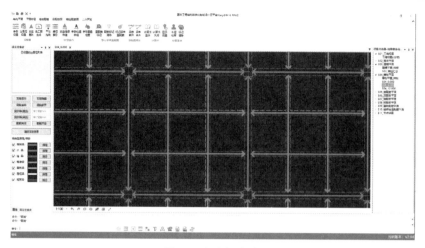

图 20   查改梁支座

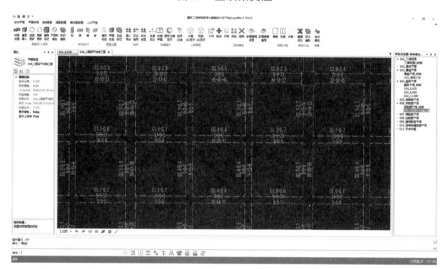

图 21   梁配筋计算书管理

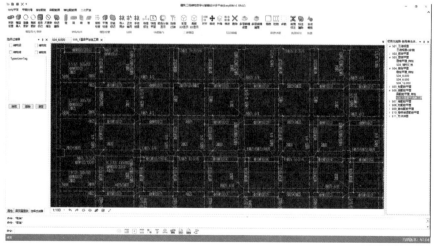

图 22   梁平法配筋自动生成

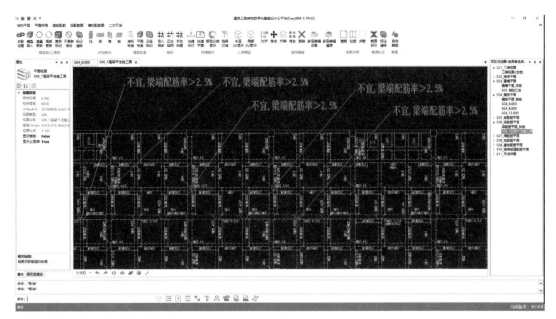

图 23　梁平法配筋自动校对审查

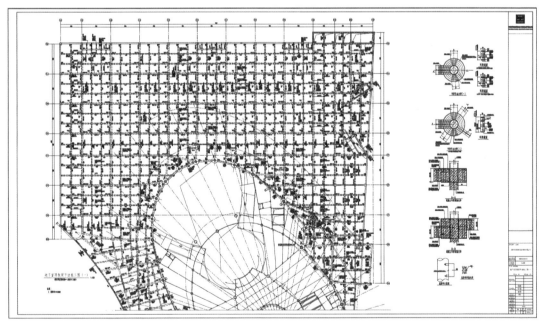

图 24　本案例梁平法施工图

4. 结构施工图柱配筋

以传统方法完成的柱配筋，一旦柱计算值修改或变动，需要修改大样钢筋画法、放样钢筋画法、大样钢筋值、柱表钢筋值，修改工作量大且容易出错。

本案例中，该模块可根据项目的整体信息模型与计算结果匹配生成各个标高的柱配筋图，提供智能校审功能核对强条，提供字符与大样联动功能快速修改图纸。此外EasyBIM-S平台提供了联动看图、自动放样、自动排序等一系列智能化工具，兼具商业二维、三维设计软件优势，实际提高柱配筋图绘图效率100%，各操作步骤及设计成果如图25～图32所示。

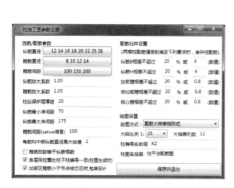

图25 柱配筋参数设置

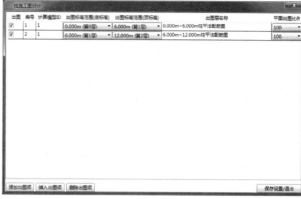

图26 设置柱出图层

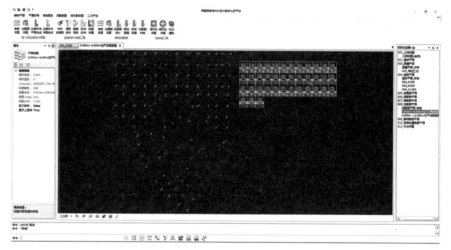

图27 柱配筋自动生成

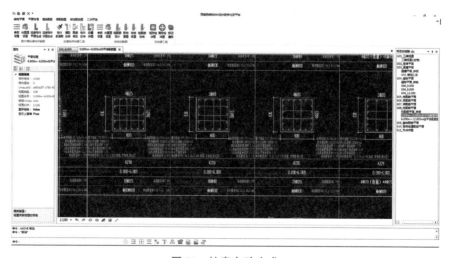

图28 柱表自动生成

图 29　柱配筋校对参数设置

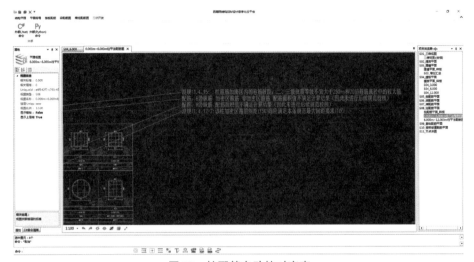

图 30　柱配筋自动校对审查

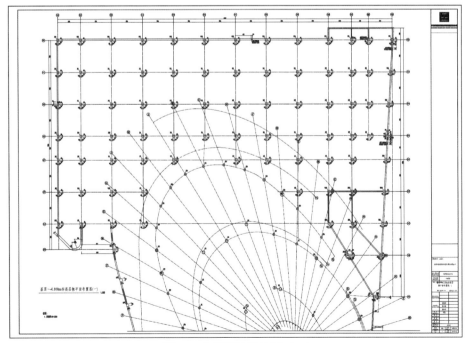

图 31　本案例柱配筋图（一）

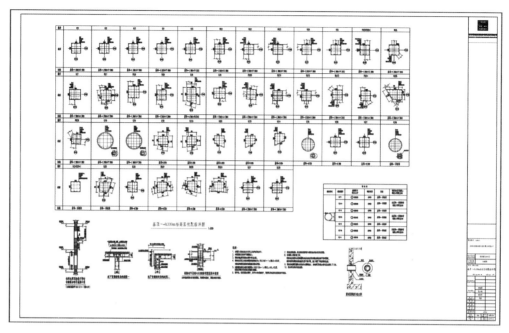

图 32　本案例柱配筋图（二）

5. 结构工程智能算量

EasyBIM-S 平台通过 sim 数据格式对接晨曦 BIM 算量软件，生成算量模型，并与各省、自治区、直辖市的清单定额计算规则形成映射。根据算量模型的楼层、尺寸等物理属性与四川建筑与装饰工程预算定额（2015）中的构件关系进行分析和扣减，自动完成楼板、梁、墙、二次构件等结构构件的工程算量。同时，根据 11G、16G 系列图集钢筋平法规则，可辅助生成钢筋实体，并实现钢筋智能算量，极大减少了手动录入钢筋数据的工作量，整体提高算量效率。本案例中各操作步骤及成果如图 33～图 38 所示。

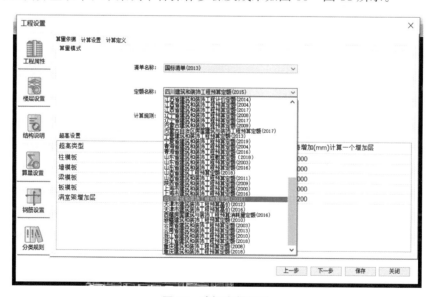

图 33　选择定额规则

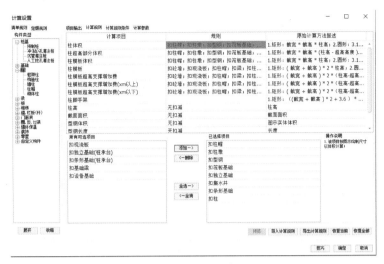

图 34　设置构件扣减规则

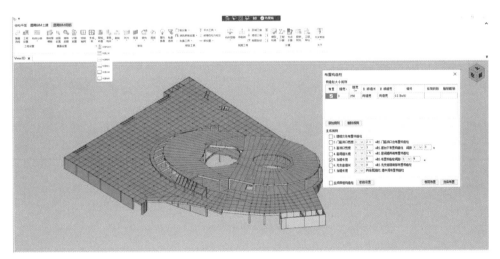

图 35　布置二次结构

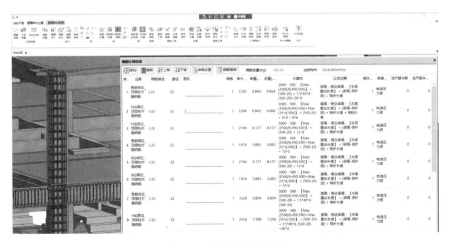

图 36　生成钢筋工程量

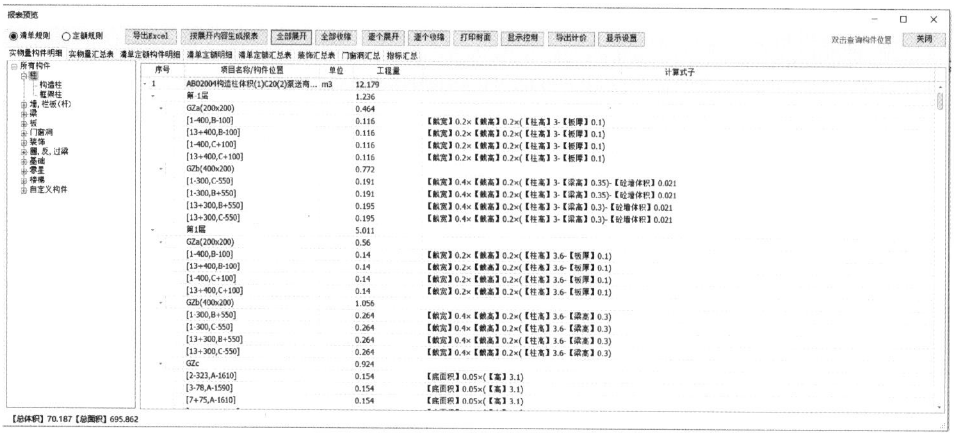

图 37　本案例混凝土构件工程量结果

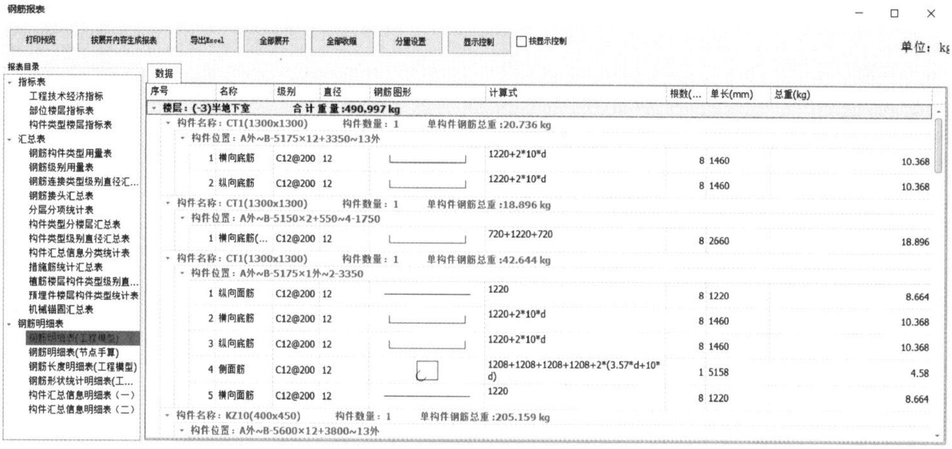

图 38　本案例钢筋算量结果

　　本案例采用 EasyBIM-S 完成结构设计任务，过程高效率、成果高质量、数据可传递，降低了人工成本（图 39、图 40）。

图 39　本案例设计效果图

图 40　本案例建成实景

四、应用成效

（一）解决的主要问题

1. 软件间数据交换。本案例设计过程中采用多种结构计算和设计软件，EasyBIM-S 平台实现了与 Revit、PKPM、YJK 等软件间的数据交换，使得本案例的结构设计数据丰富完整，确保各子结构设计环节的高效、有序进行。各软件、环节数据交互成果如图 41～图 44 所示。

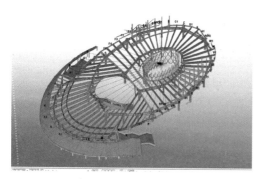

图 41　钢结构模型导出深化

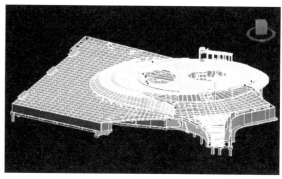

图 42　Revit 模型导出

2. 混凝土结构施工图数字化设计。根据结构计算结果，完成混凝土结构平面、梁、楼板、墙柱等构件的施工图数字化设计。

3. 混凝土结构施工图智能校对审查。基于完成混凝土结构平面、梁、楼板、墙柱等构件的施工图，完成一键智能校对审查。

4. 混凝土结构智能算量。根据混凝土结构施工图设计图纸及模型，导出设计数据，自动完成楼板、梁、墙、二次构件等结构构件的工程算量及钢筋智能算量。

5. 钢结构数字化设计加工及现场装配。钢结构设计数据和构件信息直接导出，对接厂商进行预制加工并指导施工现场装配（图 45～图 47）。

```
文件(F) 编辑(E) 格式(O) 查看(V) 帮助(H)
#29= SIMNODAL((1.5248300,1.9026800,-9.200),(),(0),(0),(15,42),(1,1));
#30= SIMNODAL((2.2248299,1.9026800,-9.200),(),(0),(0),(15,15),(1,2));
#31= SIMNODAL((2.9248300,1.9026800,-9.200),(),(0),(0),(1,15),(1,2));
#32= SIMNODAL((9.5248299,1.9026800,-9.200),(),(0),(0),(),());
#33= SIMNODAL((-10.0752001,2.6026001,-9.200),(),(0),(0),(48,50),(1,1));
#34= SIMNODAL((-7.6751699,2.9026799,-9.200),(),(0),(0),(34,34),(1,2));
#35= SIMNODAL((-3.8751700,2.9026799,-9.200),(),(0),(0),(8,8),(1,2));
#36= SIMNODAL((-1.4751700,2.9026799,-9.200),(),(0),(0),(11,11),(1,2));
#37= SIMNODAL((-13.2751999,2.9776802,-9.200),(),(0),(0),(4,4),(1,2));
#38= SIMNODAL((2.9248300,2.9776802,-9.200),(),(0),(0),(1,1),(1,2));
#39= SIMNODAL((-10.0752001,3.2526400,-9.200),(),(0),(0),(50,50),(1,2));
#40= SIMNODAL((-10.0752001,3.9026799,-9.200),(),(0),(0),(19,20,50),(1,1,2));
#41= SIMNODAL((-9.2751904,3.9026799,-9.200),(),(0),(0),(20,20),(1,2));
#42= SIMNODAL((-8.4751797,3.9026799,-9.200),(),(0),(0),(20,20),(2,3));
#43= SIMNODAL((-7.6751699,3.9026799,-9.200),(),(0),(0),(20,34,35),(3,2,1));
#44= SIMNODAL((-3.8751700,3.9026799,-9.200),(),(0),(0),(8,25,27),(2,1,1));
#45= SIMNODAL((-3.0751700,3.9026799,-9.200),(),(0),(0),(27,27),(1,2));
#46= SIMNODAL((-2.2751698,3.9026799,-9.200),(),(0),(0),(27,27),(2,3));
#47= SIMNODAL((-1.4751700,3.9026799,-9.200),(),(0),(0),(11,26,27),(2,1,3));
#48= SIMNODAL((-13.2751999,4.0526800,-9.200),(),(0),(0),(4,38),(2,1));
#49= SIMNODAL((2.9248300,4.0526800,-9.200),(),(0),(0),(1,46),(2,1));
#50= SIMNODAL((-7.6751699,4.6526804,-9.200),(),(0),(0),(35,51),(1,1));
#51= SIMNODAL((-3.8751700,4.6526804,-9.200),(),(0),(0),(25,63),(1,1));
#52= SIMNODAL((-1.4751700,4.7693467,-9.200),(),(0),(0),(26,26),(1,2));
#53= SIMNODAL((-13.2751999,5.0026803,-9.200),(),(0),(0),(21,38),(1,1));
#54= SIMNODAL((-10.0752001,5.0026803,-9.200),(),(0),(0),(19,22),(1,1));
#55= SIMNODAL((2.9248300,5.0276804,-9.200),(),(0),(0),(46,46),(1,2));
#56= SIMNODAL((-7.6751699,5.2026806,-9.200),(),(0),(0),(51,51),(1,2));
#57= SIMNODAL((-3.8751700,5.2026806,-9.200),(),(0),(0),(63,63),(1,2));
#58= SIMNODAL((-1.4751700,5.6360135,-9.200),(),(0),(0),(26,26),(2,3));
#59= SIMNODAL((-10.0752001,5.7526803,-9.200),(),(0),(0),(22,22),(1,1));
#60= SIMNODAL((-7.6751699,5.7526803,-9.200),(),(0),(0),(51,56),(2,1));
#61= SIMNODAL((-3.8751700,5.7526803,-9.200),(),(0),(0),(63,64),(2,1));
#62= SIMNODAL((-13.2751999,6.0026803,-9.200),(),(0),(0),(21,39),(1,1));
```

图 43　PKPM 计算结果导出

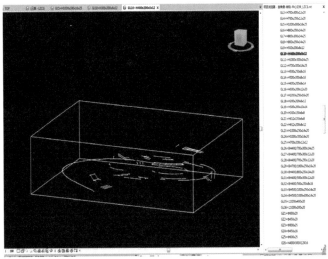

图 44　Tekla 数据导出

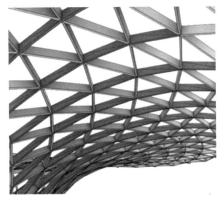

图 45　弯折钢结构构件定位及数字化加工

图 46　施工现场装配

图 47　施工现场

（二）实际应用效果

独角兽岛启动区项目利用 EasyBIM-S 平台，采用 BIM 正向设计，大幅提升了结构施工图设计效率，并通过数字化设计和智能算量、钢结构数字化加工及现场装配等环节有效减少项目成本。具体如下：

1. 异形建筑的设计表达。独角兽岛启动区项目中，依靠传统的 CAD 二维设计图纸很难表达复杂空间形体，采用 EasyBIM-S 平台开展 BIM 正向设计，对多处复杂空间进行了三维建模和三维图纸表达（图 48），同时，各专业在三维模型中相互配合，进行虚拟建

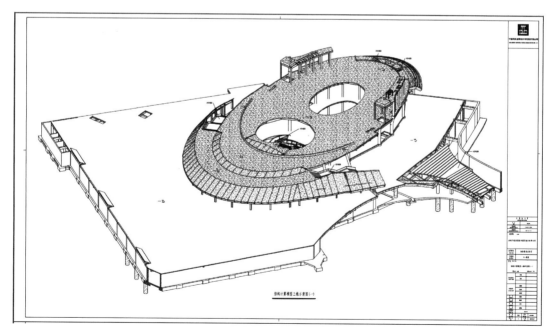

图 48　三维图纸表达

造，避免在施工过程中发现问题导致大量返工的现象发生，从而节约建造成本，节省施工周期。

2. 大幅提升结构施工图设计效率。经统计，运用该软件，相比传统 CAD 二维设计，结构平面设计效率可提高 30%，楼板配筋图、梁柱配筋图等设计效率可提高约 100%，智能算量模块提高效率约 100%，整体提升结构设计效率约 30%。

该案例最终以高效率、高标准、高质量、高完成度竣工落地（图 49），是中建西南院在智慧建造浪潮中创新设计取得的可贵成果，是智能建造实现未来复杂建筑和解决建筑行业低效率、低效益、高能耗的有力证明。

中建西南院自主研发的建筑工程结构 BIM 设计数字化云平台应用前景广阔，经济效益较明显，推动传统 CAD 二维设计向以 BIM 技术为基础的智能设计转型，并将设计成果及数据有效传递至后续建造环节，为实现智能建造奠定部分基础。

图 49　本案例竣工实景

执笔人：
中国建筑西南设计研究院有限公司（赵广坡、赖逸峰、唐军、周盟、康永君）

审核专家：
陈顺清（奥格科技股份有限公司，董事长、教授级高工）
魏来（中国建筑标准设计研究院，副总建筑师）

部品部件智能生产线典型案例

中清大钢筋桁架固模楼承板
石家庄生产基地生产线

中清大科技股份有限公司
清华大学建筑设计研究院有限公司

一、基本情况

(一) 案例简介

中清大钢筋桁架固模楼承板生产线是用于生产免拆模非金属楼承板的自动化生产线（图1，以下简称"生产线"），生产线具有效益高、质量优、消耗低、人工省、环境好等优势，实现部品部件的柔性化、精益化生产。目前，生产线已在德州、石家庄、张家口、成都等多地实施并投入生产，生产线服务的建设工程涵盖混凝土及钢结构住宅、公共建筑等项目，为生产企业带来了可观的经济效益。

图1　中清大钢筋桁架固模楼承板生产线

(二) 申报单位简介

中清大科技股份有限公司成立于2013年11月，是清华大学建筑设计研究院有限公司控股企业。公司旨在将清华大学建筑设计研究院的科研成果及专利技术转化为生产力，面向装配式建筑产业提供全系列装配式技术解决方案，推动装配式建筑产业化发展。

清华大学建筑设计研究院有限公司成立于1958年，是国家甲级建筑设计院，依托清华大学的学术、科研和教学资源，作为教学、科研和实践相结合的基地，十分重视学术研究与科技成果的转化。

二、案例应用场景和技术产品特点

(一) 案例应用场景

中清大钢筋桁架固模楼承板生产线是专业生产免拆模非金属楼承板（以下简称"固模

楼承板")的成套生产设备。固模楼承板具有标准化程度高、重量轻、吊装运输难度小、楼板整体性好、施工速度快、无需二次抹灰、综合造价低等优势，该产品的市场需求日益广泛。然而，传统的手工生产方式较为落后，生产过程中的焊接、打孔、组装等工序依赖大量人工，生产效率低，生产环境差，粗放式生产只是简单地把施工现场的工作放在工厂进行，无法实现固模楼承板的规模化生产。

为帮助企业从粗放生产模式向自动化精益生产模式转变，中清大科技股份有限公司依托清华大学建筑设计研究院有限公司较高的新产品和新工艺研发能力，研发了具有自主知识产权的固模楼承板产品和配套生产线。该生产线将先进的工业技术与前沿的建筑技术相融合，设备占地小、投资少、自动化程度高，大大降低了部品的生产成本，缩短了部品的供货期，形成了一定的技术优势。

（二）技术方案要点

中清大钢筋桁架固模楼承板生产线实现了固模楼承板的自动化生产，生产线的设计年产能可达 100 万 m^2。生产线的技术要点如下：

1. 先进的生产工艺布局。为减少人工固定模台生产的弊端，中清大科技股份有限公司研发了先进的生产工艺布局（图2），设备模块化组装，以步进移动的输送线链板为主线，设备自动吊放钢筋桁架、钢筋网片、固模底板等原材料，并自动实现焊接、装垫块、打孔、拧钉等系列操作，最后成品自动翻转码垛。

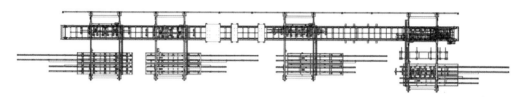

图2　固模楼承板生产线工艺布局

2. 集成工业先进技术。通过对各工序的功能分析进行自动化技术定制开发，集成应用了工业和信息技术领域先进成果，如组装机器人、焊接机器人、视觉系统追踪焊点、智能排产、自动喷码、可追溯系统等。

3. 大幅减少生产用工。生产线研发定位为全自动化生产，钢筋桁架、钢筋网片、底板等自动化上料，只需少数叉车司机和补料员辅助生产备料。

4. 控制系统易操作易维护。生产系统自动按日订单排序生产，仅需人工按提示补料，图形化操作面板易掌握（图3）。

5. 多个板型同时共线生产。可根据生产订单实现自动切换不同板型的程序，实现快捷换产。

6. 生产线具有开放的接口。设备具有开放接口，可通过联网与工厂 ERP、MES 系统集成。同时，中清大公司总部已建成远程视频监控系统和大屏产能统计分析（图4）。

（三）关键技术经济指标

中清大钢筋桁架固模楼承板生产线自动化程度高，与现有手工生产方式相比，具有一定优势。下面以生产1.2m宽的常规标准楼承板为例，在同等生产占地1000m^2条件下，自动化生产的单班日产量可以提高两倍以上，用工减少四分之三，产品返修率降低，生产

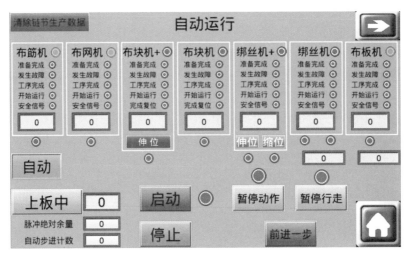

图 3　控制系统图形化界面

图 4　中清大公司总部大屏远程监控

环境大为改善，供货期极大缩短（表1）。自动化生产模式与手工生产模式相比，能有效保障企业在相同时间内为更多工程项目生产供货，以石家庄基地为例，自 2020 年生产线投产以来，已经服务建设了 100 万 m² 的项目工程，近一年为基地新增销售额达 9000 万元，并减少了人工成本等其他费用，为基地带来了良好收益。

（四）创新点

中清大钢筋桁架固模楼承板生产线创新点如下：

手工生产模式和自动化生产模式对比表　　　　表 1

对比项	手工生产模式	自动化生产模式
生产效率	效率低，单班日产量 800m²	单班日产量 1700m²，效率提升 2 倍以上
生产用工	40 人以上	10 人，极大减少人工成本
产品合格率	人工错误率高	生产过程无需人工参与直接生产，降低人工劳动强度，减少错误率
生产环境	环境污染，粉尘无法回收	减少污染，粉尘均回收
供货期	无法跟上工程建设进度，总是延误交期，降低企业总体收入	供货期极大缩短，保证按时按量供应

注：上表为生产 1.2m 宽的常规标准楼承板。

1. 生产线自动化运行，工艺布局优化合理，工业化程度高，生产效率高。

2. 生产线集成工业先进技术，如精准对位技术、焊接机器人、智能排产、远程运维等。

3. 输送机构、组装夹持机构、排料机构、定位机构、翻转机构等，替代人工操作。

4. 生产线控制系统图形化操作，具有补料提示，生产人员仅需面板操作、补料和监控等作业。

5. 不同板型可共线生产，根据生产订单实现快捷换产。

6. 生产线具有开放接口，可实现设备联网，同时支持与 BIM、ERP、MES 系统集成。

（五）市场应用总体情况

中清大钢筋桁架固模楼承板生产线已在德州、石家庄、张家口、成都等地实施并投入生产，生产线投产后可快速形成规模化生产，四个基地总产能达到年供应固模楼承板 400 万 m² 以上。目前生产线累计服务建设工程项目已达 300 万 m²。

生产线具有产品供货周期短，产品质量高，用工少，造价低，利于规模化推广应用等优点，生产线服务的建设工程涵盖混凝土及钢结构住宅、公共建筑等项目，为生产企业带来了可观的经济效益。

三、案例实施情况

（一）案例实施过程

下面以石家庄基地建设的中清大钢筋桁架固模楼承板生产线为例，着重介绍将原来手工生产方式转变为自动化生产模式的具体实施过程。

1. 原有手工作业模式。石家庄生产基地位于石家庄市辛集高新技术开发区，其主要生产产品为固模楼承板。工厂原来需要依靠大量人工组装生产，需要人工焊接、打孔、翻板等（图 5）。

图 5　石家庄基地原来人工生产现场

原有人工生产存在如下问题：人力用量大，人工成本高，各工位人数共计 40 人以上；生产效率低，日产量最大 800m²；人工错误率高，劳动强度大；生产占地大，生产管理困难，窝工情况严重；环境污染，粉尘无法回收；无法跟上工程建设进度，影响企业信誉，降低企业总体收入。

2. 现有自动化作业模式。通过研发攻关为石家庄基地实施固模楼承板自动化生产线，解决了上述诸多难题，具体措施如下：

一是优化产线布局。通过合理的产线布局，以输送系统为核心，各工位顺次布置，通过各工序的节拍优化，实现各工位统一步调联动生产。楼承板整线占地仅 600m² （长 60m，宽 10m），生产线占地大幅减少（图6）。

二是钢筋产品自动化生产。钢筋产品由工厂全自动化的钢筋生产线加工，通过桁吊或叉车批量上料，生产线具有缺料预警提示，双上料工位一备一用实现不停机补料。

三是研发钢筋和底板上料机械手。上料机械手如图7所示，自动运行抓取原料到输送线上，抓取部分在断电时有防坠落保护。

图6　中清大石家庄基地楼承板生产线　　　　图7　上料机械手

四是采用自动连接锁紧机器人。连接件排列送料、打孔、锁紧等全自动化运行，推力及扭矩实时监测可控，实现无人化生产，整排连接件批量作业稳定高效。

五是采用视觉焊接机器人。机器人与视觉系统结合，自动寻找焊接点，机器人焊接采用低飞溅焊接技术（图8）。

六是采用自动翻板和码垛机械手。成品自动码垛如图9所示，设备完成工作后进入待机状态，耗电量低。

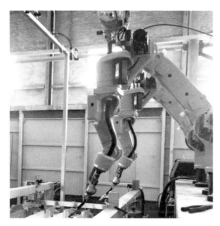 

图8　自动视觉焊接机械手　　　　　图9　翻转码垛机械手

七是实现多板型共线生产。因为实际项目中楼板规格较多，通过在系统内预设不同板型的加工程序，可根据生产订单实现快速换产。

八是改善生产环境。生产线集成了粉尘回收系统，工厂环境干净整洁。相比原有粗放式生产，自动化生产可节水、减少垃圾产生量、减少能耗，工人工作环境大大改善，建立良好企业形象。

九是实施成品二维码追溯。基于 BIM 系统自动生成产品二维码并打印，实现设计、生产、施工、运维的协同，构件的批次、规格、质量、位置等信息实现数字化管理并可追溯。

十是开放设备接口。生产线各分机均通过以太网与主控电脑连接组网，可以远程诊断、实时监测，实现在总部进行产能统计和远程运维。

（二）创新举措

在石家庄基地建设中清大钢筋桁架固模楼承板生产线的过程中实现的创新举措如下：

1. 运用模块化组装，实现个性化生产。整条生产线采用模块化组装，占地小。可根据现场不同需求，灵活改变设备的工艺布局。生产线集成智能排产算法，可根据项目板型需求，实现多种板型共线生产。

2. 采用图像分析技术，打造标准化生产。为解决建筑行业原材料误差大的问题，整条生产线重要节点采用视觉分析软件，智能识别组装有效提高生产线容差率，从而确保生产构件品质。

3. 集成智能模块，完善智能化服务延伸。设备具有开放接口，通过在生产线上添加智能模块，打造"互联网＋"制造，实现设备联网与运行数据采集，并可利用大数据分析提供多样化智能服务。

四、应用成效

（一）解决的实际问题

1. 实现了建筑施工由现场建造向工厂制造的转变。楼板传统现浇施工工艺较复杂，施工中需要模板切割、支立安装、钢筋铺设、模板拆除等作业，人工劳动繁复，工作环境恶劣，不利于安全生产。中清大钢筋桁架固模楼承板生产线通过将先进的工业装备替代繁重的人工作业，减少了传统施工现场的模板和钢筋工程量（图 10）。

图 10 中清大固模楼承板施工现场

2. 提升了部品质量和生产效率。国内现有技术的装配式楼板生产线多以手工或半自动生产方式为主，生产过程中钢筋绑扎、弹线定位、打孔拧钉、人工翻转等需要大量工人，产品质量参差不齐。固模楼承板生产线通过研发集成多项工业和信息领域先进技术，减少生产用工，有力保证了产品质量和生产效率。

3. 降低了部品生产成本并缩短了供货期。生产成本高和供货期长是当前预制部品面临的两大难题。当多个工程项目同时要货时，经常出现部品供应无法满足施工进度的要求，造成工地窝工等待构件的情况，给企业带来经济损失。固模楼承板生产线集成的智能排产和多规格共线程序可在电脑中输入每日工作任务，按工作单自动生产并指导备料，不仅可以降低用工成本，还可以节水、节能、节时、节材，保证项目进度，缩短施工工期。

4. 解决了设计、生产、施工不协同问题。楼板部品应用中既要满足设计单位的定制要求，又要有利于工厂组织生产，还要方便施工现场装配。生产线定制开发的多规格共线生产程序、基于 BIM 的可追溯系统、快速换产、视觉识别系统、工业机器人等多项技术，使生产线成为衔接部品设计、生产、施工的良好纽带，生产备料准时化，生产设备网络化，生产信息透明化，实现建造全过程的协同管理（图 11）。

图 11　生产线服务项目的效果图

5. 解决了部品生产基地投入产出周期长的问题。生产线通过优化的工艺布局和模块化设计，占地面积小，地面无需专属基础，安装调试周期短，标准工厂 45 天完成调试生产。生产线图形化操作界面易于掌握，经过简单培训即可上岗。生产线日常维护简单，具有安全预警和远程运维等功能，方便故障排除。通过自动化生产线的实施，大幅提高了工厂产能，使工厂在同一时间能服务更多的工程项目，为企业带来了良好的经济效益。

（二）对行业的借鉴意义和推广价值

中清大钢筋桁架固模楼承板生产线通过将建筑业与工业化、信息化深度融合，探索了装配式建筑产业的发展新模式。通过自主研发突破多项关键生产技术，建设了全自动生产线和工艺成套装备，提高了生产自动化、数字化和智能化水平，支持部品部件生产企业更好的服务工程项目。

1. 生产效益。生产线自动化生产，降低了人工劳动强度，提高了产品质量，降低了用工成本；生产线易操作好维护，兼容多板型共线生产，提高了生产线产能；远程客户端可进行快速有效的设备运维和故障排除；干净整洁的生产环境和高效快速的需求响应，为企业带来了良好的社会效益和经济回报。

2. 施工效益。自动化生产保证了供货周期，建造时间与传统现浇基本持平；减少模板工程和钢筋工程等工序，用工大幅降低；由于成品钢筋工厂焊接，对质量、安全更加有保证；楼承板整体质量轻便，便于运输、吊装、安装，大大节省了施工时间和成本。自动化生产保障了固模楼承板产品的质量和供货期，得到了甲方和施工方的高度认可和肯定，具有良好的推广应用价值和广阔的市场前景。

执笔人：

中清大科技股份有限公司（孙文婷、周树海）

清华大学建筑设计研究院有限公司（于雅天、刘斌、侯建群）

审核专家：

骆汉宾（华中科技大学，教授）

张声军（中国建筑科学研究院，研究员）

和能人居科技天津滨海工厂装配化装修墙板生产线

和能人居科技（天津）集团股份有限公司

一、基本情况

（一）案例简介

和能人居科技天津滨海工厂装配化装修墙板生产线包括智能墙地板涂装线、智能墙板包覆线、智能裁切生产线等三条智能生产线，可以实现为客户快速交付设计图纸、报价以及产品的需求。该生产线通过数据中心、BIM系统、MES系统、自动仓储系统及自动化设备，实现研发系统与生产系统对接，软件系统与硬件系统对接，包括设计文件自动存储管理、生产自动化排程、产品设备程序及文件自动下载、产品质量追溯、产品搬运传输、生产管理过程数据化可视化等功能，构建了以数字化、智能化为基础的大规模生产能力，提升了公司交付和盈利水平。

（二）申报单位简介

和能人居科技（天津）集团股份有限公司是国家级高新技术企业、首批国家级专精特新"小巨人"企业、国家装配式建筑产业基地、首批天津市瞪羚企业。公司从事新型建筑材料全屋装配化装修，拥有产品专利、生产线专利、软件著作权150多余项。截至目前，公司已实践完成10万套居住建筑的全屋装配化装修。

二、案例应用场景和技术产品特点

（一）项目的技术难点和主要创新点

1. 解决部品生产与设计、施工的数据不协同问题。传统装修工种多、工序复杂，设计与部品生产、施工脱节。公司以成熟装配化装修部品部件为基础，前置定义数字化的部品云族库和饰面素材库，设计师采用BIM软件进行三维数字建模，实现三维正向设计，向前连接部品库，自动拼接装配式建筑部品部件库国标码；向后无缝对接部品生产设备。同时，通过仿真技术固化部品装配规则、排布规则、赋码规则，将BOM信息传递至工厂，又能使得每个节点都与工艺对应并指导现场施工，从而解决了生产与设计、施工的数据协同。

2. 解决原有产线效率低、劳动力成本高的问题。和能HAD-T全屋装配化装修部品广泛应用于混凝土结构、钢结构等房屋装修，受到多个区域的保障房、商品房、办公楼等的青睐。但原有生产线的产能供给不足，需要提高大规模定制能力，装配化装修墙板智能智造生产线采用激光切割机、数控加工中心、高速高精度UV单PASS打印机、高速数码喷印生产线等高端智能装备，实现生产过程自动化。同时，大量采用龙门机械手、动力滚筒、翻板机智能平移机（双向）、RGV 等辅助搬运设施，按照工艺流程合理布局，配合 PLC 控制系统及上位机软件等信息系统，实现零部件按照生产节拍自动运输至下一道工序，减少辅助作业人员，实现机器换人，从事简单体力劳动的直接生产作业人员可下降 50%。

3. 解决涂装墙板色差问题。装配化装修墙板生产线引进硅酸钙板 UV 涂装工艺技术和设备，如专色打印软件、RIP 软件、数码喷绘机等设备和软件，配套实施公司内部"五统一"色差管控方案，保证产品在不同批次和日期打印的相同图案保持相同的效果（图1）。

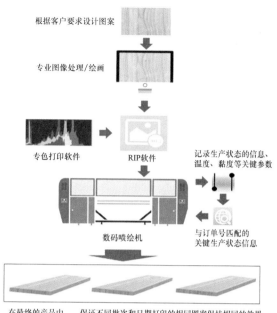

图 1　产品涂装实施步骤

（二）案例产品展示及应用场景

HAD-T 装配化装修饰面硅酸钙复合板，基材以硅酸盐晶体和天然木质纤维为主，是一种新型绿色环保材料，结构成分稳定，材料性能卓越，不含任何有毒有害物质，具有耐高温、耐冲击、耐潮湿、防霉菌、不变形、A 级防火等优势。该产品可满足不同空间、不同效果、墙顶地不同空间层次的装修装饰需求（图2）。

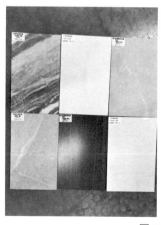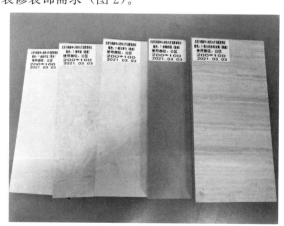

图 2　智能生产线生产的产品展示

产品饰面硅酸钙复合板已应用于全国 10 万多套住宅、约 10 万 m² 公共建筑、3000 多套酒店公寓的高品质装修，服务于保障房、商品房、办公楼、酒店、公寓、医疗养老、教育培训等不同建筑类型。项目遍布北京、上海、天津、重庆、广东、河北、山西、山东、江苏、浙江、福建、广东等省市（图3～图5）。

图 3　北京城乡建设通州台湖公租房
三标段项目厨房实景

图 4　北京城乡建设通州台湖公租房
三标段项目客厅实景

(a) 单人间

(b) 双人间

图 5　湖南城陵矶华为新金宝宿舍楼

（三）智能产线部分项目产品汇总

装配化装修墙板生产线在天津滨海工厂应用以来，已经服务多个工程项目的装配化装修部品供应（表 1）。

智能产线部分项目产品汇总　　　　　　　　　　　　　　　表 1

序号	项目名称	产品系列	面积（m²）
1	丰台花乡葆台集体用地租赁住房项目二标段	HAD涂装板智能产线——硅酸钙板复合板成品——G系列	15253
2	北京国标建筑——北投	HAD包覆板智能产线——硅酸钙板复合板成品——M系列	17170
3	北京城乡建设台湖三标项目	HAD涂装板智能产线——硅酸钙板复合板成品——T系列	19552
4	丰台花乡葆台集体用地租赁住房项目二标段	HAD包覆板智能产线——硅酸钙板复合板成品——M系列	20644
5	湖南城陵矶华为新金宝宿舍楼项目	HAD包覆板智能产线——硅酸钙板复合板成品——M系列	22159
6	华宸俊新——北京经济开发区河西区共有产权房	HAD涂装板智能产线——硅酸钙板复合板成品——T系列	23151

序号	项目名称	产品系列	面积（m²）
7	河南郑州医药创新转化基地人才楼	HAD涂装板智能产线——硅酸钙板复合板成品——T系列	27226
8	北京城乡建设台湖三标项目	HAD包覆板智能产线——硅酸钙板复合板成品——M系列	36561
9	河南郑州医药创新转化基地人才楼	HAD包覆板智能产线——硅酸钙板复合板成品——M系列	53425
10	太伟新起点——南京江北新区人才公寓	HAD包覆板智能产线——硅酸钙板复合板成品——M系列	63263
11	太伟新起点——南京江北新区人才公寓	HAD涂装板智能产线——硅酸钙板复合板成品——T系列	69654
12	湖南城陵矶华为新金宝宿舍楼项目	HAD涂装板智能产线——硅酸钙板复合板成品——T系列	88774
合计			456832

三、案例实施情况

（一）案例基本情况

装配化装修墙板生产线天津滨海工厂（图6）位于天津经济技术开发区中区轻一街960号，该项目建于2018年3月，2020年6月正式投产试运行，项目占地9000m²，长144m，宽66m，产线总投资1.2亿元左右，年创造产值15亿元，最终达到缩工期、保品质、降成本、提效率的总目标（图7）。

（二）应用过程

研发建设智能产线，实现生产过程自动化，包括智能墙地板涂装线、智能墙板包覆线、智能裁切生产线。主要适用于对

图6 装配化装修墙板生产线厂房

原材料硅酸钙板进行涂装及包覆作业，实现整线智能化生产及输送、自动加工和自动上下料的生产过程。

1. 智能墙地板涂装线。主要实现和能人居核心专利部品之一——涂装T系列硅酸钙复合墙板和硅酸钙复合地板的智能化生产。主要设备包括：上下料机械手、红外流平机、高精度打印机、干燥机、RGV等。

（1）高精度打印机。采用基于硅酸钙板的数码喷墨打印技术，应用于硅酸钙板表面喷墨印花。可按用户要求的时间周期定时监测：负压、供墨、打印产能、喷头温度、电压、皮带速度等（图8）。

（2）红外流平机。此机在UV涂料辊涂后，能做到良好的消泡、流平的功效，并且能促使油漆中的溶剂、水分加快挥发，进一步提高油漆的干燥速度和干燥效果（图9）。

（3）干燥机。此机可使漆膜瞬间固化，适合流水线生产，提高生产效率，减少人工操

作等问题（图10）。

图7　智能生产线全景

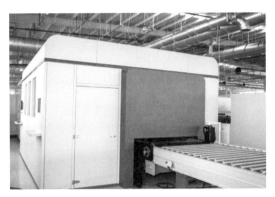

图8　高精度打印机

图9　红外流平机

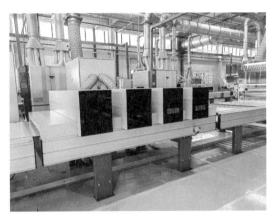

图10　干燥机

2. 智能墙板包覆线。主要实现和能人居核心专利部品之一——包覆B系列、M系列、Z系列硅酸钙复合墙板的智能化生产。主要设备包括：上下料机械手、磨边机、背涂机、包覆机等。

（1）包覆机。应用于硅酸钙板表面包覆，可实现跟踪裁切，高效灵活。由于板材是按安装尺寸先裁切铣槽，包覆材料可以回折到槽内，施工时板密拼缝小，简洁美观。包覆板使用的是冷粘环保胶，对人的健康危害很小，黏结力强不脱胶（图11）。

（2）背涂机。此机针对面漆滚涂，按不同工艺要求，调整出不同涂布量和平整的表面效果（图12）。

3. 智能裁切生产线。主要针对成品板进行裁切和磨边，满足工程项目现场所需的不同饰面不同规格部品的定制，减少施工现场由手工加工带来的浪费和污染，保证标准规格和非标准规格拥有一致的工业制造品质，本线核心在于实现按照订单智能调控加工尺寸。主要设备包括：上料机械手、智能翻版机、磨边机、电子开料锯等。

（1）全自动上下料机械手。采用全伺服驱动控制系统的全自动上下料机械手，支持在线、手动、自动多种控制模式，节能高效，性能稳定，实现生产线的自动上下料（图13）。

（2）智能翻版机。此机主要解决生产线上的板材翻转输送码放问题，全PLC控制系统，支持在线、手动、自动多种控制模式，节能高效，性能稳定（图14）。

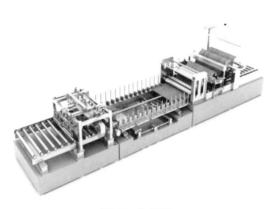

图 11　包覆机

图 12　三灯背涂机

图 13　全自动上下料机械手

图 14　智能翻版机

（3）磨边机。此设备针对硅酸钙板两端进行成型加工（图 15）。

（4）高速电脑裁板锯。以工业级计算机作为控制中心，配合电脑锯操作软件和优化软件，实现信息化生产（图 16）。

图 15　磨边机

图 16　高速电脑裁板锯

4. 和能 HAD-M 智造云系统开发建设。和能 HAD-M 智造云系统主要实施的信息系统有：SCADA 系统、Andon 系统、MES 系统、PDM 系统、WMS 系统。

（1）SCADA 系统。系统主要是对涂装线所有单机设备，裁切线的开料锯和磨边机，包覆线的开料锯、磨边机、砂光机以及包覆机进行信息采集和控制；对裁切线和包覆线的生产线控制系统控制的设备状态和生产信息如上下料数量等进行采集；并根据采集的信息对三条生产线的生产信息进行图形化的显示。

（2）Andon 系统。在 Andon 按钮被触发时进行所有相关单体设备的连锁停机判断和控制；四级 Andon 事件显示和上报：产线大屏级、车间办公室大屏级、运营中心工厂级、高层管理人员级短信报警。

（3）MES 系统。主要以智能工厂 MES 生产管控为中心，从计划获取到生产执行，再到生产入库过程的记录、采集和管控。

实施内容包括与生产相关的基础数据管理、生产订单管理、生产计划管理、WMS 管理，以及在此基础上天津工厂第四车间的涂装线的数据采集、设备状态监控、关键工序的智能管控、电子看板和分析报表管理等功能和模块。运营中心的建设，完成显示大屏的建设、动态展示试点产线基本情况、设备运行状态、生产任务执行情况、警报信息等内容。

（4）PDM 系统。AX 系统基本数据包括系统基本资料和工艺数据。系统基本资料通过在 AX 系统里面创建，包括工厂、部门、权限组和用户信息。工艺数据包括品号基本资料、工艺基本资料、工作中心基本资料和超级 BOM。

（5）WMS 系统。全场成品及原材料 WMS 库存及物料移动，包含采购、销售、生产和仓储四个方面，具备库存管理、收发货管理、物料移动管控、库存预警等功能，以及在此基础上条码管理、任务管理、分析报表管理等功能和模块。

四、案例应用成效

（一）经济效益

通过装配化装修墙板生产线的实施，实现机器换人，相对原有作业方式，降低直接生产作业人员人数，生产效率提高 30％以上，运营成本降低 30％以上，产品不良品率降低 20％以上，单位产值能耗降低 10％以上。

1. 生产效率提高 30％以上。项目实施后智能墙地板涂装线达到 $450m^2$/人/小时，智能墙板包覆线达到 $180m^2$/人/小时，智能裁切生产线达到 $360m^2$/人/小时，相对于老车间都提升 30％以上。另外，老生产线需要一线生产员工 80 人左右，通过项目上线，生产自动化、信息化水平提高，需要的一线生产员工降低至 35 人，降低 56％。

2. 运营成本降低 30％以上。运营成本包含料、工、费三个方面，机器出材率比原手工出材率高，使得单位原料成本下降；用工费用比传统生产下降；与产量相关的电费随着产量增加而下降，折旧分摊也是单位成本下降。

3. 产品不良品率降低 20％以上。老生产线产品不良率较高，因车间环境清洁度低造成饰面板版面有颗粒，因人为原因操控打印机造成产品色差问题多，可通过以往质检部统计数量进行测算。

4. 单位产值能耗降低 10％。通过智能化改造提升生产效率，三条生产线单位时间产能平均提高 2.4 倍，功率提升 1.7 倍，单位产值能耗降低 10％以上。

（二）对行业的影响和带动作用

装配化装修墙板生产线通过采用自主研发的数字化系统和智能制造装备，能有效实现装配化装修部品的低成本、大规模、个性化定制，满足各类项目各种应用场景下的多规格、多批次、多花色、多工艺的均质化、柔性化、无色差的交付，以部品云族库和饰面素材库为基础在设计建模阶段触发项目装配工艺 BOM 和生产数据引擎，实现部品的设计、生产、施工全过程的数据同源，实现产业链数据闭环，实现精细化设计、精益化生产与精练化施工，有利于整体提升部品质量、提升供给能力、减少浪费、提升协同效率。

执笔人：

和能人居科技（天津）集团股份有限公司（吴利军）

审核专家：

骆汉宾（华中科技大学，教授）

张声军（中国建筑科学研究院，研究员）

河北奥润顺达高碑店木窗生产线

河北奥润顺达窗业有限公司

一、基本情况

（一）案例简介

该案例是开放性 UC-Matic 智能化木窗生产技术系统在河北奥润顺达窗业有限公司墨瑟木窗生产线的应用，其特点是"柔性化＋自动化"，改变了传统木窗离散型、低效率、以人工操作为主的生产模式，实现了型材从机械手臂上料、端头加工及纵向加工，到机械手下料的自动化。通过采用柔性智能加工模式，既能迅速完成零售散单的生产，也可以适应大批量工程订单生产，释放了木窗生产线产能，对带动门窗制造业由传统粗放型向节能化、智能化转变具有积极意义。

（二）申报单位简介

河北奥润顺达窗业有限公司成立于 1988 年，是节能型木窗研发制造企业和被动式超低能耗建筑技术企业，主要开展节能木窗、塑钢窗、铝合金窗系统的研发、生产制造和被动式超低能耗建筑技术及专业部品的研发、生产及技术咨询。公司在高碑店市建成了"节能门窗产业园"和"超低能耗建筑技术产业基地"，生产的节能木窗产品先后应用于国家机关事务管理局、北京城市副中心、雄安新区等单位、地区的公建和民建工程项目中。

二、案例应用场景和技术产品特点

图 1　型材自动化加工线

（一）技术方案要点

1. 生产过程自动化。开放性 UC-Matic 智能化木窗生产技术系统，采用自动化的加工模式，机械手臂自动上料，端头自动化加工及纵向加工，机械手自动下料，生产线生产不需要人为干预具有较强的应用性和生产过程自动化，实现了木窗柔性化的生产（图 1）。

2. 柔性加工模式。既能迅速实现小批量的木窗零售市场定制化的散单生产，也能在极短的时间内转化为适应大批量工程订单生产的生产模式。

（二）关键技术创新点

1. 木窗生产线具有开放特性，解决

了传统木窗生产过程中对型材尺寸要求单一的弊病，实现了多根同型但长度不同的型材工件的同时加工，提高了生产效率。

2. 木窗生产线拥有简捷易用的加工操作系统，可实现木窗窗型的设计、刀具排列、型面排列的统一管理，友好的操作界面可保证现场培训和生产操作的方便易用，易于市场推广。

3. 木窗生产线四面刨 Powermat1500 的 PowerLock 刀轴及 Powercom 记忆系统，保证纵向型面的快速换刀和型面调整。

4. 木窗生产线可实现木窗生产过程中多根工件同时装夹，自动伺服控制台面，高精度控制系统可保证工件获得高精度的端头型面。自动进料系统保证工件的平稳进给，实现加工精度零误差。

5. 木窗生产线可完全独立操作，且可与软件联机实现全厂生产。按照客户需求，可配备料端条码扫描系统和出料端条码打印系统，实现木窗生产过程无纸化。

6. 智能 2D 激光扫描喷涂机器人研发。搭配整套自动喷涂连线作业，实现木窗生产线自动喷涂。

7. 木窗生产线实现从销售接单到木窗入库发货全过程设计与控制。

三、案例实施情况

（一）案例实施情况

1. 案例实施背景

节能木窗作为一种家居产品，受国家建筑门窗标准限定，全国各省市的水密性、气密性、抗风压性、保温、隔声性能标准不统一，同时受建筑物形式、客户喜好不同，呈现出多品种与多定制化等特点。

2. 案例实践特点

本案例在"木窗智能制造"的实践主要体现为以下三点：一是"智能工厂"，重点体现在打造智能化生产系统和网络化生产设施，实现传统木窗制造流程的升级；二是"智能生产"，涉及整个生产物流管理、人机互动等在木窗生产过程中的应用等；三是"智能物流"，通过互联网、物联网技术，整合物流资源，充分提升现有物流资源的运作效率。

本案例通过 MS-6M 系统集成管理平台（墨瑟木窗智能制造集成管理系统，简称"MS-6M 系统"），可以实现客户在线选择，满意后直接付款下单，订单无须通过邮件回传，系统自动拆解图纸、制图并存于系统之中，自动产生材料出库单、生产图纸、排定生产计划，通过各部门、工序的操作自动记录时间节点，入库齐套，实时显示下单状态、店审、生产预处理、原材料出入库状态、发货状态，可以有效减少报价、人工设计制图时间，提高部门协作效率。

客户在经销商处确定合同、图纸信息后，订单就开始在系统进行流转，包括下单进度、付款进度、预计交付期等信息。生产系统看到信息提示后根据订单类型，结合物料采购进度、订单交付期等数据排定生产各工序计划，对每天的订单采购进度、生产进度进行汇总，形成日报表，过程中对质量情况进行时时监控，发生异常及时进行预警提示。客户在整个过程中可以从手机上时时关注自己订单的开展情况及预交付信息。

通过 MS-6M 系统实现了生产 MES、ERP 系统与设备工控系统的实时无缝对接，以及双向传递数据，将"下单就开工，有单必完工"的智能生产管理理念落地（图 2～图 4）。

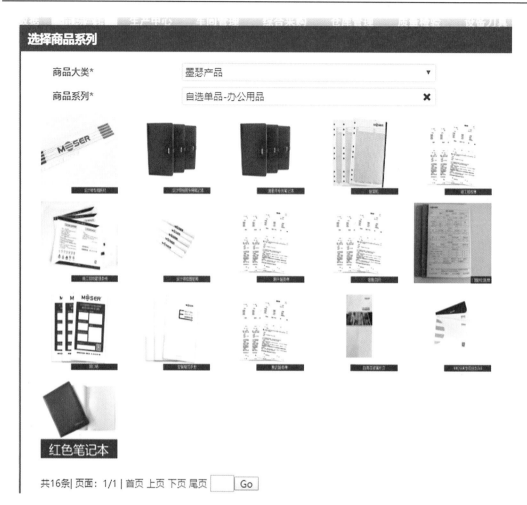

图 2 物料下单页面

图 3 物料出库页面

（二）案例创新举措

1. 使生产线具有开放性。木窗生产线具有开放特性，可实现多根同型但长度不同的型材工件的同时加工。既可以完成大批量同规格的生产，也可以实现散单多批组合生产；

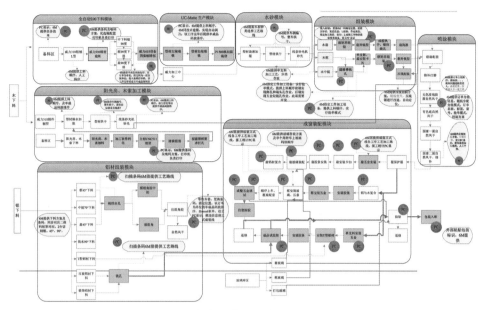

图4 木窗智能MES加工流程图

既可以与其他设备进行软件联机，也可以无软件单独运行；既可以独立工作加工传统产品，也可以与铣型打孔机等其他设备联机，实现特殊产品的加工，开放又灵活（图5）。

图5 不同型号型材加工

2. 生产控制简洁易用。本系统拥有简捷易用的木窗型材加工操作系统，可实现木窗窗型的设计、刀具排列、型面排列的设置等，友好的操作界面也保证了现场培训和生产操作的轻松实现，方便技术市场推广（图6、图7）。

3. 刀具更换和型材调整灵活。木窗生产线四面刨Powermat1500的PowerLock刀轴及Powercom记忆系统，同时保证了纵向型面的快速换刀和型面调整（图8）。

4. 生产过程实现高精度、高产能。木窗生产线可实现木窗生产过程中多根工件同时装夹，自动伺服控制台面以及精度控制系统可保证工件获得高精度的端头型面。自动进料系统保证工件的平稳进给。木窗部件纵向双型面同时加工，加工精度几乎零误差。纵向铣型采用Powermat 1500四面刨，六个刀轴分别为一上一下，双左双右，左右刀轴主铣型，纵向铣型效果更好，速度更快（图9）。

5. 实现软件的灵活联机。木窗生产线可以完全独立操作也可以与软件联机实现全厂生产，根据客户具体要求可配备上料端的条码扫描系统和出料端的条码打印系统，实现生产线生产无纸化。

图 6　简单易用的操作系统

图 7　系统操作界面

图 8　型材加工刀具

图 9　生产线设备

6. 实现木窗产品的智能喷涂。传统木窗生产在喷漆环节是传统的人工喷涂，生产效率低、漆膜厚度不一致、产品一致性差。既无法保证整体市场的需求量，也无法满足现有顾客的高标准需求。

通过 UC-Matic 木窗生产线实践，完成了 2D 激光扫描智能喷涂机器人测试研发工作，以及整套的自动喷涂连线作业，实现木窗喷漆环节的自动喷涂。

智能喷涂机器人系统：此套系统为 2D 激光扫描智能机器人喷涂系统，CurveRobot 建立了一支包含中国科学院自动化所博士、微软亚太研究院博士、人民大学计算机系硕士等高精尖技术人才的研发团队，他们在运动控制、图像处理、软件工程等领域都有深入的研究。以原 2D 扫描机器人喷涂系统为原型，使用了激光结构光扫描技术，该技术是将图形进行数据化的编码，并运用大量的 2D 点云处理技术，经过 PC 机内具有自主知识产权的 AI 图像识别软件，形成工件仿真图像，再基于多年喷涂经验结合先进喷涂工艺运用拟人喷涂手法生成的运动轨迹，最后传输给机器人，实现喷涂任务。可完成不同角度放置的木窗喷涂任务，喷涂定位精度 ±1mm，单台每日可完成 $500m^2$ 木窗的生产任务。

智能喷涂机器人带来的好处：一是产品质量能得到有效控制，漆膜厚度接近零偏差，产品一致性得到保证；二是现有年产能比原有传统年产能效率提升 2 倍，现有设备比传统喷涂单条流水线节省人员 4 人，年节省约 20 万元人工费；三是智能喷涂机器人只需对程序进行设置，可实现 360 度无死角，整框或扇内型外观均匀喷涂工作，设备

图 10   智能喷涂机器人

通过激光识别框、扇大小尺寸，实现自动喷涂工作（图 10）。

7. 生产全流程可控。项目已实现了零售系统销售接单至木窗入库发货的过程设计与控制。具体流程包括自助下单、依靠信息化系统代替人工下单、材料模型的模型库建立、订单跟踪的信息化查询、生产过程信息化控制、产品条码信息化追踪、基于平台的订单进度或交期查询。客户在整个过程中可以从手机上时时关注自己订单的开展情况及预交付信息。

四、应用成效

（一）产品下单智能化

系统分为标准订单和非标准订单，标准产品由经销商直接填写订单基础信息，通过公司自动拆单工作站，下单完成即订单拆解完成，同时系统自动核算订单报价（包含零售价、出厂价），改变原来技术人工拆单、报价和核算交货期的模式。同时，经销商提交订单后，公司内部财务人员进行审核，审核通过后自动扣除订单款项，改变原有人工对账环节，缩短下单周期。即经销商下单财务核价后即到生产制造分配，将原来人员 7~10 天的处理周期缩短到 2 天完成。

(二) 产品生产信息化、流程化

一是实现生产模式的转变。由原来的按订单加工生产转变为按零件流转,生产计划执行后,相应的岗位看到成组后的零件信息。组装和漆线全部完成后再进行订单的齐套管理,以产品和订单的形式流转至成装和打包环节。

二是实现生产过程的无纸化。根据生产过程的实际情况,工人可依靠系统随时、快捷的调用相关电子图纸及产品加工要求,提升了生产效率,降低了人工操作失误率。同时,系统具有其他相关图纸的防漏措施,依靠系统严格的权限管理,使各岗位仅能查看到自己所需的信息。

三是实现全生产过程的条码化。原材料出库、生产过程中的每个环节、成品入库、成品出库均采用条码化管理,避免多环节多人员操作带来的不及时性和不准确性。

通过软件系统的导入实现生产加工设备与软件系统的对接,完成了生产线的信息化改造。软件系统与威力优选锯等设备的对接,将系统加工文件直接导入设备中,设备自动下料和打印标签,工人仅需上料、贴签、分拣即可,极大地发挥了智能设备的作用,改变了传统的人工输入加工数据的木窗加工流程。

(三) 采购方式的信息化

改变原有根据经验备料,导致库存积压和按订单采购批量小、批次多,没有主动权的现象。系统根据生产需求、仓库安全库存、物料清单汇总自动生成物料申购单,改变原有人工核算模式。

(四) 技术设计的标准化、智能化

系统与三维设计软件对接,将公司成熟的产品按照标准的加工工艺及要求建立三维模型,前端经销商选择窗型,完善产品尺寸、材质等加工信息后,系统自动调用三维模型进行拆解,无需人工介入,将原来3天的订单拆解时间缩短为3分钟。部分无法通过三维软件建立标准模型的产品通过非标准的形式,由经销商提交后,技术人员采用单独创建模型再进行上传系统的操作模式。

(五) 数据统计与分析的智能化

系统自动统计形成统计报表,主要包含客户的分析、销售报表的统计、经销商财务对账报表、物料库存报表、采购报表等。

执笔人:

河北奥润顺达窗业有限公司 (冯建新、刘江南、张二伟)

审核专家:

骆汉宾 (华中科技大学,教授)

张声军 (中国建筑科学研究院,研究员)

山西潇河重型 H 型钢、箱型梁柱生产线

山西潇河建筑产业有限公司

一、基本情况

(一)案例简介

山西潇河建筑产业有限公司基于重型 H 型钢和箱型梁柱生产研发了智能生产线,所有工位通过生产管理系统实现有效联通、精确加工和实时跟踪。其中重型 H 型钢生产线实现了翼缘腹板的自动分拣、翼板输送打磨、腹板输送双面高速铣平、卧式自动点焊组对、机器人自动埋弧焊接、翼缘矫正系统等过程的流水作业,效率是原有设备的 4~6 倍;箱型梁柱智能生产线包括可独立工作的隔板组立、箱型梁柱 U 型组立、箱型梁柱盖板组立、箱型梁柱 CO_2 机器人自动打底焊、激光跟踪自动埋弧焊焊接、电渣焊焊接、端面铣等工位,通过配备液压伺服电机输送系统完成构件自动运转,实现箱型梁的批量化流水线生产。

(二)申报单位简介

山西潇河建筑产业有限公司成立于 2017 年,注册资本 3.8 亿元,是国家级装配式建筑产业基地,是山西建投集团专业从事装配式钢结构建筑的核心子公司,形成了集装配式钢结构建筑研发、设计、制造、施工、检测、运维全产业链为一体的信息化管理能力。

二、案例应用场景和技术产品特点

(一)技术方案要点

1. 重型 H 型钢智能生产线

重型 H 型钢智能生产线可通过输入工件编号调取工件信息和工艺参数,执行预定的工作过程,具有以下优点:

(1) H 型钢采用卧式组立形式,四把焊枪和传输机构的相互配合实现了定点焊接,可按照规范要求一次性完成 H 型钢组立;

(2) H 型钢的主焊缝采用激光跟踪实现自动焊接,焊接时根据不同板厚选择不同的埋弧焊接形式;

(3) H 型钢矫正采用测距传感,可精确获取变形量,为自动卧式矫正提供数据,实现一次性精确矫正,矫正过程无需人工检测、调整和翻转;

(4) H 型钢自动生产时,工位之间配备了输送辊道和翻转机构进行辅助,保证工位之间以及工位内部有序的流转,避免了起重行车的吊运,提高了运转效率;

(5) H 型钢自动生产时,每一个工位进行信息统计集成,实时掌握工作动态,同时可进行工位数据统计,最后为整个生产系统的信息集成提供基础,实现整个生产信息

联通。

2. 箱型梁柱智能生产线

箱型梁柱智能生产线实现了箱型构件整条主焊缝全熔透焊接技术，具有以下优点：

（1）台车行走机构采用伺服变频控制技术，自动感知构件重量，提高了工件运转效率；

（2）采用激光跟踪形式的机器人打底焊、埋弧焊接系统，实现了焊缝的自动寻位、实时跟踪，并进行优质焊接；

（3）采用参数化平台控制生产线，减少了示教编程的时间，提高了生产效率。以焊接壁厚为40mm的箱型柱为例，人工每焊接1m，需要160min，而箱型生产线上的设备仅需要23min，效率是人工的7倍。

（二）关键技术和创新点

1. 重型H型钢智能生产线

（1）重型H型钢智能生产线的自动组立采用了输送辊道和卧式组立装置相结合的方式，H型钢翼缘板自动翻转成竖直状态，组立完毕后4把焊枪同时对H型钢4个面进行点焊，实现间断焊接（图1）。

（2）重型H型钢智能生产线的自动焊采用激光跟踪系统实现了H型钢的自动焊接（图2）。根据不同板厚可实现平角焊工艺和船形焊工艺，平角焊工艺根据试验可实现两条焊缝同时进行，可实现腹板12mm的全熔透焊接；船形焊工艺采用双弧双丝埋弧焊工艺，既提高了生产效率，又能实现腹板20mm的全熔透焊接。焊接过程中实现了自动添加和回收焊剂。此外，焊接时采用可翻转胎架，为各焊接工艺需要倾斜的角度提供了机械基础，保证焊接质量。

图1　卧式自动组立　　　　　　　　　　图2　激光自动埋弧

（3）组焊H型钢的自动矫正工位实现了卧式矫正的状态，采用了激光测距装置实现了翼缘板变形的测量，测量完毕后根据变形量自动调整压力，实现了一次性矫正。

2. 箱型梁柱智能生产线

（1）机器人参数化编程，仅需输入焊缝长度和坡口角度，即可自动焊接（图3、图4）。

（2）在钢结构箱型梁制作的焊接过程中由于存在箱型梁截面的变化和四条主焊缝中电渣孔位置变化的现象，机器人自动化焊接存在一定难度，因此，需要有既能满足机器人自动化焊接，又能减少机器人示教焊前准备时间的柔性化的机器人焊接系统。

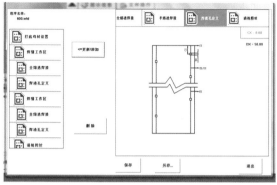 

图 3 　CO_2 机器人打底焊参数化编程系统 　　　　　图 4 　CO_2 机器人打底焊工位

（3）埋弧焊自动焊接从上一道工位运转到悬臂式双丝埋弧焊接工位，人工通过按钮将埋弧焊的焊枪移动到引弧板位置处，通过激光跟踪形式完成两条焊缝的焊接；整个过程人工只参与将焊枪位置调整到引弧板位置处和回收焊渣以及翻转输送，其余过程无需人工参与。

3. 重型 H 型钢智能生产线和箱型梁柱智能生产线输送机构采用伺服变频控制技术，自动感知构件重量，可实现高低速切换，根据构件重量大小切换运行速度，重量大构件低速输送，重量小构件高速输送，达到快速输送慢速停止的效果，提高工件输送的安全性和工件运转效率。

4. 重型 H 型钢智能生产线的工艺布局（图 5）实现了 H 型钢组立、焊接、矫正工位的有效联动，保证每个工位生产最大化，在整个生产过程中除了组立前采用起重行车进行吊运翼缘板和腹板，其他整个过程通过输送辊道和移动装置完成整个运输。箱型梁柱智能生产线的工艺布局（图 6）实现了箱型梁柱的组立、机器人打底、自动埋弧、端面铣各工位的有效联动，整个过程无需行车辅助，提高了运转效率。

图 5 　重型 H 型钢智能生产线工艺布局

图 6　箱型梁柱智能生产线工艺布局

5. 生产线配备了电控系统与 MES 系统（Manufacturing Execution System，制造执行系统），通过数字化的通信功能将整条生产线的设备相关信息都上传给公司的 MES 系统，实现对生产流程的全程监控与管理，满足各工位之间的信息互通（图 7、图 8）。实现对每一个工位成本分析和产量统计，有利于对组焊 H 型钢进行成本量化，为公司运营提供有力的支撑。实时了解设备的运行状态，为设备保养和维护进行提醒，进而间接提高设备的使用寿命。

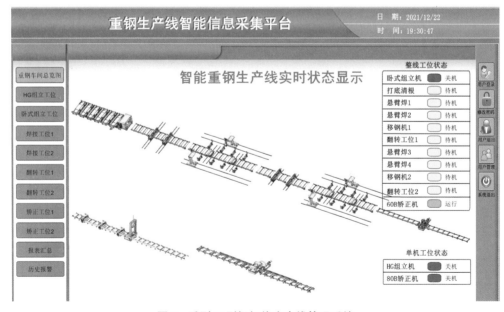

图 7　重型 H 型钢智能生产线管理系统

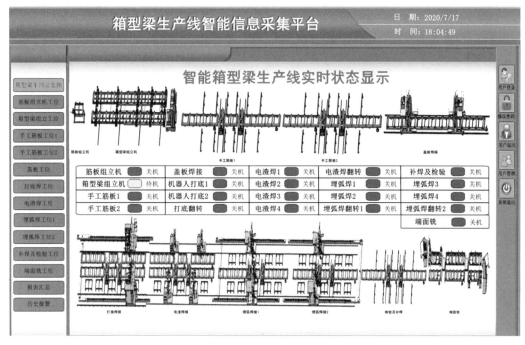

图 8　箱型梁柱智能生产线管理系统

（三）市场应用总体情况

重型 H 型钢智能生产线和箱型梁柱智能生产线已用于公司承揽的各项目 H 型钢、箱型梁柱的生产，特别适用于 H 型钢和箱型梁柱构件主焊缝要求 100％全熔透焊接的项目，如晋建迎曦园 1 号楼、潇河国际会展中心、潇河国际会议中心、山西建投商务中心等项目。

三、案例实施情况

（一）生产线工艺流程、智能化功能

1. 重型 H 型钢智能生产线生产工艺流程如图 9 所示。

2. 箱型梁柱智能生产线生产工艺流程如图 10 所示。

3. 两条生产线均可对设备实时数据作出精确的统计和数据传输，并可上传给信息化管理系统，便于对设备状态进行实时监控和管理（图 11）。数据采集的内容包括：（1）当日累计数据，如设备运行数据（运行时间、待机时间、故障时间）、电量消耗、保护气体消耗、焊丝消耗、导电嘴消耗、产量统计（件数、重量等）；（2）实时数据，如设备状态、电能源信息；（3）设备开关机时间和故障报警记录（作为历史数据存储)(图 12)。

（二）重型 H 型钢智能生产线工位组成

1. 卧式组立工位。将准备组立的两块翼缘板和一块腹板，依次吊放到输入辊道上，设备将按照自动程序，将腹板升起、两块翼缘板翻起并夹住腹板，初步形成一个 H 形状，并一起输送至主机内，然后由主机上的端部平齐装置、腹板压紧装置、型钢夹紧装置、自动控制系统、4 组焊枪装置等部件共同协调快速完成 H 型钢的组立（图 13）。

2. 埋弧焊工位（图 14）。装有埋弧焊枪头的焊臂可在横梁上作水平、上下运动，通过

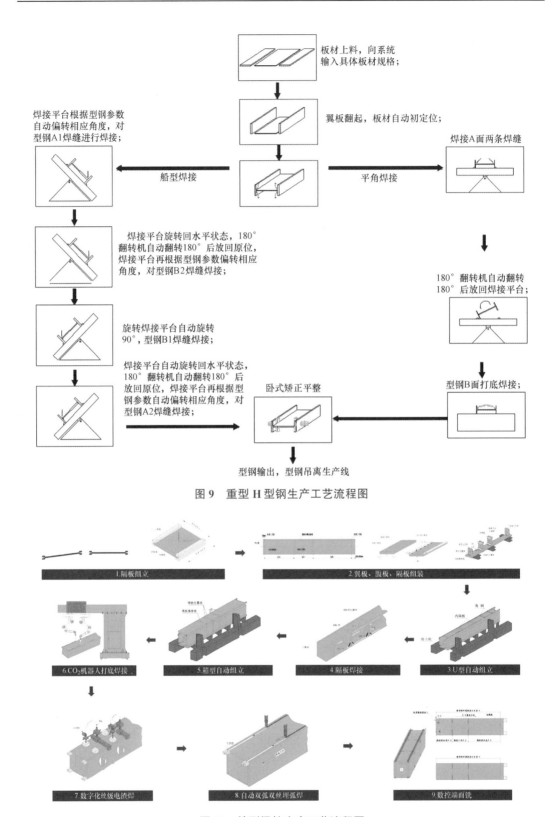

图 9　重型 H 型钢生产工艺流程图

图 10　箱型梁柱生产工艺流程图

图 11　智能生产线生产报表

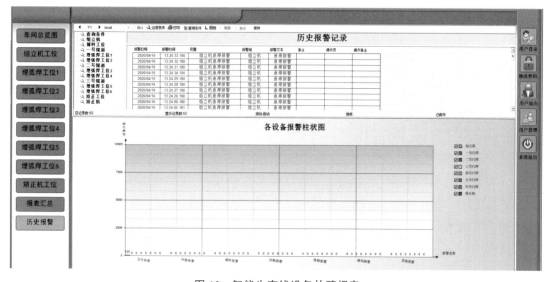

图 12　智能生产线设备故障报表

焊臂的定位与焊枪的精细调节，使焊枪对准工件焊缝，启动焊剂回收装置、送丝装置，并由机器在导轨上作直线行走进行自动焊接，并由焊臂下端的激光焊缝跟踪装置实现焊缝的跟踪。

3. 矫正工位（图 15）。矫正设备可根据 H 型钢规格，自动对 H 型钢进行夹紧定位，并输送至设备主机内，然后通过主机上的两套矫正和驱动装置、翼缘板下压装置、翼缘板矫平度检测装置和输出辊道的共同作用，完成 H 型钢两翼缘板的同步矫正，大大提高了矫正效率。本机为对称结构，输入输出方向可互换，安装使用灵活；压轮轴承后置，外径更小，加工的型钢范围增加；腹板夹紧装置可调节高低，矫正高大工件时更稳定。

4. 输送辊道（图 16）。输送辊道输送构件流程为加速—匀速—减速，可实现高低速切换。

图 13 卧式组立机

图 14 埋弧焊工位

图 15 矫正工位

图 16 输送辊道

5. 液压翻转架（图17）。移动式180°液压翻转架每组2台，主要用于将单面焊接完的工件进行翻转。工作时将工件抬离辊道或工件架，减速机驱动2台翻转架同步移动，使工件移动到辊道或工件架旁边，再由2个液压油缸带动2个L型臂同步转动，将工件翻转后移动至辊道或工件架中间，再将工件输送至下道工序或进行焊接。

（三）箱型梁柱智能生产线工位组成

1. 隔板组立工位（图18）。隔板组立机具有以下特点：

（1）底座和前后支承架采用方管拼接，强度好，外形美观；

（2）底座与前后支撑架采用整体焊接、加工，具有极高的强度与精度；

（3）主机上的压紧装置采用气动方式，操作、调整方便；

（4）该工位满足柔性化的组立功能，即可根据工件的大小进行灵活调节。

隔板组立形式如图19所示。

2. 组立工位（图20）。设备性能如下：

（1）底板吊入辊道上，由多组对中装置进行自动对中，同时适用于等截面和变截面箱型梁组立；

（2）立板吊放在底板上，由多组对中装置上的自动扶持装置进行自动扶持，操作方便；

图 17　液压翻转架

图 18　隔板组立工位

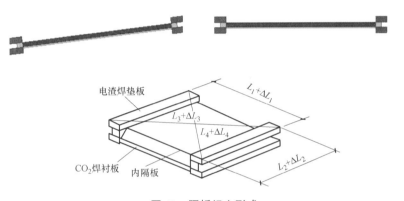

图 19　隔板组立形式

（3）主机采用框架式结构，内设侧压、下压、上顶机构，全采用液压驱动，从各个方位消除拼缝，所产生的顶力由自身结构消耗；

（4）在箱型梁柱组立工位中预留出筋板定位焊接的 2 个区域，可通过移钢机运到 U 型组立机区域。

3. 盖板安装工位（图 21）。设备性能如下：

（1）纵向行走采用变频器调速，速度无极可调，具有低速行走定位准确，高速行走节约空程时间的特性；

（2）两导轨之间用拉杆连接，进一步提高设备机架的强度；

（3）对工件的夹紧采用液压驱动，夹紧力大，夹紧速度可调；

（4）箱型梁盖板组立机设备有自动确定隔板位置的功能，便于压紧装置精确压紧到隔板位置。

4. CO_2 机器人打底焊接工位（图 22）。关键功能如下：

（1）自动清枪装置：系统会根据焊枪所焊时间，自动对焊枪进行焊渣清理，不影响后续焊接，且自动喷射防飞溅剂；

（2）焊枪装置：采用机器人专用焊枪，循环水冷却方式，配备防碰撞装置，有效保护焊枪，避免意外情况出现撞坏焊枪；

图 20　组立工位

图 21　盖板安装工位

（3）焊接工艺数据库模块；

（4）工件位置检测功能；

（5）激光焊缝跟踪装置：焊接启动后则打开焊缝跟踪功能，实现焊缝的准确施焊；

（6）起弧点、收弧点及电渣焊孔躲避；

（7）配备除尘系统；

（8）智能化功能：数据采集。

5. 熔丝电渣焊工位（图 23）。设备性能如下：

（1）配备 2 套电渣焊系统，可对同一块隔板的两道焊缝进行同步焊接；

（2）机器行走速度分高低速两种，利于电渣焊孔的快速和精准定位；

（3）采用悬臂梁整体升降，与立柱接触处有垂直导向机构，灵活平稳；

（4）十字滑块机构可在电渣焊接的过程中，微调焊枪位置，防止焊偏。

图 22　CO_2 机器人打底焊接工位

图 23　熔丝电渣焊工位

6. 悬臂式双丝埋弧焊工位（图 24）。设备性能如下：

（1）机器采用变频控制，速度调节范围大，以适应不同焊接速度的需要；

（2）采用激光焊缝跟踪装置，使焊缝更加均匀、平滑；

（3）自动化程度高、工作可靠、结构简单、操作维修方便；

（4）悬臂式双丝埋弧焊接机具备可拓展的焊接工艺数据库模块；

（5）配备自动剪丝系统，确保埋弧开始焊接时可以顺利起弧。

7. 数控端面铣床（图 25）。设备性能如下：

（1）采用大功率动力铣头，加工速度快、效率高；

（2）床身导轨采用金属伸缩式防护罩，强度好、性能高；

（3）采用智能能源管理，对液压泵站电机采取需用才开启，不用即关闭的方式，减少空转时间，有效降低能耗，延长设备使用寿命。

图 24　悬臂式双丝埋弧焊工位　　　　　图 25　数控端面铣床

四、应用成效

传统的组焊 H 型钢生产工序中，需要 2 人负责直边切割，2 人负责坡口切割，以及起重工 2 人、修磨工 2 人、装配工 3～4 人、焊工 4 人、矫直工 2 人（负责翼缘矫直机工序）、矫正工 1 人（负责火焰二次矫正），合计 18～19 人；本项目研发的 H 型钢智能生产线仅需要 6 人。

通过箱型梁柱智能生产线的运用和信息化的管理，能够降低钢构件制造成本，提高加工效率，保证加工质量。据统计，一线作业人员数量可降低 50%，生产效率可提高 2 倍以上，加工运营成本可降低 20%，产品生产周期可缩短 30%。

执笔人：
山西潇河建筑产业有限公司（郑礼刚、郭毅敏、晋浩、杨乐、武国健）

审核专家：
骆汉宾（华中科技大学，教授）
张声军（中国建筑科学研究院，研究员）

上海建工可扩展组合式预制混凝土构件生产线

上海建工建材科技集团股份有限公司

一、基本情况

（一）案例简介

上海建工建材科技集团股份有限公司针对常规传统固定模台生产线能耗高、作业环境差和劳动强度高以及平模流水生产线产品适应性差、串行容错率和生产效率较低等问题，研发了一种可扩展组合式预制混凝土构件生产线，实现了固定模台双向可扩展布局、功能装备可纵横移动，大幅提升了预制构件生产效率，已在全国十余个预制构件生产基地获得推广应用。相比传统生产线，上海建工可扩展组合式预制混凝土构件生产线大幅减少了初期投资并降低了单位产品生产能耗。

（二）申报单位简介

上海建工建材科技集团股份有限公司成立于 1953 年，是上海建工集团股份有限公司全资子公司。公司拥有预拌混凝土和预制构件两大核心产业，两大产业在上海的市场占有率均处于前列，所属预拌混凝土生产企业遍布上海各区，预制构件生产基地辐射上海多个重点区域，配套有湖州新开元石矿、外加剂厂、机运分公司、机模具厂等全产业链，是国家装配式建筑产业基地，预制混凝土构件年产能 20 余万立方米。

二、案例应用场景和技术产品特点

（一）应用场景

可扩展组合式预制混凝土构件生产线主要应用于装配式建筑预制构件工厂建设和各类预制构件生产领域，实现预制墙板、叠合楼板、预制梁柱、预制双面叠合剪力墙、UHPC板（超高性能混凝土构件）等各类预制构件的高效生产。

（二）技术方案要点

可扩展组合式预制混凝土构件生产线是一种基于模台纵横向可扩展、功能装备可移动的预制构件生产线，本案例主要针对传统固定模台生产线能耗高、平模流水生产线产品适应性差、串行生产容错性与模具拼装效率低等问题，对生产线工艺布局技术、生产线成套移动式关键装备、数字化管理控制等预制构件生产关键技术进行研究，形成了可扩展组合式预制混凝土构件生产线及成套装备技术。

（三）创新点

1. 可扩展组合式预制构件柔性智能生产线系统

针对国内装配式建筑预制构件生产效率不高、生产线布局不合理、产品生产能耗较高等问题，本项目结合中国建筑结构特点，创新研发了一种生产线模台纵横双向可扩展布局、生产装备沿轨道移动、预制构件原位生产养护的新型预制构件生产线工艺布局，有效提高了预制构件劳动生产率，降低了产品能耗，减少了投资运营成本（图1）。

图 1　生产线工艺布局实景

2. 生产线成套功能装备及其智能协同生产控制技术

针对该新型预制构件生产线系统，本项目研发了适用于该生产线高效生产的成套功能装备，主要功能装备包括移动式振动侧翻设备、移动式前处理一体化设备、装备摆渡车、移动式边模钢筋运输设备等，并根据预制构件生产工序等特点，研发了功能装备智能协同生产控制技术，实现预制构件自动化柔性高效节能生产（图2）。

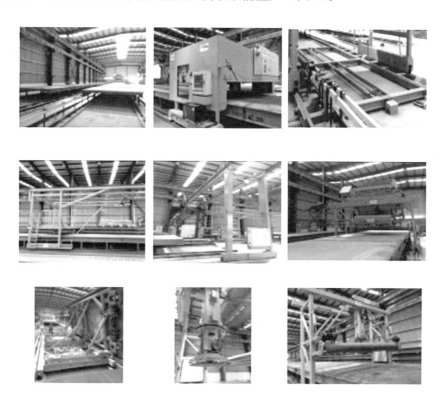

图 2　生产线各功能装备实物图

3. 预制构件生产线数字化生产与管理技术

针对传统预制构件生产数字化水平较低、生产效率不高、设计生产协同水平低等情况，本项目结合该生产线生产特点，研发了基于生产线预制构件设计图纸信息的数字化加工转换生产系统，并通过该生产系统进行虚拟优化布模、堆场物流管理、混凝土自动化运布料，提高了预制构件布模、构件运输堆放、混凝土运布料等生产效率（图3）。

图 3　生产线数字化生产系统和自动运布料设备

（四）与国内外同类先进技术的比较

上海建科检验有限公司对应用本项目研究成果的两个生产基地进行了产能与能耗等检测，表1为案例成果关键技术与国内外先进技术对比情况。

与国内外同类先进技术比较　　　　　　　　　　表 1

主要技术创新	国内外相关技术	本项目研究成果
可扩展组合式长线台座法生产线工艺布局及数字化生产管理技术	国外:自动化生产线发展较早,平模流水生产线较多,常用于标准化构件生产,生产国内构件产品适应性较差。 国内:(1)常规固定模台生产能耗高、生产环境差、自动化水平低;(2)平模流水生产线应用较多,但投资大、能耗高、产品适应性差、生产效率和安全性不高	(1)研发适用于国内新建厂房和老厂房改造的可扩展组合式长线台座生产线工艺布局技术,可适用于生产叠合楼板、墙板、双皮墙等多类型构件生产; (2)相较传统平模流水生产线全流程生产效率提高61.5%,多类型构件组合生产效率提高107%; (3)生产线中央控制系统,实现了预制构件加工与混凝土生产供应的一体化联动以及预制构件并行高效智能生产
生产线成套装备技术	国外:生产线装备系列化、自动化水平较高,生产国内构件产品适用性较差。 国内:装备主要围绕平模流水生产线开展研制,稳定性和安全性不高;采用移动式模台、养护窑养护、模台利用率低	研制了适用于可扩展组合式长线台座生产线专用成套多功能移动式装备技术;提高了预制构件生产模台利用率,预制构件单位养护能耗为《装配式建筑混凝土预制构件单位产品能源消耗技术要求》DB31/T-1092—2018 标准先进指标值的32%,其他工艺能耗是先进指标值的62%

三、案例实施情况

（一）案例基本信息

生产线应用以上海建工建材科技集团第一构件厂为例。该工厂占地约 120 亩，年生产预制构件能力不低于 7 万 m^3，属于旧厂房改造而成。该厂区原主要生产管桩构件，水、电、汽的供应可以满足预制构件工厂的相关需求，布设三条固定模台生产线和一条可扩展组合式预制构件生产线，共计 118 个模台，固定模台生产线车间尺寸分别为 18m×118m、21m×120m、21m×189m，可扩展组合式预制构件生产线车间尺寸为 24m×189m，起吊高度均为9m，钢筋加工车间面积为2736m²，厂区已建有相关的办公实验楼、餐饮宿舍楼、锅炉房、搅拌站、构件堆场、原料堆场等配套设施（图4）。

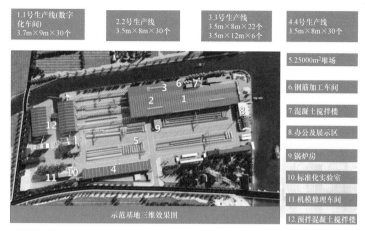

图4 厂区总体平面示意图

（二）具体应用过程

可扩展组合式预制混凝土构件生产线主要应用于装配式建筑预制混凝土构件高效生产，是区别于固定模台生产线和平模流水生产线的一种新型预制混凝土构件生产线（图5）。

（1）构件图纸系统读取与智能布模。技术人员导入待生产的预制构件图纸至生产系统，生产线系统自动读取待生产的预制构件尺寸和埋件等信息，处理后转化为生产系统和装备可识别的数据，生产线系统针对生产模台尺寸与数量进行模台上预制构件的虚拟布模，并优化构件布局，可有效提高模台生产利用率、构件生产效率等（图6）。

（2）预制构件自动清扫、划线、喷涂脱模剂等前处理作业。清扫划线脱模剂前处理一体化设备接收到系统传输的加工信息后，自行移动至对应待生产模台，完成预制构件生产模台清扫、模台拼装位置划线、喷涂脱模剂等前处理工序（图7）。

（3）预制构件模具、钢筋、预埋件自动运输拼装。通过生产线边模及钢筋运输一体化设备将边模及钢筋等零部件运送至待生产模台，技术工人应用磁吸式固定装置等完成预制构件钢筋绑扎和埋件安装作业（图8）。

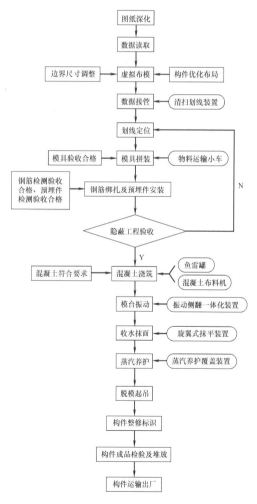

图5 预制构件生产工艺流程图

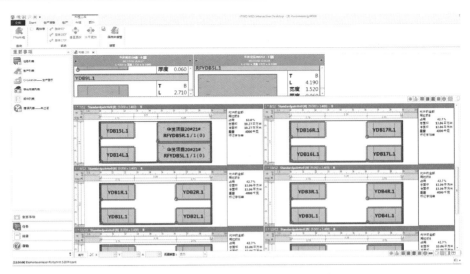

图6 预制构件图纸自动识别处理系统

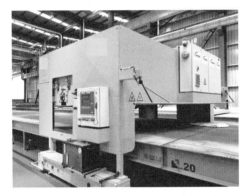

图7 预制构件模台前处理一体化设备

图8 边模及钢筋运输一体化设备

（4）混凝土自动运输、布料浇筑：预制构件隐蔽工程验收完成后，通过自动化混凝土运料和布料系统设备，完成预制构件混凝土高效浇筑工作（图9）。

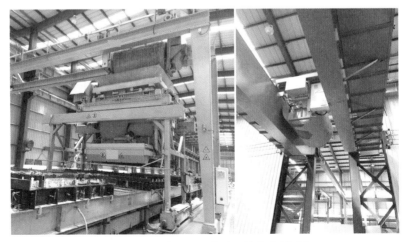

图9 预制构件混凝土自动运输和布料设备

（5）混凝土自动振捣密实：通过生产线移动式振动侧翻设备，待混凝土浇筑完成后，自动移动至对应生产模台，锁紧撑起模台后完成预制构件的高效振捣密实（图10）。

图 10　预制构件混凝土自动振捣设备与生产图

（6）预制构件高效原位热养护：混凝土浇筑振捣完成后，通过自动覆膜装置，实现预制构件保温保湿作业，向高效热养护模台内部充入高温蒸汽，完成预制构件高效热养护（图 11）。

图 11　预制构件覆膜和高效热养护模台

（三）典型做法

在原有厂房空间布局中新建可扩展组合式预制混凝土构件生产线，利用厂区原有设备设施进行改造，最大化保留利用厂区设施，并新建预制构件生产所需的配套设备设施，满足预制构件日常生产需要。

新建钢筋加工车间跨度 9m，长度 118m，可以布置棒材定尺剪切线、调直切断机、弯曲机、BG18 弯曲机等，在车间左侧设置了钢筋半成品堆放区，并通过左侧横移车将钢筋半成品转运至钢筋绑扎区进行绑扎。

新建原材料堆场及混凝土搅拌楼对原材料进行管理、控制，为构件生产提供混凝土。利用厂区原有甲级混凝土试验室，同时根据原材料条件、气候条件对混凝土配合比进行调整，保证混凝土的和易性、强度以及产品质量。新建预制构件堆场，按照构件类型划分区域，不同构件设置不同形式堆放架，保证构件堆放有序，便于查找。新建模具即配件加工车间，进行模具加工制作和修补。新建锅炉房进行厂区天然气供应，使得能源得到最大化利用，节约生产成本（图 12～图 14）。

图 12　实验室设备　　　　　图 13　大面积堆场　　　　　图 14　锅炉房

（四）创新举措

1. 基于老厂房改造形成适合预制构件产品需求的高效布局。分别利用固定模台生产线生产各类非标构件，如楼梯、阳台、空调板、梁柱等异型构件，利用可扩展组合式生产线可生产标准构件，如标准模数构件叠合板、内外墙板、梁柱等等，以满足市场需求。

2. 可扩展组合式长线台预制构件生产线布局技术。该基地可扩展组合式长线台预制构件生产线布设 3.7m×9m 固定模台 30 个，纵向两条线分三组布设，每组五个模台，每条线布设 15 个模台，两条线之间可通过横向摆渡轨道运输关键装备完成连接。整个生产线布局灵活，适应性强，生产线可按构件产品类型及产能需求扩展投入生产设备并可灵活优化组合，从而实现生产线的高效生产。

3. 可扩展组合式长线台预制构件数字化生产技术。该基地联合相关单位通过对构件进行拆分、设计图纸进行深化、模具数字化加工、利用中央控制系统对构件进行信息化识别，做到总体把控。该系统可实现对混凝土原材料的数字化控制，保证构件材料性能及配比满足要求。生产系统还通过识别构件图纸类别，与划线装置系统对接，进行预制构件自动化生产加工。

四、应用成效

（一）解决的实际问题

在我国装配式建筑蓬勃发展的同时，预制构件生产仍存在标准化程度不高、模具重复利用率低、生产数字化程度不高、生产环境较差等现象，现有预制构件生产线与装备仍有较多可改进的地方，如常规固定模台生产线存在生产线能耗高、作业环境差和劳动强度高等，传统平模流水生产线存在产品适应性差、串行生产容错性低和生产效率有待提高等情况。

本案例开发了一种新型的预制构件生产线工艺布局技术、成套功能装备和数字化生产技术，可有效提高预制混凝土构件生产效率、降低构件生产单位产品能耗、降低预制构件建厂初期投资，并为装配式建筑预制构件生产企业提供了新的建厂方案和一种新的预制构件生产技术。

（二）实际效果

本案例研发的可扩展组合式长线台座法预制构件生产线成套技术具有投资少、可扩展性强、劳动生产率高、适应性强、能耗低等优势，上海建科检验有限公司对本项目研究成果应用的两个生产基地进行了产能与能耗等检测，相关检测结果如下：

经检测，可扩展组合式预制混凝土生产线预制构件生产蒸养能耗约为装配式混凝土预制构件生产企业单位产品综合能耗先进指标值的 32%，其他工艺能耗约为先进指标值的 62.8%，数字化生产线车间约为传统固定模台车间单位产品综合能耗的 70%。

项目研发成果在上海建工第一构件厂和南通上建生产示范基地得到应用，经检测，两个示范基地设计年产能达到 7 万 m³ 以上，其中可扩展组合式预制混凝土构件生产线设计年产能达到 3 万 m³ 以上，劳动生产率相较传统生产线提高 60% 以上。

（三）应用价值

1. 经济效益

近 3 年，上海建工建材科技集团建立的 3 个建筑构件产业基地，应用了可扩展组合式预制混凝土构件生产线相关技术，在几十个工程项目中应用生产线生产技术新增产值 147800 万元，新增利润 4800 万元，新增税收 7630 万元，节省成本 1800 万元。申请上海市高新技术成果转化 2 项，节支 500 万元，已为十余个知名产业生产基地供应生产线设备，取得显著的经济效益。

2. 社会效益

公司申请国家专利 30 余项，获授权发明专利 10 余项，获软件著作权 2 项，发表科技论文 20 余篇，生产线相关技术在上海建工集团建筑构件产业化基地、南通上建建筑构件产业化基地、常熟上建生产基地等基地进行建设应用示范，并在中建三局、天津远大、武汉建工、湖南国信、河南水建等众多知名企业十余个生产基地中得到应用，取得良好的应用效果。

执笔人：

上海建工建材科技集团股份有限公司（朱敏涛，周强）

审核专家：

骆汉宾（华中科技大学，教授）

张声军（中国建筑科学研究院，研究员）

基于 BIM 的机电设备设施和管线生产线

无锡市工业设备安装有限公司

一、基本情况

(一) 案例简介

无锡市工业设备安装有限公司研发的机电设备设施和管线生产线,将 BIM 技术贯穿于机电设备设施和管线生产和施工全过程,实现了 BIM 设计优化、部品部件标准化生产、工厂预制模块化,提高了机电工程的装配化水平和全生命周期的信息化管理水平。该成果在无锡地铁 4 号线体育中心站机电安装项目、SK 海力士半导体(中国)有限公司厂房建设项目、C2F 改造工程项目等多个项目上得到了应用,不仅提高了机电设备设施和管线设计、生产、运输和安装的标准化程度,而且提高了生产效率和施工质量,降低环境影响,具有一定的社会效益和经济效益。

(二) 申报单位简介

无锡市工业设备安装有限公司创建 60 多年来,在承担国家重点工程及标志性工程的建设中,先后成功完成了 8000 多项建设工程,业务范围涉及国内外交通、冶金、机电、石化、医药、纺织、电子、轻工、农业、旅游、商业、食品、医疗、房地产开发等各行各业。

二、案例技术产品特点

(一) 技术方案要点

本项目围绕机电设备设施和管线智能化生产设备、信息化技术、生产工艺进行系统研究,成功研制了基于 BIM 技术的机电设备设施和管线生产线,基于机电设备设施模块化装配式施工特点,建立了综合设计、研发、生产、管理相结合的一体化体系;开发了面向智能制造的工业 IoT-BIM 综合管理应用平台,打通全生命周期信息资源共享链;研发数据模型转换接口软件和操纵序列到预制工厂的远程传输技术、机器人高效焊接技术、标准化预制加工技术(图 1)。

1. 机电设备设施和管线智能化生产设备

针对机电设备设施和管线落后的传统生产模式,本项目结合模块化装配式施工特点以及智能化生产需求,研究机电设备设施和管线智能化生产线建设,解决人工焊接、作业面不易展开、自动化程度低、生产质量难以保证问题,完成了 80% 预制加工工序的智能化升级,综合提升机电设备设施和管线的预制加工效率和质量水平,实现了传统人工生产向智能化生产方式的转变。

图 1　基于 BIM 技术的机电设备设施和管线生产线建设

2. 机电设备设施和管线生产智能化系统

针对传统机电设备设施和管线生产的信息管理脱节、数据分析及共享程度低、协同工作效率低等问题，本项目结合智慧工厂建设要求，开发了面向智能制造的工业 IoT-BIM 综合管理应用平台，升级了智能生产管理系统，建立了后台信息控制中心，实现了机电设备设施和管线生产全过程的信息化管理。

3. 机电设备设施和管线生产工艺优化

针对传统机电设备设施和管线生产工艺不能满足智能化预制生产方法的问题，本项目基于 BIM 技术的预制生产方法研究，通过大量的生产试验验证可行性，解决了基于三维模型实施预制生产技术、预制段划分及编码技术等难题，实现了新型预制加工工艺的优化升级。

（二）关键技术创新点

根据"数字设计、智能生产、智能施工和智慧运维"的全生命周期管理理念，项目融合应用 BIM 技术、物联网技术、大数据分析等先进技术，实施加快基于 BIM 模型的研发和应用，通过深化设计、材料供给、工厂预制、产品标准化、运输配送、现场装配，以及穿插全过程的质量控制和安全监控，建设形成有利于建筑机电装配化施工生产的智能化工厂生产线（图2）。

项目的主要创新点包括以下四个方面：

1. 研制成套机电设备设施和管线生产设备

研发并建立具有智能化集成控制技术的智能化预制生产设备，实施下料、坡口、组对（含管道组对及法兰组对等）、焊接等一体化工作，配合模块组装集成，实施功能模块的试验试压等，大幅提升部品部件预制生产效率（图3）。

2. 基于 BIM 技术的智能化预制生产系统

研究基于 BIM 模型的智能化预制生产系统，通过优化设计端、工厂/车间端的各种计算机系统、智能装备，甚至将操作人员、物料等连接起来，实现设备与设备、设备与人、物料与设备之间的信息互通和良好交互，最终根据三维模型实现部品、部件的智能制造（图4、图5）。

3. 机电设备设施和管线生产工艺优化

研究焊接机器人、自动除锈设备、自动组对设备等智能化管道焊接生产工艺，通过改进生产技术，进一步减轻生产人员的劳动强度，提高生产效率和生产质量，确保生产线的可扩展性（图6、图7）。

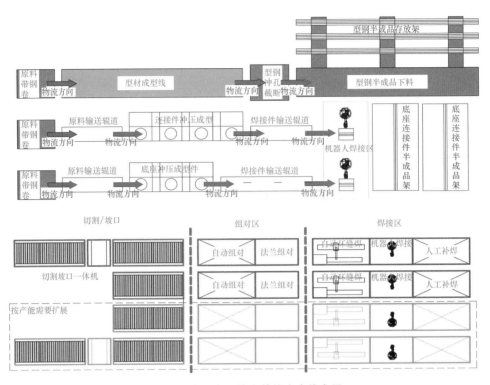

图 2　机电设备设施和管线生产线布局

图 3　机电设备设施和管线生产线

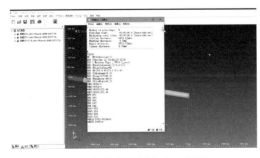

图 4　智能化预制生产 G 代码

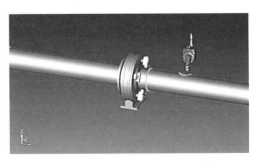

图 5　实施预制加工

 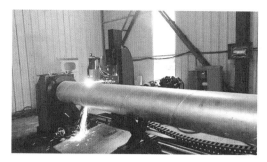

图 6　机器人焊接　　　　　　　　　　　图 7　等离子管道自动切割

4. 信息化协同控制中心

研究施工现场、预制生产、运行管理信息协同技术（图 8），在后台信息化协同控制中心，通过机电安装项目 BIM 三维模型，对预制加工厂和安装现场进行实时监控和协同指导，实现对预制加工厂和安装现场的远程指挥管理及异常处理；在控制中心对施工现场的技术难点和质量重要控制点及时进行远程监控和技术指导。

图 8　信息化协同控制中心

（三）与国内外同类技术产品比较

国外对基于 BIM 的机电设备设施和管线生产线研究较早，应用较成熟。我国在该领域的研究起步晚，虽然技术发展迅速，但应用比较分散，基于 BIM 的机电设备设施和管线生产线研究与应用将 BIM 设计、工厂化预制、现场施工整合为较为完整的流程与数据，实现了"标准化、模块化、信息化、集约化"。

三、案例实施应用

（一）案例基本信息

体育中心站是无锡市轨道交通 4 号线一期工程第 9 个站，位于蠡溪路与太湖大道交叉口处。车站周边为公共、商业金融用地及部分居住用地。车站有效站台中心里程为右

DK12+241.443。该站为地下两层双柱 14m 宽岛式站台车站。该站共设 3 个出入口、2 个直通地面的安全出口。计算站台长度 118m，站台宽度 14m，车站外包总长 322.0m，标准段外包总宽 22.7m。项目目标是对车站冷水机房、消防泵房管线、附件及设备模块化构件单元，实现设备、管线及附件工厂化生产、模块化装配，减少安装节点约 50%，提高工程质量。

(二) 应用过程

在基于 BIM 的机电设备设施和管线生产线应用中，项目前期 BIM 优化及模块化设计，为生产线配套预制生产设备提供预制组件的三维数字化信息，使基于 BIM 模型的自动制造成为可能。标准化应用提高生产线生产效率，该生产线以基于 BIM 模型的生产信息共享和传承应用，促进后期机电设备智慧运行管理和智慧节能管理。

1. 前期 BIM 优化设计

项目采用基于 BIM 三维模型的可视化设计 (图 9)，BIM 模型信息的传承应用，为生产线提供有效的预制生产数据和工艺信息，方便各参与方共同解决存在的问题，并通过信息转换减少错漏，缩短生产建设周期，减少返工和材料浪费。

运用 BIM 技术，对错综复杂的管线进行碰撞检查 (图 10、图 11)，对有影响的地方进行合理调整，避免工程返工，造成预制生产材料的浪费。

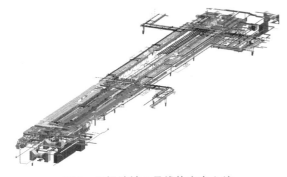

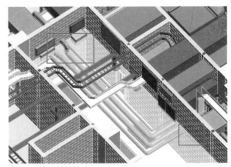

图 9　无锡地铁 4 号线体育中心站
机电工程 BIM 模型

图 10　碰撞检查

2. 基于 BIM 模型的模块化设计

基于 BIM 的机电设备设施和管线生产线应用为体育中心站装配式模块施工提供了高效率预制生产环境，预制生产前需要运用 BIM 技术实施模块化划分、设计优化、受力分析。

(1) 模块化划分。地铁冷水机房模块化拆分将整体拆分为泵组模块、全程水处理器模块、冷水机组管道模块、分集水器模块等 8 个模块 (图 12、图 13)。

(2) 设计优化。基于 BIM 技术，从三维空间角度对机房进行排布，使其在满足设计要求和系统运行的基础上保证设备的最大维修空间 (图 14)。

(3) 受力分析。根据模块和模块之间对接的节点形式、要求偏差等问题，优化模块组成，通过 BIM 软件生成模块；运用空间分析程序和计算机模拟仿真技术对机房机电设备施工的工序进行模拟仿真 (图 15)。验证模块划分的可行性，进一步优化模块，为生产线提供精确的预制材料数据。

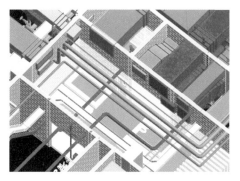

图 11　优化调整　　　　　图 12　地铁体育中心站冷水机房 BIM 模型

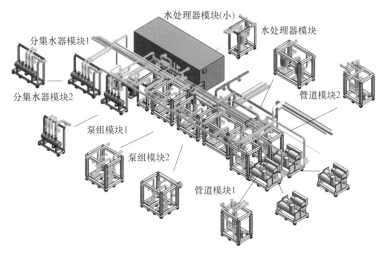

图 13　地铁体育中心站冷水机房模块化拆分

（4）优化出图（图 16）。结合重要模块的功能、用途、重要性，把相关信息充分融入模型中，并基于 BIM 模型实现生产线的快速生产及有效管理。

3. 基于 BIM 模型的工厂化预制

相近区域、相同功能的机电设备、管线组合成不同的模块，运用基于 BIM 的机电设备设施和管线生产线，完成预制加工，首先实施预制编码、预制生产，最后进行模块化组装调试。

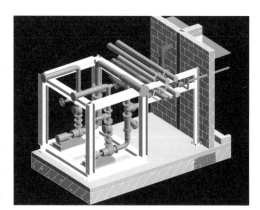

图 14　门型支架与模块三维示意图

（1）预制编码。运用 BIM 技术对无锡地铁体育中心站站厅层 B 端冷水机房进行模块化划分后，对预制段进行编码，便于部品部件在生产中的信息识别和后期装配中的有效管理（图 17）。

（2）基于 BIM 模型的预制加工。运用机电设备设施和管线生产线，按照预制生产加工图纸及生产工艺流程进行模块化预制生产（图 18），以完善的质量管理体系和必要的试验检测手段完成部品部件的高质量预制。

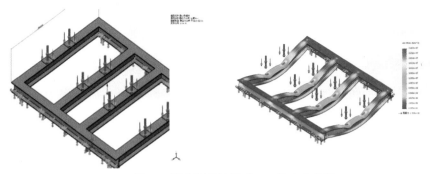

图 15　离心泵模块基础——静应力分析

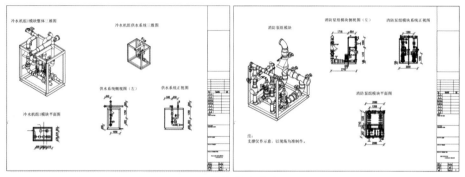

图 16　模块化生产出图

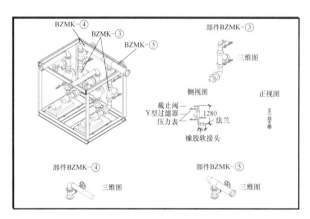

图 17　模块化预制加工编码图

（3）模块化安装。现场施工人员严格按照 BIM 模型呈现效果进行装配化施工，使得建成后的机房整齐划一、紧凑有序，有效提高各环节的施工效率，避免不必要的重复劳动（图 19、图 20）。

4. 部件标准化应用

为了实现机电设备设施和管线生产线的流水线、标准化的生产，制定了针对机电安装工程装配化生产的标准图集，提高生产效率（图 21）。

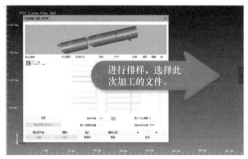

图 18　原材料排样和预制加工

图 19　无锡地铁 4 号线体育中心站模块化 BIM 模型

图 20　无锡地铁 4 号线体育中心站
模块化装配效果图

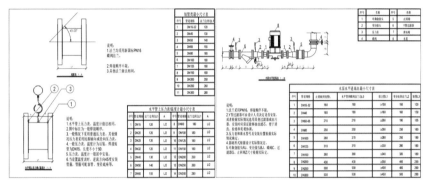

图 21　预制管段标准图集

5. 机电设备智慧管理

在基于 BIM 技术的机电设备设施和管线生产线建设中，实现信息资源的传承和共享，建立机电设备全生命周期管理信息化系统（图 22、图 23），通过建筑信息模型（BIM）沉淀三维有效空间、设备设施信息、部品等各类属性数据。

图 22　基于 BIM 技术的机电设备智能化管理系统

6. 机电设备节能管理

基于 BIM 的机电设备设施和管线生产线的使用为后期管线及设备运维提供了生产数据支撑（图 24、图 25），通过对机电 BIM 模型参数的应用和过程追踪，直观了解设备实时监测情况，实现机电设备的能耗数据收集、能耗分析、节能预测、节能控制以及节能管理。

图 23　基于 BIM 模型的智慧管理

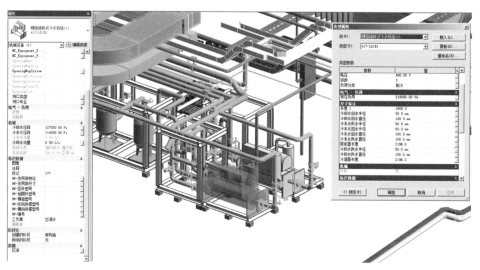

图 24　BIM 模型参数应用

图 25　基于 BIM 模型的管理平台

四、应用成效

(一)解决实际问题

机电安装工程专业多、作业面大、设施密集、施工过程变更多、交叉作业多，基于 BIM 的机电设备设施和管线生产线研究，通过部品部件标准化、工厂预制模块化、管理信息化、数据传承智能化，减少大量现场安装施工、返工，解决了工期紧和施工空间限制、后期运维难等实际问题。

BIM 技术的应用使得部品部件在工厂提前智能化制作得以实现，提高标准化程度，符合装配式安装标准，降低工作量，减少现场污染，实现数据的智慧采集、智慧融合、智慧挖掘和智慧决策，促进机电管线和设备设施信息在全生命周期中的运用。

通过绿色安全建造和绿色智慧运营达到最大限度节约资源，并减少对环境负面影响，实现降低资源消耗和环境污染的目的，满足机电安装工程与城市建设的绿色协调发展。

(二)推动工程建设提质增效

基于 BIM 的机电设备设施和管线生产线研究，运用 BIM 技术进行预制前的设计分析，多维数据信息的存储，提高预制加工中的精确度和操作人员的工作效率。在机电安装工程中实施标准化，大幅提高生产效率和生产质量，生产周期也由于配件的标准化和工厂生产，比现有传统施工节约工期约 40%。通过前期 BIM 深化设计、优化管路排布、采用智能化设备代替人工作业、科学排布下料，降低材料损耗约 20%。通过基于 BIM 模块化设计及生产，提高集成度，空间紧凑美观，易于后期检修，综合提高了机电工程建设效率和质量。

执笔人：

无锡市工业设备安装有限公司（朱正、王昭文、刘旭东、唐秀芳）

审核专家：

骆汉宾（华中科技大学，教授）

张声军（中国建筑科学研究院，研究员）

苏州昆仑绿建胶合木
柔性生产线

苏州昆仑绿建木结构科技股份有限公司

一、基本情况

（一）案例简介

苏州昆仑绿建木结构科技股份有限公司（以下简称"昆仑绿建"或"公司"）采取引进和自主开发相结合的方式，研发了木制品零部件的智能化生产线——昆仑绿建胶合木柔性生产线。在采用国际先进的机械臂和导轨技术的基础上，公司自主开发了物料传输系统、视觉定位系统、工装夹具系统以及加工程序软件。

（二）申报单位简介

苏州昆仑绿建木结构科技股份有限公司，成立于 2001 年 6 月，是一家致力于现代木结构建筑绿色低碳节能发展，集研发、设计、制造、建设为一体，提供低碳节能木结构建筑整体系统相关技术服务的国家火炬计划重点高新技术企业。目前拥有总资产 171380.22 万元，2020 年销售收入为 43089.34 万元。

二、案例应用场景和技术产品特点

（一）技术产品特点

1. 技术方案要点

胶合木加工生产线大致流程是先将胶合木贴上标签，标签有项目信息、木料信息等，通过对信息的读取、处理来控制各个机械装置的运动，包括定位机的运动位置、机械臂调取对应数据进行加工。从原料到成品的过程就是信息处理的过程（图 1）。

图 1　胶合木智能产线示意图

公司自主开发了物料传输系统、视觉定位系统、工装夹具系统以及加工程序软件。

（1）物料传输系统。软硬件组成包括自动喷码机、扫码枪、工控机、打印机、控制程序（软件）。自动喷码机在物料上喷涂二维码，二维码绑定物料信息。在整个生产的各个环节中通过扫码枪获取物料信息，物料信息传送给工控机，工控机中软件对物料信息处理对比，达到对物料信息的追踪、对比、保存、打印等。使得物料信息具有可追溯性，实时掌控生产过程中物料使用情况。

（2）视觉定位系统。软硬件组成包括光源、镜头工业相机、工控机（IPC 即工业控制计算机）、机械臂、图像处理软件（软件）。视觉定位就是在机械臂末端安装工业相机，通过工业相机、工业镜头及光源对产品上的特征位置进行拍照取像，通过图像处理计算机（IPC）采集图像数据进行图像处理，并进行位置运算来判断产品的实际位置，通过逆运动学求解得到机器人各关节位置的误差值，最后控制高精度的末端执行机构，调整机器人的位姿，以达到机械臂末端执行机构快速、闭环、高精度定位的目的。

（3）工装夹具系统。软硬件组成包括锁紧机构、到位检测传感器、HMI、控制器、控制程序（软件）。控制器按预定程序循环扫描执行，当满足一定条件时控制器发出命令，锁紧机构执行夹紧命令，通过传感器检测动作是否执行到位。控制器实时将夹具状态、故障信息发送给 HMI，在 HMI 的屏幕上清楚的显示夹具的状态和故障信息。

（4）加工程序软件。昆仑绿建自动化木材切割优化软件，采用现场总线和 TCP、IP 网络实现木构件按图纸和用料清单自动优化原料使用，自动下料切割。软件集木材原料使用情况管理、CAD 图纸导入、木材原料利用率优化、成品在线喷码功能为一体，实现了木构件自动下料加工。

2. 关键技术经济指标和创新点

（1）技术经济指标

单条机器人生产线加工能力 $20m^3$/（8 小时），相当于 8～10 人 12 小时的工作量；加工精度 ±0.5mm；劳动强度低、自动化程度高，2 组四条生产线只需配两个操作工人负责将胶合木料上（下）到流水线平台；时效性、安全性好，可以 24 小时不间断工作，效率更高。

（2）创新点

针对各项加工工艺需求，研发一系列工业机器人配套专用加工装置，以及与加工工艺配套的加工算法和程序。截至目前，共申请发明专利 7 项，实用新型 9 项，其中已取得发明专利 1 项，实用新型授权 7 项，取得软件著作权 1 项。

昆仑绿建研发的新型加工模式，将工业机器人与木结构产业相融合，由数据仿真的输入，主导机械臂遵循设定好的程序进行加工。取代了传统手工作业，大幅提高了效率和质量，开槽、打孔、切割、铣削等精准度要求很高的工艺也能够完全胜任，且更具美感、设计感，更多变。它把制造自动化的概念更新，扩展到柔性化、智能化和高度集成化，满足现代木结构建筑的需求（图 2）。

3. 与国内外同类先进技术的比较

（1）提高加工效率与精度。公司以十多年积累的大量木制品加工数据为基础，建立了切、铣、钻、镗、锯、打钉、放样等主要加工工序的算法模型，实现了单机六轴智能控制以及多机多轴联动控制，与传统加工工艺相比大幅提高了加工效率与精度。

（2）实现大尺寸及异形木构件定制化大批量生产。传统加工工艺的局限体现在仅适用于一定尺寸范围的标准化构件加工，对于异形及超大截面构件的加工，只能采用传统的人

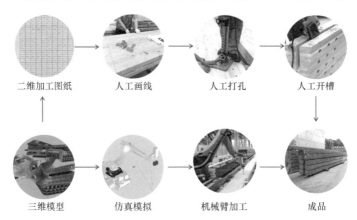

二维加工图纸　　人工画线　　人工打孔　　人工开槽

三维模型　　仿真模拟　　机械臂加工　　成品

图 2　传统工艺与智能制造流程示意图

工加工方式。本生产线的大型木构件加工速度是人工方式的 3 倍以上。

（二）应用总体情况

胶合木柔性生产线适用于大型胶合木建筑的大尺寸、异形木构件的定制化大批量生产，自 2019 年投产以来，先后运用在多个异形复杂木结构工程、大跨度木结构工程，累计建造建筑面积 6 万多 m^2（图 3～图 6）。

图 3　国家雪车雪橇中心——超大板柔性加工

图 4　第十一届江苏园艺博览会城市展园东侧酒店

图 5 天府国际会议中心天府之檐　　　　图 6 九寨沟景区沟口立体式游客服务设施建设项目

三、案例实施情况

（一）案例基本信息

江苏省第十一届园艺博览会城市展园（以下简称"园博园"）东侧酒店（图 7），北楼地上三层，南楼地上四层，主要结构类型为钢框架—木屋盖，总建筑面积 34946m²，其中地下建筑面积 7556m²，木屋盖面积 1.3 万 m²（图 8）。

屋面使用的胶合木数量多（共使用木椽条约 3000 根，且大部分为弧形胶合木）、截面宽（木椽条截面约为 600mm×130mm）、尺寸长（单根梁最长 23m，连接梁最长 40m）、悬挑大（最远处达 14m）。该项目屋面大尺寸木构件由昆仑绿建进行深化设计、加工和安装。

图 7 园博园东侧酒店实景图　　　　图 8 园博园东侧酒店装配式木结构

（二）典型做法和创新举措

项目综合运用智能设计、智能制造、装配式施工等技术实现了建筑美学、工期、造价的平衡（图 9）。

1. 智能设计

智能设计方面，运用参数化设计技术，采用基于参数化软件平台自主编程的深化设计的工作流，前端对接建筑师方案模型，后端对接工厂生产制造构件，通过参数化软件将前后端打通。超过 3000 根木梁形式类似又各不相同，采用参数化设计，减少机械且重复的工作，计算的工作由电脑程序完成，设计师更多的是赋予边界条件及把控程序输出成果的质量。

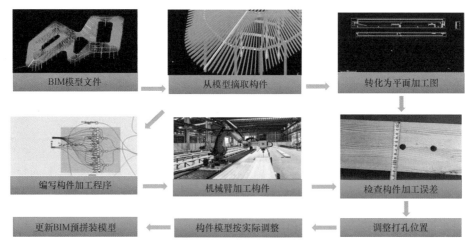

图 9 智能设计与智能制造技术应用情况

图 10 显示了在参数化软件平台分析优化构件设计，从而降低加工复杂度和节约成本。

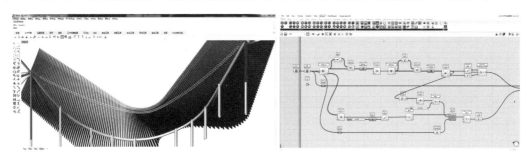

图 10 通过参数化分析优化构件设计

2. 智能化加工

智能化加工方面，机械臂用于胶合木构件的加工有其较大优势，加工过程中自动抓放刀、自主完成工艺，取代工人读图和放线的传统生产过程，同时提升切割、打孔、铣削、开槽效率和准确性，降低废品率，节约人工成本和材料成本。采用智能化机器人的高效加工模式为项目进度落实提供了技术保障。图 11 展示了采用胶合木柔性生产线对木构件进

图 11 胶合木深加工机器人加工过程

行打孔、切割等操作。图12为昆仑绿建自主研发的智能化生产软件《昆仑绿建自动化木材切割优化软件 V1.0》主界面，该软件于2020年取得了软件著作权（图12、图13）。

1 原料列表显示区 2 切割计划显示区

3 运行日志显示区 4 按钮功能区

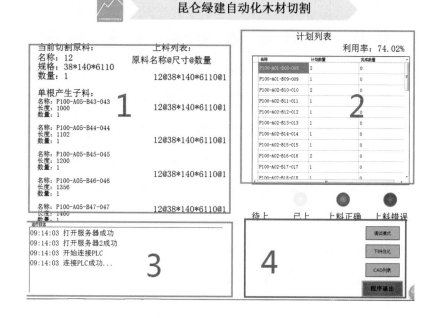

图12　智能化生产软件主界面

3. 胶合木制造技术

国内目前的木材分等技术主要为目测分等，结合昆仑绿建机械应力分等技术，初步目测选材之后应用机械应力分等技术（利用材料密度，含水率，通过测定木材的应力和应变，获得木材的强度和弹性模型），选择出更好的组坯材料用在构件上或者同一个构件的不同部位，制造出高于木结构规范5%以上的胶合木材料，使制造更大跨度钢木混合结构更容易。该技术获得2020年梁希林业科学技术奖科技进步奖一等奖（图14）。

图13　智能化生产软件著作权

公司在满足标准对产品性能要求的同时，在质量控制体系的建立、采购生产和销售文件的保存、各工序记录的可追溯性等方面建立了相关的控制程序，具备持续、稳定地生产符合认证标准要求的产品的能力。公司生产的胶合木获得了结构用集成材认证证书（图15）。

（三）实施过程

项目采用参数化设计、柔性化生产、装配化施工技术，实现了高质高效建造。

图14　科技进步奖证书　　　　图15　结构用集成材认证证书

1. 设计阶段参数化设计

面对复杂的结构计算，对项目所有建筑构件进行参数化定义，分析优化构件设计，并由程序根据编程逻辑拟合出屋面曲线，利用尽可能少的构件种类完成建筑造型要求，以达到降低加工复杂度和节约成本的目的（图16）。

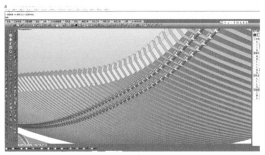 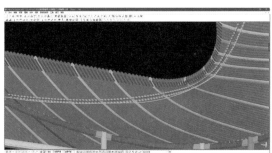

图16　在 Rhino 中进行建筑造型分析，在 Tekla 中批量导出构件

索托与托板均为工业化生产的标准件，采用参数化设计控制拉索与托板的相对位置（图17），由程序根据编程逻辑自动生成相对位置各不相同的索托—托板组，完美拟合出造型曲线。

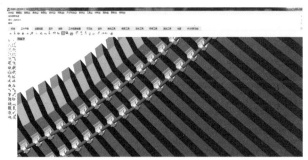 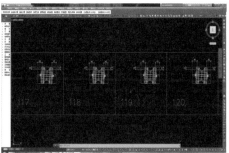

图17　托板零件图 BIM 参数化智能设计

北楼入口处的悬挑雨棚（图 18）最远处达 14m，跨度达 35m，使用高钒锁（图 19）替代原本悬挑需要的立柱和钢梁。设计团队首先通过理论设计确定加载点进行无胎架找形，增加找形的精度和现场施工的效率，接着通过反复试算模拟，解决索的伸长带来的边缘不整齐问题，最终使这一大型雨棚完美呈现（图 20）。

2. 加工阶段柔性化生产

由于屋面 3000 根曲线木条的走向都不一样（图 21、图 22），如果采用人工方式进行加工、拼装，会产生较大误差。利

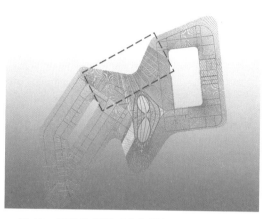

图 18　屋盖俯视图（蓝色线框处为悬挑雨棚）

用 BIM 技术对木构件进行电脑预拼装，参数化编程生成加工程序（图 23），确保每个构件的精确度。在智能制造工厂，智能机器人再根据指令对木料进行切割、打孔等操作，生产出与模型一致的预制木构件，将大尺度木结构加工过程的耗时缩短了近 60%。图 24 为机械臂加工胶合木构件场景。

图 19　使用高钒锁替代悬挑需要的立柱和钢梁

图 20　屋面悬挑雨棚建成效果

图 21　屋盖使用的胶合木基本都为弧形

图 22　双曲屋面给安装带来挑战

3. 建造阶段装配化施工

利用 BIM 技术精确统计出建筑构件的总量和统计各类建筑材料的用量，项目经理掌握施工项目清单与项目特征信息，施工人员配合机械快速吊装，在现场把各个零部件组装

起来。据统计，80 名工人仅花费了 7 个月时间就完成了项目 1.3 万余平方米的木结构建筑工程，施工进度提前了 25% 以上。通过本工程进一步总结形成企业级工法《KLLJGF2021-01 大跨度预应力索-胶合木结构施工工法》，并已申报 2021 年江苏省省级工法。

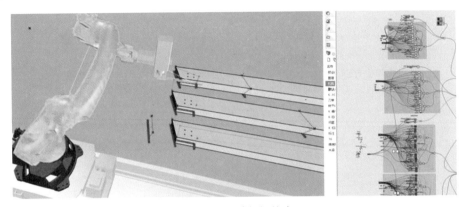

图 23　机械臂数据仿真

图 24　机械臂加工胶合木构件

四、应用成效

（一）解决的实际问题

一般展示性造型特殊的项目属于个性化定制范畴，采用智能设计与智能制造技术很好地解决了个性化定制与规模化生产之间的矛盾。

1. 实现了木构建智能化柔性生产。在方案设计阶段，通过参数化方式不断调整建筑模型，方案确定后生成每个胶合木构件的模型，将每根梁柱构件进行编号。后端智能制造程序员利用参数化软件编写好生成加工数据的通用程序。仅需对构件加工线进行选择，即可生成机械臂加工此构件所需的所有加工数据，并按照编号自动保存成对应文件名，将数据传输给机械臂，机械臂调取数据进行加工。

2. 全流程贯穿 BIM 技术提高了设计、加工自动化程度和安装精度。项目方案设计、建筑设计、结构设计均在 BIM 模型中进行，结构计算完成后直接生成构件加工图，同时参数化 BIM 模型与自主开发的机械臂木材加工程序实现无缝对接。从设计到施工均贯穿了 BIM 技术（图 25），提高设计、制造阶段的自动化程度和施工阶段的安装精度，还原建筑细节效果（图 26）。项目已取得两项省级 BIM 创新奖项（图 27）。

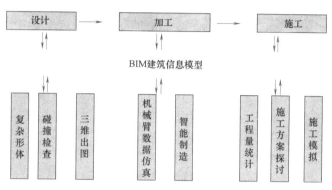

图 25　BIM 技术设计、制造、施工一体化应用

图 26　园博园东侧酒店局部效果

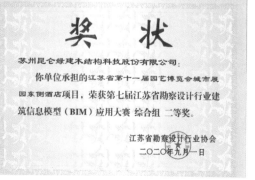

图 27　BIM 大赛获奖证书

(二) 应用效果

1. 生产效率提高，建造成本降低

加工制造中引入机器人系统，实现无纸化作业，只需三维模型就可生成机器人所需的加工数据，完全取代工人读图和放线的传统生产过程，同时提升切割、打孔、铣削、开槽的效率和准确性。工业化生产方式提高了装配式建筑的整体性，降低构件加工和安装的难度，提高构件安装质量并缩短安装时间。智能机器人对木料进行切割、打孔等深加工操作，将木结构加工过程的耗时减少了近60%，建造成本降低20%以上。

2. 创新服务提高产品附加值，从而提高利润

根据公司自身实际，综合利用参数化设计与BIM技术、机器人智能制造技术，发展个性化设计，推动装配式木结构产品标准化、建筑构件精细化、模块化的设计和生产及建筑装配化式建造，提升装配化建造木结构房屋产品的定制设计和柔性制造能力。通过一系列的创新服务模式做法，从而提高产品的附加值，有益于利润最大化，从主要提供产品向提供服务模式转型。

(三) 应用价值

昆仑绿建胶合木柔性生产线进一步完善了装配式木结构智能建造体系，实现从传统加工工艺到柔性化机械臂加工的转变，加工范围更广，使得建筑师的任何造型构思都可以实现，摆脱传统工艺加工能力的制约。参数化编程智能化制造减少加工车间的用工量，提高生产效率，缩短加工周期，能够更好地满足现场施工进度的要求。此外，由于有经验的木工培育周期长，市场供应不足，用工成本高，减少用工量意味着在减少用工成本的同时，也减少企业用工风险。

执笔人：

苏州昆仑绿建木结构科技股份有限公司（周金将、李松）

审核专家：

骆汉宾（华中科技大学，教授）

张声军（中国建筑科学研究院，研究员）

装配式叠合剪力墙结构体系
预制构件生产线

浙江宝业现代建筑工业化制造有限公司

上海紫宝实业投资有限公司

一、基本情况

（一）案例简介

宝业集团针对装配式建筑预制构件智能化生产水平低、工业化与信息化融合度低等问题，开展了装配式建筑预制构件智能化制造装备、技术及工程应用等一系列研究，研发了装配式叠合剪力墙结构体系，并建设了与之相配套的预制构件自动化流水生产线，采用"可视化设计＋自动化生产＋精益化管理"运行模式，具备自动化翻转台、无纸化生产、激光投影辅助检验等功能，实现了无纸化生产和高效率检验，大幅提高预制构件生产效率及质量水平。

（二）申报单位简介

浙江宝业现代建筑工业化制造有限公司（以下简称"宝业现代建工"）和上海紫宝实业投资有限公司（以下简称"上海紫宝"）是全国 500 强企业宝业集团股份有限公司（以下简称"宝业集团"）的子公司，宝业集团专注于百年低碳的住宅产业化事业。宝业现代建工是国内较早引进具有国际先进水平的预制构件自动化流水生产线的企业之一；上海紫宝是宝业集团在上海区域多个产业的控股公司，拥有多条德国进口的装配式预制构件自动化生产线，两家公司共同致力于叠合剪力墙结构体系智能建造技术和工艺的创新研发。

二、案例应用场景和技术产品特点

（一）技术方案要点

装配式叠合剪力墙结构体系预制构件生产线采用"可视化设计＋自动化生产＋精益化管理"运行模式，并运用"智慧化施工、一体化运维"，实现装配式建筑的全生命周期管理。具体介绍如下：

1. 可视化设计。基于 BIM 信息化平台，实施 BIM 正向设计，应用专业的三维设计软件，通过其标准化、参数化的设计界面，快速创建可视化的部品部件；设计过程中实时检查模型，错漏碰缺，避免后续返工；创建模型之后可直接导出构件生产数据、构件加工图纸和生产所需的构件和材料列表，实现快速、高效、准确。

2. 自动化生产。UniCAM10.0 生产控制系统自动读取设计系统导出的生产数据，组织安排构件生产。所有的生产作业过程控制均在主控系统中完成。实现联动控制下预制混凝土构件自动化生产。通过无纸化生产技术，主控系统自动将生产图纸显示在各工位显示屏上，并可根据模台的移动而移动，工人根据电子图纸进行生产。通过激光投影检验技术，激光投影仪将生产系统生成的构件图纸自动投影至检验模台上，质检人员可根据构件的投影信息快速验收构件，既减少了人工，还提高了构件检验的效率及准确率。

3. 精益化管理。采用了互联网数字化工厂解决方案，涵盖从原料入库、生产订单录入、生产排产、产品检验、堆场管理到成品发货的整个生产过程的管理，打通了上下游之间的业务流和信息流，实现了构件生产的自动化、可视化、可追溯，保障生产运营的管理能力。

（二）主要特点和指标

公司装配式叠合剪力墙结构体系预制构件生产线主要特点和指标如下：

1. 设计系统可以进行三维建模、一键出图、一键出物料清单等；

2. 设计系统和生产控制系统可以无缝对接，随时调取数据；

3. 机械手可根据生产数据精确画线组模；

4. 布料机及振动台可自动进行浇筑和高效振捣，减少混凝土浪费，降低振捣噪声，同时达到混凝土均匀密实的效声；

5. 自动翻转台可实现墙板翻转，并与第一面板无缝压合，形成双面叠合板；

6. 智能养护室，自动控制构件的养护时间；自动控制模台的进出；精准控制养护室升温、恒温、降温过程。

（三）关键技术创新点

1. 无纸化生产技术。每个生产工位设立一个微基站，可随着模台的移动，将相应模台的图纸在微基站的显示屏上显示，产业工人按照显示屏上显示的图纸进行生产，实现无纸化生产技术。

2. 激光投影辅助检验技术。激光投影可自动读取生产线主控系统中的构件数据，并将构件相关信息投射到相应的模台上，提高检验效率。

3. 自主研发全生命周期 BIM 信息化项目管理平台、全生命周期 BIM 信息化项目管理手机 APP 软件 V1.0 等信息化软件，获得软件著作权 3 项。该软件可实现构件生产的精细化管理，对接设计、生产系统，实现一物一码，实现构件的可追溯性。

4. 自主研发建筑预制件边模的输送机限高门，在输送不同型号高度的边模时，利用限高门上的定位，有针对性的调节限高门的高度，精确有效输送边模，解决收集箱口和收集箱内边模卡死问题。

5. 自主研发机械手翻边模抓手装置，通过调节翻杆两侧的调节板，使其能够适配不同型号的边模，避免在边模抓取时脱钩滑落。

（四）与国内同类产品的比较

相比国内一般生产线，该生产线生产精度更高；拥有自动化翻转台，可实现墙板 360°翻转；具备无纸化生产功能和激光投影辅助检验功能，实现无纸化生产和高效率检验。

（五）市场应用情况

该智能化生产线主要应用于叠合剪力墙结构体系产品的生产，包括叠合墙板、叠合楼板、夹心保温叠合墙板、预制空调板等，这些构件广泛应用于保障房、新农村、商场、学校等项目。

三、案例实施情况

(一) 案例基本情况

案例 1: 宝业新桥风情百年住宅示范项目 (越西路新桥江地块工程) 于 2019 年建成, 位于绍兴市。项目建筑面积 13.5 万 m^2, 包括 10 栋高层住宅、4 栋高层装配式建筑 (图 1)。

案例 2: 上海市青浦区赵巷镇新城一站大型社区 63A-03A 地块项目, 该项目位于上海市青浦区, 总建筑面积约 8 万 m^2。项目采用三种预制混凝土装配式技术, 1~8 号楼采用双面叠合板式混凝土剪力墙结构体系, 8 号楼右单元采用装配整体式混凝土结构体系, 商业单体预制预应力框架结构, 项目采用装配式建造, 预制率达 40% 以上 (图 2)。

图 1 宝业新桥风情百年住宅示范项目

图 2 青浦区赵巷镇新城一站大型社区 63A-03A 地块项目

(二) 应用过程

1. 深化设计阶段

深化设计均利用三维参数化软件完成, 依托 BIM 技术的三维可视性、各专业协同性、三维模型信息承载性等特点, 将各专业工程设计内容以三维的方式汇集于一体, 在设计阶段综合考虑生产施工的可行性, 避免软、硬碰撞, 同时其标准化、参数化功能大大提升了设计效率和质量, 之后利用模型导出可供工厂自动化生产的图纸及生产材料清单, 减少不必要能源和材料损耗, 为工厂自动化高效生产提供可靠的设计成果保障, 为施工提供准确的图纸参照 (图 3~图 6)。

图 3 可视化协同设计

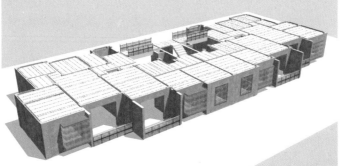

图 4 参数化构件设计

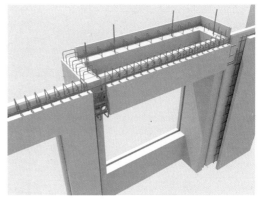

图 5 节点优化

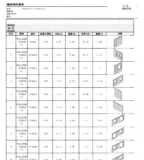

图 6 数字化设计成果

2. 构件生产阶段

生产线上构件的生产主要由预制混凝土工业领域研制的控制计算机软件 UniCAM 进行控制。设计人员依据设计院提供的蓝图，将数据输入到电脑中，数据均存储在系统中，机械手根据设计系统提供的生产数据，自动划线、布置边模。联动控制下混凝土预制件自动化生产，可确保所有设备的运转效率，减少重复的机器数据输入，提升工作效率。整个流水生产线的工作状态可实时显示在主控电脑中（图7~图9）。

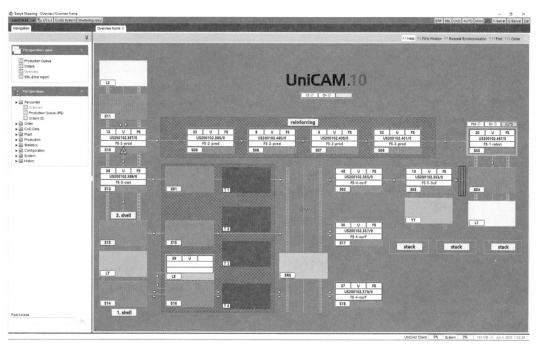

图 7　主控系统平台

无纸化生产技术的应用：主控系统将构件加工图数据显示在各工位显示屏上，工人根据电子图进行生产，实现无纸化生产（图10）。

激光投影辅助检验技术应用：激光投影仪将生产系统生成的构件信息投影至模台上，质检人员可根据构件的投影信息验收构件。该功能加快构件的检验验收进程，提高了构件生产的准确率（图11、图12）。

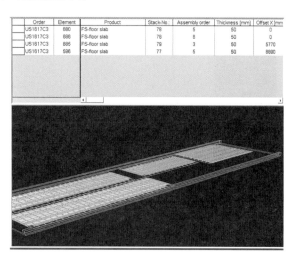

图 8　生产排布

3. 生产管理阶段

公司的生产管理软件以项目管理为主线，以生产订单为依据，以质量控制为核心，以构件跟踪为基础，涵盖了生产所需的各类分析表格，具有操作便捷化、车间数字化、生产精益化、质量一贯化、堆场智能化、管控一体化等优势，实现预制构件一

图 9　机械制模

图 10　无纸化生产系统

图 11　激光投影辅助检验

图 12　生产工艺

物一码，每块构件都有专属的二维码，一扫便知该构件的原料、生产、质检、发货及项目信息等所有内容，具备产品信息可追溯性，提高生产效率，减少出错率，降低生产成本。该软件基本实现了构件生产、安装全过程质量可追溯的目标（图 13～图 16）。

图 13　堆场管理信息化

成品发货单

浙江宝业现代建筑工业化制造有限公司

项目名称	宝业越西路新桥江地块工程				
客户名称	浙江宝业住宅产业化有限公司				
联系人		联系电话			
发货日期	2018-04-08	运输车号			
运输人		联系电话			
运送地址	绍兴市越西路北海派出所旁边（3号门）				
发货信息	总数量 25 片	总方量 8.14 m³	总重量 0 T		
备注					

发货单号

#	构件编号	构件类型	楼号/楼层	方量	重量	尺寸	强度等级	数量	发货库位
01	US170173.3	叠合楼板	7# / 3层	0.39	0			1	B-001
02	US170173.4	叠合楼板	7# / 3层	0.4	0			1	H-002
03	US170173.5	叠合楼板	7# / 3层	0.33	0			1	H-002
04	US170173.6	叠合楼板	7# / 3层	0.27	0			1	H-002
05	US170173.7	叠合楼板	7# / 3层	0.39	0			1	H-002
06	US170173.8	叠合楼板	7# / 3层	0.4	0			1	H-002
07	US170173.11	叠合楼板	7# / 3层	0.4	0			1	H-002
08	US170173.12	叠合楼板	7# / 3层	0.36	0			1	H-002
09	US170173.13	叠合楼板	7# / 3层	0.45	0			1	H-003
10	US170173.14	叠合楼板	7# / 3层	0.35	0			1	I-003
11	US170173.15	叠合楼板	7# / 3层	0.38	0			1	I-003
12	US170173.16	叠合楼板	7# / 3层	0.22	0			1	I-003
13	US170173.17	叠合楼板	7# / 3层	0.25	0			1	I-003
14	US170173.18	叠合楼板	7# / 3层	0.47	0			1	I-003
15	US170173.19	叠合楼板	7# / 3层	0.47	0			1	H-003
16	US170173.20	叠合楼板	7# / 3层	0.46	0			1	H-003
17	US170173.21	叠合楼板	7# / 3层	0.19	0			1	H-003
18	US170173.24	叠合楼板	7# / 3层	0.19	0			1	H-003

经办人签名：_____   收货人签名：_____

制单时间 2018-04-08
发货单在PCMES构件生产管理系统完成制单

1/2

图14　发货单

图15　一物一码

图16　构件信息化

4. 施工阶段的生产管理系统功能延伸

智慧工地平台通过与工厂信息化管理平台中的生产、物流数据进行对接，同时结合智慧工地平台中"数字孪生"BIM模型，实现了生产数据在施工阶段的延伸应用。通过构件出厂二维码，施工人员即可了解该构件的生产信息及工程信息（安装楼层及平面定位），构件安装完成后，数字孪生BIM模型即由半透明绿色变换为实体灰色，代表构件安装、验收完成，实现预制构件进度管理。同时，在工厂信息化管理平台中自动生成构件施工信息数据，包括构件安装时间、楼层浇筑时间。另外，利用构件二维码能以拍照加文字描述的方式记录构件相关质量问题，同时在数字孪生模型中生成空间定位，实现预制构件质量管理（图17～图20）。

图 17 智慧工地平台

图 18 构件二维码内容及数字孪生模型

图 19 构件进度管理

图 20　构件质量管理

四、应用成效

(一) 解决的实际问题

随着装配式建筑的快速发展，建筑业亟待转型升级，向智能化制造转变。传统的装配式建筑领域存在预制构件智能化生产水平低，各工位、各设备的协同性较差，制造过程中信息交互慢，数据提取难，关键信息主要依赖人工记录与反馈，对数据的分析能力不足，BIM 技术在装配式建筑建造全生命周期应用程度低等问题。

该生产线围绕装配式建筑预制构件智能化装备、信息化技术、生产工艺进行了系统研究，解决了以下问题：

1. 解决现有数据传递不流畅、数据转化损失率高的问题，提高了数据提取能力和分析能力，实现了 BIM 技术在装配式建筑建造全生命周期的应用。

2. 解决装配式墙板生产智能化水平低，效率不高的问题，通过数字信息的无缝传递和应用，提高各工位、各设备的协同性，确保预制构件的生产精度和质量，提升装配式建筑的产品品质。

3. 缓解了用工压力，通过生产线的智能化，减少用工数量，节约人工成本，促进农民工向产业工人转化。

(二) 应用成效

装配式叠合剪力墙结构体系预制构件智能生产线的实施，实现了以下多种应用成效：

1. 实现节能环保的效果

智能生产线中无纸化生产技术和激光投影辅助检验技术均是将生产数据直接转换成生产所需，无需纸质图纸，节约了木材，实现了节能环保的效果。

2. 缩短产品生产周期

智能生产线在产品生产周期的缩短上主要体现在三个方面，一是在设计阶段，采用三维建模的可视化设计，可自动生成生产数据、物料统计等信息，无缝对接生产系统，节约了数据转换和人工统计的时间；二是在生产阶段，采用机械手、布料机、智能养护室等自动化设备，加快了产品的生产速度，提高了流水线的周转使用；三是在质检阶段，激光投影辅助检验功能，缩短了产品检验时间，提高了产品检验质量和效率。综合所述，智能生产线的应用，缩短了整个产品的生产周期。

3. 提高产品质量

智能生产线可视化设计，提高了设计质量；设计系统和生产系统无缝对接，提高了数据正确率；机械手精确制模，布料机均匀浇筑混凝土，养护室智能养护，精准控制养护升温、恒温、降温等过程，提高构件质量；激光投影辅助检验，提高产品检验的正确率。综合所述，智能生产线的应用，大幅提升了产品的质量，降低了产品缺陷率，并提高了员工的工作效率。

（三）应用价值

1. 经济效益

该智能生产线被应用于宝业新桥风情百年住宅示范项目、上海市青浦区赵巷镇新城一站大型社区 63A-03A 地块项目、杭州师范大学仓前校区项目、柯桥 CBD 商业中心、上海青浦爱多邦项目等几十余个绿色建筑项目的构件生产，近三年新增销售额超 22000 万元，取得了显著的经济效益。

2. 社会效益

该智能生产线相关项目已获授权专利 33 项，包含 2 项发明专利，3 项软件著作权；公司主编及参编国家及省市标准 13 项，承担国家级重点专项 2 项，荣获国家级、省部级、行业级荣誉共 9 项。

执笔人：
浙江宝业现代建筑工业化制造有限公司（余亚超，王亚辉）
上海紫宝实业投资有限公司（夏锋，恽燕春，吴海）

审核专家：
张声军（中国建筑科学研究院，研究员）
骆汉宾（华中科技大学，教授）

浙江亚厦装配化装修
墙板生产线

浙江亚厦装饰股份有限公司

一、基本情况

（一）案例简介

浙江亚厦装配化装修墙板生产线在设计阶段应用 BIM 技术实现三维可视化协同设计，在生产制造阶段应用了专业流水生产线，引入智能立体仓库、全自动板材切割线、自动板材包覆线、智能 RGV 输送、上下料机器人等先进生产设备，实现了装配化装修墙板的批量化生产加工。整个生产线通过标准化设计、工厂化生产、智能化制造、装配化施工，形成"设计、生产加工、装配一体化"集成技术应用体系，解决了传统墙板标准化程度低、模数协调难、精度控制难等技术难题。

（二）申报单位简介

浙江亚厦装饰股份有限公司（以下简称"亚厦"）成立于 1995 年，业务以室内外装饰、幕墙、设计与施工为主，涵盖园林、机电安装、建筑智能化、石材加工等装饰产业链，推行"生产工厂化、加工机械化、装配成品化"现代装饰技术模式，多次获得国家优质工程奖、鲁班奖等奖项，是高新技术企业，拥有"浙江省级新材料与工业化研究院"等研发平台。

二、案例应用场景和技术产品特点

（一）技术方案要点

传统墙板生产标准化程度低、模数协调难、精度控制难，在施工过程中安装难度大、安装效率低、对技术的依赖性较强，进而导致项目工程的质量难以保证。为此，亚厦针对装配式墙板产品的特性，从产品系统、加工形式、材料类别、包装、仓储等多个维度打造了一条完整的全自动生产线——装配化装修墙板生产线。同时，针对产品的全流程需求，亚厦投入人力和物力打造了专业的 BIM 团队，为智能生产线的搭建奠定了数据基础。在基于 BIM 模型的建筑设计基础上，本生产线实现了将信息化集成贯穿应用于设计、生产、施工的全过程，使 BIM 技术与工业制造的 BOM 信息技术互通，推动整个墙板的制造系统智能化。

本生产线通过引进全套专业生产流水线，形成了以"机械化、专业化、批量化"为主要特征的生产加工模式——从入库、开料、冷压、热压、精加工，到组装、涂饰、包装入库的过程（图 1）。

亚厦集成了智能立体仓库、全自动板材切割线、智能 RGV 输送、上下料机器人、自

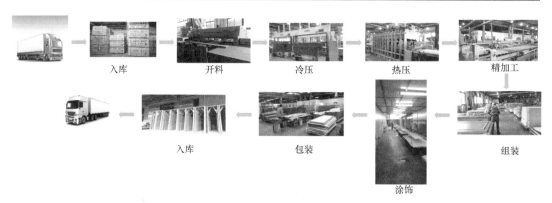

图 1　装配化装修墙板生产流水线

动包装线等先进技术设备,通过整合 WMS 仓储管理系统、MES 生产制造执行系统,实现装配化装修墙板的智能生产加工(图 2)。

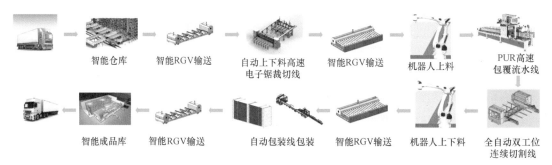

图 2　装配化装修墙板智能生产加工

在装配化装修墙板的智能生产加工中,主要配置的生产设备如下:

1. 智能立体仓库:采取无人化作业,由计算机控制和管理,可以实现仓储作业的自动化,出库量可达 40 托/小时(图 3)。

图 3　智能立体仓库

2. 智能 RGV 输送小车:采用无人化搬运的点对点高效率智能输送,速度可达 60 米/分钟(图 4)。

3. 高速自动制造设备:加工精度高、加工速度快、可同时加工 8 片(图 5)。

4. 自动上下料:上下料采用无人化搬运,机器人进行准确码垛,码垛效率可达到 5 次/分钟(图 6)。

图 4　智能 RGV 输送小车　　　　　　　图 5　高速自动切割设备

5. 自动包装线：采用龙门自动抓片、龙门自动堆垛、自动打包，抓取效率 5 次/分钟（图 7）。

图 6　机器人上下料　　　　　　　　　　图 7　自动包装线

（二）产品关键技术经济指标

通过本生产线生产的墙板各项技术指标合格，并且无醛环保，达到了国家防火标准 B1 级，其余指标如下：

1. 表面平整度：平均值 0.08mm。

2. 立面垂直度：平均值 0.09mm。

3. 燃烧性能：氧指数 35.4%；垂直燃烧 V-0 级；烟密度 SDR40.3。

4. 甲醛释放量：$<0.01mg/m^3$。

5. TVOC：$0.02mg/(m^2 \cdot h)$。

6. 重金属：可溶性铅 12mg/kg，可溶性镉$<1mg/kg$，可溶性铬 1mg/kg，可溶性汞$<1mg/kg$。

7. 基层调平模块力学性能（mm）：抗冲击试验平均值 9.8mm；静载试验平均值 0.3mm。

（三）产品创新点

亚厦装配化装修墙板生产线的主要创新点如下：

1. 通过运用板材开槽设备，简化板材翻折的操作流程，控制了槽口开设深度和均匀度，提高了板材的加工效率。

2. 通过运用板材包覆系统，实现板材的精确定位和自动化涂胶、覆膜和切割，提高包覆效率，降低包覆强度，而且操作人员可远离涂胶的板材，避免对身体造成不利影响，同时结构简单，使用便捷。

3. 通过使用切割机，可保证刀具在待切割物上轨迹的平直性，实现一次切割成型，无需后续人工修正，节省切割时间，提高切割效率，降低工人的劳动强度，并且结构简单，成本低。

（四）国内外同类先进技术比较及市场应用

通过本生产线生产的装配化装修墙板材料甲醛释放量小于 $0.01mg/m^3$（气候箱法），远低于国内标准、欧盟标准规定的限值，同时已被 SGS 认证为无甲醛释放板材，取得了由中国建材检验认证集团股份有限公司认证的儿童安全级产品认证证书和绿色建材（三星级）认证（表1）。

本成果与国内外技术指标对比 表 1

测试项目(材料)		本成果技术指标	国内外技术指标	
			国内标准	国际标准
科岩墙面板	甲醛释放量（mg/m^3）	$<0.010mg/m^3$	$\leqslant 0.124mg/m^3$	欧盟（EN 13986）$\leqslant 0.124mg/m^3$

通过本生产线生产的墙板已运用于智能建造（装配式）领域，包括住宅、公寓、酒店、医疗、办公等场所，全面覆盖装配化装修应用需求。

图 8　当代中德·璞誉住宅精装修实拍图

三、案例实施情况

（一）案例基本信息

该生产线应用以成都武侯新城当代中德·璞誉项目为例，该项目建筑面积约 30 万 m^2，装修墙板均采用本生产线生产，通过采用工厂预制加工、智能化制造和全干法作业，成本较传统施工方式下降 20%，标准模块化率达到 80%。该项目通过了全球 WELL 建筑标准认证，并获得 WELL "黄金"等级（图8）。

（二）智能生产线应用情况

1. 设计阶段。亚厦拥有专业的 BIM 团队，通过应用 BIM 三维可视化协同设计技术，解决传统建筑装饰存在的各专业之间"错、漏、碰、缺"的问题；通过应用基于 BIM 的物联网信息追溯管理技术，解决 BOM（物料）信息管理问题；通过应用基于 BIM 的工厂信息化管理系统（MES），解决生产加工效率低的问题；通过应用基于全产业链的 5D-BIM 信息化装配管理技术，解决装配时间与空间协调问题。

2. 生产制造阶段。整个装配化装修墙板生产线主要由墙板加工生产线、墙板包覆生产线、墙板包装生产线和立体库存放仓储四部分组成。

（1）墙板加工生产线，主要分为三个步骤：墙面基板的预处理、墙面基板的涂胶和墙板定位（图9）。

设计阶段结束后，通过后台数据库的处理，将所有的"物料需求指令"信息传输到工厂，智能生产线接收到 BOM 物料清单和加工图纸之后，工厂进行排产生产及二次加工。

首先进行的是墙面基板的预处理：基板通过压辊结构输送至砂光机，对大面积变形板材加工纠正，通过使用沙盘形式，对板材表面打毛增加粗糙度，设备配备砂光后清灰功能。上述操作完成后，经过动力辊台继续输送墙板进入平移辊台，在辊台可平移缓存两列

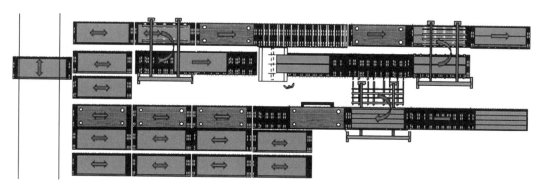

图9 墙板加工生产线示意图

基板，期间，对基板上表面进行预热处理，待辊台具备两列基板后一齐往前输送。

然后对墙面基板进行涂胶操作：两列基板同时进入淋胶机，淋胶机在基板通过时对其上表面进行施胶。喷淋运动组件按照要求（对基板两侧涂 2 道 3mm×1mm 厚，高黏度 MS 胶线，做初步固定用；对基板中部涂复数道 3mm×1mm，低黏度双组份聚氨酯胶水，做长效固定用）进行涂胶作业。

最后，施胶完成后进入墙面基板平移定位机，将基板进行定位以保证精度。

（2）墙板包覆生产线，对墙面基板进行包覆主要分为以下几个步骤：定尺寸、倒角、开槽、覆膜、修边（图10）。

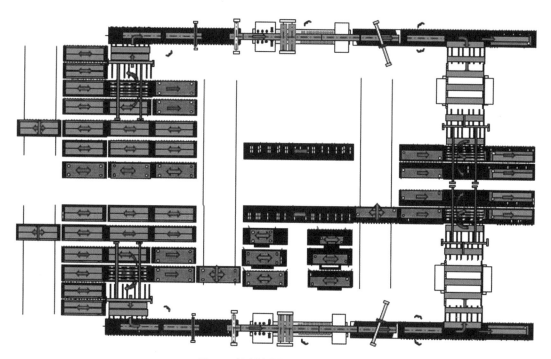

图10 墙板包覆生产线示意图

墙面基板的尺寸主要依据亚厦产品的模数标准限定为 303mm、603mm、903mm、1203mm 四种规格，通过双边木材切碎机和2X修边机，对需要定宽的墙板从侧边和上边进行控制跟踪，完成 1.5mm/边的倒角过程；通过两个木材切碎机从下部擦痕完成 2 马达/边的修边过程。然后运用"BF66L 包覆线＋精密滚胶机"，通过的板材靠压辊及连续压轮将卷膜覆合在板材表面（覆膜区履带输送；自动跟踪切断）；再运用 TMX2436 双端锯，自动堆料，裁切开孔，自动贴保护膜，完成墙板包覆。最后在伺服系统滚筒线上每块板之间留有 5mm 的缝隙保证斜切割锯将膜切开（图 10）。

（3）墙板包装生产线

墙板的包装方式为无机板墙面板可视面两两相叠，四块组包。在板的四个角上放置塑

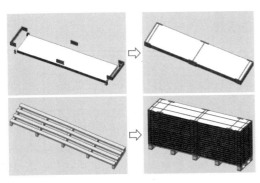

图 11　墙板包装生产线示意图

料护角后用 U 型纸护边包住，在板的中间位置也放置 U 型纸护边，后用自动打包机进行固定，最后将组包后的墙面板放在指定的木托上（图 11）。

完成组包后进入物流运转，整个包装的物流运转流程如下：一次周转自动台车前缓存线→一次周转自动台车→二次周转自动台车之间缓存线→二次周转自动台车→包材供应线、包装生产线→成品入库周转自动台车→入库。

（4）立体库存放仓储

墙板的仓储存放系统主要由成品立体仓储、成品出入库输送系统、原料立体仓储系统以及分拣送系统、电气控制系统 ECS、仓库管理和调度系统 WMS&WCS 等系统组成。整个系统集成计算机控制、网络、数据通信、物资信息自动识别等先进技术，实现收发作业自动化、仓储管理数字化、存储单元立体化、信息传输网络化和安全监控可视化。

整个物流输送过程采用机器人输送，提升物流链的生产效率，还拥有码垛软件 K-SPARC。在自动化物流系统中，信息系统主要包含仓库管理系统 WMS、自动化物流调度系统 WCS、智能设备控制系统 ECS；WMS 系统作为核心信息系统，上行连接企业管理信息平台 ERP/MES 系统，获取物流出入库计划、物料信息等，并上传库存变化信息等；下行连接 WCS 系统，下达货物上、下架指令，并依据获得的指令返回结果更新系统库存信息。

四、应用成效

(一) 解决的实际问题

1. 本生产线通过智能化批量生产，将装配化装修的部品部件提前在工厂预制，生产效率高，减少现场施工的工作量及施工产生的扬尘污染和装修垃圾，降低施工期间的材料和资源消耗，适应可持续发展的要求。

2. 本生产线生产的装配化装修墙板，形成模数协同、接口统一的系列技术及标准，解决传统墙板标准化程度低、模数协调难、精度控制难等技术难题，降低现场安装难度，提高安装效率，保障工程质量。

3. 本生产线生产的装配化装修墙板以"高分子材料＋纳米专利面材"作为装修基材，并对基材表层饰面膜进行纳米工艺处理，无醛环保，甲醛释放量远低于国内标准与欧盟标

准规定的限值，避免传统墙板甲醛超标和污染严重等弊端。

4. 本生产线技术成熟完备，具备规模化生产的条件，培养了大批生产、安装技术工人，缓解技术工人短缺的问题。

（二）应用价值

2021 年亚厦装配式墙板工程招标采购量近 300 万 m^2，招标采购价约 280 元/m^2，安装墙板面积约 150 万 m^2，安装费用为 30 元/m^2。本产品采用全自动切割和热熔包覆生产线，墙板产能可达到日均 9000m^2，相对传统墙板产能增加 10 倍以上，生产效率大幅提高，生产用工大幅降低。相比于传统硬包、木饰面安装工艺，本生产线生产的墙板采用卡扣式快装结构，现场安装效率可提升 50％以上。

本生产线的推广与应用除了减少生产用工、提高墙板产能和现场安装效率外，其生产的装配式科岩墙板各项技术指标合格，加工质量合格，利用率高，资源能源消耗较少，拆除成本低，材料的回收和再生利用率可达 90％以上，适应可持续发展的要求。

亚厦装配化装修墙板生产线的研发与应用，符合国家智能建造与新型建筑工业化协同发展的方向，推动了装修行业从劳动密集型向技术密集型转型升级，促进了装修行业的绿色、循环与可持续发展，具有显著的社会效益。

执笔人：
浙江亚厦装饰股份有限公司（丁泽成、王文广、周东珊、温效清、黄慧）

审核专家：
张声军（中国建筑科学研究院，研究员）
骆汉宾（华中科技大学，教授）

浙江建工 H 型钢生产线

浙江省建工集团有限责任公司
杭州固建机器人科技有限公司

一、基本情况

(一) 案例简介

浙江建工 H 型钢生产线是一条数字化柔性生产线，可实现从钢板到焊接 H 型钢的连续自动化生产。该生产线硬件设备由"清割岛"和"组焊校"系统组成，分别负责钢板的条板备料和 H 型钢组立焊接；软件系统包括钢结构制造智能管理平台、建筑钢结构设计—制造数据处理系统、数据处理与监视控制系统，将 BIM 信息进行管理和传递，通过数据驱动设备生产加工。该生产线已落地应用于浙西产业园钢结构基地，具备日产 40 吨 H 型钢的能力，生产效率约为传统生产线的 2～3 倍，服务于建筑钢结构的智能生产。

(二) 申报单位简介

浙江省建工集团有限责任公司（以下简称"浙江建工"）是一家以设计研发为引领，集房屋建筑、钢结构、幕墙装饰、轨道交通、机电安装、地基基础、市政工程、水利水电、地下空间、特种结构施工及投融资为一体的大型国有企业，注册资本 10 亿元；集团在建筑信息模型、智慧工地、建筑工业化和机器人等研究方向上积累了技术成果，形成了专有技术优势。

二、案例应用场景和技术产品特点

(一) 技术方案要点

数字化转型推动建筑产业高质量发展是大势所趋，在建筑钢结构制造领域，集团建筑机器人团队依托浙江省重点研发计划项目《基于 BIM 和机器人的 H 型钢智能自动化生产线关键技术研究与应用》，自主研发了 H 型钢生产线及其 BIM 信息传递管理系统（图 1），形成了建筑钢结构智能生产技术，包含 BIM 标准化设计、设计制造数据转换、加工工艺参数优化、机器视觉等技术，实现了建筑钢结构的智能加工、快速制造和柔性生产。

1. 钢结构智能生产线设计与制造技术

浙江建工 H 型钢生产线分为"清割岛"和"组焊校"两大系统。"清割岛"系统是 H 型钢生产线的前端备料工序，包括表面处理、条板切割、桁架搬运等单元，可将钢板加工成后续所需的条板。"组焊校"系统是 H 型钢生产线生成 H 型钢的主要工序，包括进料、组立、埋弧焊、除渣、翻转、校正、锯切等单元，通过各个单元的整体协调以完成 H 型钢的生产。该生产线可实现从钢板到钢构件的连续自动化加工，具有装备自动化、工艺数字化、生产柔性化、过程可视化和信息集成化的特点（图 2）。

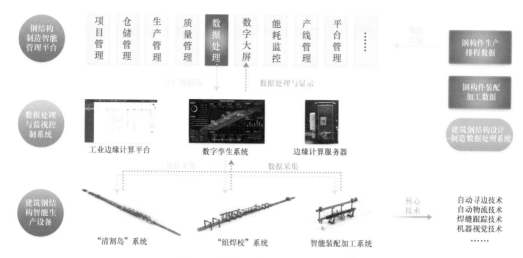

图 1　建筑钢结构智能生产架构图

图 2　浙江建工 H 型钢生产线现场

2. BIM 信息传递管理技术

该技术以钢结构制造智能管理平台为中心，采用数据处理与监视控制系统、建筑钢结构设计—制造数据处理系统，将钢构件的加工信息、指令进行管理和传递。

建筑钢结构设计—制造数据处理系统，包含钢构件排产数据流和钢构件装配加工数据流两个模块，钢构件排产数据流模块可对多个工程项目的钢构件设计数据进行归并处理，提取出符合 H 型钢生产线加工范围的钢构件；对归并后的构件数据按截面和长度进行最优排产组合，进行下料排布，形成所需的钢构件排程数据流。钢构件装配加工数据流模块可从钢结构深化设计模型中，一键批量生成构件级的具有加工定义的 BIM 数据；采用视觉技术获取钢构件的真实轮廓数据；协同加工管理中心解析 BIM 数据文件，实时处理机器视觉和加工设备的反馈信息，形成钢构件装配加工数据，综合调度机器视觉、变位机和作业机器人协同工作。

数据处理与监视控制系统，通过边缘计算平台实现了数字模型与智能生产线之间的信息交互。采用数字孪生系统实时采集设备运行数据并呈现出设备实际运行状态，并对实际运行数据分析处理，将优化处理后的加工数据即时下发回生产线设备，并上传至钢结构制造智能管理平台进行归集管理，从而实现了从设计层—管理层—设备层数据的传递、管理与交互（图3）。

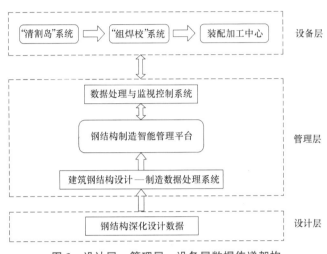

图3 设计层—管理层—设备层数据传递架构

（二）创新点

1. H型钢生产线综合设计和设备制造技术创新

设计并制造了H型钢全工序的智能自动化生产线，设计了全辊道线和桁架机械手的自动物流，十把割枪自动调节的高效数控切割机，机器人自动焊接系统，高柔性的组立焊接变位一体化设备，双焊缝自动埋弧焊接设备，各个设备单元的定位、动作传递结合多种传感器，保证设备稳定、可靠、高效，为生产线实现高度自动化、智能化奠定设备结构和机构等硬件基础。

2. BIM信息传递管理技术创新

针对传统钢结构加工过程没有充分利用深化设计数据以及人工收集生产数据的不足，开发建筑钢结构设计—制造数据处理系统、钢结构制造智能管理平台等软件系统，实现对钢结构BIM模型数据高效处理、管理和传递，全面打通钢构件从设计到加工再到生产管理的数据链，实现自动化的数据流转、统计分析，改变现有生产模式，减少人工干预，提高生产效率，保证产品质量的稳定性。

3. 钢结构制造智能管理创新

针对传统钢结构加工管理粗放、效率低、信息不及时、统计困难的缺点，项目研发一套契合钢结构制造、高度集成化和模块化的生产管理系统，辅助H型钢生产线的生产需求，并将工厂内传统生产线统一管理，协同排产，将车间整体生产能力最优化。

4. 机器人智能建造技术创新

研发了H型钢智能自动化生产线设备和钢结构制造智能管理平台，可实现从钢板到钢构件的连续自动化加工。研发的建筑钢结构设计—制造数据处理系统，采集钢结构深化设计端的 BIM 数据，并生成钢构件排产和加工数据流，上传至管理平台，通过数据处理与监视控制系统实现 H 型钢生产线的数字孪生体与物理实体设备之间的馈控链接，将管理平台上的加工数据精准下发至生产线各设备并驱动其有序工作，实现整条生产线智能化运行。

（三）应用场景

浙江建工 H 型钢生产线适用于建筑钢结构的 H 型钢构件的生产加工，主要应用于高层、超高层、装配式等各类需要 H 型钢构件的建筑钢结构中。该生产线基于全流程、全工序生产加工的设计理念，可实现从钢板上线到 H 型钢构件下线的连续自动化柔性生产。其配套的钢结构 BIM 信息传递管理系统，采用从设计到生产，再到管理的全过程数据流转、数据驱动，可实现生产线的全过程数字监控与生产管理，从而实现 H 型钢生产过程的机器换人，智能生产。

三、案例实施情况

（一）案例基本信息

2020 年 9 月 28 日，浙江建工自主研发的浙江建工 H 型钢生产线在浙西产业园龙游钢结构生产基地全线贯通。浙江建工绿智钢结构有限公司成为 H 型钢生产线的首个服务单位，产品应用于多个在建工程项目（图 4）。

图 4　浙江建工 H 型钢生产线环境

以龙游县公共文化服务中心项目为例，该项目位于龙游县城东中央生态廊道中段，总用地面积约 14.04hm²。整个项目拟建 7 个建筑单体以及相应的室外配套工程和地下管廊，总建筑面积 230201.89m²，其中地上总建筑面积 135011.39m²，地下总建筑面积约 95190.50m²。项目钢结构主要为十字柱、箱型柱和 H 型钢梁，材质基本为 Q355B，总用钢量约 7500 吨。

（二）应用过程

1. 加工数据智能处理阶段

H 型钢生产线生产人员根据 H 型钢构件的订单要求，通过建筑钢结构设计—制造数据处理系统，形成钢构件排产数据流，数据在钢结构制造智能管理平台中进行统一管理（图5）。通过边缘计算服务器将加工数据精准下发至H型钢生产线各设备，生产人员只需根据设备上的加工数据操作设备就可完成相应加工任务，检查并保证所生产构件满足钢结构规范要求。

智能线加工队列	开板数据流——切割工位加工数据	加工件数据流——组立工位加工数据	整板汇总

（表内数据详见图5）

图 5　钢构件生产排程数据

2. H 型钢生产加工阶段

在生产过程中，钢板通过整条 H 型钢生产线的"清割岛"（图 6）和"组焊校"（图7）两大系统，实现从钢板到 H 型钢的连续自动化加工。

图 6　"清割岛"系统各单元设备

（1）"清割岛"系统加工阶段：H 型钢生产线生产人员将钢板吊至表面处理单元后，操控"清割岛"设备将钢板加工成后续所需的条板。表面处理单元排除钢板表面浮锈灰尘等对加工不利的影响，钢板上料时自动定位，钢刷辊自适应不同厚度的钢板进行加工；切

图 7 "组焊校"系统各单元设备

割单元设计的三工位调度上下料系统，合理安排切割工位与前后工位的钢板高效流转，切割时通过激光自动寻边技术，参照钢板边线确定切割路径，自适应定位切割头，多枪联动调整切割间距，批量切割直条以及异形构件；桁架搬运单元采用的龙门结构承载稳定，导轨滑块运行精确，液压耐高温电磁式抓手耐用可靠，柔性自动调节长度，根据调度控制灵活搬运条板缓存或进入下一个加工工位。

（2）"组焊校"系统加工阶段：作为 H 型钢生产线生成 H 型钢的主要工序，其进料单元自动搬运条板进行二次缓存，同时有序搬运条板上料用于组立加工；组立单元通过条板自动定位和伺服夹紧固定完成 H 型钢的组立，灵活高效适应不同构件截面，激光自动焊缝寻位跟踪，辅助机器人完成点焊。埋弧焊单元采用双缝同步焊接，自适应不同构件截面，焊接机头自动定位，精密垂直双排滚轮仿形跟踪，双弧双丝焊接高效可靠；翻转单元辊道正反方向灵活传输，协同埋弧焊单元和校正单元构件变位，适应不同构件长度对中定位；通过校正单元对构件正反向反复校正；锯切单元通过构件自动对中机构和伺服定位液压系统固定构件，锯切长度激光测距精准定位。通过各单元的整体协调完成 H 型钢的生产，经质检合格后进入后续二次加工工序。

3. 全生产过程数据实时馈控

在生产过程中，以钢结构制造智能管理平台为中心进行数据管理，同时依托边缘计算技术开发的数据处理与监视控制系统（图 8），实现 H 型钢生产线设备数据采集、动态管理和大屏数据展示。打通了车间数据，优化资源配置和生产过程，实现车间执行、控制过程的科学管理。

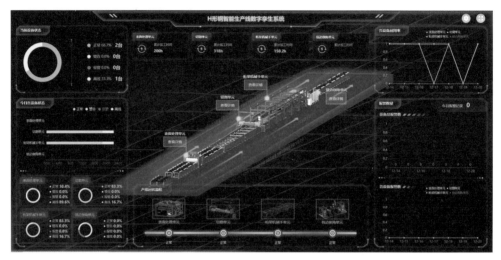

图 8　数据处理与监视控制系统

四、应用成效

（一）总体应用成效与科研成果

浙江建工 H 型钢生产线成功研发并在浙西产业园钢结构基地示范应用，生产线全长242m，具备日产 40 吨 H 型钢的能力，产品质量全部符合要求，仅需 4 名工人就可对钢结构制造过程中不同环节进行全程智能化控制。

在 H 型钢生产线的加工范围内（翼板宽度 200～600mm，腹板宽度 400～800mm，翼板、腹板厚度 8～60mm），每班 8 小时平均可以生产 8 根 12m 长的 H 型钢，单根 H 型钢重量受截面尺寸影响大，以 2.5t/根计算，则每班产能为 20t，是工厂内传统生产线的2～3 倍。同时，H 型钢生产过程中减少人工干预，降低工人劳动强度，仅需操作人员 4人，节约 50％以上的人力成本；利用 H 型钢生产线的程序控制和机器人高精度操作，提高产品的质量和生产效率、降低工伤事故的发生概率。公司申请发明专利 40 项（已获授权 6 项），已获授权实用新型专利 13 项，已获软件著作权 5 项，发表核心期刊论文 2 篇。

（二）具体应用成效

1. 缩短产品制造周期：提高制造的快速响应能力，实现高动态性、高生产、高质量和低成本的产品数字化制造。

2. 提高生产效率：通过对设备智能化提升，设备数据的采集应用，管理组织的智能化、科学化，大幅提高生产效率。相较于传统生产模式，生产效率提升 2～3 倍。

3. 降低材料损耗：传统生产线构件的损耗率基本在 4％～5％，普遍偏大，H 型钢生产线从前端进行数据处理和生产排程，排布优化后可以节约 $1\%\sim2\%$ 的钢材。

4. 降低能源消耗：H 型钢生产线先进的生产组织，不仅能降低能源的消耗量，提高产品的合格率，同时减少因返工修补而产生的能源消耗。

5. 降低运营成本：H 型钢生产线先进的生产方式，充分利用自动化加工工艺，降低人工成本、机械成本及能源成本等；提高构件质量，减少返工及构件报废产生的成本。

6. 降低产品不良品率：传统生产线焊缝的一次成形产品合格率为 90%，经修复后达 98%；采用智能化生产线后，一次成形产品合格率达到 98%，修复后达 98.5%。

（三）在社会效益方面

H 型钢生产线在浙西产业园龙游钢结构生产基地的研究及示范应用，为智能建造人才培养集聚、技术研发攻关、专业整合集成建立了重要创新平台。该项目通过改造传统的钢结构加工制造业生产方式，有利于提升钢结构行业的生产效率，增强钢结构建筑智能建造的能力。

执笔人：
浙江省建工集团有限责任公司（金睿、尤可坚、丁宏亮、蒋燕芳）
杭州固建机器人科技有限公司（邱甜）

审核专家：
张声军（中国建筑科学研究院，研究员）
骆汉宾（华中科技大学，教授）

中建海峡装配式建筑产业基地
预制混凝土构件生产线

中建海峡建设发展有限公司

一、基本情况

（一）案例简介

中建海峡装配式建筑产业基地预制混凝土构件生产线（以下简称"预制混凝土构件生产线"）由信息化生产管理系统、预制构件自动流水线控制系统、绿色搅拌站管理系统、起重设备智能管理系统、三维智能追日光热式预制构件养护系统5部分组成，可实现预制构件生产信息传递、数据共享，智能化核心生产设备分散控制、集中管理，创新能源供给，基本达到工厂生产全过程智能控制，有利于提高生产效率，降低产品生产成本（图1）。

图1 预制混凝土构件生产线管理平台

（二）公司简介

中建海峡建设发展有限公司（以下简称"中建海峡"）是中国建筑股份有限公司在海峡区域设立的区域总部实体运营公司（区域投资公司）。公司扎根福建近40年来，位居福建省建筑行业前列，是国家级高新技术企业。公司注册资本 15 亿元，现有员工 5400 余人，年经营规模 800 亿元，业务遍布全国 20 多个省市及东南亚地区，逐渐形成以福建、江西区域为核心，以粤港澳（含海南）、长三角、东南亚区域为重点，以京津冀、西南、华中区域为支撑的"2＋3＋3"市场布局。

二、案例应用场景和技术产品特点

（一）技术方案要点

本项目围绕预制构件生产的信息化生产管理、核心设备智能化控制、绿色能源创新运用等三个方面五个板块展开系统研究，运用信息化生产管理系统，做到基于二维码的信息采集、处理和运用，打造预制构件智能制造生产线，实现核心设备分散控制、集中管理，搭建太阳能养护系统，实现绿色能源高效利用。

1. 信息化生产管理系统

通过信息化生产管理系统，可以实现从生产任务下单到构件出库全流程质量和进度双维度控制。主要应用如下：

（1）集成 ERP 功能，实现构件 BOM 表一键同步，实时统计物料消耗量、自动对比库存，做到降低库存，分析损耗因素，强化物料管理；

（2）隐蔽验收、成品检验等质检资料自动采集、云端保存，可实现永久可追溯；

（3）通过扫描二维码自动生成发货单，实现一键操作，减少人工制单误差。

2. 预制构件自动流水线控制系统

预制构件自动流水线控制系统应用在生产线运行过程中，通过中控联动模式可实现自动运行，每个工位相对独立工作，能够掌控自动化生产线主要设备的运行状态；同时，系统有紧急停车模块、电气故障报警指示模块、运行模拟模块，确保运行安全。

3. 绿色搅拌站管理系统

绿色搅拌站管理系统（图 2）采用双机双控系统集成模拟生产功能，实现无缝式连续

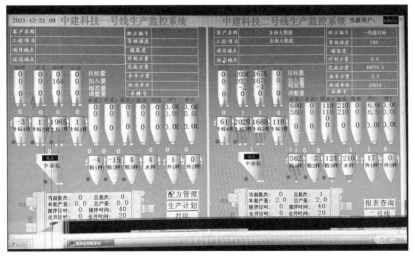

图 2　绿色搅拌站管理系统操作界面

图 3　起重设备

生产、送货单自定义绘图、运行参数自动预警和记录，数据库一键还原备份等功能，确保系统稳定运行和过程可追溯。在物料剩余量管理方面，通过网络实时操作对控制室生产界面进行查询。

4. 起重设备智能管理系统

起重设备智能管理系统利用无线方式对厂区内所有起重设备（含堆场）（图 3）关键运行部件和参数进行管控，可查看设备运行状态和排除设备故障，实时监测起重机工况，自带诊断功能，实现危险状况快速报警及安全控制；具有黑匣子功能，自动记录作业时的危险工况，为事故分析处理提供依据，目前已平稳运行 6 年。

5. 三维智能追日光热式预制构件养护系统

工厂屋面建设有直径 84m 的三维智能追日光热式蒸汽养护系统（图 4），将太阳能高效转换为蒸汽热能，辅之以锅炉蒸汽联动技术，用于预制构件养护的日常需求。在平台可实时查询养护温度、湿度，做好数据自动记录、分析、整理，自动绘制温控曲线及实时温度曲线，助力工厂绿色运行。

图 4　三维智能追日光热式预制构件养护系统

（二）关键自主技术创新点

1. 运用信息化生产管理系统，可以实现从生产任务下单到构件出库全流程基于信息化的质量和进度双维度控制；

2. 打造预制构件智能制造生产线，将钢筋自动加工成型、边模板装拆、混凝土浇筑成型、构件养护、翻板和脱膜等工序高度集成，利用自动化和智能化生产设备，可大幅度提高生产效率，有效降低产品成本；

3. 搭建太阳能养护系统，将太阳能技术用于预制构件生产领域，使用清洁无污染的太阳能作为预制构件的养护能源,减少了能源消耗和对环境的污染。

(三)产品特点

预制混凝土构件生产线采用全自动化预制构件生产线,各生产工序采用机械完成,同时配备自动化管理系统,实现智能化管理,自动化程度更加先进,可大幅度提高生产效率,有效降低产品成本;并使用信息化生产管理系统,实时对生产线上的预制构件在进度、材料、验收、出入库等方面进行管理。

三、案例实施情况

(一)案例基本信息

中建海峡(闽清)绿色建筑科技产业园(启动区)综合楼项目(图5)位于福建省福州市闽清县。综合楼规划建设用地面积 $3400m^2$,总建筑面积 $6346m^2$,建筑高度22.9m。项目采用装配混凝土建造方式,结构形式为装配整体式钢筋混凝土框架结构,预制率70.9%,主要预制构件

图5 案例实景图

种类有:预制混凝土柱、预制叠合梁、预制叠合楼板、预制复合保温外挂墙板、预制楼梯等十余种预制构件。

(二)应用过程

1. 深化设计阶段

本项目采用基于BIM的正向设计,通过族库参数化建模(图6),从而提高预制构件的设计精度,辅助实现精益化生产;同时,参数化建模能提高建模的速度,避免大量重复劳动,提高准确率。

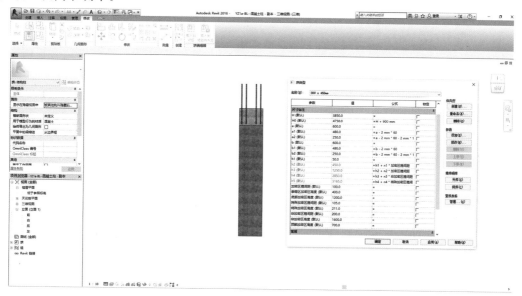

图6 参数化建模

在深化设计阶段，通过可视化三维软件，进行全专业建模、细部设计、碰撞检查、三维出图（图7），减少设计错误，提高出图效率。

深化设计的成果除了生产图纸、三维模型，还包括具有模型信息的清单，清单包括了预制构件的名称、种类、数量、尺寸、预埋件等生产信息，搭建"设计—制造"信息链。信息链可直接导入信息化生产管理系统，实现"一键下单、一键排产"。

2. 构件生产阶段

(1) 钢筋下料加工

将深化设计阶段导出的信息自动导入自动化钢筋加工设备进行钢筋下料加工，无需人工识图手动操作，在提高钢筋下料精度的同时，减少钢筋下料时间（图8）。

图7　三维模型

图8　全自动钢筋网焊接生产线

(2) 混凝土生产布料

本项目采用立轴行星式全封闭中转料仓绿色生产搅拌站（图9）。搅拌站介于单阶式和双阶式，在搅拌机上方设置一个砂石储存斗，可以储存计量好的砂石料，当程序要求投料时，可立即投到搅拌机内，从而实现高效率生产。另外，通过扫描一个或多个预制构件的二维码，获取构件的混凝土方量信息，合理安排混凝土生产布料，实现资源合理利用。

(3) 环形组织生产

预制构件先后经过模具清理、数控划线、边模安装、钢筋和预埋件放置、布料振捣、表面拉毛、立体养护、构件脱模、模具返回等工序，实现工位流水化作业、工序设备化生产，以"程序为主、手动为辅"的方式进行生产控制，改变行业存在的固定模台式生产组织方式，提升生产效率，保障构件成品质量（图10）。

(4) 构件养护阶段

不同于一般项目的构件自然养护和常规蒸汽养护，本项目通过采用立体蒸汽养护窑，将太阳能蒸汽设备（图11）与传统蒸汽锅炉进行联动控制；即当阳光充足时，太阳能蒸汽设备提供养护设备所需蒸汽；当阳光较不充足时，太阳能蒸汽设备产生高温热水补给蒸汽锅炉，由蒸汽锅炉提供蒸汽。从而降低能耗，实现绿色环保。

3. 全过程信息化管理

本项目通过信息化生产管理系统（图12），基于二维码的项目管理、排产管理、品质管理、成品管理、发运管理，实现精准规划、智慧生产、标准作业和全过程生产可追溯；通过大数据分析后台生产数据，助力提高生产效率，实现工厂与现场的进度协调。

图 9　立轴行星式全封闭中转料仓绿色生产搅拌站

图 10　预制构件自动流水线

图 11　太阳能高温蒸汽模块

图 12　信息化生产管理系统

四、应用成效

(一) 应用效果

1. 提高生产效率。通过信息化生产管理系统对预制混凝土构件生产线精细化管理，提高过程管控品质，提升生产效率，实现单条流水线年产 3.2 万 m^3 叠合板，达到设计产能的 80%，保障公司 2020 年全年完成 47 个项目，共计 210 栋楼 86422m^3 预制构件的生产任务。

2. 缩短生产工期。主要体现在两个方面：一是通过采用高效智能的预制混凝土构件生产线，提高人均生产效率，从而减少了生产作业时间。二是通过运用信息化生产管理系统，减少生产前的准备工序，加速每道生产工序的信息传递，精准生产、快速出货、降低库存，以管理的优化加快进度。相比传统模式 30～50 天的生产工期，能合理压缩 10 天左右。

(二) 经济效益

近 5 年以来，中建海峡采用预制混凝土构件生产线完成中建科技福州公司综合楼、滨海新城综合医院、福建省食品检验检测实验楼、东南大数据产业园、福州实验学校等 100 余个装配式项目，总建筑面积约 400 万 m^2，项目类型涵盖了住宅、办公、医疗、公共建筑等建筑类别，预制构件生产合同额近 8 亿元，累计创效 6000 余万元，取得了显著的经济效益。

执笔人：
中建海峡建设发展有限公司（王耀、张永辉、涂闽杰、王培新、周勇）

审核专家：
张声军（中国建筑科学研究院，研究员）
骆汉宾（华中科技大学，教授）

山东万斯达模块化自承式预应力构件生产线

山东万斯达科技股份有限公司

一、内容要求

（一）案例简介

山东万斯达科技股份有限公司针对国内传统桁架叠合板存在的问题，研发了钢管桁架预应力混凝土叠合板（简称"PK3型板"）。通过对PK3型板制造中钢筋张拉、混凝土浇筑、振捣、养护、脱模起板、转运储存及施工安装等关键节点的研究，公司研发了模块化自承式预应力构件生产线，实现了PK3型板的工业化生产。公司拥有整条智能流水线的设计、制造、安装等全套关键工艺和知识产权，该生产线也已在国内十多个省市投入使用。本案例介绍生产线成套设备在安徽晶宫绿建集团有限公司的应用成果。

（二）申报单位简介

山东万斯达科技股份有限公司成立于2010年6月，是一家从事装配式建筑系统技术研发和输出，自主专利成套设备销售，预制构件产品生产销售，为客户提供工程设计、技术优化和流程再造一体化解决方案的高新技术企业，是国家级、省级"装配式建筑产业基地"，省级"一企一技术""专精特新""瞪羚企业"和"单项冠军企业"。

二、案例应用场景和技术产品特点

（一）技术方案要点

模块化自承式预应力构件生产线（图1、图2）由固定生产线系统和跨线运行设备两部分组成。

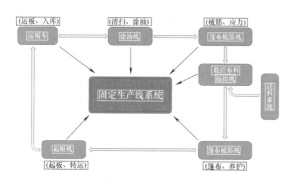

图1　生产线功能组成图

图2　生产线实景图

1. 固定生产线系统

由 PK3 型板构件生产台面预应力自承系统、循环加热系统、喷淋加湿系统、钢筋调直下料输送系统、摆渡系统、防护系统、动力系统和模具系统组成（图3～图6）。以模块化自承式台座作为固定生产线系统的主体承载设备，集成应力自承、循环加热、喷淋加湿防护、动力和模具系统，通过钢筋截断机和摆渡车的合理组合，完成钢筋调直下料输送和跨线设备摆渡，实现流水作业。

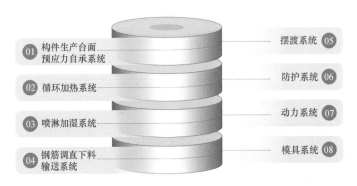

图 3 固定生产线系统组成

图 4 固定生产线系统实景图（多条）

图 5 摆渡车

2. 跨线运行设备

由数控布料振捣机、涂油机、篷布梳筋机、起板机和运板机等集成功能的单机设备组成（图7～图11）。跨线运行设备在固定生产线台座上沿轨道运行，完成台座清理、涂油、混凝土数字化布料、振捣，覆盖、养护，起板、运板等流水化功能作业，通过摆渡车实现任意固定生产线间的跨线摆渡，实现多条共用，减少设备投入，提高生产效率。

（二）关键技术和创新点

1. 关键技术

（1）模块化自承式台座

作为固定生产线长度组合的标准化主体承载设备，在设计上选用定制高强合金矩管作主受力构件，中间铺设工字钢龙骨，上面铺设台面钢板，采用焊接将三者组合为整体，形成台座主体。双侧合金矩管上部铺装双列运行轨道，内部灌注高强砂浆增加结构受力，两端设置标准端板，侧面敷设动力输送和走台挂架，在台座下部工字钢龙骨铺设养护管路，为构件生产过程中的应力承受、循环加热、跨线设备运行和功能性作业提供保障。在制作工艺上采用板材数控激光下料，部件精密加工，整体反变形焊装，台座对铣两端的整体加工方式，确保台座的加工精度及标准化，为构件生产提供了高精度台面和模具。

图 6　钢筋截断机

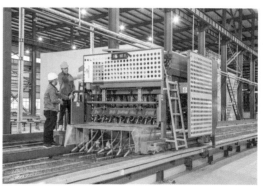

图 7　数控布料振捣机

图 8　涂油机

图 9　篷布梳筋机

图 10　起板机

图 11　运板机

（2）数控布料振捣机

采用多螺旋输送数控同步布料方式，通过优化材料配比、减重计量回馈、综合振捣排布设计和数字化辅助控制软件应用等手段，控制行走、吐料和闸门开关，实现布料均匀和同步振实一次完成，提升了生产线整体的工作效率。

2. 创新点

（1）模块化自承式台座具有模块化、集成化、标准化特点，安装快捷方便，组线长度可调，可适应各种生产作业环境，满足客户需求。

（2）模块化自承式台座采用整体加工制造，设备精度高。台面平面度≤3mm/2m，可为构件生产提供高精度生产台面和模具，使产品质量稳定可控。

（3）模块化自承式台座结构受力合理简洁。通过两侧合金矩管和连接法兰，自身承载张拉反力，减少常规台座式预应力构件生产线大土方反力墩中钢筋及混凝土的使用量，降低了基础设施的复杂性，提高车间的通用性。

（4）跨线运行设备具有多功能集成、数控高效的特点。跨线设备运行在固定生产线台座轨道上，单机多功能、流水化完成各项工序作业，自动化程度及生产效率高。

（三）应用场景

模块化自承式预应力构件生产线是 PK3 型板产品高质高效智能化生产的流水线设备。该生产线已在河北、山西、山东、新疆、安徽、河南、浙江、江苏、重庆等地安装投产，共建成年产能达 1000 万 m² 的 PK3 型板生产基地。截至目前，各基地生产的 PK3 型板已大量用于万科、碧桂园、龙湖、融创、保利、中海和上海外高桥等企业的项目。

三、案例实施情况

（一）应用过程

为更加经济高效地生产预制叠合板，晶宫绿建集团通过专利授权引进了 PK3 型板技术和生产线成套设备，由万斯达为晶宫绿建进行工厂生产线工艺布局设计（图 12）、设备制造安装，对晶宫绿建技术、生产、施工等相关人员进行生产线设备使用、关键制造工艺控制、施工工法等专业培训，直至熟练掌握 PK3 型板生产技术、设备操控使用及施工安装工法。

颖上晶宫绿建PK3型板设备工艺布局图

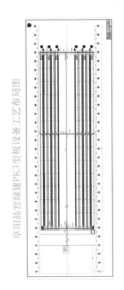
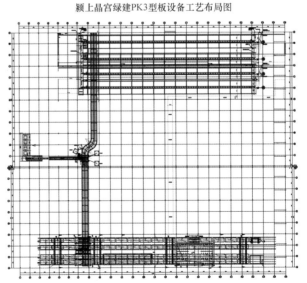

图 12　工厂生产线工艺布局设计

（二）设备投产、效益显现

截至目前，晶宫绿建集团有限公司已在阜阳晶宫绿建基地安装 10 条 WSDPK-2100 型生产线成套设备，设计产能 100 万 m²；在颍上晶宫绿建基地安装 4 条 WSDPK-3500、4 条 WSDPK-4200 新型生产线成套设备，设计产能 120 万 m²。以上两处基地的生产线均已投产使用（图 13～图 20）且取得较好效果，其中颍上基地 WSDPK-3500 生产线已量产 PK3 型板系列产品，该产品尺寸长 12m、宽 3.5m。合肥晶宫绿建、芜湖晶宫绿建 2 处基地设计产能 120 万 m² 的生产线设备合同也已经签订，正在制造中。

近三年来，阜阳晶宫绿建和颍上晶宫绿建基地模块化自承式预应力构件生产线已生产 PK3 型板产品 200 多万平方米，产品应用于晶宫绿建集团承建的钢结构住宅及剪力墙结构住宅等装配式建筑项目中。

图 13　晶宫绿建阜阳晶宫宝能厂生产线应用

图 14　应力钢筋、桁架就绪

图 15　混凝土数字化布料振捣

图 16　覆盖升温养护

图 17　多线流水作业

图 18　成品质量检测

图19 起板、转运

图20 PK3型板构件成品

四、应用成效

(一) 解决的实际问题

1. 提升生产效率。模块化自承式预应力构件生产线具备模块化、集成化、标准化的特点,其固定生产线协同配套功能集成的跨线运行设备可进行分工序长线流水作业,从而实现高效数控布料、自动化生产。生产等量产品比传统叠合板生产节约人工成本三分之二,解决传统叠合板生产操作繁杂、用工多、人工控制精度低、费时费力等生产效率低的问题。

2. 节约成本和时间。传统叠合板生产需要产品、模具深化设计,设计成本 $10 \sim 16$ 元/m^2,模具定制加工还会导致产品延迟投产 $15 \sim 30$ 天。PK3型板的行业标准和图集已颁布执行,相比传统叠合板生产,PK3型板生产可实现无需深化设计,可直接选用行业标准和图集。PK3型板配套生产线的台座采用整体加工制造,设备精度高,自带标准模具,可实现大批量长线生产,从而使接单采购周期小于5天,提高企业的投标竞争力。

(二) 应用价值

截至目前,模块化自承式预应力构件生产线成套设备已销售、安装投产100余条,实现销售2亿元,分布于国内10多个省市,共建成12处生产基地,形成年产PK3型板1000万 m^2 的产能,为社会创造经济效益15亿元。

执笔人:
山东万斯达科技股份有限公司(臧洪涛、张波、张树辉、桑逢臣、孙滢雪)

审核专家:
张声军(中国建筑科学研究院,研究员)
骆汉宾(华中科技大学,教授)

海天机电集约式预制构件生产线

海天机电科技有限公司

一、基本情况

（一）案例简介

集约式高产能预制构件生产线（以下简称"集约线"）解决了传统预制构件生产线存在的产能低、自动化程度低、能耗高等问题，集约线关键设备包括堆拆垛机、中央转运车等。集约线的关键核心技术是实现一次 6 套模具入窑养护，可节约空间 30%、节约能耗 40%，生产节拍可缩短至 6 分钟。此外，集约线还具有设备投资少、占地面积小、厂房要求低等优势，特别适用于低矮的老旧厂房，能够显著降低生产成本及综合投资（图 1）。

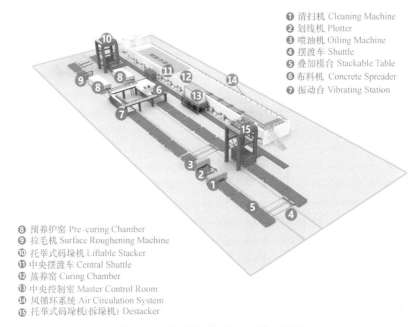

❶ 清扫机 Cleaning Machine
❷ 划线机 Plotter
❸ 喷油机 Oiling Machine
❹ 摆渡车 Shuttle
❺ 叠加模台 Stackable Table
❻ 布料机 Concrete Spreader
❼ 振动台 Vibrating Station

❽ 预养护窑 Pre-curing Chamber
❾ 拉毛机 Surface Roughening Machine
❿ 托举式码垛机 Liftable Stacker
⓫ 中央摆渡车 Central Shuttle
⓬ 蒸养窑 Curing Chamber
⓭ 中央控制室 Master Control Room
⓮ 风循环系统 Air Circulation System
⓯ 托举式码垛机(拆垛机) Destacker

图 1　集约式预制构件生产线布局图

（二）申报单位简介

海天机电科技有限公司专业从事装配式建筑成套智能装备的规划、研发、制造、运维等业务近 20 年，综合服务能力位居行业前列，是国内较早引进欧洲技术与标准的企业之一。公司为工信部"专精特新"小巨人企业、山东省瞪羚企业，参与了国家"十三五"重点研发计划项目的研究工作，承担了相关预制构件生产装备的专题研究任务，参编国家建筑标准 10 余项，拥有专利 139 项。

二、案例应用场景和技术产品特点

（一）技术方案要点、关键技术经济指标

1. 生产节拍方面：相对于传统预制构件生产线，集约线较好地解决了码垛机运行节拍慢的问题，将传统预制构件生产线码垛机拆分为堆垛机与拆垛机两个设备，采用双线双循环生产工艺。堆模台、拆模台分别采用堆垛机、拆垛机来执行，通过对叠加模台的堆叠，多张模台一次性进出堆、拆垛机，一次性进出养护窑，大大提高了整个生产线的生产节拍，将码垛机的运行节拍控制在 5 分钟，码垛机不再是整条生产线运行的瓶颈，较传统预制构件生产线码垛机平均 10 分钟左右的运行节拍有较大的优势。

2. 热能节约方面：传统预制构件生产线养护窑单列单层只能养护一个构件，热量利用率不高；集约线单列窑可以养护 12 个或 18 个构件，热量利用充分，并采用太阳能辅助加热与蒸汽发生器快速生产蒸汽方式，较单一的蒸汽加热或水温加热有明显优势，构件养护成本降低近 50%。

3. 关键设备增效方面：中央摆渡车实现模台到养护窑的存、取，运用编码器和接近开关双定位模式定位精准，运行速度快（30m/min），能够满足集约线对运行快节拍的要求。

（二）技术创新点

1. 蒸养窑采用砖混隧道窑形式，太阳能辅助加热与蒸汽发生器快速生产蒸汽方式及热风循环系统，使窑内温度迅速均匀达到养护温度。智能化温度、湿度控制系统，使窑内温度控制精度保持在 3℃之内，湿度大于 95%。

2. 单列窑可同时养护 12 块构件，最大可达到 18 块构件，蒸汽能量得到充分利用。

3. 采用双线双循环生产工艺，堆模台、拆模台采用堆垛机、拆垛机分别执行，通过对叠加模台的堆叠，多张模台一次性进出堆、拆垛机，整个生产线运行节拍达到 5 分钟。

4. HTMES 系统是海天机电对预制件生产开发的生产管理系统，对构件生产实现全生命周期管理，并可追溯构件生产过程。可以与企业 ERP 实现数据共享，与 BIM 对接，可以读取构件参数，实现整个生产线构件生产从划线、布模、布料到送料机调度等的自动化运行。

5. 自动布料系统能根据输入的构件信息、构件 CAD 图纸自行计算所需混凝土量，合理分配布料机的行走速度和螺旋转速参数，实现智能布料。

（三）应用场景

集约线主要用于生产住宅、公共建筑和市政领域所需的叠合板、内墙板、外墙板等，尤以生产叠合板效率最高。

相比传统预制构件生产线，集约线可大幅节约用地，对厂房高度要求可小于 9m，并且适合老厂房改造，减少土地投资。生产线具有双工位和双堆拆垛机，生产节拍大大提高。模台设计数量多，储存窑位多，可实现大部分构件的自然养护，降低养护成本 30%。

（四）市场应用情况

海天机电科技有限公司为唐山润弘新型建材有限公司、山东网金新型建材有限公司、四川眉山奥利鑫新型建材有限公司、山东中岩重工科技有限公司等多家公司，提供了集约

线集成应用解决方案，从企业原料实验选型开始，到设备布局、工艺流转、质量控制、设备提供、能耗选型、制造过程数据化管理均提供了全流程集成应用解决方案。智能生产技术的应用，使集约线生产效率得到了很大的提高，能耗降低近三分之一，为客户创造了较好的经济效益。

三、案例实际情况

（一）产线布局过程

2019年7月，唐山润弘新型建材有限公司正式与海天机电科技有限公司签订集约线采购合同，计划将生产线安装在原有的老旧车间，并期望获得不低于传统预制构件生产线的产能。由于唐山润弘现有旧车间只有130m的长度和20m的宽度，传统预制构件生产线很难实现正常布局（传统预制构件生产线需要厂房长度200m，厂房宽度27m），而且也无法达到传统预制构件生产线的产能（传统预制构件生产线产能在2万m³/年）。公司进行了多次实地考察，充分考虑现有车间条件，不断计算行走节拍、调整模台尺寸，最终确定采用

图2　唐山润弘集约线现场照片

集约线方案，在缩短节拍时间、提高效率、提高模台利用率、增加养护仓位等方面优化了布局，实现了年产3.5万m³的高产能（图2）。

（二）典型做法和创新举措

1. 蒸养窑采用砖混隧道窑形式，内设保温层，使用热风循环系统，使窑内温度迅速均匀达到养护温度。智能化温度、湿度控制系统，使窑内温度控制精度保持在3℃以内，湿度大于95％。实时记录温度、湿度曲线，控制方式灵活，可采用预设的温度、湿度曲线运行，也可根据构件生产工艺自动调整温度、湿度控制曲线。

2. 采用太阳能辅助加热，蒸汽发生器快速生产蒸汽方式可节约能源6％。

3. 状态监控与诊断系统能够对集约线各个设备的状态进行实时监控，实现故障诊断、报警，以及维护、保养提示。设备发生故障时系统能够自动诊断，识别故障点指导现场人员排除故障。能够对设备负荷进行分析，判断设备操作、运行是否正常，在设备不正常运行时进行提示，能够记录设备运行负荷曲线。

4. 自动布料系统能根据输入的构件信息、构件CAD图纸自动按构件结构实现布料。信息输入方式灵活，可以从上位机输入，亦可通过触摸屏输入构件信息。布料机能够自动定位，自动寻找原点，通过传感器定位模台的位置。在自动布料状态下，根据传感器检测浇筑的混凝土重量，并结合当前构件信息和设备运行参数，调整布料机的行走速度和螺旋转速，使其满足构件的质量要求。在满足构件质量要求下，合理分配布料机的行走速度和螺旋转速参数，提高布料机布料效率。

5. 生产线设备和企业控制中心的数据交互。生产线设备可通过以太网或其他通信方

式与企业控制中心进行数据交互，企业控制中心能够监控各设备的运行状态、生产数据。与 ERP 系统共享数据，实现生产管理、订单管理。可兼容现有 BIM（Revit）图纸实现数据解析，实现设备和部门之间数据共享。布料机、划线机和边模摆放机器人等设备可读取同一数据库中的数据信息，并执行对应操作。

四、应用成效

集约线通过双线布局设计使得构件成型速度相比传统预制构件生产线提高一倍，年产能可达 5 万 m³；通过自主软件的开发提高智能化控制程度，可以减少用工 11 人；通过创新生产线关键设备养护仓，实现单条生产线节约钢材 90 多吨、混凝土每方成本控制在 65 元、混凝土养护成本每方节约 15 元，全年可节约养护成本 750 万元。

1. 产能大幅提高。集约线采用双线双循环工艺，用一台堆垛机、一台拆垛机和一台中央转运车，将传统预制构件生产线码垛车的功能进行了拆分，将单块模台出入窑的设计理念变为一垛 6 块模台一起出入窑。每 5 分钟可以完成一张模台的作业，产能提高一倍多。

2. 设备成本降低。通过创新布局调整，缩减和合并区域，生产线布局从 200m×30m 优化到 160m×27m，减少设备投资 90 万元，降低 15%。很大部分生产线人工操作由智能操作代替，用工人数从 45 人减少到 34 人，降低劳动力成本。同时采用砖混结构养护窑，相比传统钢结构养护窑，护窑成本减少 25%。

3. 实现全流程管理自动化。该集约线采用变频技术、PLC 编程控制和触摸屏界面操作。中央控制系统可实现整条生产线自动运行、布料机自动布料、振捣机多组工艺参数下的自动振捣、堆拆垛机全自动堆拆垛、养护升温和自动完成构件养护。主要机电设备选用国内或国际主流品牌，高效电机等技术得到普遍应用。选用先进的 HTMES 系统，可实现全流程生产管理、构件管理的自动化和智能化。

4. 节能减排效果显著。在耗能最大的蒸养环节，该集约线引入了太阳能辅助加热，开发低温蒸养系统代替高温蒸养，使得能耗比传统预制构件生产线降低约 20%。

执笔人：
海天机电科技有限公司（庞秋生、程建炜、杨宗建、刘月坤、赵智闻）

审核专家：
张声军（中国建筑科学研究院，研究员）
骆汉宾（华中科技大学，教授）

山东绿厦钢构件生产线

山东联兴绿厦建筑科技有限公司

一、基本情况

（一）案例简介

山东绿厦钢构件生产线针对型钢下料、异形件加工、钢框架组合焊接、AFC 新材料和高性能砂浆的混配和浇筑，以及生产构件流转搬运等工艺过程中存在的问题，通过应用工业协作机器人、线激光 3D 视觉工业相机、自动加工成型技术、自动焊接成型技术、集成化控制技术等技术，有效解决了异形构件、大型工件加工难、测量难、加工精度低、效率低等问题（图 1）。

图 1　钢构件生产线

（二）申报单位简介

山东联兴绿厦建筑科技有限公司位于山东省德州市新旧动能转换示范区，是专注于工业化建筑全体系（设计、研发、生产、施工、运维服务等）融合发展的高新技术企业，致力于实现智能生产、智慧建造。公司是山东省装配式建筑产业基地、山东省"一企一技术"研发中心、山东省科技型中小企业、德州市高新技术企业，研发的"装配式钢结构建筑智能建造成套技术体系研究与应用"荣获德州市科技进步一等奖。

二、案例应用场景和技术产品特点

（一）技术方案要点

1. 装配式钢结构建筑智能制造装备。本项目开展了型材和大型异形件自动机工工艺技术研究、钢框架自动焊接成型工艺技术研究、超高性能泡沫混凝土及砂浆保护层浇筑成型工艺技术研究，将智能装备应用于装配式钢结构建筑部品部件的生产加工，使九大部分工序实现了智能化生产，提高装配式钢结构建筑部品部件生产效率和质量水平。

2. 新型装配式钢结构建筑生命周期智慧管理平台。本项目按照智能化工厂的顶层设计要求，为解决新型装配式钢结构建筑设计、生产、施工等场景的管理难点和痛点，研究开发了新型装配式钢结构建筑生命周期智慧管理平台，通过 BIM、物联网、大数据、5G、AI 智能制造和 AGV 导航等信息集成技术的运用，打通生产过程各个环节的数据链，实现装配式钢结构建筑部品部件生产制造过程的信息化管理。

3. 装配式钢结构建筑部品部件先进制造工艺。本项目在型材和大型异形件自动加工工序、钢框架自动焊接成型工序和钢框架自动精准入模工序中，应用 3D 视觉系统，消除离线编程和人工操作带来的实际误差，提高生产效率和产品质量。生产线智能设备之间通过车间内 5G 组网方式实现无线网络通信，完成设备之间的协同作业，减少人工操作对效率的影响，并将生产数据及时同步到全生命周期管理平台。

（二）关键技术经济指标

建筑构件加工误差不大于 0.5mm，建筑构件最大加工尺寸为 8500mm×3500mm×350mm。与传统装配式钢结构建筑制造相比，可实现产品生产周期缩短 60%。

（三）关键自主技术创新点

1. 应用了三维六轴切割机器人。三维六轴切割机器人切割下料装备（图 2）代替人工切割下料，可自主定制下料长度，可以精确到 0.5mm。采用离线编程，实现三维空间内任意角度的切割、打孔、坡口等工序。解决了钢结构下料人工丈量、多工序作业的缺点。

2. 搬运装置采用桁架机械手。桁架机械手搬运装置（图 3）代替传统吊车搬运，实现钢架点对点自动精确搬运，降低工人的劳动强度，提高精度，减少人为操作带来的组装误差。

图 2　三维六轴切割机器人切割下料装备　　　　图 3　桁架机械手搬运装置

3. 3D 工业相机引导自动焊接。3D 工业相机引导自动焊接装备（图 4）代替传统人工焊接，采用智能实时焊缝跟踪技术，通过传感器测量焊缝偏移，引导并控制焊枪精准定位，避免因工件位置偏差造成的焊接缺陷，提高生产效率及产品质量，跟踪精度可达 0.1～0.3mm。

4. 钢框架自动精准入模。利用 3D 视觉识别定位技术，引导机械手精准入模，解决人工搬运劳动强度大、放置位置误差大等问题（图 5）。

图 4　3D 工业相机引导自动焊接装备　　　　图 5　钢框架自动精准入模

5. 泡沫混凝土精准配料、自动浇筑。自动控制的泡沫混凝土精准配料、自动浇筑装置（图6）代替传统人工配料浇筑，解决泡沫混凝土配料难以掌控，发泡不均匀，破损率高、强度低、保温性能差等技术难题。

6. 现场安装应用自主研发预制构件吊装机。现场安装预制构件吊装机的应用，实现现场安装的高效、环保、安全、可靠，保证现场装配的自动化和精确性。

图6　自动控制的泡沫混凝土精准配料、自动浇筑装置

7. 新型装配式钢结构建筑全生命周期智慧管理平台。为解决装配式钢结构建筑设计、生产、施工等场景的管理难点，以"5G技术＋工业互联网＋智能制造"深度融合发展为核心，将信息化、BIM、物联网、GIS（地理信息系统）、移动应用等技术融合在一起，构建了装配式钢结构建筑全生命周期智慧管理平台（图7），实现装配式钢结构建筑全生命周期智慧管理及运营。

该平台可实现以下五种功能：BIM设计自动对接生产、运输和施工；生产智能排产，计划进度把控；平台与设备一体化，远程监管和操控；管理产业化、信息化、智能化；建筑、构件质量监管和追溯。

图7　新型装配式钢结构建筑全生命周期智慧管理平台

（四）应用场景

山东绿厦钢构件生产线适应于装配式钢结构建筑领域的制造过程，不仅大量应用于民用住宅工程，还广泛应用于乡村振兴、城市更新、军事营房建造等工程项目，可实现大部分工序智能制造，减少对建筑产业工人的依赖，提高工厂信息化管控程度，不断提升装配式钢结构建筑构件制造品质。

三、案例实施情况

（一）案例基本信息

以绿厦公寓项目为例介绍钢构件生产线的应用。该项目结构形式为钢框架—支撑体系，地下 1 层，地上 11 层，抗震设防烈度为 7 度，总建筑面积为 5742m^2；设计用钢量562.7 吨，钢构件制作工期 21 天，制作用工 247 工日。

（二）应用过程

1. 前期设计阶段

根据绿厦公寓项目的工程总量和具体结构，拆分为内（外）墙板、楼面板、楼梯板，采集产品和工艺的各种数据信息，基于 BIM 信息技术，建立数据模型，并且这些数据信息将随产品的全设计周期和全制造周期进行流转。

2. 产品加工阶段

以制作内墙板为例，其加工过程可分为以下几个阶段：

（1）钢结构框架自动下料阶段。智能下料系统深度采集三维六轴切割机器人、型钢加工中心等设备制造进度、现场操作、设备状态等生产现场信息，对下料范围内的生产系统、智能物流系统、人机互动、自动化运用等方面进行全面管理，采用数字化技术全面管控工艺产品设计、运行、指导、安全预警等，根据生产计划进行任务队列安排和管理。

（2）钢结构框架焊接成型阶段。下料完成后进行钢结构框架焊接成型。物料拼装好后，将由龙门式九轴悬臂焊接机器人进行焊接，此机器人配套搭乘焊缝识别、跟踪系统、焊接缺陷在线检测系统的线激光 3D 相机。通过离线编程软件，线激光 3D 相机可自动调整焊接轨迹点，焊接完毕后，自动检测焊缝外部缺陷。

（3）超高性能泡沫混凝土和砂浆保护层浇筑阶段。成品钢结构框架由翻转双臂桁架机械手搬运至转料平台，运输到灌浆预制区的灌浆模具内，然后进行灌浆并得到预制构件。

3. 生产过程管控

本项目利用工业数据采集、传输，通过 BIM、物联网、大数据、5G、AI 智能制造和 AGV 导航等信息集成技术，设计并搭建了面向钢结构制造工业互联网大数据分析与应用的新型装配式钢结构建筑全生命周期智慧管理平台，完成工业设备和业务系统的数据联通，实现业务系统和生产系统联动，通过多种形式的展示，完成对生产线数据的可视化呈现；围绕成本管控的大数据分析应用，达到成本与工艺优化，实现降本增效的目的。

四、应用成效

（一）解决的实际问题

在传统装配式钢结构建筑制造领域，许多工序制造设备自动化程度低，各工位、设备间的协同性较差；制造过程中的信息交互慢，数据提取难，关键信息主要依赖人工记录与反馈，对数据的分析处理能力不足；关键制造技术和工艺瓶颈得不到较大突破。

本项目围绕装配式钢结构建筑制造智能化装备、生产加工工艺技术、信息化技术进行了系统研究，推动装配式钢结构建筑制造关键技术的突破和制造装备的智能化，开发的装配式钢结构建筑全过程的信息化管理系统，有效提高生产效率，降低制造成本。

（二）应用效果

本项目投入应用后，生产过程的自动化信息化水平明显提高，各方面优势明显体现：降低了工人劳动强度，提高了生产施工安全水平；提高了产品质量，相对传统装配式钢结构建筑制造，产品合格率提升了 5% 以上；提高了效率，相对传统装配式钢结构建筑制造，劳动生产率提升了 10%，单位人均产值提升了 10%。

执笔人：
山东联兴绿厦建筑科技有限公司（周学军、王卫东、郑祥才、刘吉庆、侯文龙）

审核专家：
张声军（中国建筑科学研究院，研究员）
骆汉宾（华中科技大学，教授）

济南市中建绿色建筑预制混凝土构件生产线

中建绿色建筑产业园（济南）有限公司

一、基本情况

（一）案例简介

济南市中建绿色建筑预制混凝土构件生产线建立了集数据采集、流程传递、综合管理的智能工厂管理平台，采用了高效混凝土搅拌设备、钢筋自动化加工设备、智能原材料仓储设备、智能传感与控制设备等智能化自动化生产设备，经过对设备的合理布置及对工序的合理安排，实现了多种智能化、自动化设备协同联动，提升了预制构件生产效率和构件质量，相比于传统生产模式，生产效率可提高约30%。

（二）申报单位简介

中建绿色建筑产业园（济南）有限公司成立于2017年，由中国建筑第八工程局有限公司投资建设，中建八局第一建设有限公司负责运营管理。公司以"绿色建筑产品研发"为主要方向，主营业务为预制混凝土构件的深化设计和生产加工，研发了彩色混凝土、透光混凝土、影像混凝土等装饰系列产品，仿面砖挂板、保温装饰一体化挂板等新型产品。公司累计完成预制构件供应量约30万 m^3，服务项目约150个（图1）。

图1　济南市中建绿色建筑预制混凝土构件生产工厂

二、案例应用场景和技术产品特点

（一）技术方案要点

该案例围绕预制构件生产制造智能化设备、信息化技术、制造工艺进行系统研究，引入和研制了多种智能化生产设备和辅助设备，开发了预制构件生产制造一体化工作站，建立了集数据采集、流程传递、综合管理的智能工厂管理平台，研发了钢筋自动化加工设备体系、混凝土养护设备体系、混凝土生产运输设备体系。

（二）关键技术及创新点

1. 研发了智能工厂管理平台

该平台集互联网协同、二维码、数据采集、大数据处理等功能于一体，可以大幅提高信息传递与工作协同的效率（图2）。

图2　智能工厂管理平台

2. 研制了成套预制构件生产设备

研发了多种智能化自动化设备，通过协同联动，形成预制构件生产的智能化自动化生产体系。

预制构件生产线设备主要包括：

（1）智能化可移动式模台系统。引入自动化流水线，模台设置警报系统，可沿轨道运行，并对安全情况警告。

（2）移动式振动平台。混凝土构件浇筑完成后，需要充分振捣，传统振捣棒易出现振捣不均匀、振捣时间不足或过长的问题，造成质量不稳定。应用移动式振动平台，可沿轨道穿插于各个固定模台，辅助振捣，时间可控，振幅可控，质量稳定。

（3）智能化蒸养窑。混凝土构件养护可影响构件质量。传统养护方式周期长，需要人工操作，养护环境不稳定。引进智能化蒸养窑，自动温控，塔式存储，养护质量稳定，养护周期大大缩短。

（4）智能化预应力张拉设备。引进智能化预应力张拉设备，可根据设置的参数自动张拉，保证预应力张拉过程稳定、可靠。

钢筋加工设备主要包括：

（1）钢筋自动调直切断设备。引进自动化钢筋调直切断设备，可以快速准确的调直切断钢筋，成捆摆放。

（2）钢筋网片自动焊接设备。为解决钢筋网片人工绑扎速度较慢、精度不稳定的问题，引进钢筋网片自动焊接设备，以焊接代替绑扎，提高网片焊接速度和精度。

（3）桁架筋自动焊接生产设备。楼板用叠合板桁架筋构造复杂，人工加工难以满足要求。引进桁架筋自动焊接生产设备，设置图形界面参数，自动加工成品，满足应用要求，效率高、质量好。

混凝土设备主要包括：

（1）搅拌站。引进 DMPC 对流式行星搅拌机，投料后每 5s 能够完全覆盖一次搅拌罐底，减少死角，使混凝土搅拌更加均匀，最大程度保证了预制构件混凝土表观颜色的统一性，日产量 2000m³，可满足工厂满负荷运转时对混凝土的需求。

（2）储料仓。采用高位料仓模式，减少了装载机的使用。

（3）除尘设备。储料仓设置除尘设备，直接将粉尘吸入除尘器，达到了环保节能的目的。

（4）混凝土运输起重机。运输起重机在两条环形闭合的钢轨上行驶，可把混凝土运送到厂内每条生产线，实现原材料运输自动化的目标。

（5）自动化混凝土布料振捣设备。混凝土浇筑采用自动化布料机，实现分格分区布料、振动台振捣，加快了生产节拍，提高了生产工效及构件质量。

3. 研制了预制构件质量检测系统

在预制构件生产过程中，如存在施工图阶段专业间配合不到位、深化设计精细度不够、生产工艺失误等情况，将导致叠合板上预留洞口、预埋件缺失或位置出现偏差。应用预制构件质量检测技术及系统，可大幅减少出错率，提高预制构件质量（图3）。

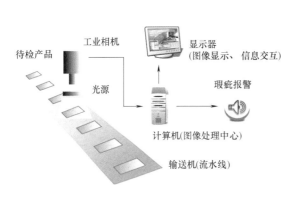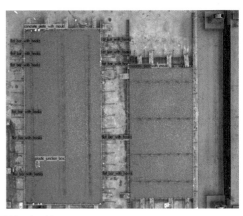

图 3　预制构件质量检测系统

（三）应用场景

该生产线适用于装配式建筑混凝土预制构件领域的生产制造过程，可实现部分工序"机器代人"，减少用工，提高工厂信息化管控程度，提升预制构件制造品质。

三、案例实施情况

（一）案例基本信息

济南市中建绿色建筑预制混凝土构件生产工厂位于济南市章丘区，于 2018 年 5 月正式投产。建筑面积 5.04 万 m²，堆场面积 10 万 m²，生产线规划产能 30 万 m³/年，生产房建、市政、装饰、临时建筑四大系列 22 种产品，主要包括：墙板、叠合板、梁柱、楼梯等房建系列产品；管廊、护栏、混凝土承插管等市政系列产品；仿面砖挂板、一体化挂板、透光混凝土、影像混凝土等装饰系列产品；预制道路、预制房屋、预制挡水台等临时建筑系列产品。

(二) 应用过程

1. 前期设计阶段

前期预制构件深化采用基于三维模型的可视化设计，模型本身带有数据信息，并且这些数据信息将依托智能工厂管理平台在产品设计阶段、生产阶段和运输安装阶段进行流转传递。模型不仅能指导生产制造和资源组织，还可以作为自动化加工的文件。最终不再交付传统的二维图纸，而是包含设计信息的任务清单和基于模型的图纸（图 4、图 5）。

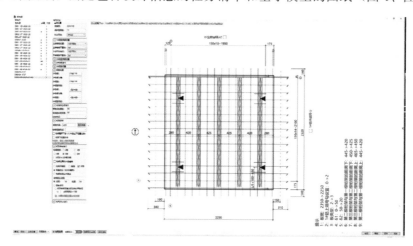

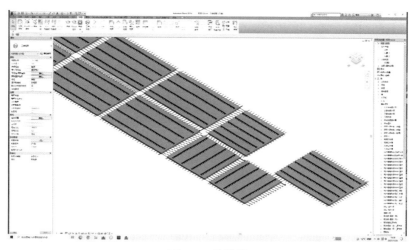

图 4　三维模型

2. 生产阶段

智能化自动化生产设备主要包含钢筋自动调直切断设备、桁架筋自动焊接生产设备、钢筋网片自动焊接设备、智能化可移动式模台系统、智能化蒸养窑、移动式振动平台、构

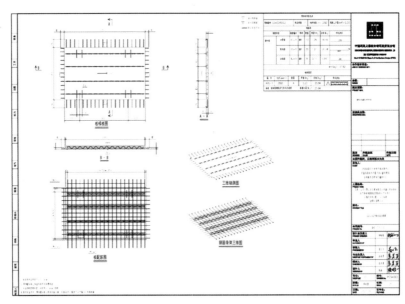

图 5 三维可视化图纸

件智能检测设备、智能化预应力张拉设备。通过工序的合理安排及设备的合理布置，可以实现智能化、自动化设备的协同联动，形成预制构件生产的智能化自动化体系。

（1）混凝土生产阶段。高效混凝土搅拌站紧邻生产线，砂石料等原材储料仓采用高位料仓模式，砂石料进场可由卸料口通过中转皮带直接进入高位料仓。混凝土生产时，通过高位料仓底部的计量秤直接计量，无需使用装载机。同时，卸料口与高位料仓装有除尘设备，粉尘被直接吸进储尘器，实现环保节能。搅拌站拥有两条青岛迪凯机械设备有限公司生产的 DMPC 对流式行星搅拌机生产线，日产量 2000m^3，可满足工厂满负荷运转时对混凝土的需求。混凝土生产后，运输天车通过两条环形闭合钢轨，将其运送到厂内每条生产线，实现原材料运输自动化。

（2）钢筋加工阶段。第四跨生产线为钢筋加工生产线，为保证钢筋成品供应，建立完整的钢筋加工生产线，引入钢筋自动化加工设备，包括智能钢筋桁架焊接机器人、智能钢筋开孔网焊接机器人、智能钢筋柔性调直机器人、智能钢筋弯箍机器人和斜面式智能钢筋机器人等多种自动化钢筋生产设备。叠合板桁架筋需求量大，采用智能钢筋桁架焊接机器人，设备自动化程度较高，可同步实现钢筋矫直、侧筋弯折成型、快速精准焊接、定尺剪切、自动收料等功能。可以加工直径 5～12mm 的钢筋，桁架成品高度最高可达 320mm，加工速度最快可实现 36m/min。预制构件钢筋网片采用智能钢筋开孔网焊接机器人，设备采用中频逆变直流焊接系统，保证焊点牢固和节省电极耗材，实现钢筋全自动调直、剪切、焊接、成型，网片中的钢筋直径可包含 2～4 种不同直径的钢筋，整机只需一人操作，一人辅助即可，单日可加工成型网片 300 片。钢筋加工完成后使用自动化钢筋运输设备将成品转运至各生产车间，自动化钢筋运输设备由 1km 铺设钢轨、3 个中心旋转盘及 5 台载重 20 吨的自动化轨道车组成（图 6～图 9）。

（3）生产阶段。固定模台和移动模台多种方式并存。

第一、七跨生产线全部为固定模台生产线，采用双边布置 40 张固定模台，中间布置

图 6　钢筋加工线

图 7　智能钢筋开孔网焊接机器人

图 8　智能钢筋桁架焊接机器人

图 9　智能钢筋弯箍机器人

通道的模式,主要生产预制夹心保温外墙板和带有飘窗的外墙板。每张模台配有折叠式蒸养棚架,采用固定蒸养方式,八小时达到起吊强度,大大缩短了固定模台的翻台时间,提高了工效,每跨生产线每日生产 35 块墙板,约合日产 $60m^3$ 混凝土构件(图 10)。

第二跨生产线为预制楼梯生产线,楼梯模具采用立式钢模,平放于混凝土地面(图 11)。

图 10　固定模台生产线

图 11　预制楼梯生产线

第三跨生产线是流水生产线,采用移动模台,主要以墙板生产为主,墙板采用反打工艺,先生产外页后铺设保温,最后浇筑内页。针对墙板混凝土需分两次浇筑的工艺特性,生产线设计了两台布料机,在振动台隔音室中增加有一台布料机,进行浇筑墙板外页,然后采用振动台振捣。铺设保温板后采用第二台布料机浇筑墙板内页，通过对布料机的改造，加快生产节拍，提高生产工效。第三跨生产线单个班次可生产墙板 60 块，约合日产 100m³ 左右。墙板生产有二十八道工艺，较叠合板和楼梯来说更为复杂，增加了保温板铺设及连接件安装等多个工序，且墙板分内页和外页，这就要求在施工过程中，模具要分两次拼装组合在一起，混凝土也要分两次浇筑。这对生产工艺水平有较大要求，对墙板的质量把控也要精确到毫米级别（图 12）。

第五、六跨生产线是流水生产线，采用移动模台，是国内四代预制构件生产线，国内四代生产线产能比第三代产量提高 60%，操作人数减少 37%。这条生产线长度从传统的 150m 增加到 200m，模台数量由传统的 40～60 张增加到 80 张，蒸养窑的窑位从传统的 45 个增加到 69 个，生产布局更加合理，产能提升明显。目前，该生产线是工厂的叠合板生产线，针对叠合板的生产工艺特性，生产线设备增加了拉毛机，将普通振动台改造为摇摆、高频两用振动台，大大提高了叠合板的生产工效，24 小时可生产叠合板 300 块，约合 100 多立方米混凝土。叠合板的生产工艺包括模台清理、模具检查组装、钢筋网片安装、预埋件安装并检查、隐蔽验收、混凝土浇筑、预养拉毛、蒸养八小时、拆模冲洗、验收等，生产过程一共有二十三道工序，保证产品质量（图 13～图 15）。

图 12　第三跨流水生产线

图 13　第五跨流水生产线

图 14　智能自动布料机

图 15　第六跨流水生产线

（4）检验检测阶段。工厂设置有完备的实验室，除完成材料和部品部件性能检验工作，还自主研发了调配构件专用露骨料剂、水洗脱模剂、蜡质脱模剂等多种新材料，降低了构件生产成本（图16）。

图 16　外加剂

3. 质量管控阶段

设计并搭建了面向预制混凝土构件生产制造的质量检测系统，实现生产与质量系统联动，达到提升预制构件质量的目的。

四、应用成效

（一）解决的实际问题

随着制造业的高速发展，众多传统制造行业亟待转型升级，向智能化自动化制造转变。在传统预制构件生产领域，许多工序制造设备自动化程度低，各工位、各设备间的协同性较差，制造过程中的信息交互慢，数据提取难，关键信息主要依赖人工记录与反馈，对数据的分析处理能力不足，关键技术的革新不够，制造工艺瓶颈得不到突破。本案例围绕预制构件生产自动化设备、信息技术、制造工艺进行了系统研究，实现预制构件生产领域关键技术突破和对工序装备的整合，形成一套全过程信息化管控系统，有利于解决传统预制构件生产模式产能效率低下等问题，为预制构件生产提供了可供参考借鉴的经验。

（二）应用效果

1. 目前该生产线已正常运转 2 年，日产量达 $300m^3$，相比于传统生产模式 $200m^3/$日的产能，生产效率提高约 50%。

2. 各作业环节，自动化设备代替人工。人工用量降低，人均产能提高，由人均 $0.7m^3/$日提高为 $1m^3/$日，人工成本节省约 30%。

3. 改善工人的工作环境，提高管理人员及工人的幸福感。

4. 改变传统的生产模式，企业向智能化、自动化、信息化转型，不仅提高企业在行业的品牌影响力，也提高行业竞争力。

执笔人：

中建绿色建筑产业园（济南）有限公司（王启玲、程锐）

审核专家：

韩彦军（河北新大地机电制造有限公司，副总经理）

任成传（北京市燕通建筑构件有限公司，总经理）

青岛荣华预制混凝土构件生产管理系统

荣华（青岛）建设科技有限公司
北京和创云筑科技有限公司

一、基本情况

（一）案例简介

荣华（青岛）建设科技有限公司与北京和创云筑科技有限公司合作，以信息化管理平台为基础，整合物联网系统和财务管理系统等硬件设备，在装配式建筑预制混凝土构件生产管理中，为每一块构件创建电子身份标识（RFID电子标签），用互联网和物联网技术把预制构件的设计、生产、施工过程中的关键信息与预制构件的电子身份标签进行关联记录和存储。从构件生产到施工现场装配全程管理可追溯，实现了提质增效的一体化管理（图1、图2）。

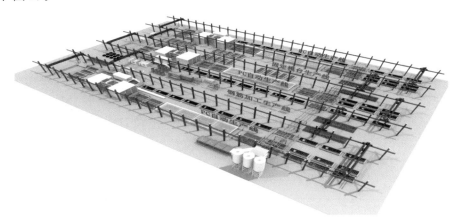

图1　荣华工厂智能生产线功能布置

（二）申报单位简介

荣华（青岛）建设科技有限公司是荣华建设集团旗下子公司，是装配式建筑产业基地、高新技术企业，下设建筑设计研究院、省级建筑施工安全及装配式施工教育体验基地、智能建造与绿色建材事业部。主营业务以智能建造和绿色建材为主线，主要产品有楼梯、叠合板、空调板、各种预制墙体、预制梁、预制柱等。

北京和创云筑科技有限公司致力于将信息化、大数据、人工智能、物联网技术应用于装配式建筑领域，为建筑行业的设计、生产、施工、监理、运维全产业链提供信息化及数据服务，为行业中的每个人、每个项目、每个组织提供构件数据驱动的解决方案。

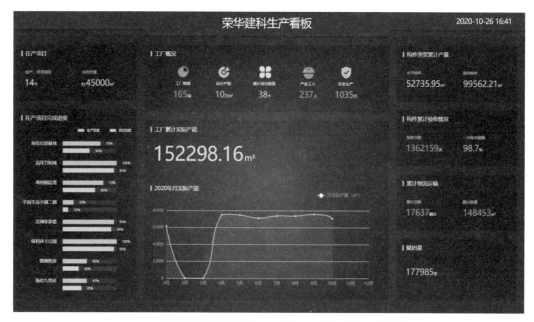

图 2 青岛荣华预制混凝土构件生产管理系统生产看板

二、案例应用场景和技术产品特点

(一)技术方案要点

荣华(青岛)建设科技有限公司与北京和创云筑科技有限公司深度合作,致力于开发多平台应用集成的智能化管理系统,注重信息化、数字化、智能化技术应用,以信息化平台为基础进行数据资源整合,用物联网进行生产数据自动化收集,用财务管理系统进行数据分析处理和辅助决策。集成系统的功能包括:项目订单与合同管理、工程项目信息管理、材料物资管理、生产过程管理、产成品管理、销售与成本管理等,集成系统充分发挥软件系统与硬件系统数据共享和协调管理的功能,促进智能建造的转型升级。

(二)关键技术经济指标

1. 通过信息化平台对预制构件的设计、生产、施工的关键数据进行管理,支持系统深度开发和企业个性化定制,对预制构件进行电子身份标识(RFID 电子标签),同时兼容硬件设备物联网,对生产过程关键环节监控与管理。

2. 通过构件标识信息系统对构件实物的跟踪,实现贯穿计划、生产、质检、入库、出厂、运输、现场等全过程数字化管理,涵盖了企业运营管理的各个方面,打通 BIM 模型在设计、生产、施工各环节的应用,实现"一模到底",为企业赋能,帮助企业强化内部管控,切实落实质量责任可追溯,提高管理效率。

3. 智能生产线系统平台采用"ERP+MES"的模式,以 10 个核心管理模块为支撑,打通了软件系统与硬件设备之间的数据壁垒,实现生产数据自动采集、实时共享;实现采购、生产、堆场、发货有机协同;实现降低库存,提高生产效能和企业效率,促进智能生产。

4. 智能生产线关键技术指标:

物料设备控制精准，流水节拍对接计划管理，可自动可手动，能够适应绝大多数部品部件生产需要。部品部件产品质量好、可控程度高。

实时监控。实时掌控生产进度；生产异常及时发现；层级信息实时传递。

统计分析。数据可视化呈现；多维度数据分析；各层级数据穿透。

辅助决策。精细化、准确化排产；实时查看投入产出、库存量；多维度统计分析生产成本与管理成本。

生产管理系统与物联网系统、财务管理系统、项目管理系统等深度融合，可减少35%的项目规划和制造时间，减少32%的在制品滞留数量，提升65%的多部门协同效率，减少90%的统计人员工作量，降低80%的办公耗材，提高22%的制造效率和质量。

（三）创新点

1. 多平台应用集成与协同共享，打通设计、生产、施工和技术服务的全产业链条，尤其是在生产环节对数据的采集和管理方面作用尤为明显。

2. 整合基础数据资源，利用物联网技术和互联网信息处理技术实现人机交互，降本增效。

3. 在实现生产过程管理与产品质量可追溯的同时，引入财务业务一体化管理方式，在包括网络、数据库、管理软件平台等要素的 IT 环境下，将企业经营中的三大主要流程：业务流程、财务会计流程、管理流程有机融合，将计算机的"事件驱动"概念引入流程设计，建立基于业务事件驱动的财务一体化信息处理流程，使得财务数据和业务融为一体。

（四）应用情况

系统现已全面应用于荣华建设集团承接的全部项目，上线至今已累计服务项目 30 余个，在节能、降耗、提效的数字化、精细化管理方面使用效果良好，推动企业的标准化设计、工厂化生产、装配化施工、信息化管理，形成较为完善的系统化管理模式，创造了良好的经济效益和社会效益。以荣华建设集团 EPC 总承包项目"中粮创智锦云项目"为例，对应用效果进行评估分析，项目预制构件质量、生产效率与项目工期保障、节能降耗、预制构件生产过程管理等方面的关键指标均达到了预期目标。

三、案例实施情况

（一）案例基本信息

图 3　中粮创智锦云项目鸟瞰图

中粮创智锦云项目建筑规模 151820.04m²，5 号楼、7 号楼、9 号楼、10 号楼为装配式建筑，采用装配式混凝土结构。预制构件应用楼层为水平构件 1 层顶至 17 层顶，楼梯 3 层至 18 层，竖向构件 3 层至 18 层，构件类型为预制夹心保温外墙板、叠合板、楼梯、阳台、空调板、叠合梁，装配率 51%（图 3）。

（二）应用过程

1. 部品部件智能生产线主要业务流程（图4）

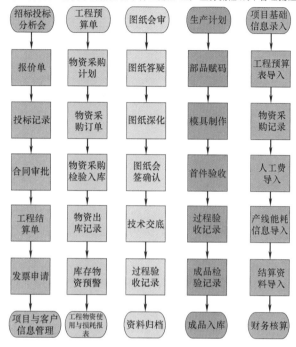

图4　荣华建料信息化系统线上业务流程

2. 实施过程中新技术、新应用、新服务应用情况

（1）合同审批。本项目所用材料从合同审批开始，全部走线上流程。合同审批施行线上审核签批，合同审批节点一目了然，合同审批进度实时更新，效率更高。合同线上签批后打印纸质合同签章，合同扫描件上传系统保存备查（图5、图6）。

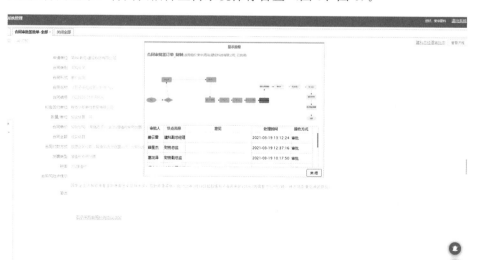

图5　合同审批流程节点

图6   部品部件销售合同文本扫描件上传系统列表

（2）用项目预算功能对每个项目的每个构件进行成本分析，也为生产计划、材料采购计划提供依据。管理过程有据可循，便于精细化管理，降本增效（图7）。

图7   项目预算功能应用

当图纸发生变更后，也能及时进行处理，预算变更功能主动关联项目预算数据，及时更新，过程控制更准确（图8、图9）。

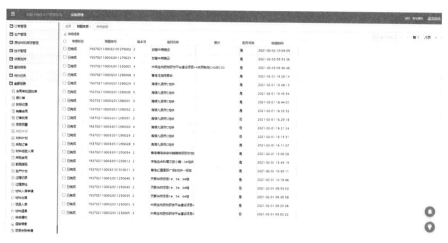

图 8　预算变更列表显示页面

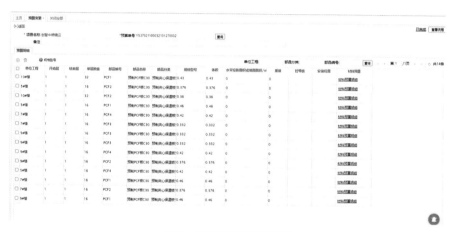

图 9　预算变更详情页面

（3）严格控制原材料的采购是保证部品部件生产成品质量的关键，从材料计划到采购订单，再到采购合同和材料进场检验入库都要经过严格的管控（图10）。

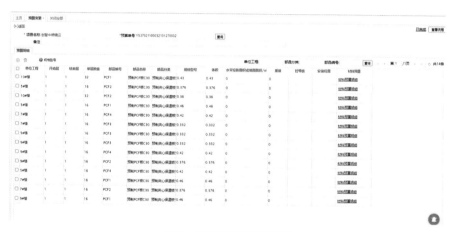

图 10　材料检验入库功能应用

材料出库功能对材料的出库信息进行详细记录，包括单据编号、库房、库管员、领料部门、领料人、领料用途、创建时间、创建人等内容（图11）。

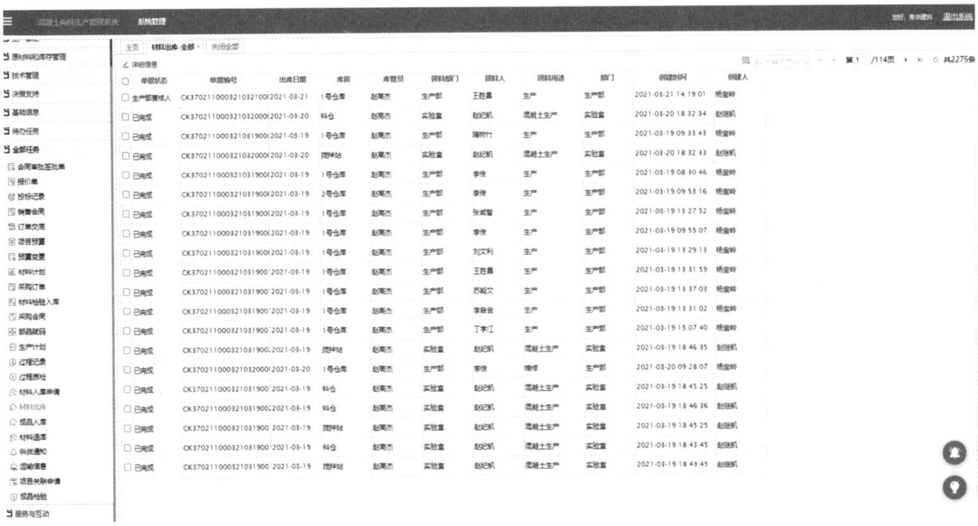

图11 材料出库功能应用

（4）部品赋码功能为每一个构件生成一个电子身份标识，每一个构件的生产信息可用手机端APP识别，为部品部件产品质量可追溯提供了很好的解决方案，也为下一步实现射频芯片存储构件信息提供了必要条件（图12、图13）。

图12 部品赋码功能应用

图13 预制构件二维码标识

（5）过程记录功能对生产过程各个工序进行记录，与RFID电子标签绑定，为实现可查询可追溯提供内容支持（图14）。

（6）成品入库功能对构件生产到运输前的库存信息进行记录，根据库存信息，售后服务人员和施工现场人员可以了解到构件生产的库存情况，也可以对堆场管理、排查计划有一个更科学的安排，便于保证现场施工处于最佳合理状态（图15）。

（7）运输信息功能对运输到施工现场的部品部件的信息、运输单位的信息、收货单位的信息进行详细记录（图16）。

图 14　过程记录功能应用

图 15　成品入库功能应用

（8）生产线设两个中央控制室，应用物联网管理系统，对构件生产过程情况进行监控（图 17）。

中央控制室设置关键工序监控平台（图 18）。

中央控制室的物联网系统可以对生产线流转设备、养护设备、布料设备、振捣设备、划线设备等进行管理（图 19）。

	单据状态	运输单号	项目名称	车牌号	运输人	收货方	收货地址	发货人	发货日期
☐	已完成	YS37021100032102030C	创智中粮锦云			荣华建设集团有	即墨经济开发区塑旺路以南、啷		2019-12-31
☐	已完成	YS37021100032101250	创智中粮锦云			荣华建设集团有	即墨经济开发区塑旺路以南、啷		2019-12-30
☐	已完成	YS37021100032101250	创智中粮锦云			荣华建设集团有	即墨经济开发区塑旺路以南、啷		2019-12-26
☐	已完成	YS37021100032101250	创智中粮锦云			荣华建设集团有	即墨经济开发区塑旺路以南、啷		2019-12-23
☐	已完成	YS37021100032101250	创智中粮锦云			荣华建设集团有	即墨经济开发区塑旺路以南、啷		2019-12-22
☐	已完成	YS37021100032101250	创智中粮锦云			荣华建设集团有	即墨经济开发区塑旺路以南、啷		2019-12-20
☐	已完成	YS37021100032101250	创智中粮锦云			荣华建设集团有	即墨经济开发区塑旺路以南、啷		2019-12-18
☐	已完成	YS37021100032101250	创智中粮锦云			荣华建设集团有	即墨经济开发区塑旺路以南、啷		2019-12-17
☐	已完成	YS37021100032101250	创智中粮锦云			荣华建设集团有	即墨经济开发区塑旺路以南、啷		2019-12-11
☐	已完成	YS37021100032101250	创智中粮锦云			荣华建设集团有	即墨经济开发区塑旺路以南、啷		2019-12-11
☐	已完成	YS37021100032101250	创智中粮锦云			荣华建设集团有	即墨经济开发区塑旺路以南、啷		2019-12-09
☐	已完成	YS37021100032101250	创智中粮锦云			荣华建设集团有	即墨经济开发区塑旺路以南、啷		2019-12-08
☐	已完成	YS37021100032101250	创智中粮锦云			荣华建设集团有	即墨经济开发区塑旺路以南、啷		2019-12-07

图 16　运输信息功能应用

图 17　中央控制室实景

图 18　中央控制室关键工序监控画面

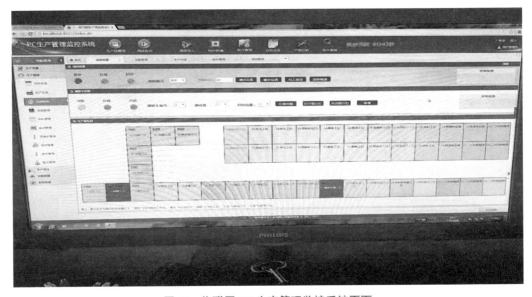

图 19　物联网 PC 生产管理监控系统页面

（9）智能钢筋桁架焊接机器人。操作人员通过触摸屏（HMI）对所需焊接钢筋进行参数编辑，并设定下发指令到PLC，PLC即可按照设定的参数自动完成钢筋加工。PLC程序的结构主要由数据运算、逻辑判断、动作执行三部分组成，结构清晰，可读性高。同时，也避免了程序处理复杂逻辑动作时的相互干扰和失误动作的产生，提高了运算效率，也减少了程序的扫描周期，提高了稳定性。HMI程序的结构主要由数据录入、状态监控、信息提示三部分组成（图20）。

图20　智能钢筋桁架焊接机器人

（10）设计环节辅助功能（图21～图24）。

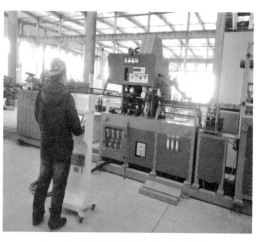

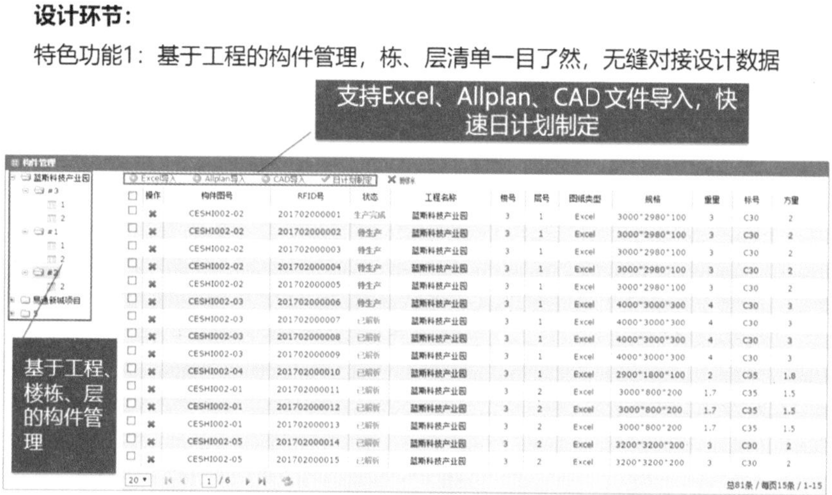

设计环节：
特色功能1：基于工程的构件管理，栋、层清单一目了然，无缝对接设计数据
支持Excel、Allplan、CAD文件导入，快速日计划制定
构件管理
Excel导入
Allplan导入
CAD导入
日计划制定
删除
基于工程、楼栋、层的构件管理
总81条 / 每页15条 / 1-15

操作	构件图号	RFID号	状态	工程名称	楼号	层号	图纸类型	规格	重量	标号	方量
✖	CESHI002-02	201702000001	生产完成	蓝斯科技产业园	3	1	Excel	3000*2980*100	3	C30	2
✖	CESHI002-02	201702000002	待生产	蓝斯科技产业园	3	1	Excel	3000*2980*100	3	C30	2
✖	CESHI002-02	201702000003	待生产	蓝斯科技产业园	3	1	Excel	3000*2980*100	3	C30	2
✖	CESHI002-02	201702000004	待生产	蓝斯科技产业园	3	1	Excel	3000*2980*100	3	C30	2
✖	CESHI002-02	201702000005	待生产	蓝斯科技产业园	3	1	Excel	3000*2980*100	3	C30	2
✖	CESHI002-03	201702000006	待生产	蓝斯科技产业园	3	1	Excel	4000*3000*300	4	C30	3
✖	CESHI002-03	201702000007	已解析	蓝斯科技产业园	3	1	Excel	4000*3000*300	4	C30	3
✖	CESHI002-03	201702000008	已解析	蓝斯科技产业园	3	1	Excel	4000*3000*300	4	C30	3
✖	CESHI002-03	201702000009	已解析	蓝斯科技产业园	3	1	Excel	4000*3000*300	4	C30	3
✖	CESHI002-04	201702000010	已解析	蓝斯科技产业园	3	1	Excel	2900*1800*100	2	C35	1.8
✖	CESHI002-01	201702000011	已解析	蓝斯科技产业园	3	2	Excel	3000*800*200	1.7	C35	1.5
✖	CESHI002-01	201702000012	已解析	蓝斯科技产业园	3	2	Excel	3000*800*200	1.7	C35	1.5
✖	CESHI002-01	201702000013	已解析	蓝斯科技产业园	3	2	Excel	3000*800*200	1.7	C35	1.5
✖	CESHI002-05	201702000014	已解析	蓝斯科技产业园	3	2	Excel	3200*3200*200	3	C30	2
✖	CESHI002-05	201702000015	已解析	蓝斯科技产业园	3	2	Excel	3200*3200*200	3	C30	2

图21　设计辅助功能

CAD解析的关键技术：
1．定义构件生产数据结构；
2．制定制图图层和标题栏属性规范，制定企业标准；
3．结合协议，开发功能。
图纸尺寸
钢筋物料
预埋件物料

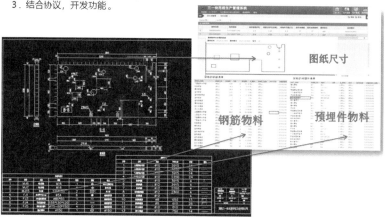

图22　CAD解析处理功能

特色功能2：按需排产，并根据生产构件类型和生产线特点下发给PMS生产

图23 排产优化功能

特色功能3：自动拼模

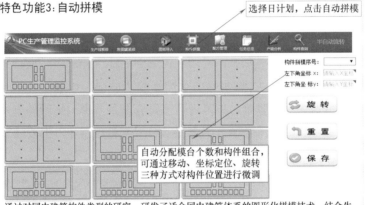

通过对国内建筑构件类型的研究，研发了适合国内建筑体系的图形化拼模技术，结合生产线节拍和作业难度拼模，保证生产线按节拍流转的同时最大化利用模台。

图24 自动拼模功能

四、应用成效

（一）解决的实际问题

1. 解决了企业管理过程中信息不对称、信息不及时、不准确、信息搜集整理难度大的问题。

2. 解决了产品生产过程中数据搜集与录入难度大、不全面、不利于构建产品质量可追溯体系建立的问题。

3. 解决了财务业务不易发现潜在风险事项和薄弱环节的问题。把数据作为生产要素服务于部品部件全生命周期，在做好质量管控与可追溯的同时，将财务信息与生产业务信息建立关联，并进行量化比较。

（二）应用效果

1. 经营管理

将订单管理、物资管理、生产管理、业务管理、财务管理等全部采用信息化平台进行

资源整合和管理，实现线上业务审批和 APP 端数据共享和管理，在业务流程上更加顺畅，工作效率提升 30%，管理人员劳动强度降低 50%。

2. 产品质量

管理系统可以对每一个预制构件在生产之前全部进行电子身份标识编码，在生产过程中记录每个构件重点工艺环节和隐蔽验收的关键信息，实现了产品质量可追溯。工人产品质量意识明显提高，产成品一次验收合格率提升至 99.6%。

3. 成本管理

通过管理系统的业务数据分析和预警提醒功能，对于物料管理实现了定额领料，降低材料损耗成本约 20%。对能耗管理实现了精准能耗控制，在系统内设定对构件蒸汽养护的温度、湿度、养护时间，系统会自动调节蒸汽流量来控制升温和降温变化曲线，并且实现养护数据可视化。相较传统蒸汽养护方法，运用管理系统每年节省燃气和水费约 30 万元。通过管理系统可优化产能排产计划与分析，产能和生产效率也有明显提升。

（三）应用价值

一是应用订单管理功能，合同审批、业务流程审批实现线上无纸化即时审批，大大提高了部门线下沟通的时效性，人员外出时可以在手机 APP 中查看文档并审批。经财务部门估算采用线上审批后，全年可节省人工和办公用品消耗费用约 1.6 万元。

二是应用生产管理功能，通过基础数据对接物联网管理系统进行计划管理，对每一个构件进行电子身份标识赋码并与生产过程、质量验收等重点工艺工序相关联，可精确控制能源消耗、科学安排工序穿插与错峰生产，不再需要人工搜集统计生产信息，数据全部由机器设备采集，节省人力物力而且数据更及时、更准确，极大地节约能源消耗并且很好地控制构件质量。经财务部门核算，全年可节省相关费用约 20 万元。

三是应用技术管理功能，支持 BIM 模型导入，进行可视化交底，对相对复杂节点进行模拟施工和预装配，解决了部品部件生产与施工现场不匹配或施工困难的情况，减少返工和材料的浪费，经财务部门核算可为公司每年节约费用约 3 万元。

四是应用原材料和库存管理功能，对材料管控实行预算统筹控制，在系统内设定允许浮动系数，超过控制数系统就不能制单和出库，进而实现限额领料、专料专用、杜绝浪费的精细化管理。经财务部门测算，每年可节省材料费至少 5 万元。

执笔人：
荣华（青岛）建设科技有限公司（丁秀争、姜云雷、杨迎春、高旭林）
北京和创云筑科技有限公司（刘云龙）

审核专家：
韩彦军（河北新大地机电制造有限公司，副总经理）
任成传（北京市燕通建筑构件有限公司，总经理）

济南市中建八局门窗幕墙生产线

中建八局第二建设有限公司

一、基本情况

（一）案例简介

本生产线应用制造执行管理系统（MES 系统）和自动化技术，优化整个车间制造过程，实时收集每个工序原材料用量、目标产品产量、合格率、损耗率等制造过程数据，并进行自动分析和处理，强化计划层与控制层的信息交互，提升各项制造数据传递的时效性、准确性，达到"制造数据即产即报、自动分析、信息共享、指导生产"的管理目标，实现部品部件的智能生产和降本增效。

（二）申报单位简介

中建八局第二建设有限公司是中国建筑股份有限公司的三级子公司，公司总部位于山东济南，下辖 15 个分公司、6 个专业公司、1 个设计研究院和 7 家法人公司及参控股单位。

二、案例应用场景和技术产品特点

（一）技术方案要点

1. 智能化生产。定制打造自动化智能生产线，解决了传统离散型制造业生产效率低、人工成本高、产品质量难以控制等问题（图 1～图 6）。

图 1　产业园区外景

图 2　综合生产车间内景

2. 智慧化管理。与专业软件公司合作、创新研发贯穿订单、设计、设备、生产、仓储物流、项目现场管理、安全、环保等全生产链条的智慧工厂管理系统，打造智能化生产管理体系。通过与设备联机实现无纸化办公，全面提升生产管理的高效性、精确性，并由大数据分析辅助决策管理。施工现场通过手机 APP 与智慧工厂管理系统链接，从现场尺

图 3　"7S" 管理看板

图 4　综合生产车间内景

图 5　智能门窗生产线

图 6　智能幕墙生产线

寸复核到原料进场盘点及施工质量、进度管理等进行全面把控（图 7、图 8）。

图 7　生产车间总管理看板

图 8　生产线管理看板

（二）适用条件及范围

1. 适用条件。适用于具有数据通信宽带及移动通信信号覆盖的生产车间，配备自动化程度较高的生产设备。并且要求生产人员能够熟练掌握智能化生产设备和系统的使用。

2. 适用范围。适用于物料变更频繁、生产作业计划调整多、制造工艺复杂、产品质量难以保证的门窗、幕墙、木制作等离散型制造企业。

（三）与国内外同类技术产品比较

借鉴国外先进技术经验，结合国内项目体量大、工期紧的现状，打造了适用于自身的智能生产技术，提高了离散型制造业的生产效率、产品质量，降低了生产成本。

（四）工程应用情况

已成功应用于中建八局建筑科技（山东）有限公司产业园的框架式幕墙、单元式幕墙生产线和铝合金门窗、塑钢门窗生产线，产生直接经济效益 900 余万元，推动了部品部件智能生产，提高了产品质量和生产效率。

三、案例实施情况

（一）案例概述

本项目应用于中建八局建筑科技（山东）有限公司，定制打造 2 条铝合金门窗智能生产线，配备各种先进自动化生产设备，辅以智能生产 MES 系统，实现生产流程自动化、生产数据可视化，人机高度协同，整个生产过程自动高效。

（二）案例详情

1. 智能生产线

铝合金门窗智能生产线由数控自动锯切中心、数控自动钻铣中心、工业机器人、移动料仓系统、数控四头组角机生产线、铝合金门窗组装流水线等设备组成。数控自动锯切中心与数控自动钻铣中心之间通过工业机器人完成型材的自动周转（图 9）。

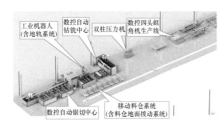
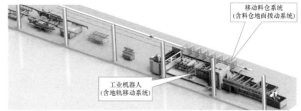

图 9　智能生产线主要部分简图

工业机器人采用 SR50E 型六轴工业机器人，有效载荷 50kg，臂展 2124mm，并配置行程 4.5m 地轨系统。工业机器人布局于数控自动锯切中心右后侧，在 MES 系统的管控下负责数控自动锯切中心与数控自动钻铣中心之间的物料自动周转。锯切完成后的型材从出料台送出时，MES 系统将自动判断该型材上是否有需要钻铣加工的孔槽，如需钻铣加工则立即驱动工业机器人完成型材的自动抓取，并准确放入数控自动钻铣中心，由数控自动钻铣中心自动调用加工程序完成自动铣削，铣削后的型材再由工业机器人取出放置到钻铣出料平台。整个操作过程为 MES 系统实时管控，无需人工干预。如型材上无铣削工艺，则数控自动锯切中心完成自动出料，工业机器人不参与作业（图 10）。

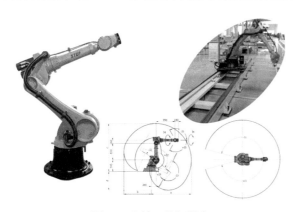

图 10　六轴工业机器人

数控自动锯切中心配备全套西门

子数控系统，采用高精度齿轮齿条传动，保证送料精度。采用电机直联锯片，出料机械手伺服驱动，可实现快速出料和快速定位功能，并配置工业计算机，可与 MES 系统的工业机器人实现联网加工。一次上料最多可达 9 支，可自动完成型材识别、长度测量、送料、切割、出料，自动化程度高，效率高。配备自动打码机，及时快捷标注型材，为后继工序提供解决方案（图 11）。

图 11　数控自动锯切中心

数控自动钻铣中心采用意大利高速自动换刀电主轴，可旋转工作台能在 ±90° 和 0° 之间自动转换，一次装夹可完成全部的铣削加工；夹具位置自动优化自动摆放，可实现自动化钻铣操作，由 MES 系统实时管控，自动调用加工程序，确定钻铣位置和尺寸等。适用于型材的安装孔、流水槽、锁孔、异形孔、端铣等加工工序（图 12）。

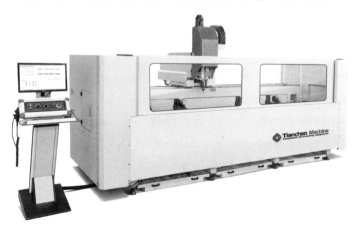

图 12　自动化数控钻铣中心

2. 智能生产 MES 系统

数字化车间将信息、网络、自动化、现代管理与制造技术相结合，形成数字化制造平台，改善车间的管理和生产等各环节，从而实现了智能生产。MES 系统是数字化车间的核心。MES 系统通过控制数字化生产过程，借助自动化和智能化技术手段，实现车间制造控制智能化、生产过程透明化、制造装备数控化和生产信息集成化。智能生产 MES 系统主要包括车间管理系统、质量管理系统、资源管理系统及数据采集和分析系统等，由技术平台层、网络层以及设备层实现。

MES 系统作为生产现场综合管理的系统，具有很强的行业特性。相对于流程型制造，离散型制造产品由众多零部件经过一系列并不连续的工序加工组合最终装配而成，尤其是加工和装配都涉及的门窗、幕墙企业，业务复杂度更高。

中建八局建筑科技（山东）有限公司定制化打造的铝合金门窗智能生产 MES 系统集成作业计划排程、生产过程监控、质量管理、人员管理、设备管理、物料拉动、仓库管理、能源管理等功能模块，根据实际需求定制工艺流程和管理流程，大幅简化管理工作流程，有效提升订单响应速度和生产效率，提升产品质量（图 13）。

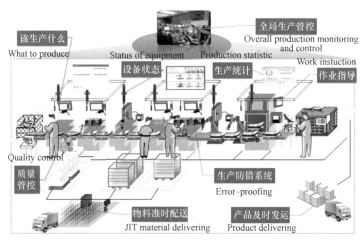

图 13 智能生产 MES 系统

铝合金门窗智能生产 MES 系统主要功能包括：

（1）设备数据采集。数据采集作为 MES 系统的支撑，是构建 MES 系统的基石，为 MES 系统提供及时、详细的现场信息，为生产决策、调度、设备监控提供可靠的依据。MES 系统需要采集的数据包括工业现场的数据和数控设备的数据。工业现场的数据主要包括人员数据、物料数据、质量数据、工票数据（如包括工票号、产品编号、工人序号、设备序号、开票日期、开始日期、定额工时、检查结果等）、工位检测与生产异常数据等。数控设备的数据主要来源于机床的电器电路和数控系统内部，主要包括机床的开关量信息（运行参数信息，如主轴的起停、刀具的更换、冷却液开停、液压、润滑系统的电路信息等）、机床的模拟量信息（运行状态信息，如温度、压力、主轴电流、主轴电压、主轴转速、电机转矩、主轴功率等）、机床报警信息、加工相关的信息（如当前加工的程序号、刀具号、坐标信息等）。

（2）质量追溯。智能生产 MES 系统可实现高效的质量信息管理，具体信息内容主要包括产品出库信息（产品出库过程中，订单号所涉及的产品批号等一系列出库信息均可以通过系统呈现出来）、产品质检信息（产品过程质量控制、制造过程最终检查验证、成品出厂检验等检验报告信息）、产品制造过程信息（关键检测/生产设备号、重点工序作业人员、养护环境温度、湿度等数据）、产品物料信息（物料批次号、供应物料进货检验报告等）（图 14）。

（3）生产数据显示。生产车间在主入口处设置液晶显示屏，显示整个综合生产车间所有在产业务生产情况（在产项目名称、总数量；已生产总数量、待生产数量；生产计划、超期提醒）。各生产线各环节上空悬挂生产线情况统计显示屏，对本生产线生产内容、进

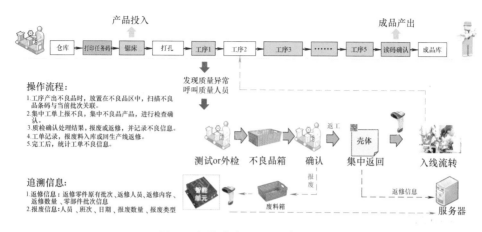

图 14 智能生产 MES 系统质量追溯

度、质量进行展示（本生产线生产项目名称、生产内容及班组；生产总数、已生产数量、剩余生产数量；生产各环节进度，同比产量增减情况；生产进度计划，超期提醒；生产质量合格率）。车间管理人员会根据系统软件显示的实时状态及超期预警作出通报及解决措施，确保按时间节点出厂合格产品。超期预警原因必须落实清楚后实时上报。在生产过程中，质检人员采取不间断的巡检制度，对各个环节的各批次半成品及成品进行随机抽检，根据检测制度对出现不合格半成品及成品的产品批次进行全面检测，落实实际情况后录入管理系统（图 15）。

图 15 车间总看板及生产线管理看板

（4）车间无纸化。无纸化生产环境下，现场生产所需要的信息在计算机内进行高度集成管理，主要体现在车间计划管理（接收 ERP 下达的订单，将其分解为工序作业计划并分配到指定作业班组）、生产准备管理（对工装工具、车间二级库存和在制品进行管理，根据工序作业计划和派工的要求，将生产资源协调配送到现场）、工人现场作业管理（工人在电脑操作台接收工作指导书，报工序开完工，填写加工和检测记录）、设备运行管理（管理设备维修和保养过程，完整记录设备运行状态，掌握设备可用性以支持排产）、质量作业管理（管理现场检验过程，采集检验数据及不合格品的处理过程）、可视化看板管理（用于生产现场的各类大屏幕看板，并为管理提供可视化查询功能）、工时管理（管理定额工时和工人的实际加工工时，自动生成工时报表）、例外管理（处理各类例外事件及其对生产计划造成的影响，提高系统对例外事件的适应能力和处理能力）。

（5）ANDON 呼叫系统。根据生产订单和现场实时生产进度，实现仓储自主预配送和现场紧急配送，保证物料及时到位。针对现场设备、质量、工艺、安全、模具等发生的异常情况进行快速求助、快速响应、快速处理，减少停线等待浪费（图 16）。

图 16　智能生产 MES 系统主要功能

本套智能生产 MES 系统特点包括：

（1）支持多种生产模式的优化排产，排产规则高度配置化；

（2）支持多种设备的生产过程可视化，包括车间大屏、工位电子看板、现场人机界面互动等；

（3）与生产线集成的生产过程控制，支持工作分解、产品分解等环节的自动路由控制；

（4）灵活多样的物料配送管理，支持排序、配料、自动拣选、看板、小票、物料呼叫等方式；

（5）系统架构轻量化，支持多种数据库且业务组件成熟，方便重用和多系统间集成；

（6）支持集团级的分布式部署，生产运营指标等数据分析结果统一汇总至门户，进行决策辅助。

四、应用成效

（一）智能生产线

传统铝合金门窗生产中，型材锯切需要人工搬运，由于型材较长、重量较大，最少需要两人同时配合，并且人工上料效率低、劳动强度大、质量不稳定，还容易发生工伤事故。传统锯切工序中，需要人工调整锯切尺寸，调锯过程耗时较长、精度较低，且容易出错，一次只能完成一根型材的加工。当锯切尺寸变动较多时，生产效率极低。传统钻铣中心功能较为单一，加工前需要人工调整设置加工数据，对不同型材进行钻铣作业，需频繁调整加工位置和加工尺寸等，人工更换钻头费时费力。

智能铝合金门窗生产线通过采用智能化的生产设备，有效解决了以上问题。将生产工序中劳动强度高、用工数量大的环节以及危险程度高的环节采用自动化设备代替。同时，针对门窗加工规格尺寸多的特点，采用自动化测量、自动化更换锯片和钻头的方式，提高加工效率，降低生产成本，保证产品品质。

（二）智能生产 MES 系统

传统离散型制造企业在生产过程中通常存在物料清单变更频繁、生产作业计划频繁调整、制造工艺复杂、生产过程中临时插单、设备利用率低、产品质量难以保证等问题。

中建八局建筑科技（山东）有限公司打造的智能生产 MES 系统，反馈的数据不仅包括每台设备、每个工序和每个操作人员的数据，还包括加工过程中的状态数据。由于采用自动化数据采集技术，可实时采集状态数据。采集的数据经过层层汇总，最后可得到整个工厂的生产现场数据。

应用成效主要体现在以下几个方面：

1. 车间资源管理。主要对车间人员、设备、工装、物料和工时等进行管理，保证生产正常进行，并提供资源使用情况的历史记录和实时状态信息。

2. 库存管理。针对车间内的所有库存物资进行管理，实现库房存贮物资检索，查询当前库存情况及历史记录；提供库存盘点与库房调拨功能，对于原材料、刀具和工装等库存量不足时，设置告警；提供库房零部件的出入库操作，包括刀具、工装的借入、归还、报修和报废等操作。

3. 生产过程管理。实现生产过程的闭环可视化控制，以减少等待时间、库存和过量生产。生产过程中采用条码、触摸屏和机床数据采集等多种方式实时跟踪计划生产进度。生产过程管理旨在控制生产，实施并执行生产调度，追踪车间现场的状态，可通过看板实时显示车间现场信息以及任务进展信息等。

4. 生产任务管理。包括生产任务接收与管理、任务进度展示和任务查询等功能。提供所有项目信息，查询指定项目，并展示项目的全部生产周期及完成情况。提供生产进度展示，展示本日、本周和本月的任务，并以颜色区分任务所处阶段，对项目任务实时跟踪。

5. 计划与排产管理。生产计划是车间生产管理的重点和难点。提高计划排产效率和生产计划准确性是优化生产流程以及改进生产管理水平的重要手段。车间接收生产计划后，根据当前的生产状况（能力、生产准备和在制任务等）、生产准备条件（图纸、工装和材料等）以及项目的优先级别及计划完成时间等要求，合理制订生产加工计划，监督生产进度和执行状态。结合车间资源实时负荷情况和现有计划执行进度，能力平衡后形成优化的详细排产计划。充分考虑到每台设备的加工能力，并根据现场实际情况随时调整。在完成自动排产后，进行计划评估与人工调整。在小批量、多品种和多工序的生产环境中，可以迅速应对紧急插单的复杂情况。

6. 系统物料跟踪管理。通过条码技术对生产过程中的物料进行管理和追踪。物料在生产过程中，通过条码扫描跟踪物料在线状态，监控物料流转过程，保证物料在车间生产过程中快速高效流转，并可随时查询。

7. 质量过程管理。生产制造过程的工序检验与产品质量管理，能够实现对工序检验与产品质量的过程追溯，对不合格品以及整改过程进行严格控制。实现生产过程关键要素的全面记录以及完备的质量追溯，准确统计产品的合格率和不合格率，为质量改进提供量化指标。根据产品质量分析结果，对出厂产品进行预防性维护。

综上，智能生产 MES 系统可缩短规划和制造周期、减少图纸报表的浪费、减少物料进生产线的时间、减少在制品滞留数量、消除转换间文书工作、提高制造效率和质量（图 17）。

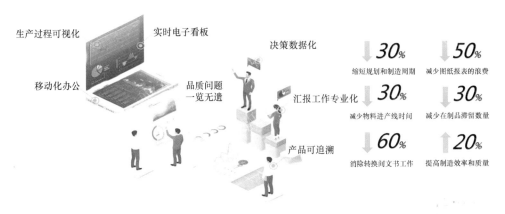

图 17　智能生产 MES 系统应用效益

执笔人：
中建八局第二建设有限公司（胡国锐、孙铭）

审核专家：
韩彦军（河北新大地机电制造有限公司，副总经理）
任成传（北京市燕通建筑构件有限公司，总经理）

郑州宝冶钢构件生产线

郑州宝冶钢构有限公司

一、基本情况

（一）案例介绍

郑州宝冶钢构有限公司钢构件生产线由智能下料中心、部件加工中心、智能配送中心、智能 H 型钢成型中心、智能型钢加工中心以及智能装焊中心组成，可以实现零件自动下料、智能检查、智能配送、H 型钢组焊矫一次成型、智能加工以及智能装焊等工艺的一体化。该生产线配套的信息管理系统涵盖企业资源技术、产品全生命周期、供应链管理、仓库管理、制造执行、能源管理、数据采集与监视及设备物理层管理等功能，可以实现生产仿真分析、进度跟踪、自动排产、工艺能耗分析、装配构件实时追溯、成本最优管控、实时决策等全方位可视化运维管理（图1）。

图1 一站式智能制造信息管理系统

（二）申报单位简介

郑州宝冶钢结构有限公司（以下简称"宝冶钢构"）为中国中冶旗下上海宝冶专业品牌公司，在郑州以"高起点、高标准、高定位"的要求规划建设了钢构件生产线，并于2019 年投产运营；是国家高新技术企业及河南省钢结构智能制造工程技术研究中心、河南省装配式建筑产业基地等。公司聚焦装配式钢结构建筑及中高端钢结构市场，业务瞄准超高层、大跨度、特色建筑、专业工程等标志性钢结构建筑。

二、案例应用场景和技术产品特点

(一) 技术方案要点

以产能提升、减人增效、节能环保、品质提升为目标,基于智能化生产线及一站式智能制造信息管理系统,打造涵盖钢结构设计、采购、制造、安装、检测等各环节的全生命周期管理模式,实现钢结构行业生产建造全流程可视化、精细化、信息化的管理,整合产业链上下游资源,增强行业协同能力。

1. 智能化生产线

郑州宝冶钢构件生产线由智能下料中心、部件加工中心、智能配送中心、智能 H 型钢成型中心、智能型钢加工中心以及智能装焊中心组成 (图2),可满足钢结构建筑40%构件的智能化制造。

智能化生产线(六大加工中心)

图 2　郑州宝冶钢构件生产线

2. 一站式智能制造信息管理系统

一站式智能制造信息管理系统以"一个平台、两个层次、八个方面、四类数据"作为系统的建设思路 (图3),融合 OA、NC、电商及财务系统,涵盖企业资源技术、产品全生命周期、供应链管理、仓库管理、制造执行、能源管理、数据采集与监视及设备物理层管理等功能,集成可视化管理四大调度中心 (图4),实现从设计、生产制造到现场安装全生命周期的可视化和品质分析,确保底层到顶层的生产数据透明化,实现了生产仿真分析、进度跟踪、自动排产、工艺能耗分析、装配构件实时追溯、成本最优管控、实时决策等全方位可视化运维管理。

3. 宝冶钢构智控中心

宝冶钢构智控中心 (图5) 以"数据中心、交互中心、总控中心、决策中心"为建设理念,使公司管理层可以实现远程调度一站式智能制造信息管理系统,随时了解工厂的实时生产状态、设备运转情况、工程进度情况以及生产进度情况,同时融合 5G 技术,利用"5G+无人机""5G+智慧安全帽""5G+超高清摄像头"等方式,解决施工现场人员、安全、质量管理难题,最终实现涵盖供应链生产车间和产品全生命周期的建造服务可视化管理,提高企业科学决策能力。

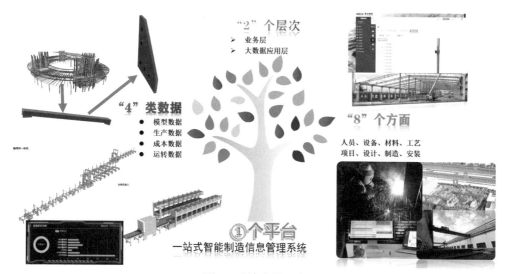

图 3　系统建设思路

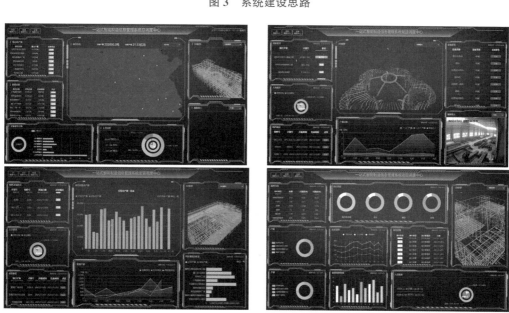

图 4　四大调度中心

图 5　宝冶钢构智控中心（一）

图 5　宝冶钢构智控中心（二）

（二）关键技术

通过大数据、物联网、BIM 技术、5G 技术等打通钢结构设计、制造、安装全过程数据链，实现客户、供应商、管理者互联互通，实现钢结构生产智能化、制造数字化、装备智联化、管理可视化，并形成设计标准化模型、生产流程模型、工艺模型、质量管控模型、预拼装模型和智能服务模型等，最终完成建造过程中设计、采购、部品部件加工、物流运输、安装和维护的全生命周期管理。

（三）创新点

1. 基于生产过程的一站式智能化、信息化管理系统的技术创新

（1）建立了高效数据采集、互联体系（图 6）。让智能设备互联互通，让软件变得更强，让构件生产变得更经济。

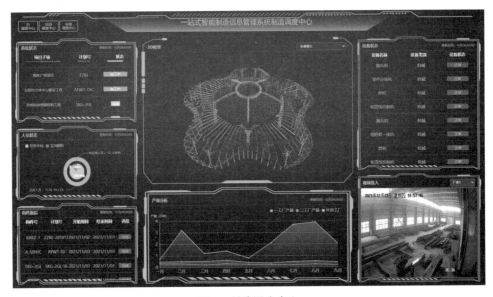

图 6　制造调度中心

（2）充分利用 BIM 建模数据导入生产过程。打通钢结构设计、制造、安装、维护全过程数据链，实现钢结构建筑工程的智能化、产品化（图 7）。

2. 钢结构标准化设计及节点优化的创新

（1）钢结构构件的模块化、系列化、标准化设计（图 8、图 9）。

通过对以往钢结构产品形式及智能化生产设备的适用性分析，在结构设计阶段推荐选

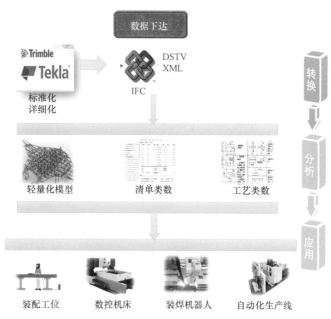

图 7 BIM 建模数据导入生产过程

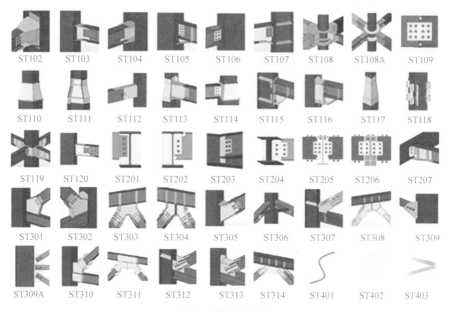

图 8 标准化节点

择结构适应范围广、能满足结构安全性和舒适性要求、易于施工建造，并具有较高综合经济效益的钢结构体系及构件形式。

（2）基于智能生产的钢结构数字化设计（图 10）。

改变传统设计单以图纸为设计结果的情况，将产品设计各阶段的设计成果数字化，从而更好地实现产品的设计交互管理，从设计角度更加有效的服务产品全生命周期管理。

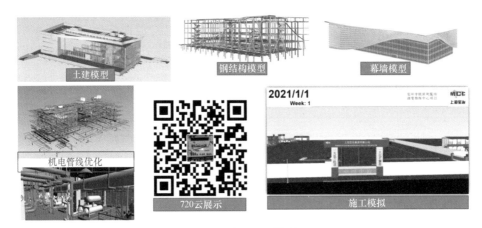

图 9 项目 BIM 模型

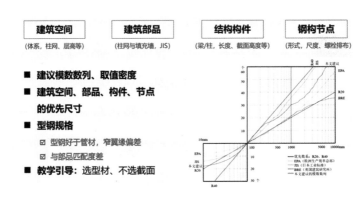

图 10 项目数字化设计模型

3. 基于 5G 技术的钢结构智能化生产模式

公司将智能化与 5G 技术进行结合，根据生产痛点，寻找解决路径，打造了"1＋2＋N"解决方案（图 11），利用 5G 网络，使用"5G＋PLC""5G＋传感器模组""5G＋机器视觉、边缘计算"等方式实现设备远程控制及生产数据全流程贯通；使得生产更通畅，设备运转更高效、减人增效更显著，实现传统行业生产、维护、进度、安全管理全流程智慧化、可视化。

（四）技术优势及应用情况

郑州宝冶钢构件生产线主要用于钢结构构件制造及全生命周期管理，已服务于包含北京冬奥会国家雪车雪橇中心、安阳高陵本体保护与展示工程、富阳亚运射击射箭现代五项馆、唐山新体育中心、北京环球影城主题公园、廊坊华为云数据中心、苏州科技馆、上海陆家嘴康德学校、上海徐泾镇徐乐路 A18-05 地块、安阳文体中心等一批重大项目。

与传统制造生产模式及信息化解决方案相比，该生产线优势包括：一是钢结构生产全面智能化，涵盖生产工艺的各个流程，实现工厂的少人化甚至无人化；二是自主定制开发的一站式智能制造信息管理系统，涵盖了 MES、ERP、PLM、SCM、WMS、SCADA 等系统，实现人、机、料、法、环全数据链打通、全流程精细化管理、全方位统筹一站式管理；三是通过自主研发的 BIM 轻量化设计模型处理系统与增强现实、数据智能技术相结

图 11 5G 技术在郑州宝冶钢构件生产线的应用

合打造的数字孪生可视化平台，为客户提供全方位的可视化运维管理。

三、案例实施情况

（一）案例基本情况

以安阳文体中心为例。该项目地处安阳市中轴线中部，项目总占地面积 702.6 亩，总建筑面积 217577.46m² （图 12）。

图 12 安阳文体中心鸟瞰图

（二）应用过程

1. 人员管理

通过对企业人员信息的多维度管理，实现了企业员工各种信息的整合，充分利用和开发企业人才资源，并使得企业在对经营风险和用工风险的规避中建立起一套完整的人力资源保障体系（图13）。

图13　人员管理

2. 项目管理

通过对项目过程中涉及的各环节的数据管理，实现项目过程中各环节数据的共享，形成信息供给链，解决项目过程中跨部门数据沟通的问题，提高了工程项目管理的能力，并实现了数据的追溯管理（图14）。

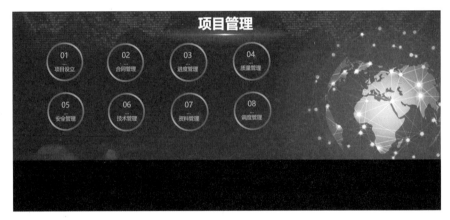

图14　项目管理

3. 设计管理

设计中心根据客户定制化需求设计产品，并利用3D模型生成产品模型，同时自动生成所需物料清单，并对人员、设备、材料等资源进行分配，后续物料下单订购、人力和设备等资源配置、加工等环节会自动生成工作流程。

通过BIM数据，自动生成材料需求，自动分析生产工作量与构件工序流程，自动形成任务计划，实现构件生产施工全过程跟踪。利用现代跟踪技术，对材料和构件跟踪定位，分析构件流转速度，及时调整，保证生产通畅。结合质量检查，确保构件关键工序质检100％执行，攻克构件变更难关，定位构件状态，分析变更性质，人机交互，确定方案，确保变更构件得到合理的处理。

4. 材料管理

通过对材料从采购到出库的全流程统一管理，构建供应商与工厂、仓库和车间的端到端物流与信息流，解决了厂外、厂内物流和信息流不透明的问题，形成了最优的实时材料数据管理，可对材料实现从下游到上游的全流程追溯。

将需要采购的材料通过电商采购模块采购。材料通过扫码实现出入库管理。

5. 工艺管理

通过对工艺参数及路径的管理，建立了标准的工艺库，实现了工艺路径的结构化管理，解决了生产制造过程中缺乏标准工艺管理的问题（图15）。

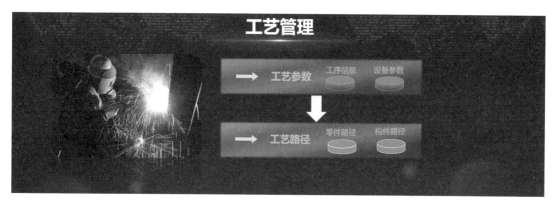

图 15　工艺管理

6. 制造管理

经过对模型进行轻量化处理（图16），将任务分别派送给对应的智能化生产线设备完成部品部件的零件下料、零件坡口加工、零件智能检查与分拣、H型钢一体化成型、构

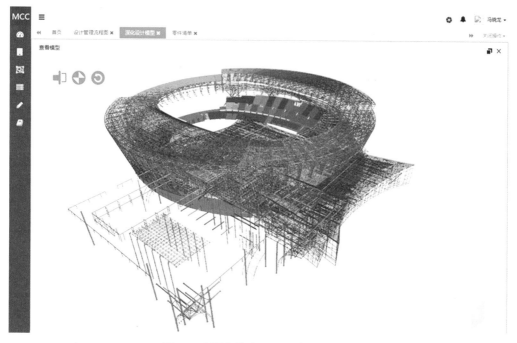

图 16　安阳文体中心 BIM 轻量化模型

件智能化装焊和涂装，实现部品部件的智能化生产。

（1）智能下料中心（图17）：由板材加工中心、全自动直条切割机组成，具有自动巡边、坡口、车铣钻孔、刻字划线、共线切割等功能，减少零件工序流转，一键启动，无人值守，自动定位校准，自动排距，自动切断，可高效完成零件和主材下料。

图17 智能下料中心（左：全自动直条切割机，右：板材加工中心）

（2）部件加工中心：包括智能坡口机器人、条板坡口成型机和平面钻等设备，能通过离线编程和3D扫描技术，自动完成各类坡口开设。

（3）智能配送中心：通过3D扫描技术，实现对零件的识别100%检测、分类；通过"5G＋UWB"定位技术，完成零件指定工位智能配送。

（4）智能H型钢成型中心：根据国内钢结构需求，自行设计制造的H型钢成型生产线，可自动完成上下料、对中、组立、焊接、清渣、校正等工序。

（5）智能H型钢加工中心（图18）：包括三维钻及划线中心、数控锯床、锁口机器人等主要设备，通过软件优化型钢生产工序，自动完成车铣钻孔，四面刻字划线等。

（6）智能装焊中心：该中心是钢结构装配焊接生产线，实现钢结构制造过程中最复杂工序生产的无人化，自动识别零件，自动校准装配位置，自动完成装配和

图18 智能H型钢加工中心

焊接工作，与传统装配方式相比，可节约85%的装配时间。

7. 设备管理

以物联网的方式，实现生产设备的互联互通，收集设备运转参数，分析运转效率，实时分析设备状态，确保安全运转。实现设备与BIM直连，实时管理指令传输，加工进度收集，远程控制设备运转参数（图19），确保设备运转过程中工艺参数满足标准要求。

8. 手机端便捷管理

一站式信息管理APP集成了PC端的部分功能，将项目管理、设计管理、设备管理、制造进度、材料进度、安装进度及数据报表等功能添加至移动端APP（图20），实现业主、监理、分包商、管理人员随时随地办公，提高办公效率。

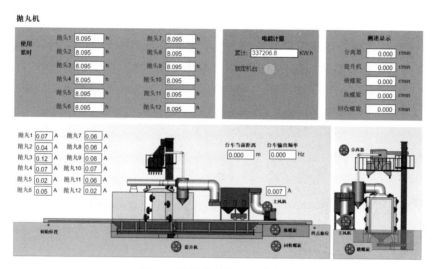

图 19　远程控制设备运转参数

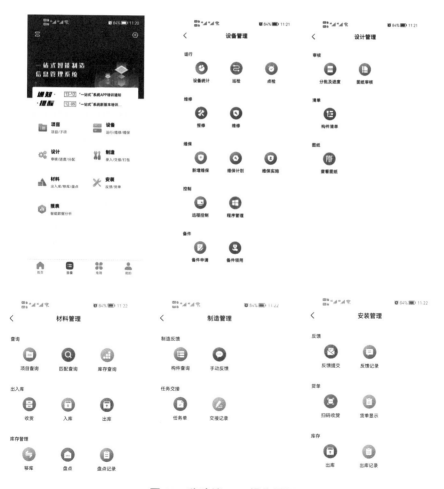

图 20　移动端 APP 操作界面

四、应用成效

（一）解决的主要问题

该案例针对传统钢结构生产制造模式进行升级改造，结合新一代信息技术，完成以一站式智能制造信息管理系统为基础的钢构件生产管理模式的创新，实现了项目的全生命周期管理，提高工作效率及管理水平，有利于解决钢结构行业从业人员老龄化、招工困难、用工成本高、质量参差不齐、质量水平不高，以及钢结构生产制造过程中资源消耗及环境污染等问题。

（二）应用效果

跟传统生产线相比，该生产线单线作业工人从 80 人减少至 16 人，用工降低 80%，单位面积产能从 $1.2t/m^2$ 提升到 $1.5t/m^2$，生产效率提升 25%，综合成本降低 20%。

执笔人：
郑州宝冶钢构有限公司（吝健全、冯晓龙、张刚）

审核专家：
韩彦军（河北新大地机电制造有限公司，副总经理）
任成传（北京市燕通建筑构件有限公司，总经理）

预制混凝土构件双循环流水线在成都市荥经新型建材厂中的应用

中建三局集团有限公司

一、基本情况

(一) 案例简介

在成都市荥经新型建材厂的项目建设中,中建三局科创发展有限公司采用了装配式建筑预制混凝土构件双循环流水线(以下简称"双循环流水线")技术,以此为基础对厂区进行了整体规划设计。在预制构件生产线的前后端匹配了产品信息、生产信息、物流信息等导入导出接口,为工厂的智能化生产管理提供了保障。该案例实施效果良好,场地利用率和生产智能化水平较高,与传统单跨单循环的预制构件流水线建厂技术相比,在同等产能要求下,厂区面积可减小20%,人工可节约30%。

(二) 申报单位

中建三局集团有限公司成立55年来,先后承建、参建全国20个省、区、市第一高楼和全国50余座300m以上高楼。"十三五"期间,累计完成投资逾1500亿元,全方位参与城市建设,开发品质楼盘,不断拓展建筑工业化、地下空间、水利水务、节能环保等新兴业务,企业实现高质量发展。公司蝉联五届全国文明单位,四次捧回全国五一劳动奖状,正朝着"成为最具价值创造力的世界一流投资建设集团"的目标不懈奋斗。

二、案例应用场景和技术产品特点

(一) 技术方案要点

本案例主要围绕装配式建筑预制混凝土构件生产过程中生产工艺的布置及管理、仓储设计与物流组织、土地综合利用、工厂长期发展等方面进行研究,在双循环流水线规划设计中,充分考虑业主实际需求和建厂条件,匹配生产管理系统、供应链管理系统,方案整体实用、经济、高效。

1. 标准工序工艺

双循环流水线是一种有别于传统预制构件流水线规划设计的技术方案,主要应用于装配式建筑预制构件工厂。双循环流水线采用"2+1"的模式,即在1条生产线上,集成2条自动流水线和1条配套线。其中,2条流水线工艺段独立,共用预养窑和蒸养窑,在工艺段完成17道对应工序后汇合进入养护段,再在部品部件下线处分离,回到工艺段,如此对称循环,形成"双循环"模式。作为工厂的主要生产部分,有与其相匹配的标准工序工艺指导生产工作,有生产管理系统(PC-MES系统)指导生产管理工作。

双循环流水线共计17道主工序、3道辅助工序。包含最少18个养护工位及3个在内的共计53个工位，其中分支工位（工艺段）42个，主支工位（集中养护段）11个，主要工序时间合计300min（图1）。

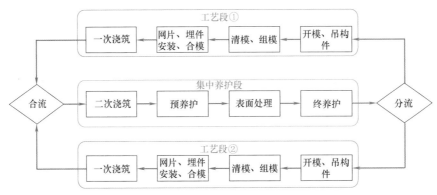

图1　双循环流水线工艺简介

双循环流水线采用基于长模台的标准工艺，也可以应用到基于小模台的标准工艺的流水线上，流水线工序工艺基本不会有大的变化。不同构件生产类型的流水线，可结合双循环流水线的特点，以生产对象的标准工艺如叠合板标准工艺、三明治外墙标准工艺等，重新调整工序工艺流程。未来随着设备升级、产品变化、工艺迭代等，双循环流水线的工艺规划设计均可随着其变化。

2. 生产管理系统

双循环流水线采用全自动化控制系统管理生产（图2），每个自动化设备均通过工业以太网接入企业数据采集与监控系统，并以此形成车间环网，所有设备实现互联互通。

生产过程执行管理系统接受企业ERP系统的订单计划，对各生产单元下达生产指示，通过工业以太网和工业网络交换机将生产信息下发到设备控制柜和电子看板，通过设备控制柜指导设备的自动化运行，通过电子看板指导现场工人按标准操作。

工厂生产的每个构件中均内置RFID电子标签，在生产流水线上可以方便准确地记录工序信息和工艺操作信息，同时可以记录工人工号、时间、操作、质检结果，通过RFID终端将构件生产信息反馈到生产过程执行管理系统；所有设备运行信息、产品生产信息均通过数据采集与监控网络输入到生产过程执行管理系统，最后接入企业ERP系统。

（二）关键技术经济指标

双循环流水线通过集成的布置方式，配置同样的生产线，与国内外同类先进技术相比较，可节约场地20%、人工30%。生产主线具备快速接口和空间，不仅实现了按实际需求拉动生产辅助系统，实现供需匹配，也为后期功能拓展和改造提供了基础条件。

（三）创新点

1. 建立各生产单元（或生产线）间的平衡关系计算规则

设计了相关的计算规则和组织框架，包括工位平衡设计、产线平衡设计（表1）、物料平衡设计等。

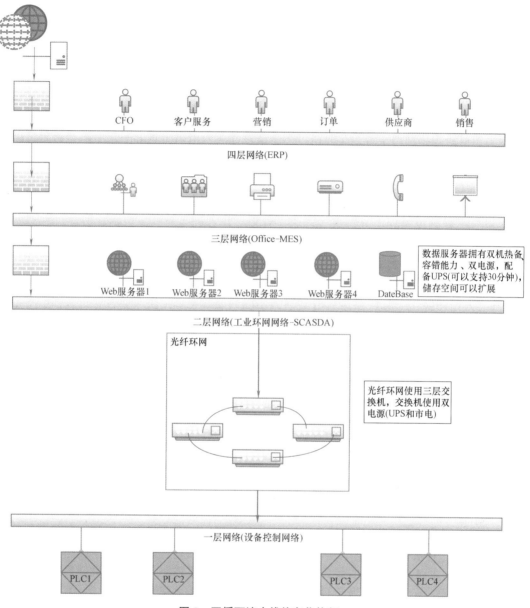

图 2 双循环流水线信息化构架

生产线平衡计算表 表1

	生产线		
	墙板	叠合板	异形件
块数/件	L	M	N
节拍	H_1		H_2
	$H_1 = aH_2$		
工作时间	T		
产能	$P = L\dfrac{T}{H_1} + M\dfrac{T}{H_1} + N\dfrac{T}{N_2}$		
产能匹配	辅助线工作效率设为 F(一个小组生产力),如果进行产能匹配,那么实际效率需求为 $\dfrac{F}{a}$		

2. 设计符合精益生产的流水线

长期以来，现有的工厂规划大多以功能建设为主，主要考虑如何实现构件的生产工序，设计比较粗放，未充分考虑物流的便捷性、生产的连贯性、排产计划的整体性。主线生产与辅线生产存在产能不均衡，导致相关工序产品积压或工人窝工等现象。同时，存在主生产工序与辅助工序相对独立、"各自为战"、供需关系不明确等问题。

双循环流水线以解决这些问题为出发点，从流水线布局入手，提出了"2+1"流水线模型，合理规划布置物料配送路径，保证各生产单元间的连续性和整体性，充分考虑工人操作的便捷性，并且在基本生产工序工艺的基础上，设计了与之相匹配的标准工序工艺。

三、案例实施情况

（一）案例概述

成都市天投实业荥经新型建材厂（以下简称"荥经厂"）在建厂规划前期，结合当地的建设条件以及周边的市场环境，比选了包括传统单跨单循环流水线在内的 6 套建厂方案，综合考虑以往生产过程中遇到的问题和困难，采用了该集成化、开放式的双循环流水线。在工厂建设和生产运营中取得了显著的经济效果。

（二）实施情况

1. 项目简介

荥经厂项目位于四川省雅安市荥经县，距天府新区核心区 170km，眉山 135km，乐山 140km，雅安 29km，工厂可有效覆盖 150km 范围内的成都、眉山、乐山、雅安等地的装配式建筑市场（图 3）。

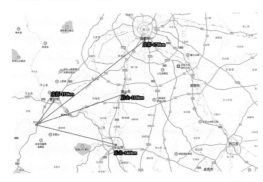

图 3 荥经厂选址

根据前期市场调研、选址勘察分析、技术可行性分析，确定建厂技术指标（表 2）。

建厂技术指标　　　　　　　　　　　　　　　　表 2

功能区	可研需求	建议	长	宽
PC 厂房	12 万 m²	12 万 m²	230m	135m
一期堆场	40000m²	3.5 万～4 万 m²	/	24～30m
二期堆场	40000m²	4 万～4.5 万 m²	/	24～30m
管理员	80 人	70 人	/	/
工人	/	365 人	/	/

续表

功能区	可研需求	建议	长	宽
综合办公楼	1500m²	1500m²	/	/
管理员宿舍	/	700m²		
倒班楼(工人宿舍)	1500m²	3000m²		
实验楼	1000m²	不独立修建		
食堂	600m²	600m²	/	/
辅助用房(变电站、水泵房、压缩机房、实验室)	1090m²	1090m²	/	/

2. 产品设计

根据政策引导和市场需求，荥经厂生产产品为装配式住宅灌浆套筒体系预制构件（图4）。

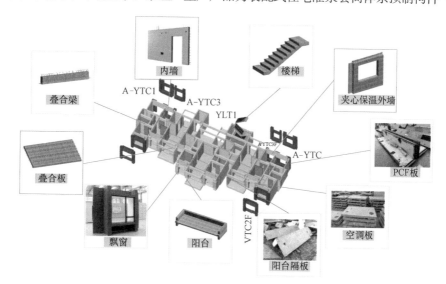

图4 产品体系

3. 工艺规划设计

工艺规划设计是一个系统的工程，核心在于怎样将各个生产单元、辅助单元有机组合在一起，并发挥出其最大的效能。为实现工作目标和效益最大化，对工艺、部门、设施设备和工作区进行规划和实际定位。根据对前期建设成本及后期生产运营的影响，规划布局目的最终是要实现各生产单元平衡、物流高效运转、车间内外场地充分利用，达到：

人——提高工作热情，减少不必要动作和走动。

材料——减少材料、产品的运输距离和搬运次数，减少中间制品。

管理——简化管理，实现均衡生产。

利用率——提高设备利用率，提高空间利用率（图5）。

根据工艺要求进行设备选型，遵循工艺规划

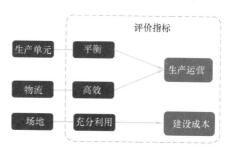

图5 工艺规划评价指标

设计理念，再根据场地条件对车间流水线布局进行设计（图6、图7）。

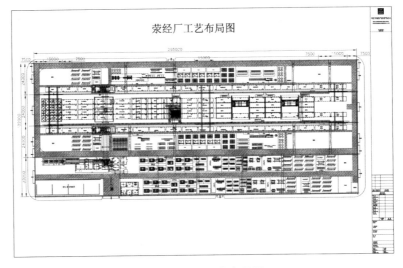

图6 荥经厂工艺布局图

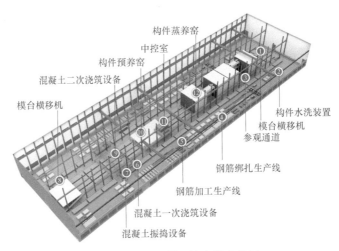

图7 荥经厂双循环流水线立体图

图8 荥经厂整体效果图

在生产车间规划布局的基础上，综合考虑物流、堆场、辅助设施、办公设施，再对整个厂区进行规划设计（图8）。

4. 创新举措

（1）柔性、灵活，拓展性强

摆脱了传统流水线单独生产的情况，通过"2+1"模式，集成了2条自动流水线和1条钢筋加工、绑扎配套线，通过生产制造系统统一安排生产，统一调度生产资源，提供生产主线快速接口和空间，按实际需求拉动生产辅助系统，实现供需匹配。

（2）节约用地

传统流水线（图9），所有设备均布置在一跨内。由于蒸养窑的特殊性，在流水线内部形成一片闲置区域，此区域面积约为550m²，占生产线占地面积的10%左右。

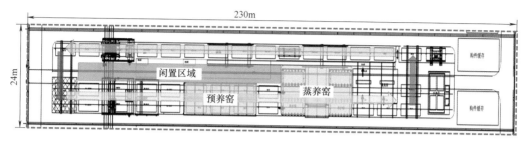

图 9　传统流水线布置

双循环流水线集成了2条自动流水线和1条钢筋加工、绑扎配套线。2条流水线集中进行二次浇筑和养护，将更多的空间利用到配套线上，消除闲置区域（图10）。

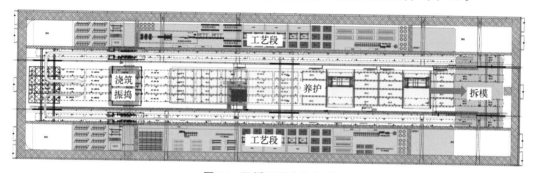

图 10　双循环流水线布置

双循环流水线通过对流水线的组合排列，将多条工艺段分流，而将养护、浇筑段集中，不仅在空间上节约了大量用地，使得养护、浇筑更加便于管理，同时也提高了养护窑的使用率，节约了能源。

（3）更加符合拉式生产的物流规划

传统流水线物料配送均为跨厂房立柱运输，交叉作业频繁，且没有充足的线边库来缓存物料，每道工序都需要花费一定的时间来寻找搬运物料，不能做到物料及时供应，直接影响生产节拍。

双循环流水线将工艺段与物料配给线置于同一跨内，直接缩短转运距离，将钢筋加工绑扎后直接通过同一跨内的行车运到工艺段，消除二次转运。同时，更大的场地使其具备充足的线边库来缓存工艺段需求的物料，根据实际生产节拍备货，达到及时供料，即时生产。

四、应用成效

（一）解决的实际问题

1. 解决生产线不平衡的问题

在过去工厂建设过程中，未充分考虑各个生产单元间的匹配和配套关系，导致有的生产单元被生产效能低的单元拖累，造成生产能力浪费。图 12 所示为未考虑平衡关系时的实际工作情况。

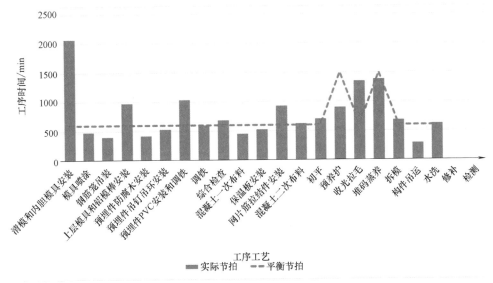

图 12　现有流水线节拍

通过工厂多年运营反馈的数据，双循环流水线充分考虑各方面的因素，重新采集现场实际工序工艺和节拍。按实际物料流转重新规划路径，通过计算和匹配，拆分部分用时长的工序，合并用时短的工序，达到工位与工位之间平衡，生产线与生产线之间平衡，减少不必要的建设，补齐原来不匹配的生产空间。

图 13 所示为双循环流水线的标准工序工艺及其节拍。对比下，双循环流水线更加符合实际生产，各工位生产节拍趋于一致。

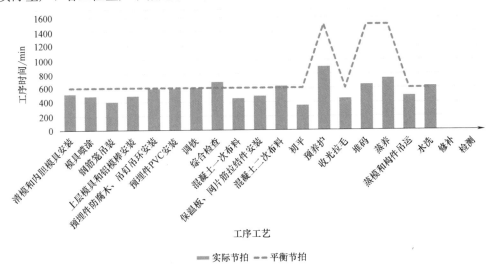

图 13　平衡计算流水线节拍

2. 解决生产线窝工的问题

由于工厂各生产线产能不一致，各生产线各工位间的工作量和节拍也不一致，必然导致相关工序产品积压或工人窝工。

本项目中双循环流水线根据实际工序工艺的工作量和节拍进行平衡计算和划分后，严格控制各工位的工作量和人员，再辅以 Andon 系统和看板，及时传递操作中的生产作业状态信息，让工人知道现在要做什么和下一步要做什么，提高生产组织效率。

3. 提高生产效率

早期的各生产线呈一种孤岛作业方式，主线生产自己的，辅线生产自己的，由于先天规划的不合理性，没有完全发挥出自动流水线优势，占地面积大，空间利用率低。

"双循环"流水线将工艺段与物料配给线置于同一跨内，直接缩短转运距离，钢筋加工绑扎后直接通过同一跨内的行车运到工艺段，消除二次转运。采用集中养护后，消除了原流水线因养护造成的占地浪费，同时更大的场地使其具备充足的线边库来缓存工艺段的物料需求，根据实际生产节拍备货，达到及时供料，即时生产。

4. 提高信息交换效率

长期以来，在大部分预制构件生产、安装过程中，各管理部门之间、项目现场与工厂间各自处于信息孤岛状态，信息反馈链长、沟通效率低、现场反馈的问题不能及时修正，或者因版本延迟修正错误，造成了不必要的生产浪费。

本项目在流水线预养窑上建立中控室，所有生产信息均通过车间通信环网汇总到中控室，通过 PC-MES 系统，管理人员可及时下达指令，解决生产中遇到的问题。

（二）实际效果

荥经厂项目中，采用双循环流水线为基础进行工艺规划设计，合理布置生产线，充分利用土地资源，在满足项目各项生产指标下，与预制构件传统流水线相比，场地利用率提高 20%，加上其他配套设施的优化设计，整个厂区实际用地 150 亩（原计划 220 亩），为业主节约土地 70 亩。双循环流水线对比传统流水线产能可提高 20%，人工可节约 30%。克服了传统流水线物料跨库配送的缺点，物料配送在同一跨内进行，并可以给线边库预留更大的空间，物流配送更加合理。

执笔人：
中建三局集团有限公司（余勤、潘寒、廖峰、赵胜涛）

审核专家：
韩彦军（河北新大地机电制造有限公司，副总经理）
任成传（北京市燕通建筑构件有限公司，总经理）

基于 BIM 的施工现场钢筋集约化加工技术在湖北省鄂州市中建三局葛店新城 PPP 项目的应用

中建三局集团有限公司

一、基本情况

(一) 案例简介

该案例是中建三局在湖北省鄂州市葛店新城 PPP 项目探索出的集"BIM 翻样、数控加工、信息管控"为一体的钢筋工程集约化建造技术方案。通过"智能化 BIM 翻样、集约化数控加工、信息化高效配送"的数字化精细管理,有效降低了翻样工作从业人员要求,减少了现场钢筋原材库存与加工工人数量,减少了数据不透明增加的额外成本,在降低损耗、提高工效的同时促进了项目履约、安全文明施工及建造品质的提升,取得了较好的经济和社会效益。

(二) 单位简介

中建三局集团有限公司是多功能集团化经营的大型建筑安装骨干企业,年合同额逾 6000 亿元,营业收入约 3000 亿元。公司充分发挥规划设计、投资开发、基础设施、房屋建筑总承包"四位一体"优势,不断拓展建筑工业化、地下空间、水利水务、节能环保等新兴业务。企业秉持"敢为天下先,永远争第一"的企业品格,创造了"三天一层楼"的"深圳速度",承(参)建了包括上海环球金融中心(492m)、火神山医院和雷神山医院在内的一大批代表性工程。

二、案例应用场景和技术产品特点

(一) 技术方案要点

传统钢筋加工模式由于缺少先进的技术手段,普遍存在加工人均成本较高、作业方式落后、效率低、安全隐患大等弊端。为提高钢筋加工效率、降低钢筋损耗、减少人工成本、促进钢筋加工产业化发展,中建三局结合"工业 4.0""柔性制造""大数据"等理念,将钢筋进行对象化研究,并参考国内外钢筋加工技术经验,探索出了一套集"BIM 翻样、数控加工、信息管控"为一体的钢筋工程集约化建造技术方案(图 1)。经项目实践应用证明,钢筋集约化加工技术提高人均加工产能 2～3 倍,钢筋有效利用率大于 99%,降低钢筋库存资金成本约 70%。

(二) 关键技术及创新点

1. 基于 BIM 的协同式智能化高效翻样技术

通过 BIM 慧翻样系统实现了三维平台下的高效协同与精确化翻样,从源头上解决了

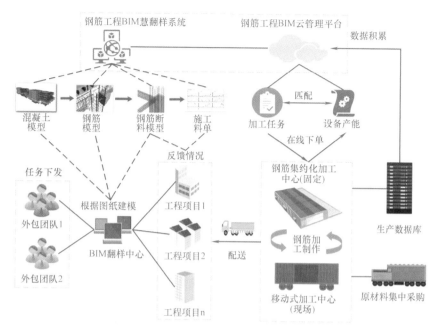

图 1　钢筋工程集约化建造技术方案

翻样手段有限、错误率高、原材料利用效率低、变更适应性差等问题。同时，基于 BIM 模型信息，为复杂节点施工及钢筋绑扎提供三维可视化交底（图 2）。

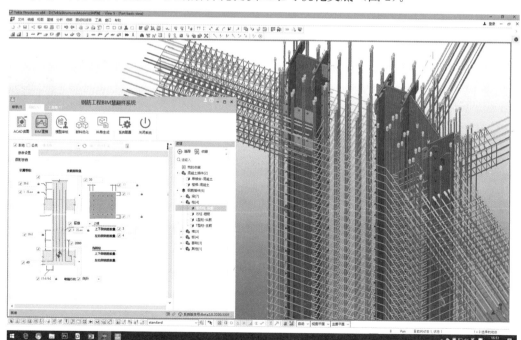

图 2　钢筋工程 BIM 慧翻样系统

2. 基于生产要素集约化的钢筋加工配送技术

通过料单对象化拆分、数字化排产、单元化协作及差异化批量加工等综合技术的应用，避免了料牌抄写、加工参数设定、任务安排等关键环节的人为失误，有效发挥出工业化生产模式高效率、高准确性、低劳动强度的优势。

（1）料单对象化拆分与合并。根据不同场景需求将料单进行拆分、合并，形成绑扎料单、加工单、配送单，下发至不同的使用对象。料单对象化拆分合并技术改变了常规钢筋加工依靠管理人员个人经验进行料单汇总整理、抄写料牌的作业方式，实现加工单（料牌）与料单一一对应，可避免人为因素造成的错误，料牌一键打印减少该环节劳动力的投入。

（2）差异化批量加工。钢筋差异化批量加工的核心是物尽其用，即根据钢筋半成品特征采用不同性能的设备组织生产。需批量化生产的采用数控设备，以提高人均产能；需定制化加工的采用小型设备，确保构件钢筋的完整性。该模式解决了小设备产能不高、大设备生产不灵活的通病，实现了设备投入（生产组织）的集约化。

3. 基于云端的钢筋工程信息化管控技术

通过料单云端集中管理技术、料单智能输出技术实现料单数字化信息跟踪；通过准确便捷的钢筋原材料出入库信息管控技术，进度关联的钢筋半成品加工、配送管理技术实现对钢筋原材料到半成品的过程信息全流程精准掌控与实时追溯；通过对原材料管理、料单管理、加工生产管理、半成品管理、出库管理、统计管理以及各加工设备单元的任务下发、加工时效统计一体化，实现钢筋工程实施全流程的实时管控。

（三）应用场景

钢筋 BIM 集约化加工技术适用于住宅、基建、商业综合体等项目，尤其适用于距钢筋加工工厂 50km 内，钢筋工程量大于 2 万 t 的单项目或项目群钢筋工程。目前主要应用于房屋建筑项目，未来随着钢筋产品线进一步丰富，将逐渐向基础设施及装配式建筑领域延伸，并探索钢筋笼、钢筋网片、钢筋构件等钢筋部品。

（四）竞争优势

与传统钢筋工程模式相比，基于 BIM 的钢筋集约化加工技术的竞争优势包括：一是通过钢筋集约化翻样及配料，可有效降低原材料消耗，促进精益建造；二是通过自动化和智能化生产技术，保障了钢筋半成品加工质量，促进主体工程品质提升；三是通过工厂集约化生产，降低了施工现场劳动力需求，提升工业化建造水平。

三、案例实施情况

（一）案例基本信息

湖北省葛店经济技术开发区葛店新城 PPP 项目（葛店新城社区一期）工程位于湖北省葛店经济技术开发区，占地面积约 30 万 m²，总建筑面积约 110 万 m²，地下 1 层，地下室单层建筑面积约 14.5 万 m²；地上 28、30、33 层，建筑高度约 99m。工程主要功能为还建房，包括住宅、幼儿园、小学及操场、商业、社区服务用房等，以及园林绿化、场地道路、室外管线等配套工程，其中钢筋加工总量约 5 万 t。

（二）应用过程

葛店新城钢筋 BIM 集约化加工中心于 2017 年 12 月开始建设，2018 年 2 月正式具备投产条件（图3），2018 年 4 月 11 日正式图纸下发后，项目立即展开大面积同时施工，高峰期钢筋日需求量在 300t 以上。

1. 协同式高效翻样

在项目图纸下发后,根据项目进度及钢筋需求量,利用中建三局自主研发的"钢筋工程 BIM 翻样智能化辅助系统",采用协同翻样的组织方式(图 4),在混凝土模型的基础上,加工中心只需 1 名钢筋专业人员(表 1),配合 3 名非钢筋专业建模人员即可完成钢筋 BIM 协同翻样。

图 3　葛店新城钢筋 BIM 集约化加工中心

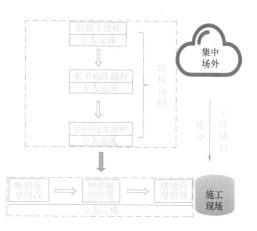

图 4　BIM 协同翻样组织方式图

建模翻样流程如下:图纸交底→混凝土模型创建→钢筋模型创建→钢筋断料处理→模型审核→数据导出。

钢筋翻样人员分工　　　　　　　　　　　　　　　　　　表 1

人员	数量	分工
钢筋专业人员	1 人	1. 建模前,阅读设计图纸,确定钢筋翻样标准及节点做法并向建模人员进行交底; 2. 模型完成后,负责对模型的质量进行审核
非钢筋专业人员	2 人	1. 在钢筋专业人员的业务指导下进行钢筋建模; 2. 对审核后的模型进行数据的导出
	1 人	对完成的钢筋初步模型,进行断料处理

2. 集约化加工配送

项目钢筋集约化加工中心采用基于零部件需求的生产要素单元化组织,并根据项目钢筋特点考虑生产单元动态化配置。加工中心配置 15 个生产单元,设计产能为 200t/d(图 5)。

钢筋集约化加工流程按照料单任务信息分为加工和配送两条线:

(1)加工流程。BIM 翻样数据进入信息化系统后,根据加工计划,划分加工批次,系统自动生成对应的批量加工任务单、零星加工任务单及相应的二维码信息标签,同时根据施工现场钢筋半成品需求计划生成配送单和绑扎单。钢筋半成品加工任务单下发至对应的生产单元,钢筋半成品被加工完成后,悬挂对应的标签并分类堆码。出库时,在配送单的指导下对半成品进行清点装车,配送至现场后结合绑扎单进行绑扎安装(图 6)。

(2)配送流程。钢筋半成品配送采用"配餐式"循环装车方式,选择了第三方配送,由项目、加工中心、主体劳务三方协同管理,避免了由加工中心或主体劳务单独管理带来

图5　钢筋加工工厂规划布置图

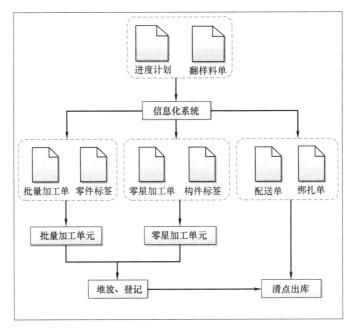

图6　集约化加工流程图

的卸车不及时和装车混乱的问题。出库时，配送车辆根据配送单上的钢筋明细，需要在多个堆场间轮流取料。因此，厂区内设置环线专用道路，单向顺时针行驶，环道设置5处装车点，装车点与道路分离，缓解车辆周转压力。每个装车点配置叉车、小型吊车等辅助垂直运输设备，有效缓解现场大型垂直运输设备压力。第三方配置运输车辆7辆，根据运输数据分析，高峰期每天出场车次达47车，平均每车每天运输约7次，每次运输6t左右。

　　3. 信息化管控

　　钢筋集约化加工过程中应用信息化管理系统，钢筋加工全流程得到实时控制，每一批次钢筋半成品的翻样、加工、配送的进度信息及相关责任人，实现状态可查询，信息可追溯。其强大的数据处理功能，给加工、配送、绑扎等不同对象的结算及项目成本分析提供不同维度的数据支撑，同时给管理者提供决策依据。基于信息化管理系统，半成品配送采用物流管理模式，保证了钢筋半成品准时、准量的配送到现场两个地块的不同区域和楼层，从而解决了场外加工常见的半成品缺料、送错等问题。可以说，信息化管理系统是钢筋 BIM 集约化加工顺利实施的技术保障（图 7）。

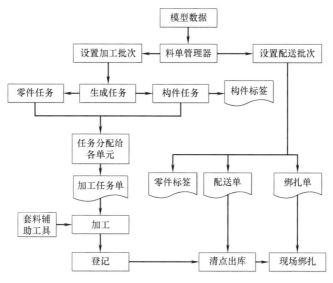

图 7 信息化管理系统核心流程图

四、应用成效

（一）解决的实际问题

目前，国内建筑的钢筋工程存在缺少先进的技术手段、翻样易出错、手工效率低、复杂节点难以处理等客观问题，造成生产效率低、材料损耗大、过程难管控、发展水平有限，同时面临人员劳动力短缺、效益空间逐步压缩、不满足绿色发展要求等行业发展困境。

为有效解决上述问题，探索钢筋产业化发展新模式，中建三局按照信息集成、设备集控、资源集约的总体思路，提出了一种基于现场的钢筋工程集约化建造技术方案，自主研发了"钢筋 BIM 翻样智能化辅助系统""钢筋 BIM 云管理系统"等系列成果，运用钢筋智能化翻样、集约化加工及信息化管控，提升工程质量安全水平，为钢筋工程新型建造模式的实施及产业化应用奠定了基础。

（二）应用效果

通过钢筋 BIM 集约化加工技术的应用，葛店新城 PPP 项目，共加工钢筋半成品约 50000t，产生废料仅约 250t，共节约钢筋消耗约 3500t。

本工程若采用传统的加工模式，需至少配置 15 个钢筋加工棚，在不影响施工进度情况下，每个加工棚各种规格的钢筋原材料库存量均应不少于 40t，现场使用的钢筋规格共计 15 种，原材料库存量总计 9000t。按照当前钢筋半成品数量和完成时间，平均每个钢筋加工棚需要工人 10 名，共计 150 名。

集约化模式下，钢筋原材料库存量始终保持在 2000t 左右，有效减少钢筋库存 7000t，大幅降低原材料资金的占用。运行过程中，加工厂平均钢筋工人数量为 70 名，有效降低人工需求 50% 以上。当前，在钢筋加工工人紧缺的环境下，这是缓解用工荒的一种有效解决方式。

（三）经济效益

1. 直接经济效益

通过应用钢筋工程集约化建造技术方案，实现 BIM 翻样精确的数据应用及云管理系统信息的集成管控，降低 3% 的钢筋消耗量，降低 4% 的现场钢筋半成品返厂率，钢筋利用率达到 99.5% 以上，与传统模式相比至少提高 1%，并且原材料库存降低 70%（表 2）。

直接经济效益表　　　　　　　　　　　　　　　表 2

效益点	消耗量降低 3%	返厂量降低 4%	利用率提高 1%	库存量降低 70%	成本投入减少	合计
效益金额（万元）	750	190	120	117	690.9	1867.9

2. 间接经济效益

（1）降低从业人员要求，创新翻样组织方式。实现从单人作业到团队协同模式转变和"1＋N"的组织模式，经验将得到积累与标准化执行；电子化料单、料牌、绑扎排布图的使用降低对绑扎及管理人员素质要求，缓解劳动力紧缺。

（2）精细化数据管理。将套筒纳入加工管理范畴，实现精细化管控；按照实际加工量的计量方式，促进劳务管理向班组式管理转变；过程数据实时监控，减少因数据不透明增加的额外成本。

（3）有利于统一管理供料，保证关键线路工期，做到项目整体风险可控。通过钢筋加工尺寸反向要求现场结构构件尺寸精确，从而避免错误，有效把控成本。

（4）节省间接成本。用工数量的减少，同时节省了工人住宿、劳保等各项费用，节约了分散的加工棚等临时性设施的投入，同时也提升了半成品加工质量和工地的整体形象。

执笔人：
中建三局集团有限公司（余地华、张国启、邵凌、陈灿奇、姜宇鹏）

审核专家：
韩彦军（河北新大地机电制造有限公司，副总经理）
任成传（北京市燕通建筑构件有限公司，总经理）

湖南省三一榔梨工厂预制混凝土构件生产线

湖南三一快而居住宅工业有限公司

一、基本情况

（一）案例简介

湖南省三一榔梨预制构件数字工厂（以下简称"榔梨 PC 数字工厂"）以"数字化驱动""智能化作业""信息化管理"为指导思想，将智能装备技术、工业软件技术应用至预制构件生产全过程，各单体设备在统一的组织调度、标准体系和平台界面下协同作业，提升了关键信息在各设备、各工位之间传递的时效性、准确性，实现了设计数据直接驱动生产，云端"异地、实时"交互，工厂要素和业务运营情况在线、可视、透明，提升了预制构件生产过程中几十台单体设备、复杂数据信息的智能化数字化应用水平（图1）。

（二）项目申报单位简介

湖南三一快而居住宅工业有限公司（以下简称"三一快而居"）是三一集团旗下子公司，是致力于为行业提供建筑工业化成套装备研发、制造、施工、服务等一条龙服务的国家高新技术企业。公司研发了预制混凝土构件生产线，累计申请专利700 余项，授权发明专利 58 项，获湖南省专利奖一等奖 1 项，产品应用于中国建筑、中国铁建等单位，累计销售超 30 亿元，被认定为国家装配式建筑产业基地。

图1　湖南省三一榔梨 PC 数字工厂

二、技术产品特点

（一）技术方案

借鉴工业 4.0 发展路径，重构预制构件工厂运作模式，全新定义预制构件数字工厂，推动预制构件工厂由 2.0 自动化阶段向 3.0 信息化阶段的跨越（图 2），实现设计数据"异地、实时"交互，中台数据驱动智能装备自动生产，工业流和管理流数字化协同作用。

本案例深度挖掘工业软件对预制构件工厂的赋能效应，对 PMS 系统（预制构件生产线管理系统）进行全面升级，并配套开发和改进了智能化装备，如数控划线涂油机、数控钢筋桁架机、钢筋桁架自动投放机械手、抓钩堆垛机、智能布料机等，共同打造数字工厂智能化生产场景。

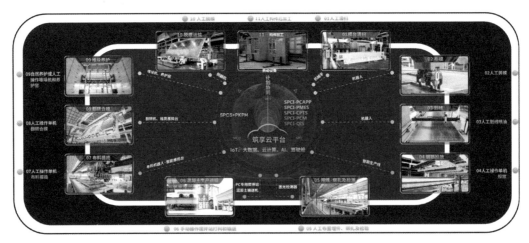

图 2　榔梨 PC 数字工厂构架图

(二) 关键技术及创新点

1. 设计模型驱动 PC 构件生产技术

建立结构设计数据—生产装备—物料清单—计划流转相互耦合的业务模型，创新构件生产工艺知识图谱，研究 BIM 模型的数据文件标准，开发嵌入到 PMS 系统中的 PCAPP（模型解析）模块，按生产工艺自动读取解析三维 BIM 模型，实现设计数据直接驱动现代数字化生产。

2. 平台化、轻量化的 SPCI 流程信息系统

创新并应用 3D 模型轻量化交互技术和云端物联技术，自研基于 BIM 模型的协同设计平台，打破设计院和预制构件工厂信息孤岛，实现云端的"异地、实时"交互、"所见即所得"的协同制造场景，实现管理流数字化。

3. 数字工厂中台技术

建设数字工厂智能控制与调度中心，推动智能排程、一键驱动、生产管控、可视调度等新型管理手段落地实施，同时升级数字工厂驾驶舱，实现工厂要素和业务运营情况在线、可视、透明。

4. 划线涂油一体化技术

将划线、涂油两道必备前处理工序集成在同一设备，由 PMS 系统数据中台驱动运行，按需完成无人化精准划线、涂油。

5. 自动化钢筋、桁架生产及投放技术

打通 PMS 系统与 RMS 系统的数据壁垒，解析设计数据直接驱动钢筋桁架全自动化生产及机械手精确投放。

6. 混凝土智能调度（CPTS 系统）技术

CPTS 系统接收 PMS 系统自动计算的混凝土方量、配方、节拍需求，直接驱动搅拌站自动生产、输送机自动运输、定时定量定配方准时化供应。

7. 智能布料技术

基于构件位置、布料重量、速度、加速度的多重闭环自适应控制技术，实现了不同坍落度的混凝土自动规避钢筋、洞口、辅件，精准补齐角隙；布料综合效率提升 100%。

8.高效抓钩堆垛技术

创新采用抓取方式实现模台堆垛，消除模台入窑等待时间，使堆垛机存取与模台流转并行工作、互不干扰，大幅提高了堆养工序的作业效率。

三、案例实施情况

（一）案例基本信息

榔梨 PC 数字工厂位于湖南省长沙经济技术开发区榔梨镇，占地约 50 亩，拥有全套三一快而居自动化生产设备，2020 年启动改造成为数字工厂（图 3）。

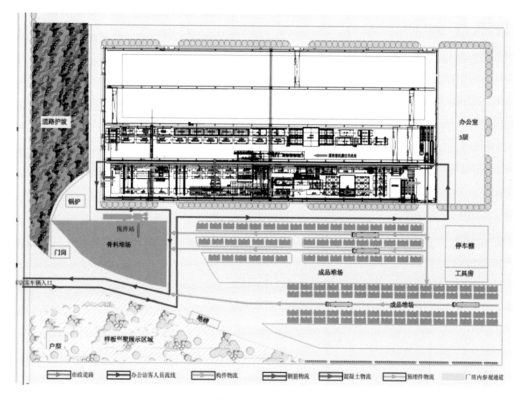

图 3　榔梨 PC 数字工厂平面图

（二）案例目标

目前，国内大多数预制构件工厂存在自动化设备应用不充分、单线用工数量偏高、生产节拍长、人均日产能未充分发挥等问题。对此，该工厂项目目标如表 1：

榔梨 PC 数字工厂升级改造项目目标　　　　　　　　　　　　　表 1

序号	指标名称	具体目标	备注
1	智能化	实现设计数据驱动生产模式	
2	少人化	用工数量降低 40%	40 人降至 24 人
3	节拍短	生产节拍缩短 40%	10 分钟降至 6 分钟
4	产能高	人均产能提升 100%	1.2m³ 提升至 2.5m³

(三)应用过程

1. 设计模型驱动 PC 构件生产

对主流设计软件 PKPM 和 planBar(PKPM 是中国建筑科学研究院建筑工程软件研究所研发的建筑行业相关系列软件,planBar 是德国内梅切克集团研发的 BIM 设计软件)的 BIM 数据模型接口进行二次开发,由 PMS 系统中的 PCAPP(模型解析)模块按生产工艺对 BIM 模型进行解析,提取构件、轮廓、钢筋、预埋件等 BOM 信息,无缝导入 PMS 系统中台,用于后续生产排程及驱动设备。设计模型自动解析避免了人工读取图纸、人工整理设计 BOM、生产过程中人工量尺寸定位安装等无价值劳动,生产效率和质量提升50%以上。

上述应用进而促进轻量化的 SPCI 平台的搭建,实现了设计院与预制构件工厂在云端的"异地、实时"交互。实际生产构件的 BIM 模型直接通过平台实时解析,实时按计划排程,一键驱动智能装备生产,实现可视化作业管控。彻底解决了设计和生产工艺脱节、构件无法生产、难生产、成本高的难题,生产效率、产品质量、生产成本得到全面优化(图4)。

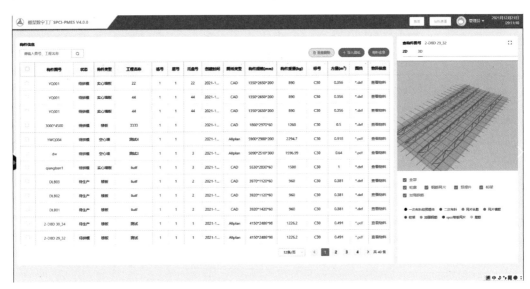

图 4 设计 BIM 解析生产 BOM 信息

2. 数据驱动自动拆布模

按照 PMS 系统的排程计划、模台流转信息,拆布模机械手视觉识别已有边模位置,自动拆除模具入库,解算出待生产构件的最优边模拼接组合和路径,全自动完成所有拆布模动作(图5)。布模精度达到±1mm,节省作业人员2人。

3. 数据驱动自动划线涂油

PMS 系统数据中台下发构件轮廓、预埋位置信息至划线涂油一体机。模台到位后,自动对构件区域进行涂油、边模及预埋件定位线绘制作业。划线涂油一体机由伺服系统驱动,定位精度±1mm,精确匹配了构件实际需求,减少作业时间和耗材的浪费,全过程无需人工参与,节省作业人员2人(图6)。

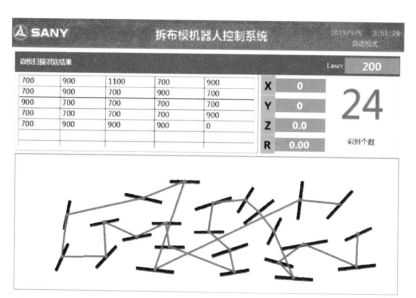

图 5 PMS 系统驱动自动拆布模作业

图 6 PMS 系统驱动划线涂油一体化作业（一）

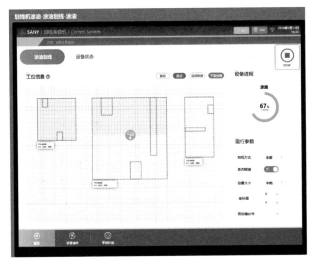

图6　PMS系统驱动划线涂油一体化作业（二）

4. 数据驱动钢筋自动生产及投放

PMS系统将钢筋BOM信息发送至RMS系统，驱动钢筋网片、桁架按计划自动生产、存储、抓取、投放，支持多任务在线协同，可满足多线同时供应。全新开发的钢筋桁架机实现12m/min的高效生产，多工位摆放；钢筋桁架机械手一次抓取12根桁架，依次精准投放至对应位置（图7）。钢筋生产及投放完全实现数字驱动，全程仅需少量设备操

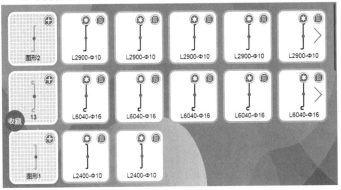

图7　钢筋桁架自动加工投放

作员，节省作业人员 7 人。

5. 混凝土定时定量定配方供应

PMS 系统获取构件混凝土配方要求，计算方量，并按生产节拍计算所需的混凝土到位时间。上述信息发送至 CPTS 系统规划混凝土生产时间轴，驱动搅拌站控制系统按配方备料，驱动输送装备按时接料并准时到位卸料，实现混凝土的 JIT 模式定时定量定配方供应。数据驱动自动完成整个过程，节省作业人员 2 人（图 8）。

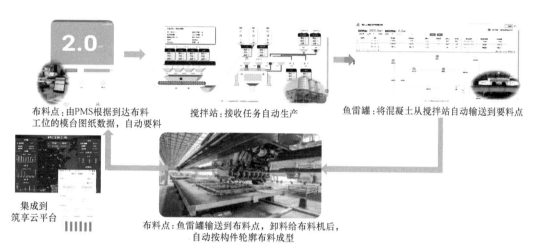

布料点：由PMS根据到达布料工位的模台图纸数据，自动要料　　搅拌站：接收任务自动生产　　鱼雷罐：将混凝土从搅拌站自动输送到要料点

集成到筑享云平台

布料点：鱼雷罐输送到布料点，卸料给布料机后，自动按构件轮廓布料成型

图 8　数据驱动混凝土定时定量定配方供应

6. 数据驱动智能布料

PMS 系统下发构件轮廓、厚度、方量信息至智能布料机，布料机规划最优路径，采用构件位置、布料重量、速度、加速度的多重闭环自适应控制技术，实现了不同坍落度的混凝土的自动均匀布料，并自动规避钢筋、洞口、辅件，精准补齐角隙，布料综合效率提升 100%。布料完成后，振捣设备构建了基于布料数据的工艺参数专家库，自适应调整匹配振捣参数，实现振捣密实均匀度不小于 95%，系统解决了混凝土成型过程中的隐形气孔和布料不均的质量问题。布料过程只需 1 人完成作业，节省作业人员 3 人（图 9）。

图 9　数据驱动智能布料

7. 数据驱动高效堆垛养护

PMS 系统根据构件发货计划，智能规划构件最优存储位置，数据驱动全新开发的抓钩堆垛机，将模台送至养护窑仓位存放，无需模台流入等待。一体高效卷扬系统、精确伺服定位系统和柔性控制系统，实现堆垛过程快准狠，生产节拍缩短至 6min，消除了生产线的效率瓶颈。模台入窑后，PMS 系统自动开启养护曲线，主动强制循环养护过程，动态实时监控，精准控制温度、湿度，窑内温差不高于 5℃，养护质量好，效率高，能耗低（图 10）。

图 10 高效堆垛养护

8. 数据中台

PMS 系统让中央控制室真正成为榔梨 PC 数字工厂的大脑,实现中台数字化驱动智能装备生产的目标。PMS 系统通过 SPCI 平台与设计数据"异地、实时"交互,解析 BIM 模型,并按构件施工、发送计划需求,自动排定生产计划,规划最佳模台利用率,调节匹配生产节拍,可视化生产调度,并驱动 PMS 系统和 CPTS 系统协同工作。

PMS 系统集成驾驶舱功能和业务管理功能,实现工厂要素和业务运营情况在线、可视、透明的数字化展现,包含产能统计、节拍统计、构件信息统计、设备状态统计等模块,全视角俯瞰生产全过程,直观掌握生产问题,实时展现工厂管理流,提升综合竞争力(图 11、图 12)。

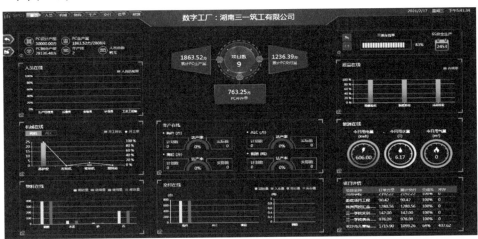

图 11 榔梨 PC 数字工厂驾驶舱

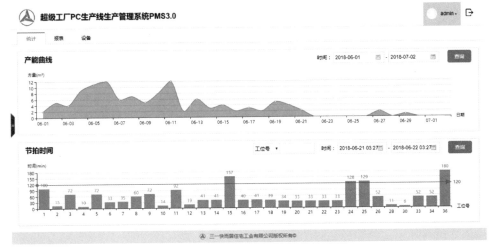

图 12 PMS 系统生产管理功能界面

四、应用成效

（一）应用成果

本案例应用数字化思维，借鉴工业 4.0 发展路径，全新定义的 PC 数字工厂，最终在榔梨 PC 数字工厂落地应用，相应成果如下：

1. PMS 系统打通建筑设计软件（PKPM 和 planBar）的源头，实现设计 BIM 模型直接驱动智能化生产过程，解决了设计和生产工艺脱节难题，从而让数字化业务流出最终闭环。

2. 建立轻量化 SPCI 平台，通过 3D 模型轻量化技术，实现设计数据与预制构件工厂云端"异地、实时"交互，"所见即所得"的协同制造，进一步解放生产力。

3. PMS 系统集成工厂管理业务功能，工业流和管理流协同共促，形成灯塔效应。

4. 数控划线涂油一体机、数控钢筋桁架机及投放机械手、智能布料技术、混凝土智能调度系统（CPTS）、抓钩堆垛机等先进设备具有较强的技术优势。

5. 实际生产证明，榔梨 PC 数字工厂达到了用工数量降低 40%，生产节拍缩短 40%，人均产能提升 100%（1.2m³ 提升至 2.5m³）的目标。

（二）应用价值

榔梨 PC 数字工厂应用设计模型数据直驱预制构件生产的技术体系，配套先进智能装备，实现用工人数减少 16 人、生产节拍缩短 4min、人均产能增加 1.3m³，以市场混凝土构件价格 2000 元/m³、人工工资 15 万元/年测算，每年可增加约 500 万元的盈利。

本案例的建设促进劳动效率提升，劳动作业强度降低，缓解建筑业农民工不足难题，加快建筑农民工向产业化工人转变进程。在数字化驱动场景下，构件质量得到有效保证，更好满足居民对住宅的高标准要求。同时，为行业技术革新和规范化、标准化发展贡献力量。

执笔人：
湖南三一快而居住宅工业有限公司（陈常青、蔡杨、易文、周晓东）

审核专家：
韩彦军（河北新大地机电制造有限公司，副总经理）
任成传（北京市燕通建筑构件有限公司，总经理）

中建五局装配式机电管线生产线

中国建筑第五工程局有限公司

一、基本情况

（一）案例简介

中建五局基于机电工程的特点和构件、配件生产工厂化的理念，研制了装配式机电管线生产线，将以往施工现场的加工设备、加工工艺通过集成、优化、组合等方式形成满足不同安装需求的成套、标准加工生产设备，通过工业控制程序、工厂数字化管理平台等形成智能化生产能力。该生产线实现了装配式机电模块、产品的工厂化生产，打通了从标准化设计至现场装配的关键环节，改变了传统手工业生产存在的分散、低水平、低效率的状况，促进了技术水平的提升（图1）。

图1　装配式机电管线生产线

（二）申报单位简介

中国建筑第五工程局有限公司创立于1965年，是集"投资商、建造商、运营商"三商一体的现代化投资建设集团。公司主营业务是房屋建筑施工、基础设施建造、投资与房地产开发，总资产超1000亿元，累积投资额超3000亿元。全局拥有3万名员工，其中博士后、博士、教授级高级工程师等高端人才3000多人，获得鲁班奖近100项、国家优质工程奖50多项、詹天佑奖11项、全国市政金杯奖30余项、火车头奖8项。

二、案例应用场景和技术产品特点

（一）技术方案要点

中建五局的智能建造体系主要由数字化设计、自动化生产、智慧化施工、数字化交付构成，装配式机电管线生产线是其重要组成部分（图2、图3）。

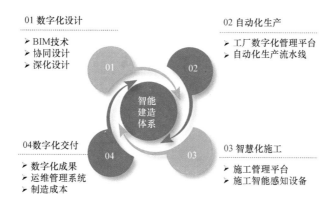

图2 中建五局智能建造体系

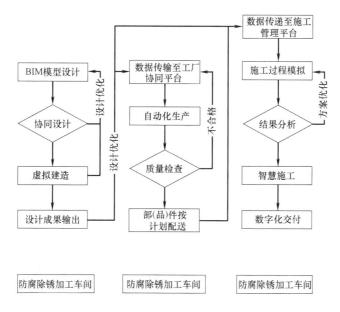

图3 中建五局智能建造流程

装配式机电管线生产线属于自动化生产环节中重要的实施设备。按照不同产品及工艺需求，主要有风管加工生产线、管道焊接加工生产线、支架加工生产线、构件防腐除锈加工生产线。

设计阶段将装配式模块、产品等信息数据化、标准化，输入到相应加工生产线的操作控制平台。加工生产线的操作控制平台通过电气控制系统以动作指令的形式，指挥相应的机械装置完成从原材料输入到最终产品完成的一系列动作和加工流程，包括输送、固定、切割、焊接、测量、组对、冲孔、折弯等。

工厂数字化管理平台包括研发设计、质量监管、企业协同、物资采购、生产计划、市场服务、成品仓储、物流运输等模块，为智能建造提供可靠的信息数据保障，实现精细化、数字化的高效生产管控效果（表1）。

装配式机电管线生产线简介　　　　　　　　表 1

序号	名称	设备构成	主要功能	工艺设计
1	风管加工生产线	U型1300生产线、数控光纤激光切割机(3kW)、数控角铁冲孔机、共板式法兰机、辘骨机、共板气动折边机、枪焊、虾米弯头机	风管部件、配件、软接预制	开卷校平→压筋→冲尖口和方口→定尺剪断→1号机械手送料装置→自动联合咬口→角钢法兰8mm小直角变成型→双机联动共板法兰(TDF)→带动力皮带输送平台→2号伺服机械手定长送料→折方成型→人工出料
2	管道焊接加工生产线	管道数控等离子切割下料生产线、管道预制机械组对中心、管道预制自动焊接中心、管道纵向物流输送系统、管道预制横向输送系统、固定口全位置自动焊机、管道复杂组对平台、机器人马鞍口自动焊接工作站、弧焊机器人、料架	焊接管道预制和套管加工	原材料防腐除锈→定尺寸下料→坡口加工→组装点焊→自动焊接→焊接质量检查→气压检漏→预拼装→编号→出厂→运输→现场安装
3	支架加工生产线	钢卷开卷设备、调平放料架、伺服送料机、液压冲床、冲孔模具、冷轧成形机、切断模具、成品托料架、液压系统、电气控制系统	抗震支架和普通支架加工	板材激光切割→冲孔→折弯→镀锌防腐→配件加工质量检查→出厂
4	构件防腐除锈加工生产线	重型通过式管道除锈抛光机、抛丸清理机、自动喷漆设备	喷砂、除锈和喷漆	除锈→防腐→喷面漆

(二) 核心技术创新点

1. 基于 BIM 的支吊架批量加工：根据 BIM 模型综合排布的管道情况，点击任意位置，自动生成剖面，在剖面中智能生成联合支吊架，并自动进行力学计算，选取最优型号支吊架，导出构件清单，在加工厂进行批量加工（图 4）。

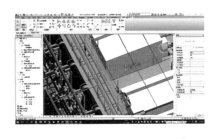

密集区管道选择

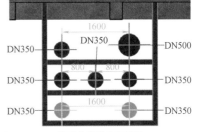

自动生成联合支吊架

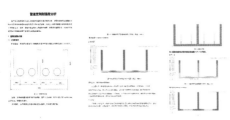

支吊架受力分析

根据支吊架加工清单批量加工

图 4　基于 BIM 的支吊架批量加工

2. 基于 BIM 的管道预制化加工技术（水管）：根据 BIM 模型选取某个系统或区域的管道，对管道按标准管（9m 或 12m）进行分段，自动生成标准管和连接段，生产构件清单，在加工厂进行批量加工（图 5）。

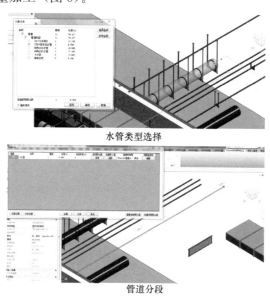

水管类型选择

管道分段

图 5 基于 BIM 的管道预制化加工技术（水管）

3. 基于 BIM 的管道预制化加工技术（风管）：根据 BIM 模型，将风管管件模型生成展平图，并将数据转化成机床可读的 G 代码，只需通过 U 盘将数据导入等离子切割机，即可加工生产风管，特别适合风管管件进行批量加工（图 6）。

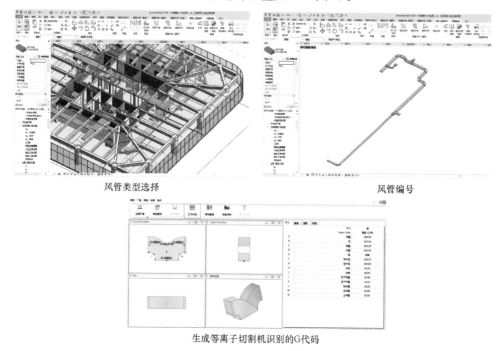

风管类型选择

风管编号

生成等离子切割机识别的G代码

图 6 基于 BIM 的管道预制化加工技术（风管）

4. 装配式机房模块制作技术：根据实际工程机房 BIM 模型，进行模块划分；绘制加工图纸，利用工艺流水线进行加工、组装、测试（图7）。

5. 受限空间机电模块制作技术：根据受限空间机电 BIM 模型，进行模块设计；绘制加工图纸，利用工艺流水线进行部件加工并组装成一定形式的定制模块。

(D)Step 01	(D)Step 02	(D)Step 03	(D)Step 04	(P)Step 05	(M)Step 06
收集资料	精细化建模	深化设计	深化出图	平台化管理	工厂化预制

图 7　装配式机房模块制作技术与受限空间机电模块制作技术

（三）技术经济指标

经估算，装配式机电管线生产线与以上核心技术结合为机电安装工程带来的效益见表 2：

技术经济指标　　　　　　　　　　　　　　　　　　　　　　　表 2

技术名称	工期效益	经济效益
基于 BIM 的支吊架批量加工	提高效率15%	降低成本5%
基于 BIM 的管道预制化加工技术(水管)	提高效率8%	降低成本2%
基于 BIM 的管道预制化加工技术(风管)	提高效率30%	降低成本8%
装配式机房模块制作技术	提高效率30%	降低成本5%
受限空间机电模块制作技术	提高效率10%	降低成本3%

（四）案例应用场景

装配式机电管线生产线适用于为安装工程量大、施工工期紧张、运输条件好的工程进行装配式模块、产品的加工制造，目前，主要在房屋建筑工程、城市轨道交通工程领域进行应用。

三、案例实施情况

（一）案例基本信息

深圳国际会展中心（一期）机电承包工程项目位于广东省深圳市宝安区宝安机场以北，空港新城南部。深圳国际会展中心一期由展厅及相关配套、中央廊道、登录大厅、会议中心和地下车库及设备用房等构成，占地面积 121.42 万 m^2，总建筑面积 150.7 万 m^2，展厅及相关配套 94.7 万 m^2，地下车库及设备用房约 56 万 m^2（图8）。

中建五局机电安装模块技术主要用于本工程 B7 区域的 3 号站房，站房面积约 1000m²，净高 5.8m，制冷功能服务范围为 A6、A7、C6、C7，并与 2 号冷站系统通过 DN350 冷冻水管联动工作（图 9）。

（二）应用过程

1. 前期设计阶段

项目前期 BIM 深化采用基于三维模型的可视化设计，模型本身带有数据信息和工艺信息，这些数据信息将随产品的全设计期和全制造期进行流转。模型不仅能指导生产制造和资源组织，还可以作为自动化加工的文件。最终交付不再是传统的二维图纸，而是包含设计信息的任务清单和基于模型的图纸。

（1）建筑结构模型核对：为保证虚拟建造模型与现场保持一致，利用 3D 激光扫描仪对建筑结构进行实测

图 8　深圳国际会展中心效果图

实量。所得数据导入模型，分析现场建造误差，调整建筑结构模型。使其能真实反映现场实体。

（2）设备建族：统计机房内所有相关设备，沟通厂家提供对应选型样本，创建设备模型。要求设备尺寸大小、管道接口位置及大小等关键数据必须精准，保证能真实反应设备形状及接口特征（表 3～表 6）。

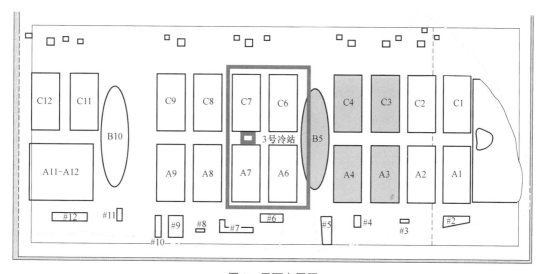

图 9　平面布置图

制冷机组明细　　　　　　　　　　　　表 3

编号	型号	数量	重量/kg	外形尺寸/mm	制冷量	功率
1	YKK8K3H95EUG	1	14369	5833×2813×3356	800RT	534kW
2	YKR1R2K45DGG	3	23736	5010×2521×3054	1600RT	1035kW

水泵明细　　　　　　　　　　　　表 4

编号	型号	名称	数量	重量/kg	外形尺寸/mm	参数
1	B(3)-B2-1~2	冷冻	2	878	1650×546×784	$Q=284m^3/h, H=36.5mH_2O, N=45kW$
2	B(3)-B2-3~6	冷冻	4	1007	2029×610×1005	$Q=563m^3/h, H=36.5mH_2O, N=75kW$
3	B(3)-B2-7~8	冷冻	2	867	1753×610×851	$Q=385m^3/h, H=15mH_2O, N=22kW$
4	b(3)-B2-1~2	冷却	2	1007	2029×610×1005	$Q=598m^3/h, H=37mH_2O, N=75kW$
5	b(3)-B2-3~6	冷却	4	2044	2595×810×1335	$Q=1198m^3/h, H=38.5mH_2O, N=160kW$

3 号冷站管道明细　　　　　　　　　　　　表 5

编号	内径	总长/m	编号	内径	总长/m
1	DN700	57.53	5	DN350	322.69
2	DN600	37.69	6	DN300	38.95
3	DN500	89.78	7	DN250	36.3
4	DN400	38.89	8	DN150	220.38

设备建模　　　　　　　　　　　　表 6

设备厂家提供样本书	冷水机组和水泵建模
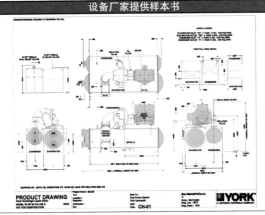	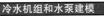
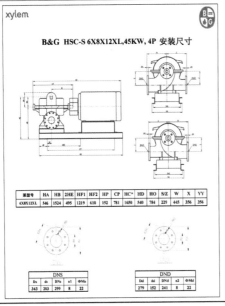	

（3）设备及管道排布：在机房内按功能需求合理布置设备。同类型设备成排布置，确保设备与设备、墙体之间距离满足检修要求。预留机房内主要通道。实现管道整体排布，大型管道成排布置，设置综合支架，支架充分利用结构梁柱，节省钢材，增加稳定性（图10、图11）。

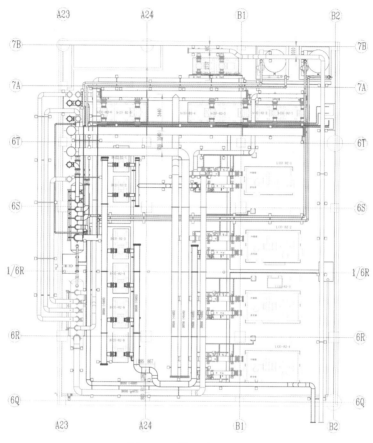

图 10　深化设计平面图

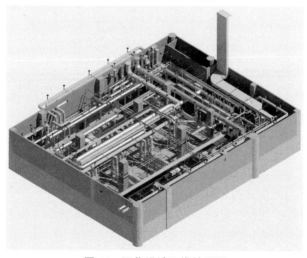

图 11　深化设计三维效果图

（4）模块化管段划分：依据管道路由、型号、重量及长度，将管道进行分解，要便于管道模块运输及安装（图12）。

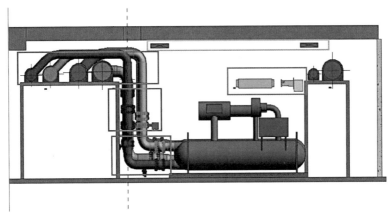

图 12　模块化管段划分图

依据模块化管段划分图生成模块化管段编号方案图，再生成各模块化管段加工详图（图13～图15）。

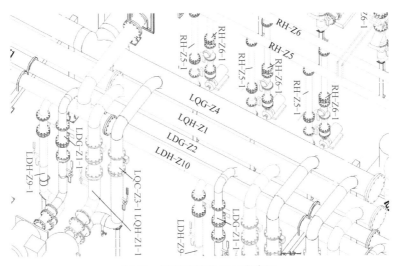

图 13　模块化管段编号方案图

（5）支架系统设计：按管道重量级排布，设置支架的形式及位置，并经迈达斯软件进行有限元受力分析，保证支架设置安全可靠（图16、图17）。

2. 模块化加工阶段

模块化加工在中建五局安装华南装配式机电生产基地进行，工厂位于广东省东莞市黄江镇宝山工业区，占地面积约 6000m²，距离深圳国际会展中心约 40km，极大地方便了粤港澳大湾区项目开展装配式机电施工（图18、图19）。

（1）切割下料阶段：依据设计阶段 BIM 模型导出物料清单，管段模块切割采用数控相贯线等离子切割机，所有配件均一次切割成型。对下料范围内的生产系统、智能物流系统、人机互动、互联网、信息控制、信息管理、数字控制、自动化运用等方面进行全面管

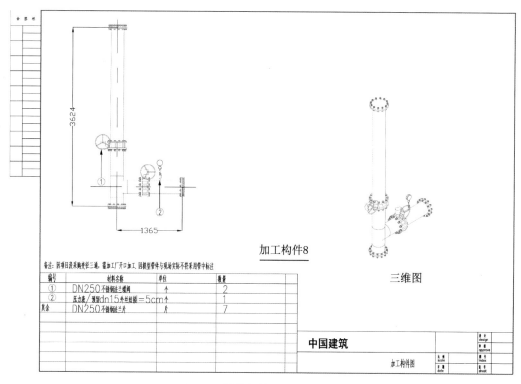

加工构件8

三维图

备注：因项目没采购变径三通，需加工厂开口加工，因模型管件与现场实际不符采用管中标注

编号	材料名称	单位	数量
①	DN250不锈钢法兰蝶阀	个	2
②	压力表/预制dn15外丝短接=5cm	个	1
其余	DN250不锈钢法兰片	片	7

中国建筑

加工构件图

图14　模块化管段加工详图一

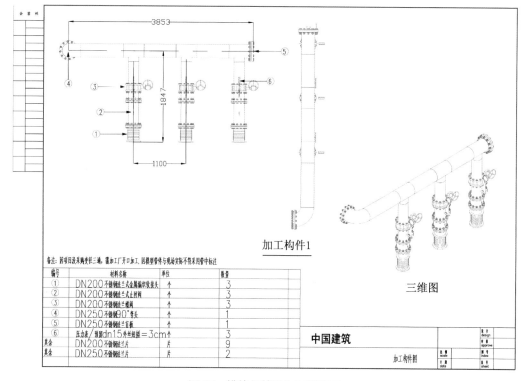

加工构件1

三维图

备注：因项目没采购变径三通，需加工厂开口加工，因模型管件与现场实际不符采用管中标注

编号	材料名称	单位	数量
①	DN200不锈钢法兰式金属编织软接头	个	3
②	DN200不锈钢法兰式止回阀	个	3
③	DN200不锈钢法兰蝶阀	个	3
④	DN250不锈钢90°弯头	个	1
⑤	DN250不锈钢法兰盲板	个	1
⑥	压力表/预制dn15外丝短接=3cm	个	3
其余	DN200不锈钢法兰片	片	9
其余	DN250不锈钢法兰片	片	2

中国建筑

加工构件图

图15　模块化管段加工详图二

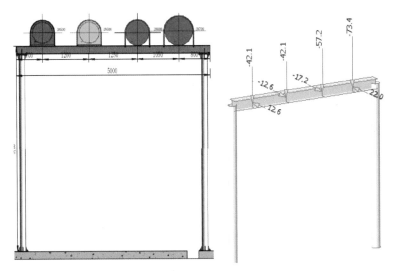

图 16　支架形式设计

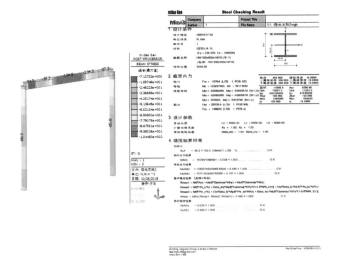

图 17　支架受力计算

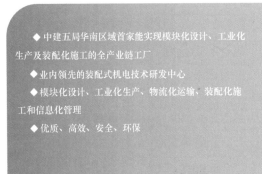

◆中建五局华南区域首家能实现模块化设计、工业化生产及装配化施工的全产业链工厂

◆业内领先的装配式机电技术研发中心

◆模块化设计、工业化生产、物流化运输、装配化施工和信息化管理

◆优质、高效、安全、环保

图 18　模块化加工工厂

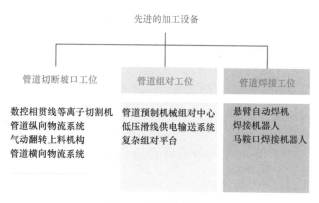

图 19　生产线设备

理，采用数字化技术全面管控工艺产品设计、运行、指导、安全预警等，建立智能下料中心的全数据管理系统，采用物联网技术，对所有设备、管道、附件从设计、运输到现场安装进行全过程管控（图 20）。

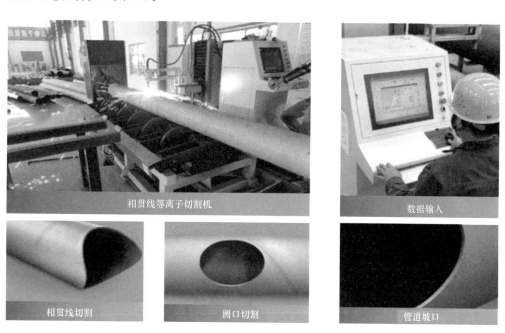

图 20　智能切割下料

（2）模块组对焊接阶段：采用物流系统将切割好的配件运送至组对平台，常规模块采用机械组对平台，复杂模块采用复杂组对平台。组装好的模块采用悬臂自动焊机焊接成型，特殊模块采用焊接机器人焊接成型（图 21）。

（3）存放运输阶段：各模块从工厂到施工现场的运输依靠卡车进行，行吊和运输过程中，通过高精度的 BIM 模型，对模块平衡点进行准确计算，保障运输和吊装过程中的平稳及安全。对于机组和水泵整体模块，运输到达现场后，利用拖车从前期规划好的运输通道运至机房地面；而水平管线模块可以从现场吊装孔中垂直下吊，在机房内利用叉车辅助运输转移（图 22）。

机械组对　　　　焊接参数调整　　　　悬臂自动焊机　　　焊接机器人　　　非标准构件焊接机器人

图21　模块组对焊接

图22　物流运输

（4）现场组装阶段：采用 BIM 技术模拟组装，确保各模块按编号依次组装成型（图23、图24）。

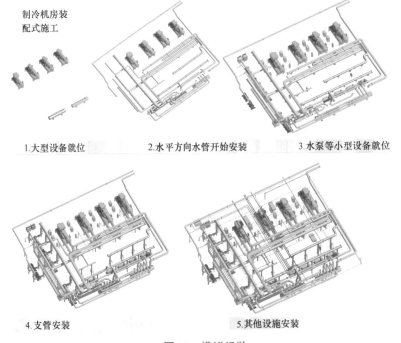

制冷机房装配式施工

1.大型设备就位　　　2.水平方向水管开始安装　　　3.水泵等小型设备就位

4.支管安装　　　　　　5.其他设施安装

图23　模拟组装

机房效果图

图 24 效果图

（三）主要创新点

1. 设备模块与运转设备采用减震断桥连接设计，精确控制基础，预埋件误差在 3mm 以内。

2. 应用了 DN700 大口径管道地面预制整体提升技术，减少高空作业，操作都在地面完成，提升施工质量和效率。

3. 采用倒装法施工，确保水流方向阻力最小化，达到节能减排效果。

四、应用成效

中建五局安装华南装配式机电生产基地自成立以来先后为深圳国际会展中心项目、深圳地铁 9 号线、东莞国贸等 20 余个项目供应装配式机电管线产品。其中深圳国际会展中心项目 3 号制冷机房最具代表性，该机房如采用传统施工方式，检修通道仅 2m 宽，现在宽度达到了 3.5m。如采用传统施工方式，土建主体结构耗时 90 天，机电安装再耗时 62 天，施工总周期长达 152 天；而采用装配式机电管线，土建主体结构耗时 90 天，土建主体结构施工的同时完成机电预制，现场装配及调试 20 天，节省建造费用约 40 余万元（表 7）。

传统制冷机房与装配式制冷机房对比 　　　　　　　　表 7

序号	制冷机房传统施工方式存在问题	装配式制冷机房优势
1	制冷机房工作面移交,需具备调试条件,传统施工工期需 2~3 个月,无法满足现场要求	优化时间:采用装配式制冷机房,工作面移交前在工厂完成构件预制,只留个别调节管段,具备工作面后迅速装配
2	空间狭小,缺少加工场地及材料堆场	优化空间:即来即装,基本不占用现场加工场地;优化布局,增加使用空间
3	传统制冷机房运维检修困难,耗时较长,费用较大	优化运维:所有构件根据标准图集统一编号,法兰连接,构件需更换时扫描二维码获取信息,提前加工好选择时机快速更换即可

续表

序号	制冷机房传统施工方式存在问题	装配式制冷机房优势
4	现场施工环境差,制冷机房狭小,高处作业多,焊接作业有火灾隐患,现场切割焊接作业多,产生烟尘污染	优化环境:现场基本无切割焊接,工厂有烟尘处理设备,单根管段安装变成块吊装,减少高空作业,安全系数更高
5	工人操作水平参差不齐,人工现场下料的质量不能保证,美观度差	提升品质:工厂全部采用数控设备加工,质量稳定,外形美观

执笔人:

中国建筑第五工程局有限公司(熊威、屈波、姚传联、晏宇春、欧阳学)

审核专家:

任成传(北京市燕通建筑构件有限公司,总经理)

韩彦军(河北新大地机电制造有限公司,副总经理)

筑友智造双循环预制混凝土构件生产线
在筑友集团焦作工厂中的应用

筑友智造智能科技有限公司
焦作筑友智造科技有限公司

一、基本情况

（一）案例简介

筑友智造双循环预制混凝土构件生产线（以下简称"双循环生产线"）采用 M 形生产布置形式，由外侧两条生产线完成复杂工序后汇集到中间生产线，再分流到外侧两条生产线，可以实现台模智能排产、辅件准确配送、混凝土与钢筋网片自动上线，在保证柔性生产的同时有效提升生产线的整体运转效率，已在全国 20 余个城市的预制构件工厂中得到推广应用。

（二）申报单位简介

筑友智造智能科技有限公司成立于 2016 年，是筑友智造科技产业集团（以下简称"筑友集团"）旗下的全资子公司，定位于装配式建筑预制构件工厂的整体解决方案供应商。公司已在天津、长沙、衡阳、湘潭、昆山、杭州、南京、合肥、佛山、惠州、银川、烟台等全国 20 余个城市为客户提供装配式建筑预制构件工厂的规划设计及智能化装备。

二、案例应用场景和技术产品特点

（一）案例技术方案要点

双循环生产线是基于 BIM 技术和现场 MES 生产管理系统，采用托盘式配套技术和空间充分应用原理设计的双线生产线。

双循环生产线充分结合生产实践工艺，采用两进一出双循环模式，大小循环复合运行，模台自动流转，可实时跟踪模台位置，采用高耐磨摩擦轮驱动，无级调速，运行稳定，配备传感器"感应防撞＋机械防撞"双保险，安全可靠。

双循环生产线采用双循环 M 形布局，充分利用厂房空间，回程工位合流，大大提高了场地利用率；产线设备采用自主研发的成套自动化设备，性能可靠稳定；适用于外墙板、内墙板、桁架叠合板等多种板类构件生产。

（二）关键技术经济指标

双循环生产线关键技术经济指标见表1。

生产线关键技术经济指标　　　　　　　　　　表1

序号	名称	参数		指标	备注
1	占地面积 （m²）	产线长（m）	192	4608	
		产线宽（m）	24		
2	年设计产能 （万 m³）	三明治墙板	7.56	7.24	生产构件比例： 三明治墙板∶内墙板∶叠合板＝5∶ 2.5∶2.5
		单层墙板	9.07		
		叠合楼板	4.76		
3	人员配置 （人）	三明治墙板	55	44	
		单层墙板	36		
		叠合楼板	28		
4	人均日产能（m³/人）			2.74	
5	设备投资预算（万元）			1083	
6	设备投资强度（万元/m²）			0.24	
7	单位面积产能（m³/m²）			15.71	
8	单位投资产能（m³/万元）			66.85	
9	投资年收益（万元）			1274	单方构件销售均价按2200元计，利润率 按8%计算

（三）创新点

双循环生产线改变了传统意义上的生产线布局，克服了传统生产线存在的诸多弊端，采用两进一出双循环模式，大小循环复合运行，在保证柔性生产的同时有效提升生产线的整体运转效率。

1. 创新点

（1）突破传统单循环生产线的设计思路，采用双循环M形布局，充分利用厂房空间，回程工位合并处理，提高场地利用率。

（2）各工位设计更平衡。将作业量大耗时长的清模、装模、钢筋、预埋等工位布局在两侧，作业量少耗时短的初凝、拉毛等工位布局在中间，避免耗时短的工位待工等待耗时长的工位，提高生产线的整体运转效率。

（3）采用自主研发新设备，提高了设备自动化水平，提高了设备可靠性，缩短了生产周期。

（4）生产线与钢筋及辅件物流系统联合设计，采用中央物流配送，实现钢筋及辅料物流路径优化，提升工作效率，降低工人劳动强度。

（5）生产线柔性高。可生产多种类型的构件（内墙板、外墙板、保温墙板、叠合楼板）。

（6）生产线驱动轮采用品字形布局，每个工位布置3个驱动轮，模台受力更均匀，模台行走更平稳可靠。

（7）装模和拆模布置在同一工位线上，减少模具输送，配置自动装拆模系统，提高布模布筋及装拆模工位自动化程度，提高生产效率。

（8）养护窑采用干热和控制湿度养护方式，加热介质为蒸汽，管道和散热片采用耐腐蚀材料，散热均匀，并配置空气自动循环系统使窑内温度更加均匀，构件养护更加均衡、性能稳定、节能环保，做到构件养护温度、湿度及时间的精准控制，实现构件养护性能的完全可控。

（9）码垛机采用天轨抱式结构，不用等待模台到位，进出窑效率更高，占用地面空间更小，地面无轨道，土建成本更低。

（10）双布料机配置，使生产更加柔性灵活，下料速度快、效率高，满足不同混凝土坍落度的布料需求。布料斗理论容积为 $3m^3$，容积更大、储料更多，有效减少来料等待时间，平衡生产线工序，提升产效。

（11）振动台采用分体式振动，液压夹紧设计，夹持模台一体振动，振捣效果好。低频振动，有效减低噪声。具备振动模式存储记忆功能，无需反复调整参数。

（12）各工位所配置设备的技术参数和性能指标与生产线生产节拍相匹配，生产线运行时衔接顺畅。

（13）生产线循环控制系统采用运行速度快、效率高、防水防尘等级高的控制器控制，采用高精度位置传感器检测模台位置，采用变频电机驱动实现模台节能高效流转。同时具备手动和自动两种选择，确保每个工位不仅可以相对独立工作，也可以转换为联动控制。

2. 专利

截至目前，双循环生产线已获得 26 项专利授权，其中包含 7 项发明专利。涉及工艺方法、设备装置、物流齐套、控制系统、智能检测等各个层面（表2）。

双循环生产线部分专利清单　　　　　　　　　表 2

专利名称	专利类别	专利号	批准时间
预制构件生产线	发明	ZL201410667694.4	2017/9/26
预养护仓、含该预养护仓的生产线及其控制方法	发明	ZL201410734629.9	2017/12/8
一种布料机的布料控制系统及方法	发明	ZL201710368959.4	2019/9/24
一种布料机自动布料方法、装置及自动布料系统	发明	ZL201810378747.9	2020/6/12
一种基于视觉识别的钢筋网片抓取系统	发明	ZL201810924835.4	2020/9/4
构件生产线的预埋件检测方法、装置、设备及系统	发明	ZL201910294461.7	2020/12/25
一种行走轮	实用新型	ZL201721219759.4	2018/5/29
一种钢筋网片上线装置	实用新型	ZL201721219757.5	2018/5/29
一种布料机	实用新型	ZL201820461570.4	2018/10/30
一种机械手及置模桁架机器人	实用新型	ZL201821358074.2	2019/3/15
一种鱼雷罐及预制件生产线	实用新型	ZL201820997910.5	2019/3/15
一种抱式机构、堆垛机及堆垛机系统	实用新型	ZL201920486841.6	2019/12/3

（四）行业内同类技术比较

预制构件生产最为关键的是其生产工艺形式和流程。目前，行业内的生产工艺形式主要有两种：固定工位生产形式和流水线生产形式。流水线生产形式的特点是台模随着工艺顺序通过生产线的传送系统流动至每个工序对应的工位；每一个工位的操作人员和具体工作相对固定，例如，钢筋摆放、混凝土浇筑、振捣等操作在固定位置由相对固定的人和设备来操作。流水线生产形式可以降低劳动强度、提高生产效率，节省人工，因此，目前预制构件生产企业对于板类构件多采用流水线生产形式进行生产。流水线生产形式采用的是单循环生产工艺（图1）。

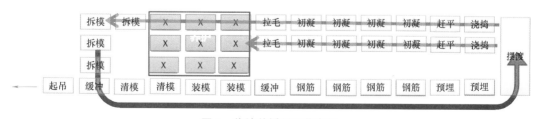

图 1　传统单循环工艺布局

单循环生产工艺是按板类构件生产工序，依次串联排布工位布局，存在作业时间短的简单工序等待作业时间长的复杂工序，工位设计不平衡，流水线生产节拍长，存在通用性低、柔性差等问题。

双循环生产线突破单循环生产线的设计思路，采用双循环 M 形布局，充分利用厂房空间，回程工位合并处理，大大提高了场地利用率（图 2）。

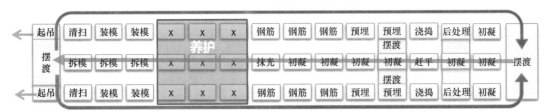

图 2　筑友双循环工艺布局

筑友双循环生产工艺将作业量大耗时长的清模、装模、钢筋、预埋等工位布局在两侧，作业量少耗时短的初凝、拉毛等回程工位合并布局在中间，避免耗时短的工位待工等待耗时长的工位，使各工位设计更平衡，缩短生产节拍，提高了生产线的整体运转效率（表 3）。

两种工艺形式生产叠合楼板节拍对比分析　　　　表 3

单循环工艺形式				
序号	工序	作业人员	工位数	节拍时长
		产线人工	辅助人工		
1	清模	CX1,CX2	FZ1	2	8
2	装模	CX3,CX4	FZ1	2	15
3	钢筋	CX5,CX6,CX7	FZ2	3	15
4	预埋	CX8,CX9	FZ3	2	15
5	浇捣	CX10,CX11	FZ4	1	12
6	去浮浆	CX12	FZ4	1	8
7	初凝	自动	\	8	\
8	拉毛	自动	\	2	3
9	进出窑	CX13	\	立体窑	8
10	拆模	CX14,CX15	FZ1	2	12
11	吊装	CX16,CX17	FZ5	1	15
合计		17	5		15

双循环工艺形式				
序号	工序	作业人员	工位数	节拍时长
		产线人工	辅助人工		
1	清模	CX1,CX2	FZ1	2	8
2	装模	CX3,CX4,CX5,CX6	FZ2	4	8
3	钢筋	CX7,CX8,CX9,CX10,CX11,CX12	FZ3,FZ4	6	8
4	预埋	CX13,CX14,CX15,CX16	FZ3,FZ4	4	8
5	浇捣	CX17,CX18	FZ5,FZ6	2	8
6	去浮浆		FZ5,FZ6	2	8
7	初凝	自动	\	8	\
8	拉毛	自动	\	1	3
9	进出窑	CX19	\	立体窑	8
10	拆模	CX20,CX21,CX22	FZ1,FZ2	3	8
11	吊装	CX23,CX24,CX25,CX26	FZ7	2	8
合计		26	7		8

注：1. 产线作业人员用 CXi,i＝1,2……表示；产线配套辅助作业人员用 FZi,i＝1,2……表示。
　　2. 节拍工时以每个模台布置 2 块板为基准，工时单位：min。

双循环生产线相比于传统单循环生产工艺，用地面积相同时生产节拍缩短，产能可以提升1.5倍，目标产能相同时可实现节省投资30%、节约用地50%。

(五) 市场应用总体情况

双循环生产线已在全国20余个城市的预制构件工厂中布局应用，其中已投产运营的生产线有20余条，应用效果达到预期，实现生产线设备销售收入1.95亿元。

三、案例实施情况

筑友智造焦作绿色建筑科技园是筑友集团在河南布局的预制构件生产科技园，位于河南省焦作市修武产业集聚区，园区建设有预制构件制造厂房一座，大型预制构件物流仓储中心一处。该项目占地5.347hm²，其中预制构件厂房面积仅为18000m²，具有占地面积小、产能高的特点（图3）。

通过合理布置双循环生产线及应用上线其成套自动化装备，并通过钢筋、预埋、混凝土等齐套物流系统的应用，在有限的场地内实现了15万 m³ 的年产能目标。工厂内建设有四条预制构件生产线，其中双循环生产线是投资最大、自动化程度最高、设计产能最高的生产线，紧临钢筋、预埋、混凝土生产区，实现主要生产物料以最短路径输送上线，提升物流自动化程度（图4）。

图3 筑友智造焦作绿色建筑科技园效果图

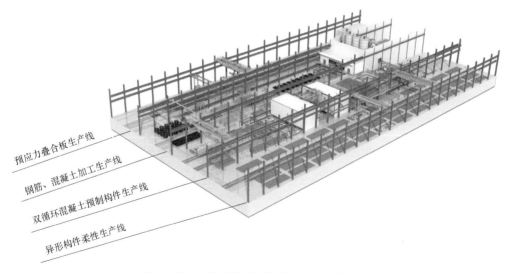

预应力叠合板生产线

钢筋、混凝土加工生产线

双循环混凝土预制构件生产线

异形构件柔性生产线

图4 筑友智造焦作预制构件工厂生产线布置

筑友智造焦作工厂双循环生产线采用3列17工位布局，共设置51个工位，配置横移车、养护窑、码垛机、预养护窑、大跨度布料机、装拆模系统等自动化设备。工序设计紧凑、工艺布局科学合理、安全性强、机械化程度高、用工少、生产效率高（图5）。

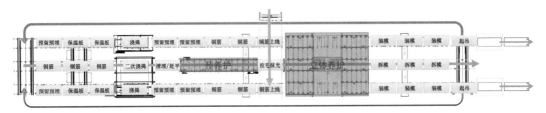

图5 双循环生产线工艺布置

预制构件生产工艺流程。清模→装模→铺放钢筋网片→外叶板预埋→外叶板浇捣→铺保温板→内叶预埋→钢筋架绑扎→内叶板浇捣→拉毛（夏季）→预养护→抹光/拉毛（冬季）→进养护窑养护→拆模→起吊。焦作工厂双循环生产线设备布置见图6。

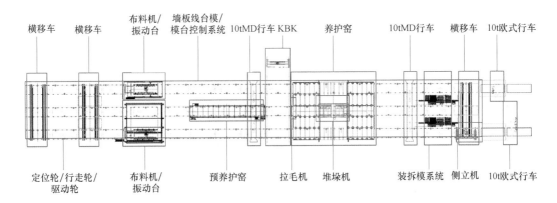

图6 双循环生产线设备布置

焦作工厂双循环生产线设备配置清单见表4。

双循环生产线设备配置清单　　　　　　　　　　　　表4

设备名称	数量	单位	备注
墙板线台模	120	个	
模台流转系统	1	套	
侧立机	1	台	
装拆模系统	1	套	
墙板线布料机	1	台	跨双模台
墙板线布料机	1	台	跨单模台
夹持式振动台	2	台	
横移车	3	套	
堆垛机	1	台	天轨抱式
养护窑	1	台	
拉毛机	2	台	
钢筋上线 KBK	1	台	
预养护窑	1	个	
控制系统	1	套	

自项目开工建设以来，筑友智造智能科技有限公司积极抽调骨干人员成立项目组，从项目前期规划到土建基础施工、设备基础验收、生产线设备安装、设备调试、生产线试运营，为项目建设全生命周期提供专业化的服务。通过合理编制穿插计划，严格执行设备装

调作业标准,严格控制安装质量,实现 45 个日历天完成从设备基础验收到设备调试的工作,最大限度缩短了施工周期(图 7)。

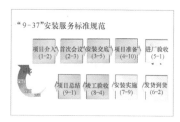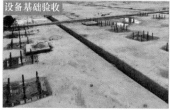
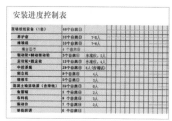

图 7 双循环生产线设备安装过程

筑友智造焦作工厂双循环生产线自 2018 年 10 月正式投产以来,设备运营良好,安全可靠。因其合理的布局具有非常强的综合性、通用性,仅需调整各工位的人工数量和采用不同的作业组织方式即可实现叠合楼板、内墙板、外保温外墙板、夹芯保温外墙板等不同类型板类预制构件的生产。

自投产以来,焦作预制构件工厂双循环生产线与传统单循环生产线相比,工作效率提升 50%,员工劳动强度大幅减低,目前日人均产能达到 $2m^3$,较行业平均水平提升 42%。截至 2020 年已累计完成约 4 万 m^3 板类预制构件的生产,累计实现产值约 1 亿元,其生产的构件主要供应给郑州、焦作、新乡等周边市场,给企业带来了很好的经济、社会效益(图 8)。

焦作筑友智造科技有限公司
焦作工厂2019—2020年度产量明细

序号	项目名称	2019年各项目年度产量(m³)	2020年各项目年度产量(m³)
1	上海宝冶红星天悦一区项目	33.1986	2372.565
2	郑州金辉优步花园项目	1099.7669	22048.2909
3	郑州省直青年人才公寓晨晖苑项目	5353.469	16631.2421
4	郑州省直人才公寓广惠苑项目	37.7572	15598.2175
5	郑州正商湖西学府(悦玺华庭)项目	714.7632	9973.936
6	登封工商花园驿站混凝土预制构件项目		115.9474
7	焦作保利溪岸4号院项目		2017.8289
8	郑州金地正华漾时代园项目		4124.0529
9	郑州市溪水湾花园项目		514.0389
	郑州梧桐春晓园项目		235.21
合计:		7238.9549	73631.3296
共计:		80870.2845	

图 8 焦作预制构件工厂 2019—2020 年度产量明细

四、应用成效

(一) 社会效益

双循环生产线在相同产能的情况下占地面积少，降低了社会投入和设备成本，提升了预制构件生产制造环节的效能，该技术的应用推动了装配式建筑领域智能生产技术的发展。

(二) 经济效益

根据财务统计的数据，自 2016 年以来，双循环生产线实现生产线设备销售收入 1.95 亿元，生产线投产运营后，为筑友集团旗下预制构件生产企业新增销售收入约 45.3 亿元，新增利润近 10 亿元，带动当地装配式建筑上下游产业链新增产值 200 亿元以上，带动当地就业 2000 人以上。

执笔人：
筑友智造智能科技有限公司（杨军宏、黄岸、李鹏飞）

审核专家：
任成传（北京市燕通建筑构件有限公司，总经理）
韩彦军（河北新大地机电制造有限公司，副总经理）

佛山市睿住优卡整体卫浴生产线

广东睿住优卡科技有限公司

一、基本情况

(一) 案例简介

广东睿住优卡科技有限公司研发的整体卫浴智能生产线，依托库卡机器人精准高效的生产优势，配置了 32 个工位循环上下料，具备视觉识别、距离识别、尺寸识别等功能，实现了对整体卫浴产品自动打码，数控自动转塔冲压，自动折弯、自动抓取、举升、转动、行走、对位、翻转、吸附、注料、自检、合模、成型、美缝、下线等全过程的智能化生产，有利于解决整体卫浴传统生产线产品质量不稳定以及人工操作喷砂、底盘表面粘贴瓷砖等生产过程中劳动者的人身安全隐患等问题。

(二) 申报单位简介

广东睿住优卡科技有限公司是由英皇卫浴与美的置业共同打造的整体卫浴生产企业，位于广东省佛山市高明沧江工业园区，主要经营瓷砖、彩钢板、SMC (Sheet molding Compound，即片状模塑料) 三大系列整体卫浴，相关产品已应用在深圳市第三人民医院、万科金色里程、万科叶岭村等工程项目。

二、案例应用场景和技术产品特点

(一) 技术方案要点

该生产线包括瓷砖壁板、瓷砖底盘、彩钢板自动折弯、SMC 底盘纳米陶瓷喷涂、自动化制作、SMC 大型数控模压六大自动化生产线，以及制造执行系统、企业资源计划系统、大数据管理系统和销售服务平台四大数字化智能系统 (图 1)。

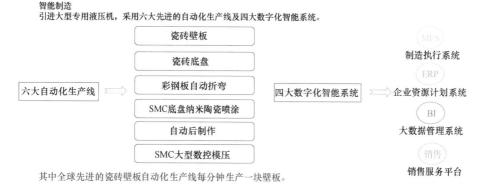

智能制造
引进大型专用液压机，采用六大先进的自动化生产线及四大数字化智能系统。

其中全球先进的瓷砖壁板自动化生产线每分钟生产一块壁板。

图 1 睿住优卡整体卫浴智能生产线架构

生产线共配置有 32 个工位循环上下料，具备视觉识别、距离识别、尺寸识别等功能，利用自编程序实现对整体卫浴产品自动打码，数控自动转塔冲压，自动折弯，自动抓取、举升、转动、行走、对位、翻转、吸附、注料、自检、合模、成型、美缝、下线等全过程的智能化生产。各工序操作者和工程师可通过手机或平板电脑远程实时查看和控制生产线的制造过程，及时了解生产线的运转情况，确保生产制造过程安全高效。

整个生产线工艺流程主要包括线体运行、自动放瓷砖、视觉识别、机器人美缝、自动扣壁板、线体自动识别、自动注料、合模合锁、进固化炉、提升机下降、下层固化炉、提升机上升、上层固化炉等待、机械手开锁开模、取件机械手提出发泡的瓷砖、智能清模和自动喷脱模剂。生产线工艺流程稳定，适合大批量生产，提高了一次性合格率，降低了企业生产成本（图 2）。

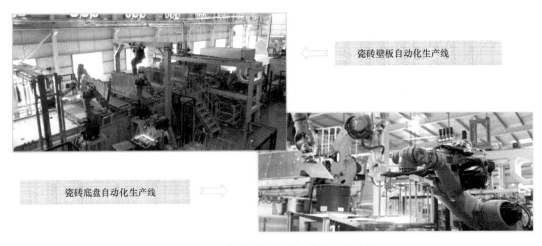

图 2　睿住优卡整体卫浴智能生产线实景

睿住优卡研发了包括适用于墙板瓷砖尺寸变化的工装模具和以 300mm 为模数的墙板瓷砖工装模具，建立了企业产品库，通过模板快速生成效果图、一键生成订单下推 ERP、APS 自动排产、MES 生产过程管控、产品全流程追溯，打通智能生产各个环节过程的数据链，实现整体卫浴产品制造过程智能化管控（图 3～图 5）。

（二）产品特点和创新点

生产线按照"标准化、一体化、智能化"的设计理念，研发应用了定制自动折弯与库卡机器人设备，智能物流、智能传感与控制设备等智能生产设备，形成了集结构研发、材料研发、设计、生产及装配一体化的整体卫浴智能生产工厂，主要有以下创新点：

1. 生产中在产品背板自动打印激光二维码，实现质量追溯。

2. 产品背板通过视觉识别可实现自动根据图纸加工裁切和冲孔、折弯。

3. 通过视觉识别可准确检验瓷砖的尺寸是否合格，并将瓷砖与背板准备放置到指定工装模具的位置上，实现完全密封，且瓷砖砖缝间隙偏差值控制在 ±0.2mm 以内。

4. 改变传统人工生产瓷砖壁板的方式，采用机器人实现瓷砖壁板精确高效的自动化生产。

5. 通过程序控制可对砖缝同步进行打胶与刮胶。

图3　瓷砖尺寸可变的工装模具　　　　图4　瓷砖尺寸为300mm倍数的工装模具

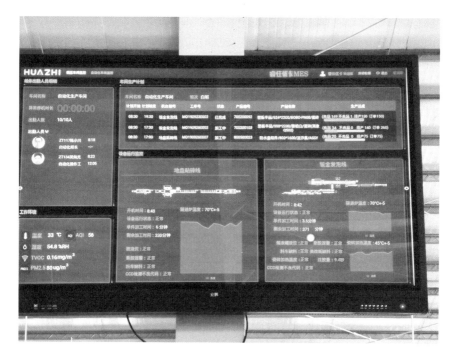

图5　睿住优卡 MES 控制系统界面

（三）关键技术经济指标

1. 瓷砖壁板自动化生产线：每分钟可以生产一块壁板，且瓷砖砖缝偏差在±0.2mm以内。

2. 整体卫浴SMC底盘纳米陶瓷喷涂自动化生产线：生产效率由人工操作2小时/套缩减至6分钟/套，产品表面喷砂去蜡效果显著，喷涂和撒点均匀，一次合格率高。

三、案例实施情况

（一）项目基本信息

以深圳市第三人民医院应急院区项目为例。该项目是深圳新冠疫情防疫医院，需要在30天内建成容纳800人的应急区，其中400个病房全部设置独立卫生间。通过采用该生产线智能化生产的整体卫浴产品，从卫浴材料进场到安装结束仅用时15天，有效满足了快速建造的要求（图6）。

图6 项目现场施工图

（二）案例实施过程

1. 方案设计阶段

项目采用标准化设计模块，合理进行水电排布及换风系统，精准绘制点位图纸、编制配置清单，相关数据信息将随着产品的设计阶段和制造阶段进行流转，可实现一键下单、智能排产，缩短了产品设计和制造时间。

2. 产品生产阶段

以典型600mm×2300mm瓷砖墙板制作为例，其加工步骤可分为以下工序：打码、裁切和冲孔、折弯、上料、注料、合模、成型、美缝。

打码：为了便于追踪，根据订单要求编制识别二维码，在钢板上料前先把二维码利用激光打印在钢板背板上（图7）。

裁切和冲孔：根据加工图纸编程及程序控制，将钢板背板裁切和冲孔（图8）。

折弯：根据加工图纸编程及程序控制对钢板背板四边折弯（图9）。

上料：机器人先将瓷砖抓取到工装模具，同时流转线将上述加工好的钢板背板送至机器人抓取工位，待机器人根据程序控制将钢板背板抓取到工位上料（图10）。

注料：将定量发泡料浇注在瓷砖上（图11）。

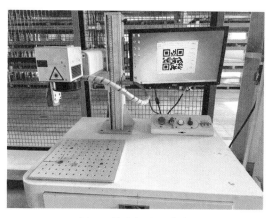

图 7　激光打码工作台

图 8　自动转塔冲床

图 9　自动折弯机器人

图 10　自动上料机器人

合模：将工位上模合闭，此时包括瓷砖、发泡料、钢板背板均在完全封闭的工装模具内并被送进成型炉（图 12）。

图 11　自动注料机

图 12　自动合模装置

成型：各工位工装模具流转至成型炉进行保温保压，经过保温保压成型熟化的产品可以开模翻转出来（图13）。

美缝：瓷砖之间的缝隙需要进行美缝，机器人根据设定的程序对砖缝同步进行美缝打胶与刮胶，再进入成型炉将其固化（图14）。

图13　保温保压状态示意图　　　　　图14　自动美缝机器人

3. 生产过程管控

生产线利用 MES 数据采集、ERP 数据传输，结合 5G 技术搭建了大数据分析应用平台，完成工业设备和业务系统的数据连通，实现业务系统和生产系统联动。通过多种形式的展示，完成对生产线数据的可视化呈现；围绕成本管控的大数据分析应用，达到成本与工艺优化，实现降本增效的目的（图15、图16）。

 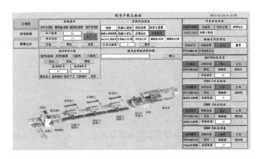

图15　信息传输示意图　　　　　图16　自动化折弯生产线控制系统

四、应用成效

（一）解决的实际问题

传统卫浴制造领域普遍存在工序制造设备自动化程度低，各工位、各设备间的协同性较差，制造过程中的信息交互慢、数据提取难，关键信息主要依赖人工记录与反馈，生产线对数据的分析处理能力不足，人工排砖困难、缝隙不均匀、质量不稳定等问题。

该生产线实现了整体卫浴生产工序各智能设备的联动应用，解决了传统整体卫浴生产线设备动作单一、自动化程度低、质量一致性难以保证，设备之间协同性差，生产线布局难以满足生产需求等问题，提升了整体卫浴产品制造的效率和质量水平，为整体卫浴智能生产提供了一套可供参考的经验。

(二) 应用效果

1. 提高了生产效率。该生产线通过视觉系统生成模型参数，调用云端数据库进行快速匹配识别壁板型号，库卡机器人在工业视觉相机配合下，通过生产线 AI 算法系统匹配用料瓷砖大小，完成自动取砖、贴砖、美缝、涂胶等（缝隙误差为 0.1~0.2mm，超过人眼检测范围），生产合格率达到 99.5%（远超人眼检测的 96%），效率为传统人工生产的5 倍，推动了整体卫浴产品的智能化生产（表1）。

整体卫浴智能化生产线与传统人工生产效率对比　　　　　　表1

600mm×2300mm 瓷砖墙板						
工序	类别	时长(s)				
		加工(s)		辅助(s)		合计(s)
打码	人工	/	/	/	/	/
	自动线	2	激光刻蚀二维码	60	码垛整理	62
裁切冲孔	人工	60	裁切冲孔	300	摆放定位	360
	自动线	30	裁切冲孔	/		30
折弯	人工	240	折弯	180	搬运换机	420
	自动线	80	折弯	/		80
上料	人工	300	排砖合板	600	对缝固定	900
	自动线	60	排砖合板	/		60
合模注料	人工	60	闭模注料	600	合模封堵	660
	自动线	20	开模浇注	/		20
成型	人工	1800	保温保压成型	300	搬运清理	2100
	自动线	900	保温保压成型	/		900
美缝	人工	300	瓷砖美缝	300	压实清理搬运	600
	自动线	40	美缝压实清理	/		40

2. 通过整体卫浴产品在深圳市第三人民医院应急院区的应用发现，由于整体卫浴顶板、壁板、防水盘等全部在工厂预制生产，现场采用干法作业，与传统方式对比可节约材料 30%，减少装修垃圾 90%，施工效率提高 70%，二次装修成本降低 30%，较好地满足在短时间内建造应急临时医院的需要，具有一定的经济和社会效益。

执笔人：

广东睿住优卡科技有限公司（庞健锋、冯中魁、王学猛、谢继任、曹莉）

审核专家：

任成传（北京市燕通建筑构件有限公司，总经理）

韩彦军（河北新大地机电制造有限公司，副总经理）

中建科技深汕工厂飘窗钢筋网笼生产线

中建科技集团有限公司

一、基本情况

(一) 案例简介

针对复杂结构钢筋网笼以手工绑扎为主、效率低的问题，中建科技集团有限公司研发了飘窗钢筋网笼生产线。该生产线融合了智能分析感知系统、人机视觉技术、智能控制及传感技术、机器人技术、云端调控技术、安全预警与防护等技术，将传统人工作业绑扎复杂结构飘窗钢筋网笼向自动化生产形式转变，以机器替代人工实现钢筋绑扎的智能化、自动化生产，具有识别智能化、操作简单化、生产效率化等特点，可延伸应用于建筑工程、公共工程、地下工程、管道工程等日常钢筋混凝土构件的钢筋绑扎，能够大量节约预制构件生产过程及施工过程中的劳动力成本，提高钢筋绑扎生产效率和产品质量，保障生产安全，降低事故率。

(二) 申报单位简介

中建科技集团有限公司（以下简称"中建科技"）是世界500强企业中国建筑集团有限公司开展建筑科技创新与实践的"技术平台、投资平台、产业平台"，深度聚焦智慧建造方式、绿色建筑产品、未来城市发展，致力于建筑产业生产方式变革，加速新型建筑工业化进程，推进建筑产业现代化，始终引领行业发展。公司组建于2015年4月，注册资本20亿元，由中国建筑股份有限公司100%持股并直接管理。公司先后主持4项国家"十三五"重点研发计划，联合主持1项国家自然科学基金重大专项，以及各类省部级课题30余项，是国家级装配式建筑产业基地。

二、案例应用场景和技术产品特点

(一) 技术方案要点

中建科技集团有限公司飘窗钢筋网笼生产线主要由钢筋数字化加工工作站、钢筋智能分拣工作站、钢筋绑扎工作站组成。该生产线集成了机器人、高精度变位机、人机交互设备等智能装备，融合了机器人控制技术、智能分析感知系统、机器视觉等高新技术，重点在于面向钢筋弯折加工、分拣、飘窗钢筋网笼绑扎等作业任务，开展多机器人协同作业、标准化高精度加工生产和全过程远程云端优化协同生产监控等方面的科学研究和产业化应用开发，实现建筑钢筋绑扎生产的高效组织和作业协同。

(二) 关键技术经济指标

飘窗钢筋网笼生产线关键技术经济指标见表1。

飘窗钢筋网笼生产线关键技术经济指标　　　　　　　表1

序号	关键技术经济指标项目	关键技术经济指标
1	可识别分拣L型、环型、Z型最大钢筋尺寸(长×宽)	1000mm×1000mm
2	可识别分拣钢筋类型(形状)	不少于11种
3	钢筋分拣识别准确率	95%以上
4	对比人工钢筋绑扎效率	2倍
5	对比人工钢筋绑扎人员减少数	≥2人
6	成品良品率	95%以上

(三) 创新点

1. 机械臂专用末端执行器创新研发

由于钢筋绑扎作业工序复杂，针对不同作业特点设计相应机械臂末端执行器，通过机器人快速更换末端执行器，高效完成不同作业（图1～图8）。

图1　长纵筋夹取穿送末端执行器

图2　辅助长纵筋传送末端执行器

图3　箍筋夹取摆放末端执行器

图4　短纵筋夹取摆放末端执行器1

图5　短纵筋夹取摆放末端执行器2

图6　钢筋绑扎末端执行器

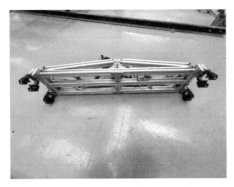

图7　钢筋笼搬运末端执行器

图8　钢筋抓取、姿态调整末端执行器

2. 机器人控制系统开发

基于通用设计软件和飘窗钢筋网笼自动化生产工作站信息模型开发的智能化工业机器人仿真平台，通过离线编程和仿真功能进行数字化设计，通过丰富的工艺算法库，对接信息模型，一键生成工业机器人运动仿真，实现飘窗钢筋网笼的自动化模拟生产（图9）。开发机器人控制系统、智能算法与人机交互的核心技术，配合自主研发的机器人末端执行器以及核心软件算法平台，完成飘窗钢筋网笼的自动化生产工作（图10）。

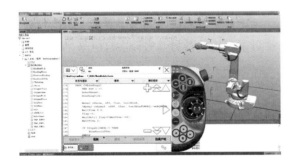

图9　离线编程仿真

图10　机器人控制系统软件著作权

3. 三面旋转绑扎工作台

为提高生产效率，减少占地面积，设计三面体旋转变位机，可在机器人合理工作范围内在同一工装上完成三个不同单元模块绑扎工作（图11）。

4. 视觉识别定位系统开发

开发基于双目视觉的钢筋绑扎点检测定位系统。通过自主研发的视觉处理算法识别出每个钢筋绑扎点与机械臂的相对位置关系，控制机械臂进行精确的钢筋节点定位和绑扎工作（图12）。

图 11 三工作面旋转工作台及钢筋框架搭建夹具

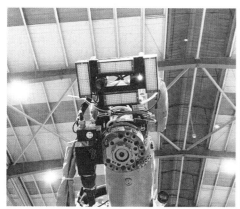

图 12 视觉识别定位系统

5. 安全预警与防护技术

整合了所有单元模块。以可编程逻辑控制器（Programmable Logic Controller，以下简称"PLC"）为核心的总控形式，整套系统通过 Profinet（基于工业以太网技术的自动化总线标准）工业以太网技术及人机接口（Human Machine Interface，以下简称"HMI"）作为网络通信层面控制，通过总线阀岛进行物理层面控制，对相关设备及安全防护系统进行统筹管控，实现安全环路保护，最大化确保安全生产（图13）。

6. 多机协作技术

采用多台六轴工业机械臂，通过物联网技术（Internet of Things，以下简称"IoT"）实现多机信息交互协作，完成飘窗钢筋网笼的生产，扩展机器人技术在智能生产方向应用范围，为探索机器人工业化应用积累技术（图14）。

7. 云端监控系统

公司自有智慧建造平台通过机械臂数据传输，实现生产统计。通过机械臂前端摄像头

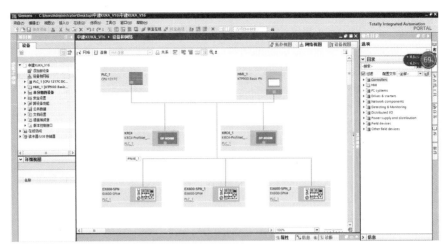

图 13　安全预警与防护 PLC 总控架构

图 14　双机协作绑扎钢筋

及工厂内部摄像头远程查看作业状态（图 15）。

图 15　云端监控系统

8. 物流技术应用

通过 WCS、WMS 技术，依托立体料库、倍速链，实现建筑行业与物流行业连通。实现物料生产全环节智能化、可控化、安全化（图 16）。

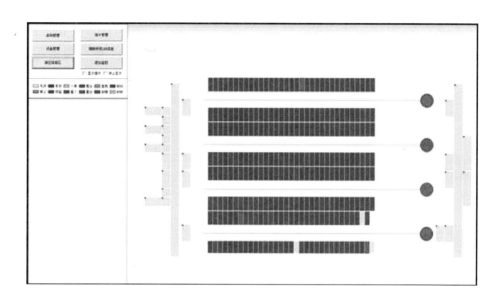

图 16　WCS 调度监控界面

（四）与国内外同类技术比较

目前，钢筋绑扎装备主要是采用手持式钢筋绑扎机。国内外对于钢筋自动化绑扎的研究多为钢筋网片，如美国 SkyMul 公司开发的 SkyTy 自动钢筋捆扎无人机、日本的 COLT 迷你型绑扎机器人、三一筑工钢筋网片绑扎机器人等，但在复杂结构钢筋网笼的自动化绑扎方面相关研究与成熟产品较少。中建科技飘窗钢筋网笼生产线相关研究科技成果鉴定评价为总体国内领先，部分国际先进（图 17）。

（五）市场应用总体情况

2020 年 4 月，飘窗钢筋网笼生产线部署在中建（深汕）绿色产业园钢筋加工车间，并进行了为期 1 个月的试生产，共为深圳长圳项目生产 100 套飘窗钢筋网笼，质检合格率 100%（图 18～图 20）。

图 17　科技成果评价为：总体国内领先、部分国际先进

图 18 飘窗钢筋网笼生产线生产长圳
项目飘窗钢筋网笼

图 19 成品飘窗混凝土预制构件

图 20 成品飘窗混凝土预制构件合格证

三、案例实施情况

(一) 工程项目基本信息

长圳项目位于深圳市光明区凤凰城,项目总用地面积 20.61 万 m²,总建筑面积约 115 万 m²,规定建筑面积 85.7 万 m²,2017 年 12 月 8 日,由中建科技、深圳市建筑设计研究总院和中建二局联合体以 43.8 亿元中标 (图 21)。

工程名称	深圳市长圳公共住房及其附属工程项目 (EPC)				
工程地点	位于深圳市光明区凤凰城,南临光侨路,西临科裕路				
建设单位	深圳市住房保障署				
EPC工程总承包 (联合体)	中建科技集团有限公司 (牵头单位)				
	深圳市建筑设计研究总院有限公司				
	中国建筑第二工程局有限公司				
设计单位	中建科技集团有限公司 (设计甲级资质)				
	深圳市建筑设计研究总院有限公司				
施工总承包单位	中建科技集团有限公司				
	中国建筑第二工程局有限公司				
	中建二局第一建筑工程有限公司				
监理单位	深圳市东部建设监理有限责任公司				
质量、安全监督单位	深圳市建筑工程质量安全监督总站				
合同额	43.78 亿元	开工 时间	2018年6 月15日	合同工期	1247天

图 21 长圳项目概况

（二）应用过程

1. 钢筋自动化供料

通过钢筋调直弯折机对钢筋进行智能化、数字化加工生产，保证钢筋标准化。针对加工好的钢筋进行分拣，实现钢筋加工后无人化机械臂自动识别分拣。码放至专用料盒内。通过传送带分别运送至人工钢筋绑扎区和机械臂自动化绑扎区进行作业（图22）。

2. 钢筋自动化绑扎

通过两台机械臂，协同作业，通过软件编程，控制机械臂在工作面平稳、不干涉的进行钢筋摆放、结构搭建、绑扎等工作。针对绑扎点，采用夹具自动化固定、工业视觉识别，对钢筋交叉点进行识别绑扎工作，在保证绑扎点稳定性的基础上，同时解决钢筋柔性大对绑扎带来的影响（图23）。

图 22 钢筋自动输送识别分拣系统

图 23 双机协作自动化绑扎飘窗钢筋网笼

3. 自动化下料

图 24 自动化下料

绑扎完成后通过机械臂专用下料末端执行器，完成自动化下料工作（图24）。

（三）典型做法和创新举措

飘窗钢筋网笼生产线将现有人工生产飘窗钢筋网笼的工序改造成一条包含数字化生产、自动分拣送料、自动摆放钢筋构件搭建钢筋网笼框架以及自动绑扎钢筋网笼等功能的自动化生产线，并进行远程云端监控，减轻工人劳动强度，减少用工数量，提高钢筋网笼的生产效率和质量，实现高效生产、安全生产、高质量生产。主要有以下几点创新：

1. 应用创新与突破。钢筋绑扎应用于建筑行业的很多方面，具有绑扎节点较多，重复性工作较多等特点。解决钢筋智能绑扎多项技术难题，发挥机器人的优势，用机器人代替人工绑扎，把人从繁重重复的工作中解放出来，提高了生产效率和产品质量。

2. 技术创新与突破。本产品融合当前领先的科技技术，采用世界先进的工业六轴机器人，独立设计高级编程语言，有别于常见的 C 语言、C＋＋或者 java 等。它的优越设计，使得机械手编程过程具有不影响生产，快速调试和转换、编程和控制系统可离线编程等优点。通过领先的智能钢筋识别算法和自主参数化编程，结合智能分析感知系统、人机视觉技术、智能控制技术、机器人技术等高新技术手段的应用，搭配全自主研发的机器人末端执行器、工装夹具及核心软件算法平台，完成全自动钢筋识别分拣、输送、钢筋布设、绑扎和搬运工作。

3. 智能生产创新与突破。生产线与公司智慧建造平台对接，使钢筋网笼自动化生产线在加工过程中始终处于监控状态，从而提高生产效率、生产质量以及人身安全，实现工厂的智慧生产。

4. 多机协作生产。本产品采用多台工业机械臂，多机信息交互协作，完成飘窗钢筋网笼的生产，提升机器人技术在智能生产方向的应用范围，为探索机器人工业化应用积累技术。

5. 视觉识别分拣与定点绑扎。本产品应用了视觉识别技术和智能感知等新兴技术，提高钢筋分拣和绑扎的准确性，提升产品质量。

四、应用成效

（一）解决的实际问题

1. 减少企业劳动力成本。随着人口红利的消失和人口老龄化等问题日益突出，企业在招工方面面临极大的压力。本产品是基于工业机器人作业的智能化、自动化生产线，把人从繁复沉重的体力劳动中解放出来。所有设备可 7 天内在工厂快速部署，实现可投产使用，可有效节省现场作业人员 2 人、管理人员 1 人、统计人员 1 人，可有效减少钢筋配送、绑扎和运输等人员，减少企业的劳动力成本。

2. 提高生产效率。与传统的人工绑扎相比，本产品生产效率可提高 2～4 倍，且机器人在无故障状态下可 24 小时连续工作，提升生产效率，保证产量充足。

3. 提高产品质量。人工绑扎钢筋网笼存在质量参差不齐，良品率没有保障，本产品是机械标准作业，能有效保障生产的每个飘窗钢筋网笼的标准化，提高产品良品率和飘窗钢筋网笼的质量。

4. 提高安全性。本产品采用"软急停＋硬急停"双重保障模式。在实际应用中，实现消除 98％的安全隐患（包含误触发、误触碰、撞击等因素）。实际生产环境中，可通过设备自身传感装置、处理器的后台程序、操作人员的感官（发现意外情况按下急停按钮）判别三个方面保障设备运行安全。同时，整套技术的外围采用"全方位护栏网＋光栅防护"，确保有人意外闯入时设备及时停止运行。产品应用了工业自动化中所采用的安全技术，可有效消除安全隐患，避免人员伤亡。

（二）应用效果

1. 产值提升。目前，1 个作业人员绑扎一个钢筋网笼大约需要 2 个小时。按 8 小时工作，标准化作业来算，平均每人每天能够绑扎 4 个钢筋网笼，作业效率为 0.5 个/人/小时。使用本产品后平均 40 分钟可完成绑扎工作。与人工同等作业时间情况下，作业效率为 1.5 个/人/小时。使用本产品进行摆放绑扎可有效减少人工作业的劳动强度，提高生产效率，降低废品率。对劳动者的技术水平要求较低，无需考虑绑扎稳定性，尺寸等问题。按照每年作业 300 天、每天作业 24 小时（正常生产 16 小时，堆放生产 8 小时）计算对比，单个飘窗钢筋网笼根据目前生产尺寸的价格约为 3600 元一个，每年可提高产值 3505.6 万元，且不包含因为工期缩短节省下来的其余成本。

2. 工期减少。传统的 1 个作业人员绑扎一个飘窗钢筋网笼平均用时约 2 个小时，使用本产品后平均 40 分钟可完成绑扎工作。以长圳 25000 个飘窗为例，可缩短三分之二的工期。

3. 质量提升。目前，工人绑扎的飘窗钢筋网笼质量参差不齐，有的甚至需要返工，而机器人是标准化作业，产品质量有保证，可减少返工所产生的费用。

（三）投资效益分析

智能飘窗钢筋网笼绑扎生产线投资成本共计 670 万元，其中包括：前端钢筋分拣工作站机械臂生产设备成本 100 万元，中部智能钢筋自动输送台设备成本费用共计 170 万元，后端钢筋绑扎工作站机械臂设备成本 360 万元，生产厂部署该设备场地租赁费约为 40 万元/年，生产部署所需电费为 15 万元/年。

经测算，使用智能钢筋网笼绑扎生产线，可产生纯利润约 390 万元/年，其中包括：绑扎钢筋网笼产量约 240 万元/年，相比于人工作业占地面积节省 60 万元/年，节省人员投入成本约 90 万元/年。此外，由于钢筋网笼绑扎生产线产出钢筋网笼相较人工生产网笼质量提升、返工率低，有助于提高生产厂家的钢筋网笼生产产量。

（四）对行业的借鉴意义和推广价值

钢筋绑扎应用于建筑行业的很多方面，绑扎节点较多、重复性工作较高等特点正是机器人优势所在，用机器人代替人工绑扎，可把人从繁重的工作中解放出来，提高生产效率和产品质量，以机器替代人工实现钢筋绑扎的智能化、自动化生产，具有识别智能化、操作简单化、生产效率化等特点，可延伸应用于建筑工程、公共工程、地下工程、管道工程等工程的日常钢筋混凝土构件中钢筋的自动化绑扎。

执笔人：
中建科技集团有限公司（苏世龙、雷俊、潘浩、赵荣彪）

审核专家：
任成传（北京市燕通建筑构件有限公司，总经理）
韩彦军（河北新大地机电制造有限公司，副总经理）

中建科技深汕工厂预应力带肋混凝土叠合板生产线

中建科技（深汕特别合作区）有限公司

一、基本情况

（一）案例简介

中建科技研发的适用于大规模连续生产的预应力带肋混凝土叠合板生产线包括出池、存放、运输、吊装及配套工具等全套工艺技术措施以及精益制造管理平台，能够适应不同配筋、不同张拉力、不同截面尺寸预应力带肋混凝土叠合板的张拉和整体放张装置，提高了生产线的灵活性和适用范围，增强了生产线对设计的适应性，保证了张拉和放张质量，有利于提高预制构件的生产质量和效率（图1）。

图1 预应力带肋混凝土叠合板生产线

（二）申报单位简介

中建科技（深汕特别合作区）有限公司是中国建筑集团的全资三级子公司，注册资本 9000 万元。生产基地位于广东省深圳市深汕特别合作区鹅埠镇中国建筑绿色产业园内，配有 16 条生产线，年产能可达 22 万 m^2/年，能够满足每年 200 万 m^2 装配式建筑的需求。

二、案例应用场景和技术产品特点

（一）技术方案要点

该生产线具有智能化长线法组装式模台，配套适应不同配筋、不同张拉力、不同截面尺寸预应力带肋混凝土叠合板的张拉和整体放张装置，提高生产线灵活性，增强生产线对设计的适应性，保证张拉和放张质量。技术方案要点如下：

1. 长线法流水作业技术

长线法模台，长度约 117m，宽度约 3.5m，侧边模采用活页式拆装，相比于传统的单模台具有效率高、成本低的特点，端头板采用整体设计，拆装方便（图2）。

2. 多功能张拉装置

设计具备多种张拉力和配筋形式的反力架，研发适应不同配筋、不同张拉力、不同截面尺寸叠合板的张拉和放张装置，针对不同肋宽、肋高、板长度、板宽度、配筋等条件，灵活调整张拉和放张端，提高生产线的灵活性，扩大适用范围，增强生产线对产品设计的适应性（图3）。

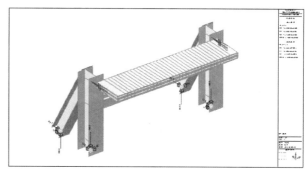

图 2　长线法生产模台　　　　图 3　预应力带肋混凝土叠合板多功能张拉装置验算

3. 高效布置预应力筋技术

预应力带肋混凝土叠合板生产线长度为117m，每条线按产品规格布筋约14根。经测算，人工布完14根筋需行走3.3km，约30min，采用布置车一次牵引即可完成14根筋的布置，约2min，可以极大地提高生产效率（图4）。

图 4　预应力带肋混凝土叠合板布置车

4. 预应力智能张拉技术

采用200kN张拉机，配有3个千斤顶及千斤顶升降装置等，张拉数据到达设定值后能自停，有效保证张拉的质量（图5）。

图 5　智能张拉机

5. 钢筋智能化高效生产技术

（1）网片筋。采用德国进口的自动网片焊接机焊接成网片，网片的尺寸可以根据设计要求调整，机器根据设计图纸自动调整钢筋型号、长度、间距等技术指标，实现连续生产、高效生产。

（2）桁架钢筋。端部所用桁架钢筋采用德国进口的全自动焊接机进行生产，高效、高质量（图6）。

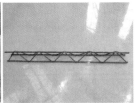

图6 钢筋加工

图7 混凝土运输装置

6. 混凝土高效运输技术

生产线混凝土运输采用德国进口鱼雷罐运输车。鱼雷罐运输车采用程序控制，全自动无人值守连续输送混凝土到作业面，运输过程高效（图7）。

7. 混凝土高效浇筑技术

混凝土采用摊铺机和人工相结合的方式进行下料，底板采用平板振捣器振捣，肋采用振捣棒振捣，浇筑时间短，生产效率高，适应快速、连续浇筑混凝土。与传统桁架筋叠合板相比，混凝土浇筑速度提高至少3倍（图8）。

图8 混凝土浇筑

8. 混凝土高效养护技术

露天生产时，采用蒸汽管道输送蒸汽到混凝土表面，同时采用帆布进行覆盖；室内生产时，采用模台底部设置回水管，蒸汽加热循环水进行养护，养护温度可控（图9）。

图 9　混凝土构件养护

9. 高效出货、堆放技术

针对产品特点，创新研发了快速出货平车、高效运输架、高效吊架等配套设施，加快成品周转速度，提高生产效率，实现叠合板从出池到现场安装的高效运作（图10）。

图 10　高效出货、堆放

10. 智能化管理技术

公司自主研发了行业领先的"精益制造控制系统"，与中建科技智慧建造平台相对接，从任务的分发到过程管理，再到成品出货均实现了数字化、信息化、智能化，有效减少了过程浪费。在上述技术的支持下逐步实现对预应力叠合板生产过程的精益制造管理（图11）。

（二）关键技术经济指标

1. 技术指标

（1）组装式模台设计指标：长线模台有效长度为 100m，是由 10 个 2.5m×10m 模台拼装而成，可以灵活搭配产品规格，操作简单、拆装方便、绿色环保。

图 11　精益制造控制系统

（2）穿筋控制指标：张拉板上设有活动式穿筋板装置，活动式穿筋板是为了方便主筋穿出；每个孔之间间距 1cm，能适应所有板型主筋间距规格，减少换板次数，提高工作效率。

（3）智能张拉机技术指标：工作电压 AC380V±10％V；温度 −20～50℃；可室外室内作业；单个千斤顶张拉力为 20t；张拉速度为 1.5m/分；位移测量精度小于 0.05％；分辨率 0.1mm；压力测量精度小于 0.25％；分辨率 0.01MPa；张拉力精度小于 1％；张拉力同步精度小于 2％。

2. 经济指标

以尺寸为 4.5m×1.2m 的叠合板为计算单元，经综合计算，采用本技术制造预应力带肋混凝土叠合板，人工、机械、材料消耗均大幅度降低，与普通桁架筋叠合板相比每平方米可降低 44.4 元的生产成本，具体计算项目如表 1 所示。

不同板型经济指标测算对比　　　　　　　　　　　　　　　　　　表 1

板型	钢筋桁架混凝土叠合板	预应力带肋混凝土叠合板
生产成本(元/m²)	201.00	180.00
预制板安装人工费(元/m²)	34.20	34.20
混凝土浇筑人工费(元/m²)	39.90	45.60
钢筋总价(含人工)(元/m²)	26.94	31.84
支撑费(人、材、料)(元/m²)	75.00	35.00
总和(元/m²)	377.04	332.64

（三）创新点

1. 板型的设计，制定出标准的单板宽度，进而组合形成多种板宽尺寸，满足工程应用的需要；同时，采用标准化设计，配合自主创新的长线法先张预应力工艺，能大幅提高生产效率；在板面沿板跨度方向增设混凝土矩形肋，提高板的承载能力，增大板的刚度，为其在大跨度的应用提供可靠保证。

2. 生产线的设计，发明了适应不同配筋、不同张拉力、不同截面尺寸预应力带肋混凝土叠合板的张拉和整体放张装置，提高了生产线的灵活性和适用范围，增强了生产线对设计的适应性，保证了张拉和放张质量；研发了预应力带肋混凝土叠合板出池、存放、运输、吊装的关键技术和工具，为该产品的高效生产创造了条件。

3. 预应力技术的应用，提高板的承载能力及使用跨度，控制了板裂缝的展开，使板在施工阶段可以实现免支模，免支撑或少设支撑的安装方式，大幅提高安装效率，节约人工成本及工期成本。

三、案例实施情况

（一）案例基本信息

中建科技（深汕特别合作区）有限公司建有 8 条预应力带肋混凝土叠合板生产线，主要生产工艺包括张拉、松张、布筋、浇筑、养护、起吊、运输等，目前，预应力带肋混凝土叠合板生产线累计使用时间已达 3 年以上，运行效果良好。

（二）应用过程

1. 设计阶段。项目前期对预应力带肋混凝土叠合板生产线采用基于三维模型的可视化设计，设计内容包含了智能张拉装置、智能松张装置、智能蒸养装置、模台、布筋、浇筑装置、起吊、运输等。

2. 验算阶段。预应力带肋混凝土叠合板生产线设计完成后，通过 PKPM3D3SMST 钢结构设计计算软件进行模拟计算，计算结果表明：Max(F)＝142.3 吨，最大支反力 142.3 吨发生在斜支腿上，为压力，混凝土基础需考虑其抗压强度；最大支反力－142.3 吨发生在前竖向支腿上，为拉力，混凝土基础需考虑混凝土与钢支座的黏结强度，提供抗拔力（图 12）。

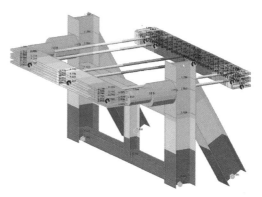

3. 生产阶段。本案例项目在中建科技（深汕特别合作区）有限公司研究与开发，共建有 8 条 100m 长的预应力叠合板生产线，每条生产线一次最低可以做 40～50 块，每天的产能一共可以达到 620 块，如每块约 $5.5m^2$，则每天可以生产 $3410m^2$，与桁架筋叠合板相比较每平方米节省 40 元，则当天产能可以为工程节省 13.64 万

图 12　预应力带肋混凝土叠合板生产线验算图

元，经济效益可观。后期随着设计部门和使用单位的认识提升，该产品将有广阔的市场前景。

4. 应用阶段。本项目研发了 8 条预应力带肋混凝土叠合板生产线，该成果获得实用新型专利 9 项、技术奖 2 项、软件著作权 2 项、专有技术 6 项；形成省市级工法 2 项；公司发表相关论文 2 篇。成果已在深圳市长圳保障性住房项目、坪山三所学校以及新能源创新型装配式产业用房项目等实际工程中应用，应用面积约为 40 万 m^2（图 13）。

四、应用成效

（一）解决的实际问题

目前，我国传统的钢筋桁架叠合板存在生产效率较低、板厚过大、四面出筋、拉板缝、易开裂、跨度小、支撑多、造价高等痛点。中建科技深汕工厂围绕高效制造工艺、智

图 13　预应力带肋混凝土
叠合板现场安装

能化技术进行了系统研究，从而实现生产环节的提质增效。

本项目开展了预应力带肋混凝土叠合板关键生产工艺技术和生产线的研究。研发了预应力带肋混凝土叠合板张拉、浇注、养护、松张、出池、存放、运输、吊装等关键技术和工具，为该产品的高效生产创造了条件。

（二）推广价值

通过造价核算，采用该项技术楼盖体系综合造价成本为每平方米 332.64 元，每年可为深汕构件厂创效 500 万元以上，节约 EPC 工程造价 1000 万元以上。此项技术如果全国推广，比如以 4.5m×1.2m 的叠合板为计算单元，桁架筋叠合板每平方米用钢量约 9.5kg/m²，预应力带肋混凝土叠合板用钢量约 6.2kg/m²，仅钢材用量可节约 35%，以每年 1 亿 m² 叠合板用量计算，每年可节约钢材约 330 万吨。

执笔人：
中建科技（深汕特别合作区）有限公司（钟志强，黄朝俊，张卫，李洪丰）

审核专家：
任成传（北京市燕通建筑构件有限公司，总经理）
韩彦军（河北新大地机电制造有限公司，副总经理）

广东省惠州市中建科工钢构件生产线

中建钢构广东有限公司

一、基本情况

（一）案例简介

中建科工针对现有钢结构制造工业化程度低、信息化与工业化融合程度低，以及现有钢结构制造工艺水平等问题，开展了建筑钢结构数字化制造关键装备、技术及工程应用的一系列研究，建设了大型建筑钢结构数字化制造生产线，大幅提升了钢结构制造效率，促进了钢结构工厂互联网协同制造方式升级，推进了建筑钢结构制造自动化进程，对全国钢结构制造企业的转型升级起到显著的借鉴意义和助推作用。

（二）申报单位简介

中建钢构广东有限公司是中建科工集团有限公司下属的全资子公司，是国内大型钢结构企业。公司投资的二期智能制造项目属离散型的智能工厂。通过在二期工厂中引入工业机器人、AGV无轨自动运输车、RFID识别、智能仓储物流、MES系统、ERP系统、工业大数据分析等模块，实现了钢结构加工自动化、生产线智能化、管理信息化的目标，并获得"工业和信息化部智能制造新模式应用项目"。

二、案例应用场景和技术产品特点

（一）技术方案要点

本项目围绕钢结构智能化制造装备、信息化技术、制造工艺进行系统研究，成功研制了22种钢结构智能生产设备，开发了钢结构制造一体化工作站和建筑钢结构智能制造生产线；创建了新型数据采集、传输及处理系统，开发了钢结构工业互联网大数据分析与应用平台，建立了钢结构工业互联网标识解析体系；研发了无人切割下料技术、卧式组焊矫一体化加工技术、智能化仓储物流体系以及机器人高效焊接技术（图1）。

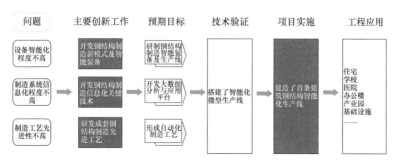

图1　项目实施技术路线图

1. 研制建筑钢结构制造智能装备和生产线

针对建筑钢结构制造传统模式极度依赖人工经验的问题，本项目结合智能生产的需求，探索并研发适用于建筑钢结构生产的智能装备、一体化工作站以及智能生产线，解决了传统设备动作单一、自动化程度低、质量一致性难以保证，设备与设备之间协同性差，钢结构制造生产线布局难以满足钢结构自动化生产需求的问题，完成了80%的工序中智能装备的联动应用，全面提升了钢结构制造的效率和质量水平，实现了绝大部分工序的"机器代人"。

2. 实现建筑钢结构制造系统信息化

针对传统钢结构制造业务管理、数据收集及设备管控的落后模式，本项目结合智能工厂的顶层规划设计，开发钢结构制造行业的工业互联网信息化管理平台、制造管理平台、数据采集平台、设备调度系统等，打通智能生产各个环节过程的数据链，实现钢结构部品部件制造过程信息化管控。

3. 研发适宜建筑钢结构智能化制造的先进工艺

针对人工工序转化为自动化工序过程中出现的加工质量达不到预期的问题，本项目通过大量试验验证，解决了钢结构智能化加工中零件自动切割喷墨与分拣、机器人不清根全熔透焊接、卧式组焊矫等技术难题，实现了钢结构制造关键技术的突破与应用。

（二）关键技术创新点

根据"数字化、信息化、智能化"的设计理念，项目充分利用工业无源光网络（PON）、智能生产信息系统、信息物理系统平台（CPS）、大数据、云计算等先进技术，研发定制高档数控机床与工业机器人设备、智能物流与仓储设备、智能传感与控制设备等先进智能生产设备，建成新型装配式建筑结构研发、设计、生产一体化的智能化工厂（图2）。

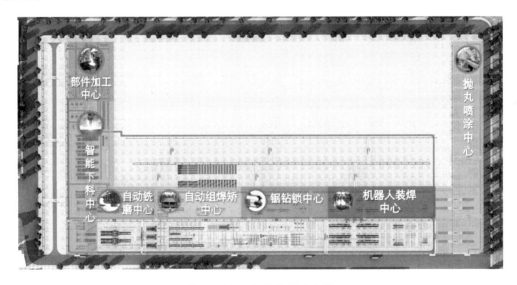

图 2　建筑钢结构智能生产线

项目创新点主要包括三大方面：

1. 研制成套钢结构制造智能装备

研发并建立基于智能控制集成技术，具备下料、组焊及总装等功能的一体化工作站，装备建筑钢结构智能生产线，大幅提升钢结构制造效率（图3、图4）。

图3　程控行车　　　　　　　　　　图4　智能下料中控室

2. 研发钢结构制造信息化关键技术

开发基于边缘计算引擎技术的新型数据采集、传输和处理系统，及面向建筑钢结构的工业互联网大数据分析与应用平台，拓展适合于钢结构制造的工业互联网标识解析体系，促进钢结构工厂互联网协同制造方式升级（图5）。

图5　工业互联网平台

3. 研发成套钢结构制造先进工艺

研发"无人"切割下料、卧式组焊矫、机器人高效焊接等钢结构制造新工艺，以及部品部件物流仓储过程定向分拣、自动搬运、立体存储等新技术，推进建筑钢结构制造自动化进程（图6、图7）。

图6　机器人分拣搬运技术　　　　　图7　机器人焊接技术

(三) 应用场景

广东省惠州市中建科工钢构件生产线适用于建筑钢结构领域的制造过程，生产线主要应用于超高层钢结构、装配式建筑钢结构、会展场馆类钢结构的构件加工中，可实现部分工序"机器代人"，减少对建筑产业工人的依赖，提高工厂信息化管控程度，不断提升构件制造品质。

三、案例实施情况

(一) 案例基本信息

东盛路南侧公共租赁住房项目位于广东省湛江市赤坎区东盛路南侧，东临福田路，西临华田路。地上 3 栋住宅，分别为地上 32 层、30 层及 28 层，建筑高度控制在 100m 以内。项目钢结构范围分布在 1 号、2 号、3 号住宅楼，主要为埋件、地下室劲性柱、地上外框钢柱、钢梁等，材质基本为 Q355B。钢柱钢梁结构形式为箱型或 H 型，总用钢量约 4600t（图 8）。

图 8 东盛路南侧公共租赁住房项目概况

(二) 应用过程

1. 前期设计阶段

可视化三维模型设计。项目钢结构深化采用基于三维模型的可视化设计，模型本身带有数据信息和工艺信息，并且这些数据信息将随产品的设计和制造进行流转。模型不仅能指导生产制造和资源组织，而且还可以作为自动化加工的文件。最终交付不再是传统的二维图纸，而是包含设计信息的任务清单和基于模型的图纸（图 9）。

设计、工艺一体化。在深化设计时在数据模型中添加工艺信息，设计软件和加工软件经转换可实现互通应用，使得产品可以在设计阶段进行加工可行性、加工时效分析等方面的测算，并且直接生成适用于机器人工作站的加工程序，简化工艺流程。

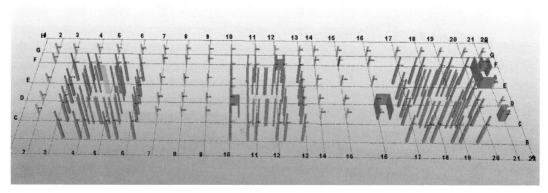

图9　三维可视化设计模型

产品设计标准化提升。项目根据上述大容量的模型信息进行大数据积累和分析，对关键节点类型、尺寸规格范围、最优加工成本等方面进行正态分布分析，帮助设计团队进行标准化、模块化的节点设计，并根据设计结果改进智能生产线，从而显著降低产品设计、制作时间，提高设计效率的同时也给工程制造带来便利。

2. 产品加工阶段

以典型 H 型钢为制作对象，其加工可分为以下阶段：

（1）智能下料阶段。利用智能下料集成系统深度采集程控行车、全自动运输车、全自动切割机、钢板加工中心等设备加工进度、现场操作、设备状态等生产现场信息，并根据生产计划进行任务队列安排，利用中控系统进行操作管控，实现多台切割机床无人上料、切割、分拣（图10、图11）。

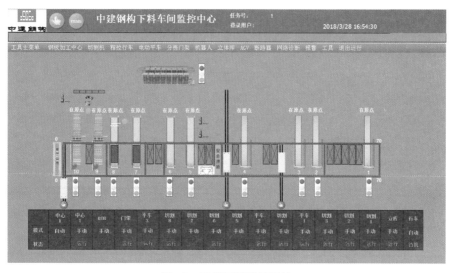

图10　智能下料监控系统

（2）自动组焊矫阶段。下料完成后进行 H 型组立、焊接、矫正。针对 H 型钢组立、焊接、矫正三道工序，创新设计智能卧式组立、配自动翻身的卧式焊接、卧式在线矫正三位一体的卧式组焊矫生产线，改变行业现行的半人工立式组立、人工翻身船型焊接、机械式立式矫正的零散式、半人工的生产方式（图12）。

图 11　下料中控中心实景图

图 12　自动组焊矫中心

（3）自动钻锯锁阶段。通过控制软件将数控转角带锯、数控三维钻、数控机械锁三台设备与自动辊道传输系统串联成一条全自动化生产线，软件自动识别不同工件的加工路径，自动进行各种工序组合下的高精度机械加工（图 13）。

图 13　自动钻锯锁中心

（4）机器人装焊阶段。H型钢主焊缝焊接完毕后，在总装焊接一体化工作站进行总装焊接。总装焊接工作站配备自动上下料的顶升装置，可由顶升装置与两端夹具自动完成构件的上料、下料。同时，工作站配备360°翻转变位机，可实现构件围绕主轴线任意角度的翻转。结合各个工作站配备的参数化（模块化）编程焊接系统，只需输入工件整体尺寸与节点尺寸，即可自动生成焊接程序完成焊接，效率远超现场示教编程与离线编程（图14）。

图14　总装焊接一体化工作站

（5）抛丸喷涂阶段。抛丸喷涂中心使用自动喷涂生产线进行油漆喷涂，并且配备智能化的供漆和配比系统、恒温烘干系统、漆雾和废气处理系统。效率高，连续性强，质量稳定，且做到了低碳环保（图15）。

图15　抛丸喷涂中心

3. 生产过程的管控

工业互联网的建设与应用。本项目利用工业数据采集、传输，结合工业互联网平台的深度应用，设计并搭建面向钢结构制造的工业互联网大数据分析与应用平台（图16），完成工业设备和业务系统的数据联通，实现业务系统和生产系统联动，达到生产线级的IT、OT系统融合；通过多种形式的展示，完成对生产线数据的可视化呈现；围绕成本管控的大数据分析应用，达到成本与工艺优化，实现降本增效的目的。

图16 面向钢结构制造的工业互联网大数据分析与应用平台

四、应用成效

（一）解决的实际问题

在传统钢结构制造领域，许多工序制造设备自动化程度低，各工位、各设备间的协同性较差；制造过程中的信息交互慢，数据提取难，关键信息主要依赖人工记录与反馈，对数据的分析处理能力不足；关键制造技术的革新不够，制造工艺瓶颈得不到突破。

本生产线围绕钢结构智能化制造装备、信息化技术、加工工艺进行了系统研究，实现钢结构领域的关键技术突破和对工艺装备的全面整合，形成一套加工全过程信息化管控系统，摆脱了钢结构制造行业产业工人逐步减少，人工成本增加，制造技术落后的局面，打破传统制造模式产能效率低下等诸多瓶颈，为建筑钢结构智能化制造模式提供了一套可供参考的标准体系。

（二）应用效果

1. 提高生产效率

本案例项目投入生产运营以来，经过技术、人员、管理等各方面的磨合，先后在多个工程项目上发挥了重要的生产支撑作用。针对典型构件，分别测算在传统制造模式和智能化制造模式下的生产周期（表1），在传统制造模式下生产周期为718min；在智能化制造模式下生产周期为559.8min，人均效率提升23.56%，生产周期缩短22.03%。

智能化制造模式与传统制造模式效率对比 表1

工序	类别	BH750×300×22×25　长度8730mm(1.86t)					人员		
		时长 min							
		加工 min		辅助 min		合计	操作	辅助	合计
直条下料	传统制造模式	57	翼板时间＋腹板时间	15	上料调机器	72	2	1	3
	智能化制造模式	57	同上	5	上料、寻点	62	0.5	0	0.5

续表

工序	类别	BH750×300×22×25　长度8730mm(1.86t)					人员		
		时长 min					操作	辅助	合计
		加工 min		辅助 min		合计			
开坡口	传统制造模式	12	半自动切坡口	7	吊运	19	1	0	1
	智能化制造模式	15	双面铣	6	上料、对中、调设备	21	1	0	1
组立	传统制造模式	15	H型钢组立机	10	含打磨	25	3	1	4
	智能化制造模式	9	卧式组立，机器人点焊	8.5	板条辊道传输上料、打磨	17.5	1	0	1
H型钢主焊缝焊接	传统制造模式	76	人工打底、设备填充盖面、翻身	15	吊运、调枪	91	1	1	2
	智能化制造模式	67	卧式焊接、翻身	15	RGV上料、调枪	82	1	0	1
矫正	传统制造模式	32	火烤	14	调枪、吊运	46	2	1	3
	智能化制造模式	20	卧式矫正、火烤辅助	10	上下料	30	1	1	2
二次加工	传统制造模式	24	锁口、翼板坡口	10	调设备、吊运	34	3	1	4
	智能化制造模式	15	锁口、翼板坡口	18	工件物流	33	1	1	2
牛腿隔板二次装焊	传统制造模式	72	人工装配焊接	47	焊机调节，构件吊运	119	4	1	5
	智能化制造模式	70.4	部件分开加工、机器人焊接	32	构件吊运、程序设置	102.4	1	0.5	1.5
打磨	传统制造模式	30	整体	5	工具准备	35	2	0	2
	智能化制造模式	20	仅少量飞溅、少量毛刺	5	工具准备	25	2	0	2
抛丸	传统制造模式	17	工件抛丸除锈	12	牛腿上料	29	1	0	1
	智能化制造模式	17	同上	12	牛腿上料	29	1	0	1
油漆	传统制造模式	28	整体喷漆	220	流平和晾干	248	2	1	3
	智能化制造模式	28	整体喷漆	129.9	流平和烘干	157.9	1	0	1
总计	传统制造模式	363	—	355	—	718	—	人次	28
	智能化制造模式	318.4	—	241.3	—	559.8	—	人次	13

2. 降低单位产值能耗

智能能像监控手段应用（图17）。项目使用了能像系统对生产设备进行能耗监控，并且通过系统分析其带载、闲置情况以及利用率，并针对性地使用管理手段组织更为积极有效的生产，避免能源流失浪费。

节能技术手段的运用（图18）。根据能像系统的分析研判结果，项目针对能耗大户使用了多种技术手段，对能源进行开源节流。通过以上两项措施，项目单位产值能耗降低 10.40%。

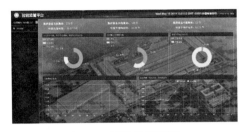

图 17　能像管理系统

图 18　数据展示（一体化系统）

3. 缩短产品研制周期

本项目从以下两个方面缩短产品研制周期。

一是设计、工艺一体化缩短信息流转途径。本项目产品采用基于三维模型的可视化设计，模型本身带有数据信息和工艺信息，并且这些数据信息将随产品的全设计周期和全制造周期进行流转（图 19）。模型不仅能指导生产制造和资源组织，而且还可以作为自动化加工的文件。所有信息流转交互过程全部基于软件、系统和工业互联网，减少信息流转耗时。

二是大数据分析促进设计改进。根据大容量的模型信息进行大数据积累和分析，对关键节点类型、尺寸规格范围、最优加工成本等方面进行统筹分析，迅速寻求最佳设计方案，从而显著降低产品设计、制作时间，提高设计效率的同时也给工程制造带来便利（图 20）。

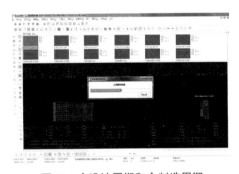

图 19　全设计周期和全制造周期

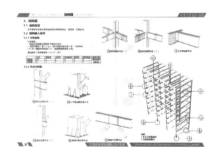

图 20　智能生产线标准产品设计

执笔人：
中建钢构广东有限公司（李川林、谢东荣）

审核专家：
任成传（北京市燕通建筑构件有限公司，总经理）
韩彦军（河北新大地机电制造有限公司，副总经理）

成都市美好装配金堂生产基地装配整体式叠合剪力墙生产线

美好智造（金堂）科技有限公司

一、基本情况

（一）案例简介

该生产线是全自动叠合剪力墙生产线，包括全自动化堆场、产品扫码识别系统、智能龙门行吊、货栏自动识别等系统，生产精度可达到毫米级，每条生产线仅配置 24 人，较传统半自动化生产线作业方式减少 50％人工，同时生产效率提升 3 倍。该生产线在预制构件养护成型后，通过专用存货架将预制构件传送至堆场，工人可通过条形码、阅读器对存货架上的构件进行识别，通过与专用运输车结合，可以将"人、车、货场"连接起来，实现订单管理、调度管理、装卸管理、在途管理、签收管理等全流程可视化、信息化管理。

（二）申报单位简介

美好智造（金堂）科技有限公司（以下简称"公司"）成立于 2017 年，是美好置业集团股份有限公司全资控股子公司。公司位于成都金堂淮州新城工业园区，占地 8.9hm²，累计投资 10 亿元。公司以"绿色环保、智能制造"为目标，从欧洲定制了 2 条全自动叠合剪力墙生产线，其中 1 条为自动化钢筋加工生产线，1 条为异型构件生产线，2 座全封闭环保混凝土生产设备，使用了 5D BIM 企业级云平台信息管理系统，推动实现构件智能化生产。

二、案例应用场景和技术产品特点

（一）案例应用场景

智能化生产线可生产双面叠合剪力墙、夹心保温单面叠合剪力墙、叠合楼板等构件，产品广泛应用于地下建筑、多层建筑以及高层建筑。

（二）本案例特点

1. 生产工艺流程

双面叠合剪力墙生产工艺流程包括清扫划线、喷油、装模置筋、预埋、混凝土浇筑、养护等流程（图 1）。

2. 关键设备

助力工业化生产，置模、拆模、浇筑等工序均已实现智能化、自动化生产（图 2～图 5）。

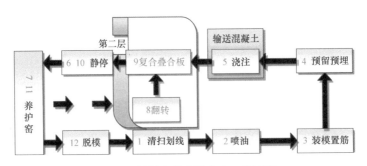

图 1　预制叠合剪力墙生产工艺流程

图 2　全自动机械手置模、拆模

图 3　智能混凝土布料机

图 4　高精度翻转机

图 5　全自动化堆场物流系统

(三) 相关核心技术

1. 自动化拆、置模机械手

该设备在 X 和 Y 方向上定位托盘。两个气动升降定位构件通过主动锁定装置托起位于生产托盘末端的相应的定位螺栓。定位装置通过定位销固定到地板上。经处理的生产数据从 CAD 系统或主计算机到机器控制系统的传送可以经由本地网络、条形码扫描器或 U 盘来实现。安装在拆模机械手上的激光扫描仪，能自动扫描托盘表面边模的位置。扫描和解锁磁铁后，拆模机械手"SER"从托盘自动拆除边模，并将其放置在带有清洗装置的边模传送带上。

置模机械手"SPR"从传送带上取下边模，根据 CAD-CAM 参数定位，将其自动放在托盘上。标绘器安在置模机械手上，在托盘上标绘混凝土预制构件轮廓位置和预埋件的位置（图 6、图 7）。

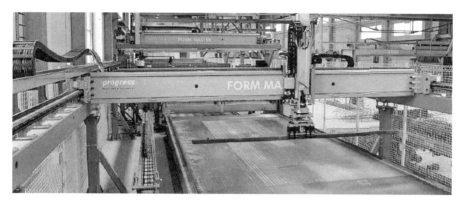

图6 自动化拆、置模机械手

2. 自动化网片生产装置

钢筋网片焊接机配备有 6 个相互独立的移动式焊头，每个焊头带有一个气压操控的电极。电脑控制系统允许以焊接参数（焊接电流、焊接次数、电极压力等）编程。此外，在每一轮焊接中，一根横筋被焊接在若干根纵筋的下面。所要进行焊接的熔焊点的百分比可随意编程（如网眼周边焊点＋交叉点的 50％）。一轮焊接后，一个专用的拉出机构向前推进所要求的网眼距离，以便焊接下一个横筋（图8）。

网片焊接完成后将进行折弯，可旋转的折弯机在轨道上移动到每个预定折弯的位置。单个钢筋的折弯会在 1 秒钟之内完成。

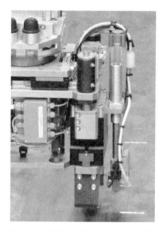

图7 置模机械手——标绘器

图8 钢筋网片焊接机

3. 翻转机

翻转机是生产双面叠合剪力墙的核心设备，翻转机把已经经过完全养护的墙板翻转 180 度，然后扣压在下面刚刚经过混凝土布料的模台上。翻转机同时也在振动密实的过程中保持墙板的稳定。翻转机底部的模台放置有振动密实装置，可朝前后左右上下六个方向进行振荡，独特的定制卡槽可保持翻转的过程中模台精度控制在 2mm 以内（图9）。

图9 翻转机

三、案例实施情况

（一）案例基本信息

美好宝沱名境住宅项目位于成都市金堂县大学城，项目用地 3.9hm²，建筑面积约 10 万 m²，装配率 62%，项目预制构件需求量约 8000m³，包括双面叠合剪力墙、叠合楼板等。

（二）应用过程

1. 前期设计阶段

项目前期预制构件采用三维正向设计、装配式建筑专项设计、BIM 技术。图纸直接对接工厂生产线设备，输出生产数据，极大提高设计的效率和品质。保证了工厂生产与项目安装一体化、整体化。

2. 产品加工生产阶段

通过 PCMES 系统将生产计划数据（项目名称、楼栋、楼层）、BIM 设计数据传送到生产线，工厂生产线配备 Ebos/Mes 智能中央控制系统，可和 BIM 设计数据无缝对接。生产控制中心 Ebos 中央控制系统将提供智能排模、智能检测数据，确保生产时各套设备正常生产工作。

中央控制系统在数据检测完成后，只需将数据传输到相关自动置模设备、自动网片生产设备、自动网片摆放设备、桁架生产设备、自动布料设备，最后进入养护室达到标准养护时间后自动按顺序出板脱模吊装，一气呵成完成生产（图10）。

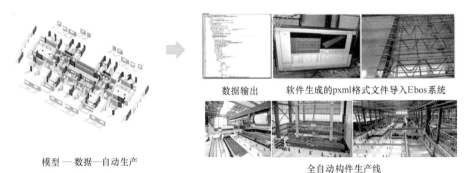

数据输出　　软件生成的pxml格式文件导入Ebos系统

模型—数据—自动生产

全自动构件生产线

图10 生产全流程

自动置模设备分析数据，按照叠合剪力墙的具体尺寸，通过机械手将万能万次模具（磁性边模）在模台上制作出模具框架，将后续网片入模。

模具制作完成后，通过滚轮系统将模台运送到网片摆放工位，网片焊接机在接收到数据后，自动生产相应网片并存放在网片库存架上，模台到达工位后，通过 LPR 设备自动将对应模台网片放置在模具内，完成网片摆放。

网片制作摆放完成后，模台自动流转到下一个工位摆放好桁架，然后完成绑扎预埋处理。

网片桁架绑扎预埋完成以后，模台自动流转到布料工位，布料机电脑通过接收数据，完成对应模台所需混凝土方量计算，混凝土通过鱼雷罐运输到布料机，完成布料以及相关处理工序后，进入养护窑养护。

完成浇注养护后，由中央控制系统根据养护时间自动出窑，模台自动流转到脱模吊装工位，吊装工位将成品按照堆码顺序码垛完成（图11）。

3. 物流运输阶段

生产线拥有完整的信息化控制系统，利用地面识别系统，实现专项发货全流程控制。

计划逻辑与客户需求匹配，依托全自动化堆场和龙门行吊系统，实现 PC 构件的智能化装车。同时，连入城市交通信息网，精准计算物流路线，实时监控行驶状态。

图 11　双面叠合剪力墙成品

四、应用成效

（一）解决问题

1. 模具使用方面。解决了传统生产线人工置模、暴力装模、模具通用性差等问题，本案例使用万能磁性模具，可以重复使用，同时全面使用自动化拆、置模机械手进行拆模、置模，精确度高，工作效率较传统生产线提高 3 倍以上。

2. 翻转机。该设备目前国内尚未大规模应用，是生产双面叠合剪力墙的核心设备。

3. 钢筋加工设备。自动化程度高，可实现自动上料、喂料、调直切断、焊接等功能，目前国内传统生产线焊接和自动置筋功能尚不成熟，效率较低。

（二）应用效果

1. 生产效率高。本案例已广泛应用于华润静安府、美好宝沱名境、新都农贸市场、怡心湖等项目，生产效率较传统生产线提高近 3 倍，大幅度降低生产周期。

2. 节能环保。全程干法作业，无污水产生；搅拌站全封闭，不会产生粉尘污染，粉料罐集中收尘，避免粉尘进料扬尘；粉料称斗回气装置有效避免粉料下扬尘，除尘采用喷雾压尖和脉冲主动除尘器，使粉尘的排放标准小于 $30\text{mg}/\text{m}^3$。

3. 经济价值。每条生产线仅配置 24 人，较传统人力减少一半，按照年 15 万 m^3 产能测算，年度节省成本约 1200 万元。

4. 交期保证。生产线年设计产能 30 万 m^3，可以装配约 400 万 m^2 建筑。从图纸下发到生产线再到养护 6~8 小时后即可出窑，可以解决项目交期紧张的问题。

执笔人：
美好智造（金堂）科技有限公司（刘纪祥、刘良继、黄家乐、黄金鑫、王晓慰）

审核专家：
任成传（北京市燕通建筑构件有限公司，总经理）
韩彦军（河北新大地机电制造有限公司，副总经理）

成都建工预制混凝土构件工厂管理平台

成都建工工业化建筑有限公司

一、基本情况

（一）案例简介

成都建工预制混凝土构件工厂管理平台是面向多装配式建筑项目、多构件工厂的全生命周期和全生产流程的智能化管理平台。该平台基于 BIM 打造，可依托设计阶段的 BIM 模型，一键生成构件物料清单（BOM 表）、图纸、模型、生产参数等信息，并将全部信息传递到生产管理系统，实现装配式建筑项目的可视化和精细化管理，有利于加强装配式建筑设计、构件生产与施工现场之间的协同管理，提升全流程追溯能力，达到减少风险、降低成本、优化供应、提高效率和应变能力、减少人为操作失误、优化管控流程和提高项目质量的目标。

（二）申报单位简介

成都建工工业化建筑有限公司是成都建工集团有限公司旗下的国有全资企业，创立于 2015 年 8 月 7 日，注册资本金 2.7 亿元，是含设计研发（含 BIM 技术）、构件生产、装配式建筑施工、物流及设备租赁、运营服务等业务的综合性企业。

二、案例应用场景和技术产品特点

（一）技术方案要点

成都建工预制混凝土构件工厂管理平台以预制构件全生命周期为主线，涵盖设计、生产、施工等多个环节。

1. 工厂生产管理环节。可向上下游整合装配式建筑设计、材料、生产、施工等环节，通过"建筑＋互联网"的形式助推产业链资源优化配置。

2. 构件生产环节。通过平台对预制构件的生产进度、质量和成本进行精准控制，保障构件高质高效地生产，同时平台与生产线主要设备进行对接，及时传递生产加工参数并返回加工耗用，提高生产效率并节省人工。

3. 施工环节。在施工现场通过该平台可实时掌握装配进度、追溯构件质量信息、检查项目构件产品生产与供应状态等，提高管理便利性。

（二）创新点

1. 通过 BIM 技术实现信息无障碍流通、设计生产一体化、生产加工智能化（图 1）、生产进度形象化以及成本分析精细化，把控项目进度和质量，降低沟通、管理和生产成本，极大提高工作效率。

2. 平台操作简单便捷，可通过必要的生产线自动化改造完成生产工序信息记录，支持设备数据可视化整合（图2），同时，支持使用移动扫码设备识别唯一的二维码标签进行信息记录，完成信息输入与查询、确认等操作。

3. 攻克设计、生产与施工环节的信息化管理瓶颈，打通系统与设备之间的信息壁垒，形成高度集成的、共享的、协同的一体化体系，可以有效为工厂数字化转型提供技术和平台支撑（图1、图2）。

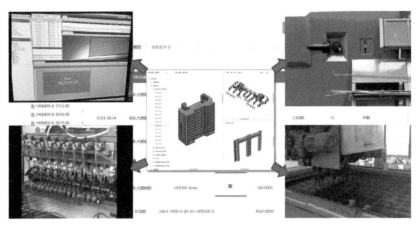

图1 生产加工智能化

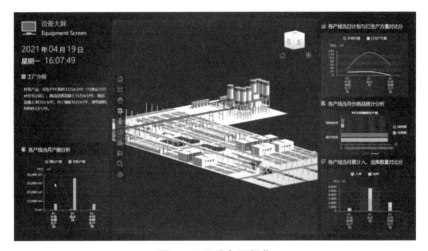

图2 工厂设备可视化

三、案例实施情况

（一）设计生产一体化

管理难点：原有构件数量统计，需要根据深化设计图纸，按楼号、楼层、构件类型统计，再计算构件清单、钢筋用量、预埋件数量和混凝土用量，计算工作量大。

解决方案：通过设计、生产、施工一体化解决方案，实现 BIM 模型从设计到生产使用的数据无缝对接，由设计软件完成建模后，可将构件 BOM、图纸、模型、加工参数等信息直接对接到生产管理系统，经过确认后直接用于工厂生产加工。

应用案例：四川省成都市金云府珺澜阁项目，2020 年 4 月 27 日选取 9 号楼使用设计软件进行建模，4 月 28 日完成模型建立并将生产数据、图纸、模型等接入生产管理系统，4 月 29 日按计划正常生产，7 月 2 日全楼所需构件生产完成（图 3、图 4）。

金鼎46亩商品房项目(暂定名)勘察-设计-施工总承包

按项目结构拆分　按构件类型拆分

	构件设计型号	子型号	建立版本	砼标号	重量	构件方量	预生产数量	方量合计
1	9-YBS10-1-h1		V11	C30	0.747	0.311	9	2.799
2	9-YBS10-1-h2		V11	C30	0.747	0.311	9	2.799
3	9-YBS10-2		V11	C30	0.747	0.311	9	2.799
4	9-YBS10-3		V11	C30	0.747	0.311	9	2.799
5	9-YBS11-1-h1		V11	C30	1.126	0.469	9	4.221
6	9-YBS11-1-h2		V11	C30	1.126	0.469	9	4.221
7	9-YBS11-2-h1		V11	C30	1.126	0.469	9	4.221
8	9-YBS11-3-h1		V11	C30	1.126	0.469	9	4.221
9	9-YBS1-1-h1		V11	C30	1.152	0.480	18	8.640
10	9-YBS1-1-h2		V11	C30	1.152	0.480	18	8.640
11	9-YBS12-1-h1		V11	C30	1.177	0.490	9	4.410
12	9-YBS12-1-h2		V11	C30	1.177	0.490	9	4.410
13	9-YBS12-2-h1		V11	C30	1.177	0.490	9	4.410
							580	212.952

显示1条到47条,共47条记录

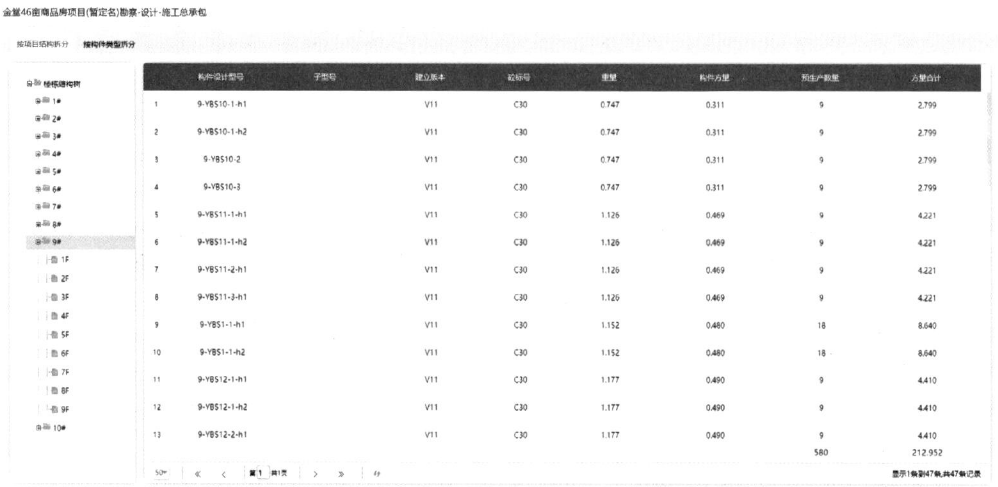

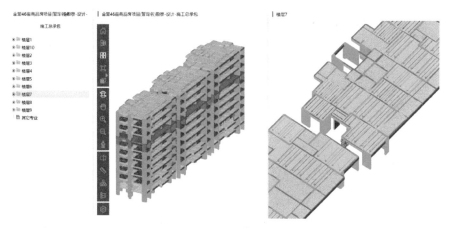

图 3　项目生产数据

图 4　项目整体模型

（二）钢筋加工设备自动化对接

管理难点：1. 当前行业内钢筋加工下料需要人工统计、人工报工，统计工作繁琐且数据不准确；2. 行业内钢筋材料耗用计算困难，无法准确获取钢筋材料消耗量；3. 钢筋加工过程均为线下记录，过程不易追溯。

解决方案：1. 通过 BIM 平台，使用设计阶段模型可直接将构件 BOM、钢筋下料单、钢筋加工参数对接入生产管理系统，生产管理人员可以在系统中直接下达钢筋生产任务，并生成对应钢筋下料单；2. 生产管理系统与钢筋加工设备进行对接，将钢筋下料数据、加工参数通过接口传输给设备，设备根据对接数据自动加工、自动报工并回传材料耗用，做到钢筋材料的精细化管理（图 5～图 7）。

涉及的软件及系统功能：PKPM-PC 设计软件、设计数据接收、生产数据管理、钢筋下料管理。

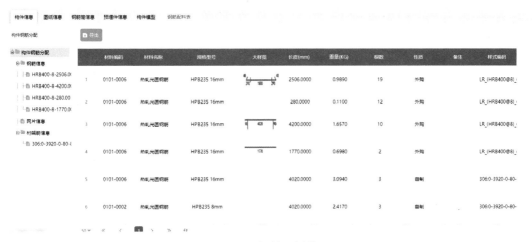

构件信息 图纸信息 钢筋笼信息 预埋件信息 构件模型 钢筋配料表

构件钢筋分配 导出

构件钢筋分配 / 钢筋信息：HRB400-8-2506.0(/ HRB400-8-4200.0(/ HRB400-8-280.00 / HRB400-8-1770.0(；网片信息；桁架筋信息：306:0-3920-0-80-ε

	材料编码	材料名称	规格型号	大样图	长度(mm)	重量(KG)	根数	性质	备注	样式编码
1	0101-0006	热轧光圆钢筋	HPB235 16mm	40 290 1800 290 40	2506.0000	0.9890	19	外购		LR_(HRB400@8)_
2	0101-0006	热轧光圆钢筋	HPB235 16mm		280.0000	0.1100	12	外购		LR_(HRB400@8)_
3	0101-0006	热轧光圆钢筋	HPB235 16mm	90 4020 90	4200.0000	1.6570	10	外购		LR_(HRB400@8)_
4	0101-0006	热轧光圆钢筋	HPB235 16mm	1770	1770.0000	0.6980	2	外购		LR_(HRB400@8)_
5	0101-0006	热轧光圆钢筋	HPB235 16mm		4020.0000	3.0940	3	自制		306:0-3920-0-80-
6	0101-0002	热轧光圆钢筋	HPB235 8mm		4020.0000	2.4170	3	自制		306:0-3920-0-80-

图 5　钢筋下料单

钢筋生产任务单　打印预览 打印 打印控件安装 关闭

项目名称	1030设计数据对接测试	任务单编号	GJXL202010300003	计划生产时间	2020-10-30
产线名称	1#生产线	班组名称	a班组	劳务队名称	武汉欣源开建筑劳务有限公司
编制人	PKPM	备注			

钢筋信息 钢筋材料明细 钢筋材料汇总

排序	材料编码	材料名称	规格型号	长度	重量	根数	总长度	总重量	样式编码
1	0101-0007	热轧光圆钢筋	HPB235 18mm	2670.0000	0.5900	4	10680.0000	2.3600	LR_(HRB400@6)_(000-40-20-0)_2670_(000-40-20-0)
2	0101-0009	热轧光圆钢筋	HPB235 22mm	380.0000	0.1500	24	9120.0000	3.6000	LR_(HRB400@8)_(000-0-0-0)_380_(000-0-0-0)
3	0101-0009	热轧光圆钢筋	HPB235 22mm	3426.0000	1.3500	52	178152.0000	70.2000	LR_(HRB400@8)_(001-40-20-0)_3300_(001-40-20-0)
4	0101-0009	热轧光圆钢筋	HPB235 22mm	4200.0000	1.6500	46	193200.0000	75.9000	LR_(HRB400@8)_(000-0-0-0)_4200_(000-0-0-0)

图 6　钢筋下料任务

钢筋生产任务单

<table>
<tr><td colspan="2">项目名称</td><td colspan="2">1030设计数据对接测试</td><td>生产线</td><td colspan="3">1号生产线</td><td>任务单编号</td><td colspan="2">GJXL202010300003</td></tr>
<tr><td colspan="2">计划生产日期</td><td colspan="2">2020年10月30日</td><td>生产班组</td><td colspan="3">a班组</td><td>备注</td><td colspan="2"></td></tr>
<tr><td>序号</td><td>设计型号</td><td>子型号</td><td>版本号</td><td>材料规格</td><td>长度(mm)</td><td>重量(kg)</td><td>根数</td><td>总重量(kg)</td><td>构件数量</td><td>单构件根数</td><td>大样图</td></tr>
<tr><td rowspan="4">1</td><td rowspan="4">3F-PCB17</td><td rowspan="4"></td><td rowspan="4">V01</td><td rowspan="2">HPB235　22mm</td><td>380.0000</td><td>0.1500</td><td>24</td><td>3.6000</td><td>2</td><td>12</td><td></td></tr>
<tr><td>4200.0000</td><td>1.6500</td><td>46</td><td>75.9000</td><td>2</td><td>23</td><td>90 4020 90</td></tr>
<tr><td>HPB235　18mm</td><td>2670.0000</td><td>0.5900</td><td>4</td><td>2.3600</td><td>2</td><td>2</td><td></td></tr>
<tr><td>HPB235　22mm</td><td>3426.0000</td><td>1.3500</td><td>52</td><td>70.2000</td><td>2</td><td>26</td><td></td></tr>
<tr><td>合计</td><td></td><td></td><td></td><td></td><td></td><td>3.7400</td><td>126</td><td>152.0600</td><td></td><td></td><td></td></tr>
</table>

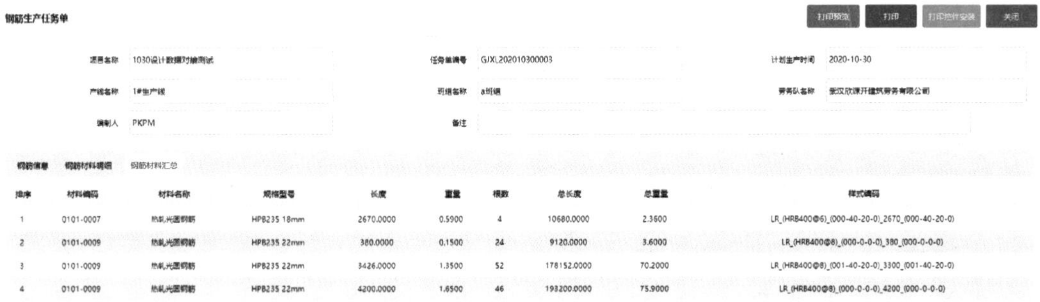

第 1 页共 1 页

图 7　钢筋生产任务表单

（三）混凝土搅拌站数据对接

管理难点：1. 现行业内混凝土搅拌站均是半独立化管理，存在生产量线下统计、不易与理论生产耗用量进行对比分析等问题；2. 由于材料性质问题，搅拌站的材料耗用量不易统计，极容易造成库存不准确、材料管理不精细等问题。

解决方案：1. 进行搅拌站主控系统改造，通过标准接口与生产管理系统进行对接，支持配合比、拌料数据同步回传，材料耗用及时冲减（图8）；2. 通过接口获取的搅拌站生产量和材料耗用量，与系统内构件生产情况进行对比，自动生成混凝土生产统计分析、材料成本分配等信息（图9）。

应用的功能模块组合：混凝土管理。

图8　搅拌站标准接口

搅拌站日生产统计表(2021-04-25)

序号	混凝土强度	混凝土类别	理论方量(m³)	实际用量(m³)	差异量(m³)	差异率(%)	使用项目
1	C30	普通	241.970	236.498	5.472	2%	
本日构件使用小计			241.970	236.498	5.472	2%	
本月构件使用累计			241.970	236.498	5.472	2%	
1	C30	普通	81.780	79.300	2.480	3.1%	
本日非构件使用小计			81.780	79.300	2.480	3.1%	
本月非构件使用累计			81.780	79.300	2.480	3.1%	
搅拌站本日生产合计（m³）			323.750	315.798	7.952	2.5%	
搅拌站本月生产累计（m³）			8420.750	8132.800	287.950	3.5%	
搅拌站本年生产累计（m³）			21372.750	21191.800	180.950	0.85%	

图9　搅拌站生产统计

（四）生产过程管理

管理难点：行业内普遍存在工厂生产过程智能化程度低、人工干涉环节多、信息记录不准确、生产耗用难以统计等问题。

解决方案：1. 对生产线主要设备进行智能化改造，通过加装传感器、对接主控系统等方式，实现生产线设备数据实时采集，并汇总形成可视化数据（图10）；2. 通过模台加装 RFID 芯片并在工位加装芯片读取设备的方式，实现自动记录模台在各工序之间的流转情况，从而准确记录模台上构件的实时状态（图11）；3. 支持移动集成终端设备对构件标签和芯片进行识别和操作，实时精准记录构件生产过程信息，极大减少人工线下记录数据的误差。

应用的功能模块组合：生产管理、PDA 功能。

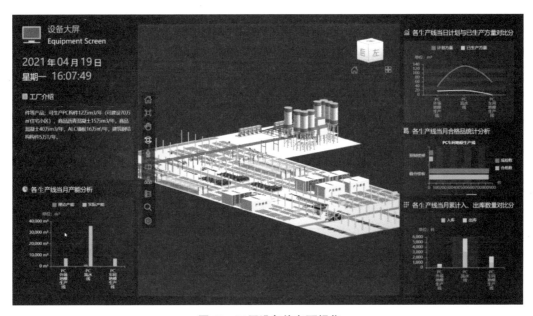

图 10　工厂设备信息可视化

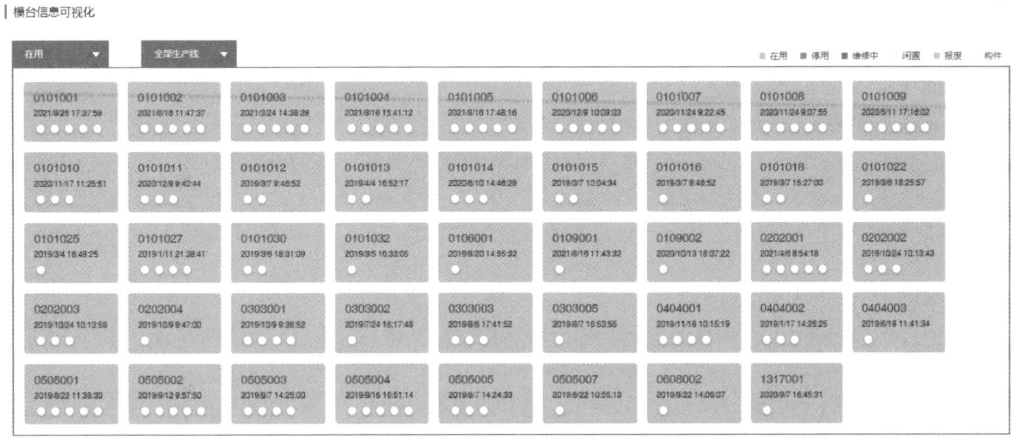

图 11　模台构件信息可视化

（五）质量管理

管理难点：1.构件生产过程中难以对质量进行客观管理，生产工序仅由人工进行质检确认；2.难以实现构件质量检查的倒回追溯；3.从外面采购的成品物联网系统RFID芯片、二维码，仍需在系统录入构件与RFID芯片、二维码的关联信息，增加了操作工作量。

解决方案：1.该平台可集成终端设备（PDA）采集质量检查信息，对构件质量进行客观评判；2.该平台可对构件全生命周期实现追踪与管理（图12、图13）；3.在平台生产数据中，每个构件直接生成唯一编码及相应的二维码、RFID芯片，无需再关联。

应用的功能模块组合：质量管理、生产管理、PDA功能、半成品管理、成品管理、物流管理、施工管理。

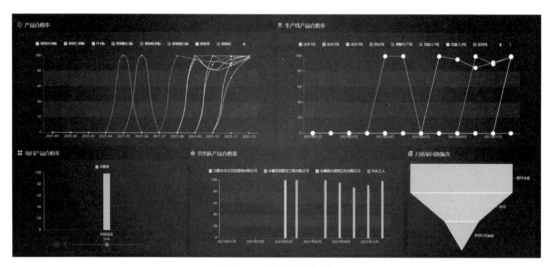

图 12　工厂质量大屏

	检查日期	生产日期	检查人	产业工人队伍	生产线	问题/缺陷	累计次数	照片
1	2019-03-02 11:43	2019-02-28 15:27		顺益嘉建筑劳务（深圳）有限公司	3号生产线	缺棱掉角	1	查看图片
2	2019-04-16 00:00	2019-04-16 11:20		顺益嘉建筑劳务（深圳）有限公司	1号生产线	线盒问题	1	查看图片
3	2019-05-13 00:00	2019-04-04 17:09		顺益嘉建筑劳务（深圳）有限公司	2号生产线	尺寸偏差	1	查看图片
4	2019-05-14 00:00	2019-05-14 10:10		顺益嘉建筑劳务（深圳）有限公司	1号生产线1	漏筋	1	查看图片
5	2019-07-31 00:00	2019-07-31 14:59		武汉欣源开建筑劳务有限公司	5号生产线	预埋偏位	1	查看图片
6	2019-07-31 00:00	2019-07-31 15:04		武汉欣源开建筑劳务有限公司	5号生产线	洗水不合格	2	查看图片
7	2019-07-31 00:00	2019-07-31 15:00		武汉欣源开建筑劳务有限公司	5号生产线	洗水不合格	1	查看图片
8	2019-08-21 00:00	2018-10-18 00:00		顺益嘉建筑劳务（深圳）有限公司	3号生产线	洗水不合格	3	查看图片
9	2019-08-22 00:00	2018-10-23 00:00		顺益嘉建筑劳务（深圳）有限公司	3号生产线	漏筋	2	查看图片
10	2019-09-05 00:00	2018-10-23 00:00		顺益嘉建筑劳务（深圳）有限公司	3号生产线	缺棱掉角	2	查看图片
11	2019-09-06 00:00	2019-03-01 15:07		顺益嘉建筑劳务（深圳）有限公司	3号生产线	蜂窝麻面	1	查看图片
12	2019-09-06 00:00	2019-03-06 18:28		顺益嘉建筑劳务（深圳）有限公司	1号生产线	预埋偏位	2	查看图片

图 13　工厂质量问题台账

（六）堆场管理

管理难点：1. 当前行业内普遍存在堆场管理困难、周转率低、库存构件积压过多、无法精准拣货和发货等问题；2. 现有堆场管理一般采用线下记录方式，难以统计产品库存，无法形成直观的堆场库存统计信息。

解决方案：1. 将堆场进行分区命名，与实际堆场划分相对应，通过手持移动终端进行扫码信息录入，准确记录构件堆放信息（图14）；2. 系统根据扫码记录自动生成库存分析，多维度展示工厂库存情况，为工厂调整生产及发货提供决策支持；3. 通过在堆场安装传感器与感应芯片，实现库位自动定位，根据生产管理系统内制定的发货计划自动定位要发货构件位置，实现堆场自动定位管理。

应用的功能模块组合：成品管理、PDA功能。

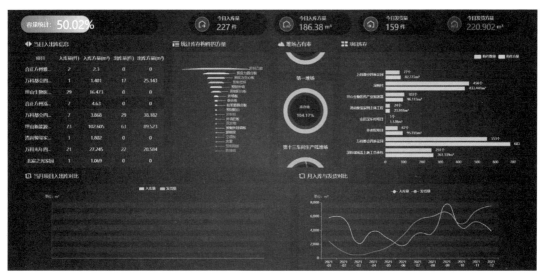

图 14　工厂堆场大屏

四、应用成效

（一）成本管理与节约

管理平台通过成本核算及成本分析模块，充分采集预制构件生产数据、排产计划、生产进度、质量、设备、物料等生产现场数据，实现高效协同和可视化的管理。该平台使企业的生产经营实现物流、资金流及信息流的高度统一和同步流动，并通过网络授权实现企业内外部信息共享。成本信息化可以有效提升成本核算效率，相较于传统手工核算，信息化成本核算具有优秀的时效性，能够及时反映成本变动，便于快速进行成本统计和预测工作。该模块将财务和业务信息高度集成并实现充分共享，既为后端的成本控制、考核和分析提供了详尽的对比资料，又为下一轮成本报价、成本预测和成本预算提供了重要参考。

通过该平台的开发和使用，切实提升了成本核算的时效性和准确性；通过具体成本管理方式，对产品成本进行合理整合、比较与分析，既梳理了企业内部控制管理流程，又提高了企业管理水平；通过该平台的智能管理，工厂可对生产任务的分解、计划以及生产过程反馈等实现自动化，并通过信息化系统进行数据传递，替代原有的人工操作，直接降低人工成本。自动化的信息生成、处理与传递，减少了人工操作的失误和由此增加的成本，间接降低人工成本。平台连接自动化生产设备，在减少人工消耗的基础上，提升生产品质的稳定性和产能的持续性，也对成本降低起到积极的促进作用。成都建工青白江生产基地与去年同期相比，单方运营成本由原来的 2800 元降为 2100 元，降低了 25%。

（二）信息传递与产品供应效率的提升

该管理平台打通了设计、工厂排产和构件生产等环节，从设计环节到生产环节，平台 BIM 系统自动提取构件信息形成数字化构件，在人工确认后即可进行信息传递，相较于传统的图纸交接不仅取得了效率上的提升，还能够同步实时更新设计变更等数据，使生产过程对设计过程做到及时响应和反馈。由设计交付的数字化构件可以自动提取材料等生产信息，再匹配平台工艺库中的生产工艺、资源库中的生产线等资源信息，即可进行生产任务部署，省去人工信息提取与资源配置环节。由系统按照设定原则排定的生产计划，精细化程度更高，可以细化到每天每一条生产线的具体安排，并且可以结合发货情况对每日生产计划进行动态调整，大量减少了成品库存量，提升了项目产品保供能力。通过对平台运行前后的供货周期进行比较，成都建工青白江生产基地预制构件产品的首件供应周期由平台建立前的约 15 天缩短到稳定运行后的约 3 天。

（三）质量水平与质量管理水平的提升

在项目建设过程中，预制构件的质量管理在同类管理工作中量最大、项目最多。预制构件的工厂化生产本身已经能够提升构件的品质，在利用该平台进行信息化管理和自动化生产的情况下，能够进一步减少生产过程的人为失误，提升品质。项目管理要求对从原材料的检测、半成品检测、隐蔽检验、成品检验等过程，到结构性能检验、产品质量证明等文件，均需按构件进行管理并匹配相关文件。利用平台可以便利地完成这些过程，在构件形成的每一个环节，可以进行信息输入与确认，使构件产品能够实现全过程质量追溯。同时管理效率的提升，可以较大提高生产产能。使用该平台后，成都建工青白江生产基地与去年同期相比，生产产能由原来的 5.86 万 m^3 增长到 7.26 万 m^3，提高了 23.9%，产品脱模合格率由原来的 85% 提升到 99%。

执笔人：

成都建工工业化建筑有限公司（刘宏、冯身强、韩兵、李颖颖、巫自力）

审核专家：

任成传（北京市燕通建筑构件有限公司，总经理）

韩彦军（河北新大地机电制造有限公司，副总经理）